中国气象发展报告

(2020)

《中国气象发展报告 2020》编委会　编著

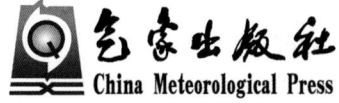

内容简介

本书是中国气象局气象发展与规划院组织编研的气象行业年度发展研究报告。报告分综述篇、减灾与趋利篇、能力与创新篇、改革与开放篇、党的建设篇,从新中国气象事业发展70年的重大历程与成就、气象现代化进展、气象灾害防御、生产生活与重大气象保障服务、应对气候变化、生态环境气象保障、现代气象业务、气象重大工程、气象科技创新、气象人才队伍建设、气象改革与法治、气象开放与合作等领域,对2019年中国气象发展进行了研究评估,对未来气象发展愿景进行展望。

本书适合气象及相关行业、部门的研究者、管理者和其他社会各界人士参阅。

图书在版编目(CIP)数据

中国气象发展报告. 2020 /《中国气象发展报告2020》编委会编著. — 北京:气象出版社,2020.12
ISBN 978-7-5029-7332-2

Ⅰ.①中… Ⅱ.①中… Ⅲ.①气象-工作-研究报告-中国-2020 Ⅳ.①P4

中国版本图书馆 CIP 数据核字(2020)第 231538 号

中国气象发展报告 2020
Zhongguo Qixiang Fazhan Baogao 2020

出版发行:气象出版社	
地　　址:北京市海淀区中关村南大街46号	邮政编码:100081
电　　话:010-68407112(总编室)　010-68408042(发行部)	
网　　址:http://www.qxcbs.com	E-mail:qxcbs@cma.gov.cn
责任编辑:林雨晨	终　　审:吴晓鹏
责任校对:张硕杰	责任技编:赵相宁
封面设计:地大彩印设计中心	
印　　刷:北京地大彩印有限公司	
开　　本:710 mm×1000 mm　1/16	印　　张:19.5
字　　数:403千字	
版　　次:2020年12月第1版	印　　次:2020年12月第1次印刷
定　　价:160.00元	

本书如存在文字不清、漏印以及缺页、倒页、脱页等,请与本社发行部联系调换

《中国气象发展报告 2020》编委会

主　　　编：矫梅燕
副　主　编：程　磊　廖　军
编委会成员（按姓氏笔画排名）：

于　丹　王　喆　卢介然　申丹娜　吕丽莉
刘立明　孙国芝　李　栋　李　萍　杨　丹
肖　芳　宋立雪　张　阔　陈鹏飞　林　霖
易　晖　周　勇　郝伊一　祝海锋　顾青峰
郭雪梅　唐　伟　龚江丽

审　稿　专　家（按姓氏笔画排名）：

王守荣　王志华　王建林　任振和　许小峰
孙　健　庞鸿魁　张俊霞　张洪广　张　强
周　林　周韶雄　郑江平　赵会强　姜海如
徐相华　郭彩丽　彭莹辉　裴　翀　魏　丽

统　　　稿：程　磊　廖　军　肖　芳

前言与致谢

《中国气象发展报告》是反映中国气象发展进展、记录中国气象发展轨迹、体现中国气象发展特征、支撑气象科学决策的气象行业年度发展报告,力图为气象防灾减灾、气象服务国家重大战略、生态文明建设气象保障、应对气候变化、气候资源开发利用等宏观科学决策提供支撑,为政府部门、科研院所、大专院校和社会公众了解中国气象发展动态、认识气象对经济社会发展的作用提供参考。

《中国气象发展报告》的编撰工作始于2014年,每年出版一部。历经六年的努力,《中国气象发展报告》逐步走向成熟,内容不断丰富,质量不断提升,格局和影响力不断扩大,已经成为对外展示中国气象发展成就和中国气象现代化进程的重要平台,成为气象及相关行业、部门的研究者、管理者和其他社会各界人士了解中国气象发展的"参考书"和"工具书"。

2019年,是新中国气象发展史上具有重大历史意义的一年。在新中国气象事业70周年之际,习近平总书记专门作出重要指示,李克强总理作出批示。习近平总书记指出,气象工作关系生命安全、生产发展、生活富裕、生态良好,做好气象工作意义重大、责任重大。要求广大气象工作者发扬优良传统,加快科技创新,做到监测精密、预报精准、服务精细,推动气象事业高质量发展,提高气象服务保障能力,发挥气象防灾减灾第一道防线作用。习近平总书记的重要指示,既是新时代气象事业发展的行动指南和根本遵循,更为深入探索中国气象发展规律和趋势、编研《中国气象发展报告》提出了新的要求。

《中国气象发展报告(2020)》从气象现代化进展、气象灾害防御、生产生活与重大保障气象服务、应对气候变化、生态环境气象保障、现代气象业务、气象重大工程、气象科技创新、气象人才队伍建设、气象改革与法治、气象开放与合作等不同领域,总结了2019年气象事业发展取得的突出成绩,展望了新时代气象事业的发展蓝图。全书共五篇十四章,各章主要执笔人员如下:第一章、第二章郭雪梅、李栋;第三章唐伟、王喆;第四章吕丽莉、杨丹;第五章肖芳、于丹;第六章王喆;第七章林霖;第八章龚江丽、王喆、唐伟、郝伊一、周勇;第九章顾青峰、宋立雪;第十章申丹娜、卢介然;第十一章于丹、李萍;第十二章李栋、卢介然;第十三章陈鹏飞;第十四章郭雪梅、李栋;附录吕丽莉、杨丹。全书由程磊、廖军、肖芳统稿，由矫梅燕审定。

《中国气象发展报告（2020）》在编研过程中得到许多专家学者的悉心指导，许小峰、王守荣、孙健、魏丽、张强、彭莹辉、张洪广、张俊霞、郑江平、姜海如等专家对报告进行了咨询与指导；中国气象局办公室、减灾司、预报司、观测司、科技司、计财司、人事司、法规司、国际司、机关党委（党建办）有关人员参与了报告的编审。同时，报告引用了气象行业机构、中国气象局相关内设机构和直属单位提供的大量资料和数据，部分已在参考文献或正文中标注，但由于涉及资料较多，未予全列；气象出版社在编辑出版等方面给予了大力帮助，在此一并表示衷心的感谢！

《中国气象发展报告（2020）》中涉及的一些述评仅限于编研人员的认识，不代表任何政府部门和单位的观点。作为阶段性研究成果，由于编研人员的水平和经验不足，难免存在疏漏与不妥，希望广大读者提出宝贵意见和建议。

矫梅燕

2020 年 10 月

报告摘要

2019年,在党的坚强领导下,中国气象事业发展取得重大成就。《中国气象发展报告(2020)》从气象现代化进展、气象灾害防御、生产生活与重大保障气象服务、应对气候变化、生态环境气象保障、现代气象业务、气象重大工程、气象科技创新、气象人才队伍建设、气象改革与法治、气象开放与合作等不同领域,对2019年中国气象发展进行跟踪与分析,对未来气象发展愿景进行研判和展望。

2019年,是全面推进气象现代化高质量发展的重要一年,全国气象系统科学谋划现代化气象强国建设战略,全面推进气象现代化高质量发展,气象现代化建设取得了新成就。全球气象业务能力持续提升,智慧气象业务取得新进展,气象大数据和信息化建设持续推进,气象现代化整体水平继续提升。评估表明,2019年国家级气象业务现代化水平稳步提升,评估得分为88.9分,较2014年第一次评估提升了26.2分,较上年提高0.2分,接近2020年综合评分达标值(90分)。全国31个省份气象现代化水平全部达到基本实现气象现代化阶段目标,全国平均得分达到96.7分,最高得分达98.35,最低得分为92.3,区域差异明显缩小。

趋利和避害是气象服务的两大主题。2019年,我国自然灾害以洪涝、台风、干旱、地震、地质灾害为主,全国气象系统坚持以习近平关于综合防灾减灾救灾"两个坚持""三个转变"重要指示精神为指导,大力提高灾害监测预报能力、突发灾害预警能力和灾害风险防范能力,筑牢防灾减灾第一道防线,最大程度减少人民生命财产损失,全国气象防灾减灾救灾取得了显著效益。2019年相较于上年强对流预警时间提前量保持在38分钟,暴雨预警准确率由86%提高到89%。基于GRAPES_GFS的气象要素预报产品实现业务运行,完成了产品换代,进一步推进了强对流天气短临预警业务发展。全国气象灾害造成的死亡人数连续3年降至1000人以下,直接经济损失为3270.9亿元,因气象灾害造成的直接经济损失占比总体呈下降趋势。全国主要气象灾害造成农作物受灾面积1925.69万公顷,绝收面积280.5万公顷,为2004年来农作物受灾第二低年份。全国人工影响天气服务领域已拓展到农业抗旱减灾、森林草原防火、机场公路消雾、应对突发污染事件、城市降温和净化空气等多个领域,发挥了"趋利避害"的独特作用。

全国气象系统在努力提升气象灾害防御能力、发挥气象防灾减灾第一道防线作用的同时,圆满完成一系列重要活动和突发事件气象保障,气象服务人民群众生产生活取得显著成效。2019年,圆满完成新中国成立70周年庆典活动、第二届"一带一路"国际合作高峰论坛、北京世界园艺博览会、第二届中国国际进口博览会等重大活动气象保障,有力应对超强台风"利奇马"、连续性暴雨等重大灾害天气,完成贵州水城、浙江永嘉特大山体滑坡等重大突发事件应对气象保障。面向人民生活的智慧气象服务的内容更加丰富更加个性化,覆盖面更广、满意度更高,社会参与更加广泛。气象服务公众满意度继续提高,达到91.9分,较上年增加1.1分,城乡差距缩小至0.3分。气象科学知识普及率为79.95%,较上年提高2.19个百分点,继续呈持续上升趋势。气象信息员覆盖率基本稳定,全国气象信息员达到78万余人,基本覆盖了全国所有城乡社区和行政村。民航、农垦、森工、水利、环境、交通、旅游等面向行业和特定领域的气象服务稳步发展。

中国政府始终将应对气候变化作为可持续发展的内在要求和建设全球生态文明、构建人类命运共同体的责任担当,一直积极、建设性参与全球气候治理。2019年,中国进一步强化适应气候变化战略举措,在农业、水资源、林业和生态系统、海岸带及相关海域、城市、气象、防灾减灾以及加强适应能力建设等领域取得积极进展,在减少碳排放、节能提高能效,增加碳汇和推进碳排放交易等减缓气候变化方面取得了一系列积极成果。同时,应对气候变化科技支撑作用凸显,关键核心技术进步显著,气候事件和气候灾害预测能力进一步增强,气候灾害风险管理稳步推进,气候影响评估和可行性论证工作全面展开。2019年,全国气象系统进一步完善生态气象监测评估业务和服务能力,完善环境气象监测预报预警体系,增强服务可再生能源的能力,气象服务生态环境的综合实力显著提升。充分发挥气象保障生态建设的基础作用、提升气象保障生态文明建设支撑能力的同时,持续推进气候资源开发利用服务。

2019年,现代气象业务能力水平持续提升。全时全域全要素综合气象观测站网新布局基本形成,为未来15年观测技术装备发展指明了方向。数值预报多项业务系统成功升级,区域数值预报模式对我国强对流预报能力明显提升。智能预报质量不断提升,全国24小时晴雨预报准确率87.9%,暴雨预警准确率提高到89%,强对流预警时间提前量保持在38分钟,台风路径预报水平继续保持世界领先。智慧气象服务产品的精细化、精准化和丰富度持续提升,精细化多模式集成预报系统预报时效从15天拓展至45天,空间站点从28万扩展至52万,研发首套全国高空实况格点产品和雷电临近预报服务产品,核心系统支撑能力不断增强。基本建立以数据为主线的预报服务一体化业务流程,明显提升了数据共享共用和智能化应用水平。持续推动研究型业务试点单位业务科研深度融合,促进业务技术人员向研究型转变,探索新时代气象业务岗位职责、业务环境和体制机制。

围绕国家经济社会发展对气象服务的需求,实施《气象发展"十三五"规划》(简称《规划》)。到2019年,《规划》提出的17重点工程项目有12项开展建设,正处于立项前期阶段的有3项,重点工程总体进展良好。2019年气象部门持续推进气象信息化系统、海洋气象综合保障、气象卫星探测、气象雷达探测、人工影响天气能力建设和山洪地质灾害防治气象保障等6项重大工程建设。重大工程建设的中央固定资产投资达25亿元,近七成的中央资金投向省级及以下基层气象业务能力建设,近五成资金投向中西部地区,促动了地方气象事业发展,一定程度上缓解了区域发展不平衡。

创新是第一动力,人才是第一资源。2019年,全国气象系统继续加强气象科技创新顶层设计,气象核心技术攻关任务取得重要进展,获批国家重点研发计划项目3项,气象卫星技术已达世界领先水平。重点实验室布局进一步优化,形成1个国家重点实验室、17个中国气象局部门重点实验室,成立31个科学试验基地。科学数据共享效益凸显,服务对象涉及29个主要行业,用户分布71个国家。科技创新能力进一步提升,全年登记和备案科技成果1481项,100多项成果实现业务转化应用,50余项高校科研成果在气象部门落地,70项成果获省部级科技奖励。2019年,全国气象系统通过不断完善气象人才体制机制,做好人才服务,联合部门和高校强化气象教育和基础人才培养,气象人才队伍的规模、素质、结构得到持续改善。截至2019年底,全国气象部门在职人员约7.2万人,国家编制在职人才队伍中,研究生学历占比达到17.1%。中国气象局加强气象高层次人才队伍建设顶层设计,建立完善气象高层次科技创新人才选拔培养支持体系,持续优化人才发展环境。气象教育培训进一步提质增效,培训总量增势明显,中国气象局系统组织面授培训班200余期,远程培训在线学习时长累计571万小时,人均学时102小时。

2019年,全国气象部门深入推进各领域气象改革任务,全面推进气象法治建设,取得明显成效。按照中央改革总体部署,全年安排20项重点任务,出台改革性实施制度成果达494项,各项改革顺利推进。全国气象部门依法全面履行气象职能,不断优化营商环境,对气象部门24项证明事项逐项进行保留和取消审查,明确取消了15项由部门规章设定的证明事项。不断完善气象依法行政制度体系,积极推进重点领域立法,《中华人民共和国气象法》修订列入《十三届全国人大常委会立法规划》,修改了3部行政法规,修订了9部部门规章。全年开展执法检查8万余次,立案498件,公开规范性文件等政府信息519条。

2019年,气象部门深化气象国际合作与交流取得显著成效。气象卫星服务国际行动受到普遍关注,召开首届风云气象卫星国际用户大会,30多个国家和地区的用户代表参会。积极推进"一带一路"建设气象服务,加强与非洲、东盟、中亚国家和上合组织成员国深入气象合作。我国气象外交有机融入国际合作交流活动,继续完善双边及多边合作平台及合作机制建设,不断开创气象外事工作新局面。国内气象发展合作呈现新态势,有序拓展气象合作领域,为加快推进气象现代化发展和气象服务经济社会发展开创了新局面。

全面加强党的建设,是气象事业发展和建设气象强国的根本政治保证。新中国成立70年来,特别是党的十八大以来,在以习近平同志为核心的党中央坚强领导下,气象部门始终坚持以习近平新时代中国特色社会主义思想为指导,全面贯彻党中央决策部署和习近平总书记重要指示精神,切实履行全面从严治党主体责任,增强"四个意识",坚定"四个自信",做到"两个维护",全面落实新时代党的建设总要求,以党的政治建设为统领,全面推进党的政治建设、思想建设、组织建设、作风建设、纪律建设,坚持思想建党和制度治党相统一,以党建引领和保障气象事业高质量发展和气象强国建设,主动适应"双重领导、部门为主"的管理体制对党建工作提出的新要求,注重统筹协调、突出上下联动,推动气象部门党的建设再上新水平,全面加强党的建设取得了突出成绩,为新时代气象事业发展提供了坚强的政治保证。

目 录

前言与致谢 …………………………………………………… 矫梅燕（Ⅰ）
报告摘要 …………………………………………………………………（Ⅲ）

综述篇

**第一章 深入学习贯彻习近平总书记重要指示精神 推动新时代气象事业
　　　高质量发展** ……………………………………………………（3）
　一、充分认识习近平总书记重要指示精神的重大理论意义 …………（3）
　二、以习近平总书记重要指示作为气象工作根本遵循和行动指南 …（4）
　三、全面落实习近平总书记重要指示，推动气象事业高质量发展……（5）

第二章 壮丽70年 辉煌新气象——纪念新中国气象事业发展70年……（8）
　一、70年气象发展成就 …………………………………………………（8）
　二、气象事业发展主要经验 ……………………………………………（16）
　三、未来展望 ……………………………………………………………（16）

第三章 气象现代化进展 ……………………………………………（18）
　一、2019年气象现代化概述 …………………………………………（18）
　二、2019年气象现代化进展 …………………………………………（21）
　三、评价与展望 …………………………………………………………（37）

减灾与趋利篇

第四章 气象灾害防御 ………………………………………………（41）
　一、2019年气象灾害防御概述 ………………………………………（41）
　二、2019年气象灾害防御工作进展 …………………………………（45）
　三、评价与展望 …………………………………………………………（57）

第五章　生产生活与重大保障气象服务 (59)
一、2019年气象服务概述 (59)
二、2019年气象服务主要进展 (62)
三、评价与展望 (89)

第六章　应对气候变化 (90)
一、2019年国内外应对气候变化概述 (90)
二、2019年我国应对气候变化主要进展 (93)
三、评价与展望 (113)

第七章　生态环境气象保障 (114)
一、2019年生态环境气象保障概述 (114)
二、2019年生态环境气象保障进展 (116)
三、评价与展望 (130)

能力与创新篇

第八章　现代气象业务 (135)
一、2019年现代气象业务发展概述 (135)
二、2019年现代气象业务进展 (137)
三、评价与展望 (174)

第九章　气象重大工程 (176)
一、"十三五"气象重大工程建设 (176)
二、2019年气象重大工程建设进展 (178)
三、两项气象重大工程中期评估 (185)
四、评价与展望 (187)

第十章　气象科技创新 (188)
一、2019年气象科技创新概述 (188)
二、2019年气象科技创新进展 (189)
三、评价与展望 (209)

第十一章　气象人才队伍建设 (210)
一、2019年气象人才队伍建设概述 (210)
二、2019年气象人才队伍建设进展 (211)
三、评价与展望 (231)

改革与开放篇

第十二章 气象改革与法治 (235)
一、2019年气象改革与法治建设概述 (235)
二、2019年气象改革工作进展 (236)
三、气象法治建设进展 (248)
四、评价与展望 (256)

第十三章 气象开放与合作 (258)
一、2019年气象开放与合作概述 (258)
二、2019年气象国际交流与合作进展 (259)
三、2019年气象国内合作进展 (261)
四、评价与展望 (267)

党的建设篇

第十四章 全面加强党的建设 为气象强国建设提供坚强政治保证 (271)
一、加强领导健全机制，全面落实管党治党政治责任 (272)
二、强化政治统领，坚决做到"两个维护" (273)
三、强化理论武装，深入学习贯彻习近平新时代中国特色社会主义思想 (275)
四、加强党的组织建设，政治功能和组织力不断增强 (276)
五、强化监督职责，加大执纪问责力度 (278)

主要参考文献 (281)

附录A 2019年中国天气气候与灾害 (282)
一、2019年天气气候特征 (282)
二、2019年中国气象气候灾害事件 (285)
三、2019年气候变化与影响 (289)
四、统计资料 (295)

综述篇

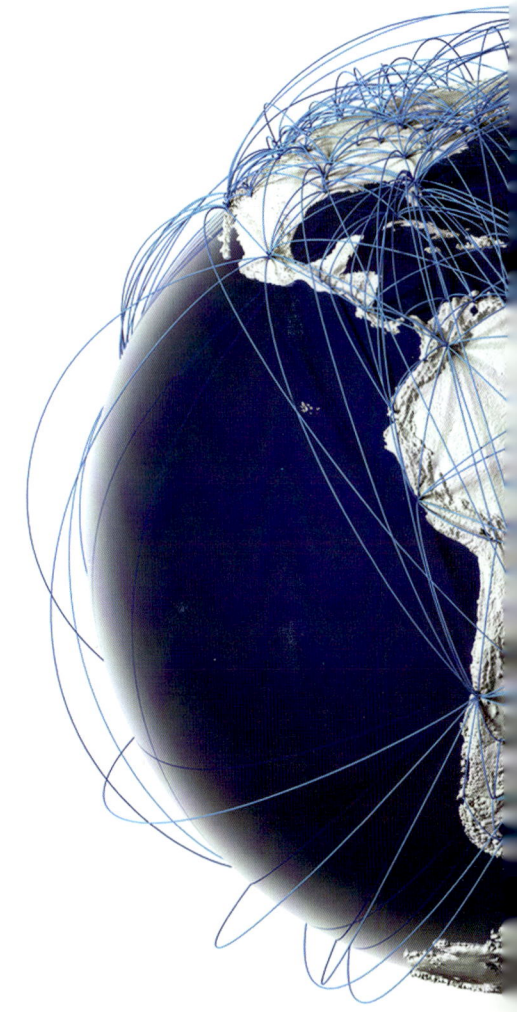

第一章　深入学习贯彻习近平总书记重要指示精神 推动新时代气象事业高质量发展

2019年,在新中国气象事业70周年之际,习近平总书记专门作出重要指示,李克强总理作出批示,胡春华副总理出席座谈会并就贯彻落实总书记重要指示发表讲话、作出部署,这充分体现了习近平总书记和党中央、国务院对气象事业的高度重视,对气象工作者的亲切关怀。全国气象系统必须认真学习领会习近平总书记重要指示精神,切实全面贯彻落实,推动新时代气象事业高质量发展。

习近平总书记指出,新中国成立70年来,在党的领导下,我国广大气象工作者坚持服务国家、服务人民,为促进国家发展进步、保障改善民生、防灾减灾救灾等作出了突出贡献。气象工作关系生命安全、生产发展、生活富裕、生态良好,做好气象工作意义重大、责任重大。习近平总书记要求广大气象工作者发扬优良传统,加快科技创新,做到监测精密、预报精准、服务精细,推动气象事业高质量发展,提高气象服务保障能力,发挥气象防灾减灾第一道防线作用,努力为实现"两个一百年"奋斗目标、实现中华民族伟大复兴的中国梦作出新的更大的贡献。

习近平总书记的重要指示,既对新中国气象事业70年取得的成就和贡献给予了高度肯定,又对新时代气象事业发展的方向和目标提出了明确要求,充分体现了党中央对气象工作的高度重视、亲切关怀和殷切期望。深刻理解、持续落实总书记重要指示精神是一项长期的重要政治任务。全国气象系统应以总书记重要指示为根本遵循和根本动力,在新时代担负起更重大的责任、履行好更重要的使命,奋力推动气象事业再上新台阶。

一、充分认识习近平总书记重要指示精神的重大理论意义

习近平总书记十分重视关心气象工作。党的十八大以来有关气象工作的重要指示批示近40次,特别是2018年和2019年,习近平总书记先后在上海合作组织青岛峰会、中国-阿拉伯国家合作论坛和中非合作论坛等多个场合提出要利用风云气象卫星和遥感卫星技术为"一带一路"沿线国家和地区提供服务,在新中国气象事业70周年之际专门作出重要指示。这一系列重要指示批示,是一个系统全面、内在统一的科学体系,来源于习近平新时代中国特色社会主义思想理论体系,依托于中国特色社会主义制度和国家治理体系的显著优势,聚焦于推动气象事业高质量发展的时代课题,为科学回答新时代气象事业等一系列重大问题指明了方向,是指导新时代气象事业的强大思想武器。

习近平总书记的重要指示,是指导气象工作的总纲、世界观和方法论。首先,总书记指出,在党的领导下,我国广大气象工作者坚持服务国家、服务人民。这一指示,从根本上回答了新中国气象事业是党的事业,是人民的事业这一根本属性,并以此充分肯定了全国广大气象工作者长期以来始终坚持在党的领导下,以为人民服务为宗旨的政治站位,为促进国家发展进步、保障改善民生、防灾减灾救灾等作出了突出贡献。这更是总书记对新时代气象工作的基本要求,指明了新时代做好气象工作的根本方向。第二,总书记对发展怎样的气象事业提出了根本遵循。这就是气象工作关系生命安全、生产发展、生活富裕、生态良好,做好气象工作意义重大、责任重大。总书记在这里充分阐明了气象工作与经济社会发展的关系,指明了做好气象工作重大意义和重大责任。新时代气象事业高质量发展,不仅应在保障生命安全、生产发展方面继续履行好职责、发挥好作用,更应适应国家发展新需求,在保障生活富裕、生态良好等方面承担新使命、作出新贡献。新时代气象事业发展应以全面履行这些职责为战略定位,开创出发展的新格局,跃升到发展的新层次。第三,总书记对怎样发展气象事业,提出了清晰的方法论和科学路径指南。这就是要以高质量发展为战略目标,以提高服务保障能力、发挥气象防灾减灾第一道防线作用为战略重点,以加快科技创新、做到监测精密、预报精准、服务精细为战略任务。在这里,发挥第一道防线作用突出了人民至上、生命至上的气象防灾减灾理念,是气象工作的重点,是中国特色社会主义生产关系在气象领域的最直接体现;加快科技创新、做到监测精密、预报精准、服务精细,是新时代气象工作服务国家服务人民的最先进科学技术路径,是先进生产力在气象领域的体现。习近平总书记对气象工作的重要指示,充分体现了马克思主义唯物辩证法的发展观、系统观、矛盾观、辩证观,闪耀着马克思主义世界观和方法论的思想光芒,是习近平新时代中国特色社会主义思想在气象领域的生动体现。

二、以习近平总书记重要指示作为气象工作根本遵循和行动指南

习近平总书记以宽广视野、深刻洞察和战略远见,从统揽"五位一体"总体布局和"四个全面"战略布局高度,对气象事业作出重要指示,这是理解和做好气象工作的大逻辑。在这个大逻辑之下可以看到:总书记对气象工作的重要指示涉及气象工作的方方面面,包括气象服务保障、气象现代化建设、气象防灾减灾、气象科技创新、气象国际合作、气象部门党的建设等,内涵十分丰富,具有很强的实践性和指导性,是推动新时代气象事业发展、做好各项气象工作的行动指南。通过深入学习和深刻领会,大家深刻认识到总书记的重要指示,既立足国家发展大局和全局,又着眼于气象事业发展实际和规律,是理论与实践、宏观与微观、一般与具体的有机统一,是全体气象工作者政治上保持坚定、认识上保持清醒、行动上强化担当的根本遵循。

以总书记重要指示为根本遵循和行动指南,要求我们始终坚持党的领导、坚持服务国家服务人民,成为贯彻党和国家路线方针政策的坚定实践者,把服从和服务国家大局作为重中之重,从党和国家发展的大局来谋划气象事业发展。要求我们全面把握气象工作关系生命安全、生产发展、生活富裕、生态良好的深刻内涵,充分认识这一战略定位是中国特色社会主义进入新阶段对气象工作的需求和气象事业迈入新阶段自身发展要求的有机结合,气象工作必须在服务保障生命安全、生产发展、生活富裕、生态良好等方面全面提高能力,持续作出努力和贡献。要求我们既着眼于国家经济社会的高质量发展,又着眼于气象事业的高质量发展,推动气象事业转变发展方式、优化事业结构、转换发展动力,推进气象服务供给侧结构性改革和气象业务技术体制改革,大力发展研究型业务,充分利用社会资源提升公共气象服务供给能力水平;要求我们认真坚持底线思维、增强忧患意识,着力防范化解重大风险,将气象灾害防御治理作为国家治理体系和治理能力现代化的重要组成部分,认真分析气象防灾减灾工作中的短板弱项,把各环节工作做细做牢,把各领域短板补齐补实,切实发挥好气象防灾减灾第一道防线作用。要求我们坚持科技创新,将科技创新作为引领气象事业发展的第一动力,依靠科技创新啃下发展中的"硬骨头",在核心关键技术攻关上取得重要进展;要求我们坚定不移推进气象现代化建设,推动实现监测精密、预报精准、服务精细的战略任务,切实提高气象现代化质量和效益,努力为实现"两个一百年"奋斗目标、实现中华民族伟大复兴的中国梦作出新的更大的贡献。

三、全面落实习近平总书记重要指示,推动气象事业高质量发展

习近平总书记的重要指示,指明了新时代气象事业发展的根本方向、战略定位、战略目标、战略重点、战略任务,是新时代气象事业发展的根本遵循。全国气象系统必须深入学习贯彻习近平总书记重要指示精神,全面落实习近平总书记重要指示,推动新时代气象事业高质量发展。

(一)始终坚持党的领导、坚持服务国家服务人民的根本方向。习近平总书记重要指示既阐明了新中国气象事业70年取得历史性成就的基本经验,又明确了新时代气象事业发展必须长期坚持的根本遵循和方向。

把握这一根本方向,要求我们始终坚持党的领导,以习近平新时代中国特色社会主义思想为指导,坚持在贯彻落实党中央重大决策部署中发展气象事业,确保中国特色社会主义制度的显著优势转化为气象事业发展成效,确保党和国家重大决策部署、重大战略推进、重大工作安排都能全面落实到气象事业发展的全过程、各领域。我们必须坚持以人民为中心的发展思想,把不断满足人民群众日益增长的美好生活需要作为气象事业发展的根本出发点和落脚点,让人民群众有更多、更直接、更实在的气象服务获得感、幸福感、安全感。

(二)始终把握气象工作关系生命安全、生产发展、生活富裕、生态良好的战略定位。这一战略定位,充分体现了坚持新发展理念、推动经济社会高质量发展对气象工作的根本要求,赋予了我们新的历史使命。

把握这一战略定位,要求我们深刻领会气象事业是服务人民群众、服务经济社会各行各业的基础性事业,始终坚持趋利避害并举,在国家发展进步和保障改善民生中发挥重要作用。我们要着力保障生命安全,加强气象灾害监测预报预警,健全总体国家安全气象服务体系;要着力保障生产发展,主动服务和融入现代化经济体系建设,做好面向各行各业的气象服务;要着力保障生活富裕,发展公共气象,服务保障改善民生,助力脱贫攻坚;要着力保障生态良好,加快构建覆盖多领域的生态文明气象服务保障体系,有力推动环境改善、生态修复,为建设美丽中国作出更大贡献。

(三)始终把握推动气象事业高质量发展、加快建成气象强国的战略目标。这是以习近平同志为核心的党中央立足"两个一百年"奋斗目标,对气象工作作出的重大决策部署,揭示了气象事业具有鲜明的政治性、基础性和前瞻性。

把握这一战略目标,要求我们必须紧紧扭住新发展理念推动发展,以创新驱动和改革开放为两个"轮子",全面提升更高质量的气象现代化水平。我们要适应新时代我国社会主要矛盾的发展变化,坚持以人民为中心,发展人民满意的气象现代化;要适应国家战略体系的成熟定型,坚持服从服务国家重大战略,发展保障有力的气象现代化;要适应以信息技术为代表的现代科学技术的发展进步,坚持走自主创新的发展道路,发展技术先进的气象现代化;要适应高质量发展的需要,深化气象重点领域改革,强化人才支撑,发展更有活力的气象现代化;要适应构建人类命运共同体的需要,加快构建气象全球监测、全球预报、全球服务新格局,发展更加开放的气象现代化。

(四)始终把握发挥气象防灾减灾第一道防线作用的战略重点。习近平总书记把保障生命安全位列气象工作战略定位之首,充分体现了气象防灾减灾是国家综合防灾减灾救灾不可或缺的重要力量。

把握这一战略重点,要求我们必须充分发挥气象监测预报预警在综合防灾减灾中的"消息树"作用和在灾害风险管理中的支撑作用,发挥气象服务在应急救援中的基础保障作用,发挥气象部门在突发事件预警发布中的综合枢纽作用。我们要主动融入国家自然灾害防治体系建设,着力构建气象灾害监测预报预警、预警信息发布、风险防范、灾害应急管理四大体系,建立健全部门联动、高效协同的气象灾害防御工作机制,为各级党委政府防灾减灾救灾和人民群众避灾赢得先机。

(五)始终把握加快科技创新、落实监测精密、预报精准、服务精细的战略任务。监测精密、预报精准、服务精细是做好气象服务保障的必然要求,加快科技创新是实现这一战略任务的根本途径。

把握这一战略任务,要求我们必须面向国家重大战略、面向人民生产生活、面向世界科技前沿,把科技创新摆在核心位置,着力健全气象科技创新体制机制,着力培养造就一大批具有光荣优良传统的各类气象科技人才和科技创新团队。我们要围绕监测精密,着力发展全时全域全要素的综合气象观测,提高气象观测智能化和装备国产化水平,做到重大灾害性天气监测不漏网;要围绕预报精准,着力发展以数值预报为核心的智能预报预测,努力提高气象预报预测的准确性、提前量和精细化水平,做到重大灾害性天气不漏报;要围绕服务精细,着力发展智慧气象服务,努力将精密监测、精准预报按需送达决策者、生产者和广大人民群众,做到重大气象灾害保障服务零失误。

全国气象系统一定要切实肩负起习近平总书记赋予气象工作的历史使命,增强服务国家服务人民、加快建成气象强国的紧迫感、责任感和使命感,把党中央、国务院的亲切关怀、殷殷嘱托转化为攻坚克难、拼搏奋斗的不竭动力,积极担当作为,奋力谱写新时代气象事业高质量发展的新篇章。

第二章 壮丽 70 年 辉煌新气象
——纪念新中国气象事业发展 70 年*

1949 年 12 月 8 日是载入史册的重要日子。这一天,经中共中央批准,中央军委气象局正式成立,开启了新中国气象事业的伟大征程。

70 年来,气象事业始终根植于党和国家发展大局,与国家发展同行共进、同频共振。伴随着国家发展的进程,气象事业从小到大、从弱到强、从落后到先进,走出了一条中国特色社会主义气象发展道路。新中国成立后,气象工作秉持人民利益至上这一根本宗旨,统筹做好国防和经济建设气象服务。在国家改革开放的大潮中,全面加速气象现代化建设,在促进国家经济社会发展和保障改善民生中实现气象事业的跨越式发展。党的十八大以来,坚持以习近平新时代中国特色社会主义思想为指导,坚持在贯彻落实党中央决策部署和服务保障国家重大战略中发展气象事业,开启了现代化气象强国建设的新征程。70 年气象事业的生动实践深刻诠释了国运昌则事业兴、事业兴则国家强。

70 年来,气象事业始终在党中央、国务院的坚强领导和亲切关怀下,与伟大梦想同心同向、逐梦同行。党和国家始终把气象事业作为基础性公益性社会事业,纳入经济社会发展全局统筹部署、同步推进。毛泽东主席关于气象部门要把天气常常告诉老百姓的指示,成为气象工作贯穿始终的根本宗旨。邓小平同志强调气象工作对工农业生产很重要,江泽民同志指出气象现代化是国家现代化的重要标志,胡锦涛同志要求提高气象预测预报、防灾减灾、应对气候变化和开发利用气候资源能力,都为气象事业发展指明了方向,鼓舞着气象工作奋勇前行。习近平总书记特别指出,气象工作关系生命安全、生产发展、生活富裕、生态良好,要求气象工作者推动气象事业高质量发展,提高气象服务保障能力,为气象事业以更高的政治站位、更宽的国际视野、更强的使命担当实现更大发展,提供了根本遵循。

一、70 年气象发展成就

在党中央、国务院的坚强领导下,一代代气象人接续奋斗、奋力拼搏,气象事业发生了根本性变化,取得了举世瞩目的成就。

---

* 主要执笔人员:郭雪梅 李栋

70 年来,紧紧围绕国家发展和人民需求,坚持趋利避害并举,建成了世界上保障领域最广、机制最健全、效益最突出的气象服务体系。

面向防灾减灾救灾,气象服务努力做到了重大灾害性天气不漏报,成功应对了超强台风、特大洪水、低温雨雪冰冻、严重干旱等重大气象灾害,为各级党委政府防灾减灾部署和人民群众避灾赢得了先机。我们建成了多部门共享共用的国家突发事件预警信息发布系统,努力做到重点灾害预警不留盲区,预警信息可在 10 分钟内覆盖 86% 的老百姓,有效解决了"最后一公里"问题,充分发挥了气象防灾减灾第一道防线作用。气象灾害防御取得了显著的经济社会效益,气象灾害经济损失占 GDP 的比重从 20 世纪八九十年代的年均 3%～6%,下降到近 5 年的 0.4%,占新增 GDP 的比重由 5 年年均最高时的 31.47%,下降至近 5 年的 5.02%(图 2.1);洪水及气象衍生灾害造成的人员死亡显著减少,年均死亡人数由 20 世纪 50 年代 5851 人降至近 10 年的 798 人。

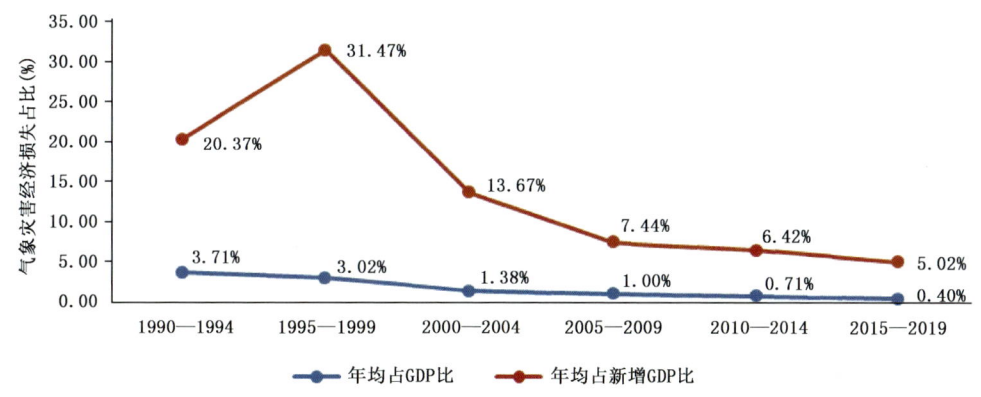

图 2.1　5 年均气象灾害直接经济损失占 GDP 比重

面向生态文明建设,气象部门构建了覆盖多领域的生态文明气象保障服务体系,打造了人工影响天气、气候资源开发利用、气候可行性论证、气候标志认证、卫星遥感应用、大气污染防治保障等服务品牌,开展了三江源、祁连山等重点生态功能区空中云水资源开发利用,完成了国家和区域气候变化评估,组织了四次全国风能资源普查,探索建设了国家气象公园。形成了由 56 架飞机、6500 门高炮、8200 台火箭、973 部高山燃烧炉等组成的立体作业网(图 2.2),建立了世界上规模最大的现代化人工影响天气作业体系,人工增雨(雪)覆盖从 20 世纪 90 年代年均不到 230 万千米^2,增加到目前的年均 500 万千米^2,防雹保护逾 50 万千米^2,有力推动了生态修复、环境改善,气象已经成为美丽中国的参与者、守护者、贡献者。

面向经济社会发展,气象工作主动服务和融入乡村振兴、一带一路、区域协调发展等国家重大战略,主动服务和融入现代化经济体系建设,大力加强了农业、水利、海洋、交通、自然资源、环境、旅游、能源、健康、金融、保险等领域气象服务,成功保障了

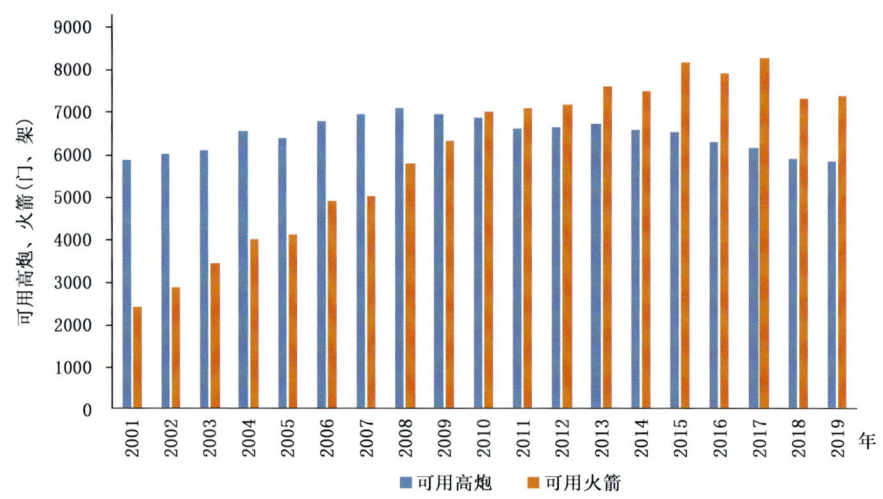

图 2.2　2001—2019 年中国人工影响天气作业可用火箭、高炮数量

新中国成立 70 周年、北京奥运会等重大活动和南水北调、载人航天等重大工程,积极引导了社会资本和社会力量参与气象服务,服务领域已经拓展到上百个行业、覆盖到亿万用户,投入产出比达到 1∶50,气象服务的经济社会效益显著提升。尤其气象服务保障粮食生产作出了巨大贡献,根据统计通过气象服务而采取各种有效趋利避害措施,使因干旱灾害造成的粮食损失大幅降低,损失率由 20 世纪 90 年代年均最高时的 7.32%,下降到近 10 年的 2.75%(图 2.3)。

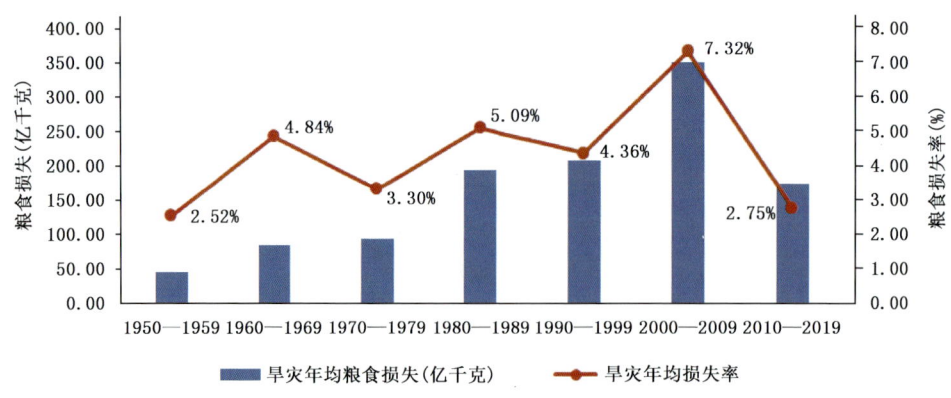

图 2.3　1950—2019 年 5 年均因干旱灾害造成的粮食损失变化趋势

面向人民美好生活,气象服务围绕人民群众衣食住行健康等多元化服务需求,在传统媒体气象服务(图 2.4)经过 21 世纪初快速发展后已趋于稳定的同时,创新气象服务业态和模式,大力发展智慧气象服务,打造"中国天气"服务品牌,已经形成中国天

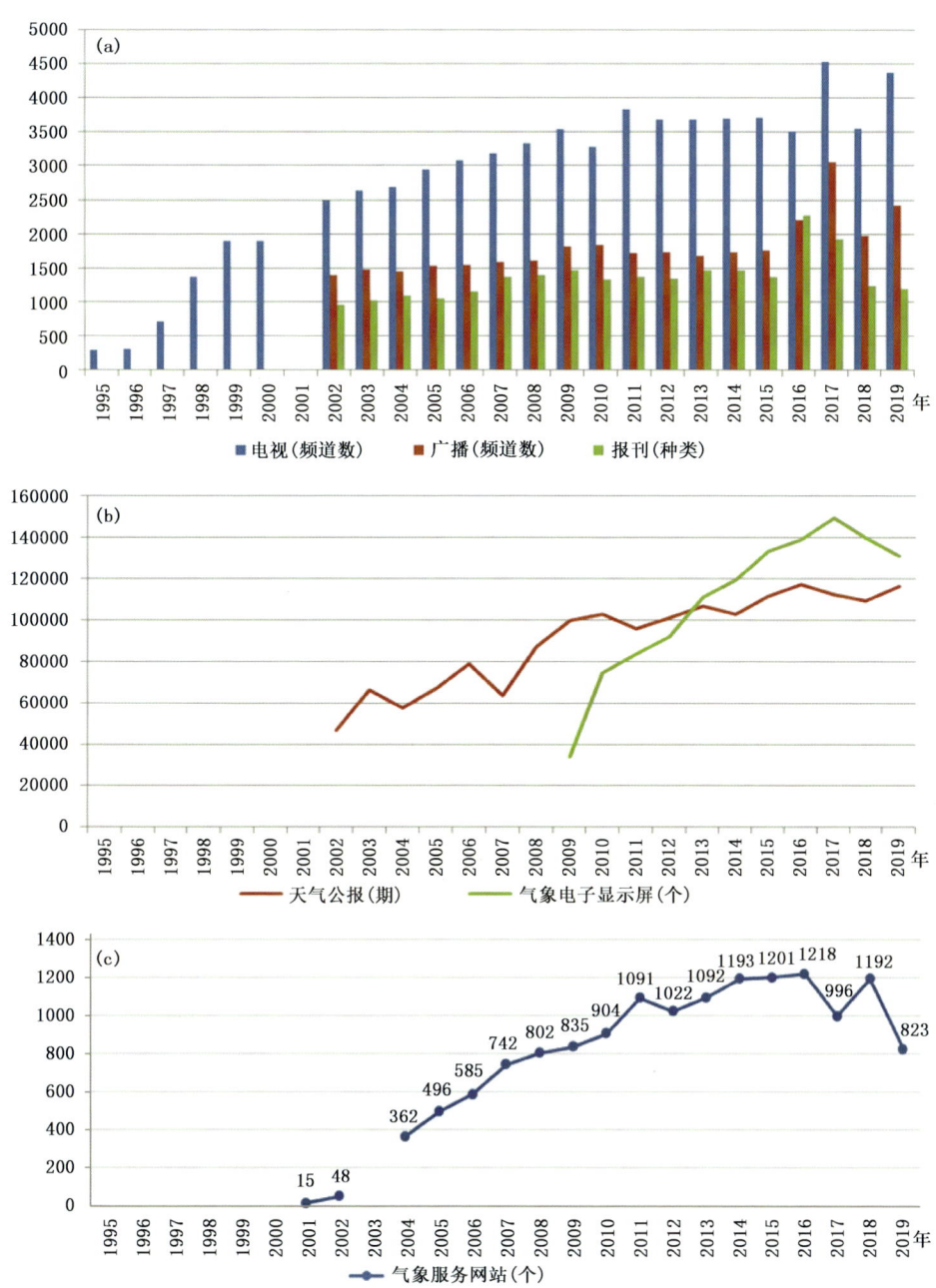

图 2.4 1995—2019 年媒体公众气象服务情况(单位:个)

气网、中国天气通、中国天气频道三大国家级公众气象服务品牌,气象服务的及时性、准确性大幅提高。新媒体时代,信息终端已拓展到微博、微信、客户端,媒介技术已经普及到虚拟现实(VR)、增强现实(AR)和混合现实(MR),一些媒体内部已经开始进行大数据、云计算、人工智能、区块链等布局,融媒体传播气象信息得到快速发展,特别是天气类应用用户规模持续增加,气象官方微博微信服务影响力越来越大,气象官方抖音也陆续上线。气象影视服务覆盖人群超过10亿,"两微一端"气象新媒体服务覆盖人群超6.9亿,中国天气网日浏览量突破1亿人次,全国气象科普教育基地超过350家,气象服务公众覆盖率突破90%。全国公众气象服务满意度近10年均稳定在85分以上,2019年满意度达91.8分,人民群众对气象服务的获得感显著增强。

70年来,始终坚持气象现代化建设不动摇,建成了规模较大、覆盖较全的综合气象观测系统和先进的气象信息系统,建成了无缝隙智能化的气象预报预测系统。

综合气象观测系统达到世界先进水平。气象观测系统从一穷二白起步,在砥砺奋进中开拓,于奋起直追中超越,经历了从以地面人工观测为主发展到"天—地—空"一体化自动化综合观测,从部门观测到统筹部门、行业、社会观测的发展历程。气象观测站从1949年的101个站,到2019年已建成10701个国家级地面气象观测站,全国业务布局的32项地面气象观测项目已全部实现仪器自动观测、自动综合判识。建成省级气象观测站54534个,乡镇覆盖率达到99.6%。数据传输时效从1小时提升到1分钟。气象雷达经历了从无到有、从有到优的发展过程,到2019年建成了216部雷达组成的新一代天气雷达网(图2.5),数据传输时效从8分钟提升到50秒。成功发射了17颗风云系列气象卫星,7颗在轨运行,为全球100多个国家和地区、国内2500多个用户提供服务,风云二号H星成为气象服务"一带一路"的主力卫星。建立了生态、环境、农业、海洋、交通、旅游等专业气象监测网,形成了全球最大的综合气象观测网。

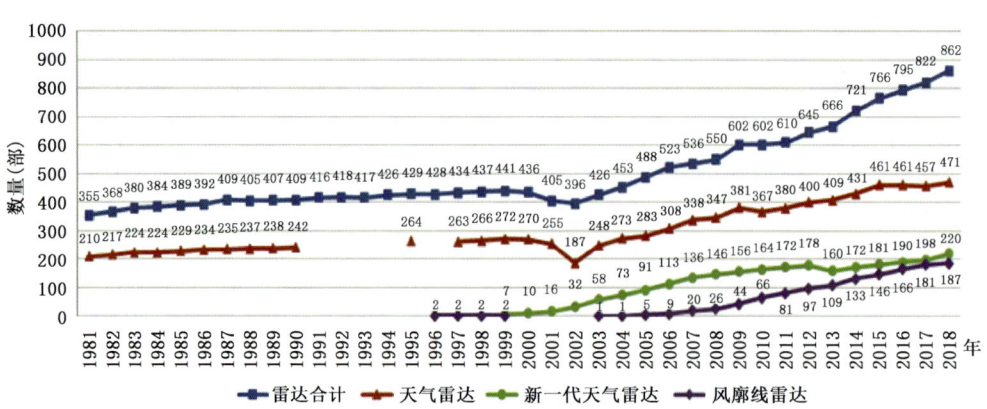

图2.5 1981—2018年气象雷达装备发展历程
(2013年之前为组装架设的雷达数量,自2013年开始为实现业务运行的雷达数量)

气象信息化水平显著增强。70年来,气象通信发展主要经历了莫尔斯通信、电传通信、无线传真、计算机通信、网络通信、卫星通信和宽带网络通信相结合的不同阶段,发展到目前物联网、大数据、人工智能等新技术得到深入应用,形成了"云+端"的气象信息技术新架构。建成了高速气象网络、海量气象数据库和国产超级计算机系统,每日新增的气象数据量是新中国成立初期的100多万倍。新建设的"天镜"系统实现了全业务、全流程、全要素的综合监控。气象数据率先向国内外全面开放共享,中国气象数据网累计用户突破30万,海外注册用户遍布70多个国家,累计访问量超过5.1亿人次。现代气象信息业务作为现代气象业务体系的重要组成部分和国家信息基础设施的重要组成部分,有力支撑了气象综合观测、气象预报预测、公共气象服务、气象科研和气象管理的高效运行。

气象预报业务能力大幅提升。70年来,气象预报经历了从手工绘制天气图经验预报发展到自主创新数值天气预报,从站点预报发展到精细化智能网格预报,从传统单一天气预报发展到面向多领域的影响预报和风险预警,从主要发布3天天气预报发展到发布从分钟、小时到月、季、年预报预测产品,气象预报预测的准确率、提前量、精细化和智能化水平显著提高。随着预报预测技术不断发展,数值预报模式和资料同化能力不断提高,全球数值预报精细到25千米,可用预报时效达到7.5天,区域数值天气预报精细到3千米。全国智能网格气象要素预报精细到5千米,区域数值天气预报精细到1千米。全国暴雨预警准确率达到88%,强对流天气预警时间提前至38分钟,近5年24小时晴雨预报准确率基本稳定在87%以上。可提前3~4天对台风路径做出较为准确的预报,达到世界先进水平。月降水气候预测准确率超过69%。2017年中国气象局成为世界气象中心之一,标志着我国气象现代化整体水平迈入世界先进行列。

70年来,紧跟国家科技发展步伐和世界气象科技发展趋势,大力加强气象科技创新和人才队伍建设,我国气象科技创新由以跟踪为主转向跟跑并跑并存的新阶段。

建立了较为完善的国家气象科技创新体系。通过不断优化气象科技创新功能布局,形成了气象部门科研机构、各级业务单位和国家科研院所、高等院校等跨行业科研力量构成的气象科技创新体系。经过70年的发展,目前已经形成了由9个国家级气象科研院所、23个省级气象科研所、28个国家级、省级重点实验室、31个野外科学试验基地以及中国科学院相关院所、25所合作高等院校构成的气象科技创新格局。强化气象科技与业务服务深度融合,大力发展研究型业务。加快核心关键技术攻关,雷达、卫星、数值预报等技术取得重大突破,有力支撑了气象现代化发展。坚持气象科技创新和体制机制创新"双轮驱动",形成了更具活力的气象科技管理制度和创新环境。改革开放以来,全国气象科技成果获国家自然科学奖26项,获国家科技进步奖67项(图2.6)。气象雷达、卫星、数值预报、气候变化、数据应用等气象核心和关键技术取得了重大突破。自主研发的GRAPES全球数值天气预报模式系统实现业务运行,台风路径和暴雨预报达到世界先进水平,气候系统模式跻身世界先进行列。

图2.6　1981—2019年各级气象科学技术奖励情况

科技人才队伍建设取得丰硕成果。经过70年的发展,形成了一支高素质的气象人才队伍,气象职工从1952年时的700人增长到1981年6万多人,目前在职职工已超过7万人。改革开放以后,通过大力实施人才优先战略,加强科技创新团队建设。全国气象领域两院院士35人,气象部门入选千人计划、万人计划等国家人才工程25人。气象科学家叶笃正、秦大河、曾庆存先后获得国际气象领域最高奖,叶笃正、曾庆存获国家最高科学技术奖。世界气象组织青年科学家奖自1993年以来多次授予中国青年科学家。已经建立了完备的气象教育和培训体系,形成了25所高等院校开展气象教育的良好格局,建成了一批各具优势的气象学科专业,造就了一支高水平的气象师资队伍,编写了一批精良的气象教材,培养了一批又一批气象专业人才。1999年气象教育培训改革以后,气象教育培训机构逐步形成中国气象局气象干部培训学院(中共中国气象局党校)、8个培训分院(党校分校),以及各省级培训机构为主体的气象干部培训体系。一系列科技创新成果、一代代科技创新人才和完善的气象教育培训体系有力支撑了气象现代化建设。

70年来,坚持并完善气象体制机制、不断深化改革开放和管理创新,气象事业从封闭走向开放、从传统走向现代、从部门走向社会、从国内走向全球。

领导管理体制不断巩固完善。坚持并不断完善双重领导、以部门为主的领导管理体制和双重计划财务体制,遵循了气象科学发展的内在规律,实现了气象现代化全国统一规划、统一布局、统一建设、统一管理,形成了中央和地方共同推进气象事业发展、共同建设气象现代化的格局,满足了国家和地方经济社会发展对气象服务的多样化需求。在这一领导管理体制下,气象部门通过不断深入改革,不断调整气象事业结构,目前已形成了由气象行政机关、气象事业单位、气象行业单位、气象服务企业和气象社会组织构成的新型气象事业结构。气象事业发展始终以战略谋划和顶层设计引领现代化发展。先后组织制定实施了13个五年规划(计划)和3个气象发展纲要,气象事业纳入到国民经济和社会发展总体规划。推进了气象现代化建设投资不断增长，建设水平整体提升。

各项改革不断深化。坚持发展与改革有机结合，协同推进"放管服"改革和气象行政审批制度改革，全面完成国务院防雷减灾体制改革任务。通过深入推进气象服务体制，强化了政府在公共气象服务中的职能和作用，加强了气象部门在公共气象服务中的基础作用，基本建立形成公平、开放、透明的气象服务市场规则，支持和促进了气象信息产业发展，激发社会组织参与公共气象服务的活力，形成了中国特色气象服务体系，更好地满足了经济社会发展和人民群众生产生活日益增长的气象服务需求。推进业务科技体制改革，逐步完善了现代气象业务发展和气象科技创新的体制机制，建立了集约高效的业务运行机制，激发了人才创新动力，建立完善了科技驱动和支撑现代气象业务发展的体制机制，运用现代信息技术，以数值预报为核心，以预报精准为目标，构建数据获取、分析和应用为一体，技术先进、功能完善、综合集约的现代气象业务体系，促进了业务水平的不断提升。推进管理体制改革，初步建立了与国家治理体系和治理能力现代化相适应的业务管理体系和制度体系，为气象事业高质量发展注入强大动力。

开放合作力度不断加大。70年来，特别是改革开放以来，气象领域扩大对外开放、加强国内合作，我国气象发展的全球影响力日益扩大。先后与160多个国家和地区开展了气象科技合作交流，深度参与"一带一路"建设，为广大发展中国家提供气象科技援助。截至2019年底，有100多位中国专家在世界气象组织、政府间气候变化专门委员会等国际组织中任职，气象全球影响力和话语权显著提升。全面参与国际气象科学研究计划，不断提升全球监测、全球预报、全球服务能力，2017年5月，中国气象局被世界气象组织正式认定为世界气象中心（WMC），标志着我国气象现代化的整体水平迈入世界先进行列。目前，承担了世界气象组织（WMO）中的20多个区域/专业中心任务，成为服务全球服务区域的重要依托平台。以多国别考察、教育培训、设备和技术援外等为沟通平台，进一步密切了与发展中国家的交流合作，分享了中国发展理念、经验、技术和设备，帮助发展中国家从中国的发展中受益。我国已成为世界气象事业的深度参与者、积极贡献者，为全球应对气候变化和自然灾害防御不断贡献中国智慧和中国方案。气象部门与国内有关部门和单位开展务实合作，形成了省部合作、部门合作、局校合作、局企合作的全方位、宽领域、深层次国内开放合作格局。

气象法治体系不断健全。建立了以《中华人民共和国气象法》为主体，行政法规、部门规章、地方性法规、地方政府规章组成的气象法律法规制度体系，形成了由国家标准、行业标准、地方标准、团体标准构成的气象标准体系。截至2019年底，现行有效的行政法规3部、部门规章19部、地方性法规111部、地方政府规章133部，国家标准187项、行业标准487项、地方标准600余项、团体标准14项。深入推进依法行政,气象行政执法监督体系逐步完善,执法检查和案件查处力度不断加大,执法能力和水平逐步提高,普法宣传形式与时俱进,气象法治环境得到了改善。建立形成了气象法律顾问制度,逐步完善了规范性文件、重大决策合法性审查机制和专家咨询机制,气象事业进入法治化发展轨道。

70年来,始终坚持党对气象事业的全面领导,以政治建设为统领,全面加强党的建设,在拼搏奉献中践行初心使命,为气象事业高质量发展提供坚强保证。

70年来,气象事业发展始终在党的领导下,人才辈出、精神璀璨:有夙夜为公、舍我其谁的开创者和领导者,有精益求精、勇攀高峰的科学家,有奋楫争先、勇挑重担的先进模范,有甘于清苦、默默奉献的广大基层职工。一代代气象人以服务国家、服务人民的深厚情怀,谱写了气象事业跨越式发展的壮丽篇章;一代代气象人推动着气象事业的长河奔腾向前,唱响了砥砺奋进的动人赞歌;一代代气象人凝练出"准确、及时、创新、奉献"的气象精神,激发起干事创业的担当魄力!

二、气象事业发展主要经验

70年的气象事业发展实践充分证明,坚持党的全面领导是气象事业的根本保证。70年来,在党的领导下,气象事业紧贴国家、时代和人民的要求,实现健康持续发展。新时代气象工作必须坚持以习近平新时代中国特色社会主义思想为指导,增强"四个意识",坚定"四个自信",做到"两个维护",把党的领导贯穿和体现在气象事业改革发展各方面各环节,确保气象改革发展和现代化建设始终沿着正确的方向前行。坚持以人民为中心的发展思想是气象事业的根本宗旨。70年来,气象工作把满足人民生产生活需求作为根本任务,把保护人民生命财产安全放在首位,把老百姓的安危冷暖记在心上,把为人民服务的宗旨落实到积极推进气象服务工作的各方面,促进气象在公共服务领域不断作出新的贡献。坚持气象现代化建设不动摇是气象事业的兴业之路。70年来,坚定不移加强和推进气象现代化建设,以现代化引领和推动气象事业发展。新时代必须按照中国特色社会主义事业的战略安排,谋划推进现代化气象强国建设,确保气象现代化同党和国家的发展要求相适应、同气象事业发展目标相契合。坚持科技创新驱动和人才优先发展是气象事业的根本动力。70年来,大力实施科技创新战略,着力建设高素质专业化干部人才队伍,集中攻关制约气象事业发展的核心关键技术难题,促进了气象科技实力和业务水平的不断提升。坚持深化改革扩大开放是气象事业的活力源泉。改革开放以来,气象发展紧跟国家步伐,全面深化气象改革开放,认识不断深化、力度不断加大、领域不断拓展、成效不断显现,推动气象事业在不断深化改革中披荆斩棘、破浪前行。

三、未来展望

经过70年的发展,气象事业走过了壮丽的历程,取得了显著成就,积累了宝贵的经验。站在新时代的历史起点上，中国气象局提出，到21世纪中叶建成具有世界先进水平的气象现代化体系，形成高水平的全球观测、全球预报、全球服务业务能力，全面建成现代化气象强国，既是广大气象工作者的历史重任，更是气象工作者对党和人民的庄严承诺，使命光荣，任务艰巨。全国气象系统必须围绕建成现代化气象强国宏大战略目标而努力。

到2035年的气象发展目标是，气象监测精密、预报精准、服务精细水平进一步提高，科技创新能力不断增强，气象防灾减灾第一道防线作用得到充分发挥，气象保障国家重大决策部署的能力显著提高，气象事业高质量发展的体制机制更加完善，气象整体实力达到同期世界先进水平。建成智慧共享的气象服务保障体系，建成世界先进的现代气象业务体系，建成优质高效的气象科技创新体系，建成更加完善的气象治理体系；建成全球气象保障体系最全、领域最广、服务效益最为突出的国家之一。

到2050年的气象发展目标是，建成现代化气象强国，气象整体实力位居世界前列，气象保障生命安全更加有力，保障生产发展更加扎实，保障生活富裕更加突出，保障生态良好更有成效，气象服务能充裕地满足社会主义现代化强国建设和人民美好生活需要。

第三章　气象现代化进展*

近年来,在党中央和国务院坚强领导下,经过全国气象系统的共同努力,基本建成了结构合理、布局适当、功能齐备的气象现代化体系,气象综合实力显著提升,气象服务效益显著,气象国际地位和影响显著增强。2019年,是全面推进气象现代化高质量发展的重要一年,全国气象系统科学谋划现代化气象强国建设战略,全面推进气象现代化高质量发展,气象现代化建设取得了新成就。

一、2019年气象现代化概述

（一）全球气象业务能力持续提升

加强"三个全球"顶层设计。气象部门整体谋划和推动全球监测、全球预报、全球服务业务发展,编制印发了《全球气象业务发展工作方案》,提出了"打基础、建业务、出成效、促发展"的实施目标,重点围绕"全球监测、全球预报、全球服务"部署了重点任务;组织编制了《全球气象业务发展行动计划（2020—2022年）》,有力有序确保各项工作落实落地。

推进全球气象业务能力建设。2019年,全球集合预报系统版本升级至V2.4,建立了50千米全球海浪预报系统,GRAPES台风模式扩充至东经40°—180°;初步建成风云气象卫星四大基础全球产品体系,形成常态化服务;实现79个全球气象数据中心5大类近50种数据资源信息动态的感知和18293个国外台站信息收集共享;研发全球陆面再分析产品CRA-40/Land,初步建成全球客观天气预报系统和全球月季网格预测产品体系。

全球业务发展呈现新格局。推动世界气象中心（北京）集约化能力和机制建设。改进全球业务流程,突出"一带一路"天气监测预报服务,打造中国气象服务国际品牌,大力发展全球远洋导航、航空气象、陆路交通、农业气象等全球专业气象服务。形成世界气象中心（北京）牵头对外联络机制。建设亚洲区域多灾种预警系统,与世界气象组织60个会员预警信息互联互通。依托"中国天气"面向全球重点城市、重点景

---
* 主要执笔人员:唐伟　王喆

区、重要机场等开展气象服务,提供全球300万站点、近100种语言的天气信息查询。

(二)智慧气象业务取得新进展

智能观测业务持续发展。2019年,出台《气象观测技术发展引领计划(2020—2035年)》,推动气象观测技术向自动化、信息化和智能化发展,提高以智能观测为重要标志的气象现代化水平。打造智慧城市对接"城市大脑"。启动雄安新区智慧城市气象观测试点。成功举办首届"观云识天"人机对抗大赛,智能观测技术取得一定进展。地面观测自动化具备全面业务运行条件。基本建成全国气象观测质量管理体系,国家气象观测实时业务平台正式启用。地球系统多圈层观测不断拓展,遴选出24个国家气候观象台,覆盖全国13个气候观测关键区,新增1个国家大气本底站。完成飞机飞艇和空间天气观测布局设计。研发30余种新装备,开展新技术试验试用50余次。

智能预报业务取得新进展。2019年,形成全球10天逐3小时10千米分辨率智能网格预报能力。覆盖全国的3千米分辨率区域模式投入业务运行。24小时内智能网格预报由逐3小时提升到逐小时。出台海洋气象业务发展三年行动计划。加快推进人工智能等新技术在预报订正中的应用。成功举办第一届全国智能预报技术方法交流大赛。

积极推动研究型业务试点建设。印发研究型业务建设的指导性文件,着力推进自动观测、实况业务、智能网格预报、综合评估和智慧服务等。初步建立以自动化为主体的数据采集业务,以智能化为代表的数据分析业务和以智慧化为特色的数据应用业务。观测、预报、服务全链条衔接贯通的集约化实况业务流程逐步建立。持续推动试点单位业务科研深度融合,探索设置新型业务岗位,建立健全研究型业务机制体制,促进人员由业务型向研究型转变,构建研究型为主新业态。

(三)气象大数据和信息化建设持续推进

信息化基础支撑能力提升。2019年,开展了全国气象信息化发展评估。试点开展集约化业务流程建设,推进核心业务系统融入大数据云平台。国家级"天镜"实现16个业务系统综合监视,初步建立国家、省级的全业务、全流程、全要素实时业务综合监控系统。启动关键信息基础设施保护工作。组织完成业务运行模式向国产派—曙光高性能计算机的移植工作。完成国家级硬件系统建设和软件系统部署,开展试点省级大数据云平台软件安装工作。

整合数据资源提升大数据质量。2019年整合全部CIMISS资料和10大类、56种核心历史数据,存储至气象大数据云平台,数据处理时效显著提升。修订完善《风云气象卫星数据管理办法(试行)》《气象数据管理规定》。开展气象数据共享效益评估。规范观测站名录。建立全国观测站网信息元数据库。推动社会观测数据实时汇交。制订观测元数据等标准。

政务管理信息化持续推进。2019年,已建成电子政务内网并实现与国务院办公厅电子政务内网的物理接入,完成电子公文安全可靠应用规划设计,基本建成政务管理平台、政务数据中心和管理应用系统。2019年6月底建成互联互通、便捷惠民、智能高效、标准统一、技术先进、安全稳定的"六统一"气象政府网站集群,全国31个省级气象政府网站均完成入驻,规范了网站域名、网站标识、ICP备案,实现统一管理、实时监管。气政通平台在气象部门国省市县四级全面投入使用。中国气象局行政审批网上平台全面接入全国一体化在线政务服务体系。梳理监管事项清单17条,检查实施清单8条,开始"互联网+监管"相关工作。积极稳妥做好政务信息主动公开和全国人大、政协建议提案办理工作。

(四)气象现代化整体水平继续提升

2019年国家级气象业务现代化评估得分为88.9分,较2018年提高0.2分,较2014年第一次评估提升了26.2分,接近2020年综合评分达标值(90分)。国家级气象业务现代化水平继续保持稳步提升态势。核心技术自主可控能力不断强化,区域数值预报模式能力指标完成度已接近100%,气象资料再分析水平进入国际先进行列,指标完成度超过90%;气象监测、预报、服务业务能力和信息化水平显著增强,应对气候变化和生态文明建设保障支撑能力稳步提升,科技创新、人才保障和标准化环境与机制不断完善,有力支撑国家级气象业务现代化发展。

2019年,各省(区、市)气象部门坚持趋利避害并举,着力服务保障国家重大战略和地方经济社会发展,全面推进气象现代化稳中有进、协调发展。各省(区、市)全面推进气象现代化呈现齐头并进的新态势。全国所有省份省级气象现代化水平全部达到基本实现气象现代化阶段目标,全国平均得分达到96.7分。各省(区、市)气象局积极贯彻落实全面推进气象现代化重大部署,较6年前取得明显成效,2014年以来年均增长率达到4.08%。省级现代化区域差异呈明显下降趋势,2019年有30个省(区、市)气象现代化得分达到95分以上,区域差异明显缩小。

(五)高质量气象现代化全面发展

2019年,现代气象业务全面发展,完成了观测和保障业务系统集约整合,基本形成全时全域全要素综合气象观测站网新布局;各类预报准确率持续保持在高位,全国24小时晴雨预报准确率、暴雨预警准确率均达历史最好成绩,台风路径预报水平继续保持世界领先,月温度气候预测准确率评分位列历史第一;构建了气象大数据云平台,形成了"云+端"现代气象业务新格局。持续推进了气象信息化系统、海洋气象综合保障、气象卫星探测、气象雷达探测、人工影响天气能力建设和山洪地质灾害防治气象保障等6项重大工程建设,进一步提升了气象现代化水平。

2019年,气象科技创新和改革开放全面深化。气象核心技术攻关任务取得重要进展,建成了GRAPES完整业务体系,多项业务系统成功升级;重点实验室布局进一步优化；科学数据共享效益显著；100多项成果实现业务转化应用，50余项高校科研成果在气象部门落地。气象人才队伍的规模、素质、结构持续改善，气象人才科技创新活力增强，支撑气象事业高质量发展的人才体系基本形成。进一步深化了气象国际合作与交流，加大了省部、部门、局校、局企合作力度，气象开放合作交流成效更加突出。全面深化气象改革和全面推进气象法治建设，为新时代气象高质量发展提供了强大动力和保障。

二、2019年气象现代化进展

（一）国家级气象业务现代化水平稳步提升

国家级气象业务现代化是全国气象现代化的核心与关键，是我国气象技术水平和业务实力提升的重要标志。为通过有效评估推进国家级气象现代化建设，依据《国家级气象业务现代化指标体系和监测评价实施办法》（气发〔2015〕55号）和中国气象局现代化办公室提供的数据，从基础支撑条件、核心技术水平、核心业务能力三个方面（图3.1）对2019年国家级气象业务现代化发展水平进行了评估。

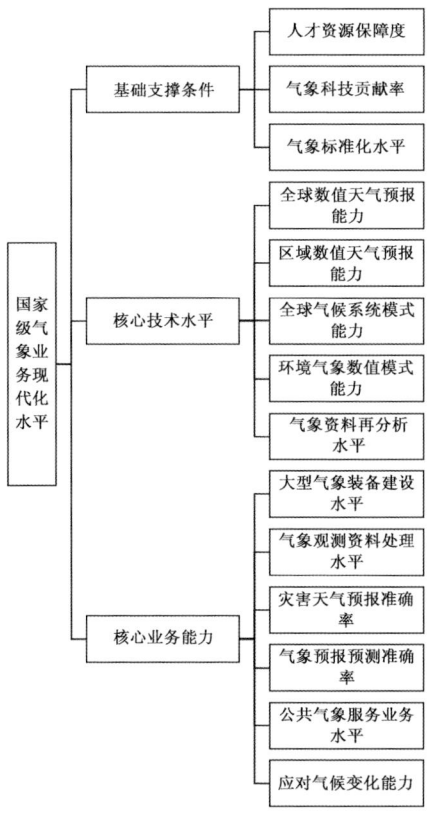

图3.1 国家级气象业务现代化评价指标体系（一级和二级指标）

评估结果显示,国家级气象业务现代化水平持续提升:核心技术自主可控能力不断强化,气象监测、预报、服务业务能力和信息化水平显著增强,应对气候变化和生态文明建设保障支撑能力稳步提升,科技创新、人才保障和标准化环境与机制不断完善。2019年国家级气象业务现代化综合评估得分为88.8分(满分100),较2018年提高0.1分,较2014年第一次评估提升了26.1分,接近2020年综合评分达标值(90分)(图3.2)。

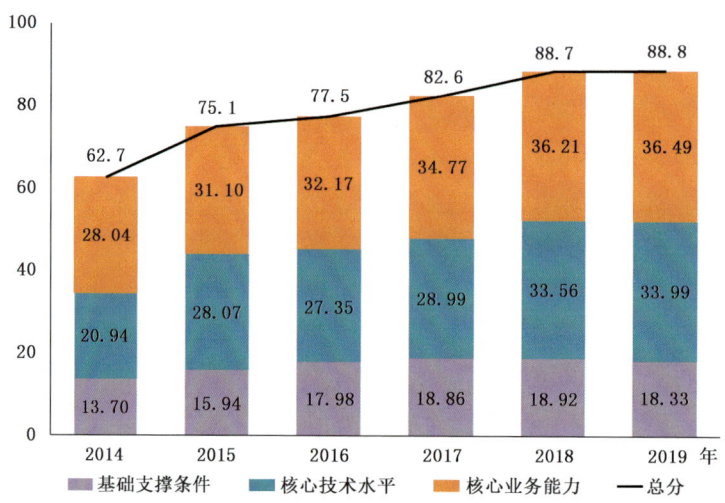

图3.2 2014—2019年国家级气象业务现代化指标评估得分变化趋势(单位:分)

从3项一级指标分析,表征气象科技、人才、标准化水平等基础支撑条件指标得分为18.33分(满分20),指标完成度91.6%,已处于较高水平;表征数值预报模式能力、资料再分析能力的气象核心技术水平指标得分为34.06分(满分40),指标完成度85.1%,较2018年提升0.5分和1.2个百分点;表征观测、预报、服务和应对气候变化的核心业务能力指标得分为36.49分(满分40),指标完成度91.2%,较2018年提高0.28分和0.7个百分点(表3.1,图3.3)。

表3.1 2014—2019年国家级气象业务现代化评估一级指标得分比较

一级指标	满分	2014得分	2015得分	2016得分	2017得分	2018得分	2019得分
基础支撑条件	20	13.70	15.94↑	17.98↑	18.86↑	18.92↑	18.33↓
核心技术水平	40	20.94	28.07↑	27.35↓	28.99↑	33.56↑	33.99↑
核心业务能力	40	28.04	31.10↑	32.17↑	34.77↑	36.21↑	36.49↑
总分	100	62.7	75.1↑	77.5↑	82.6↑	88.7↑	88.8↑

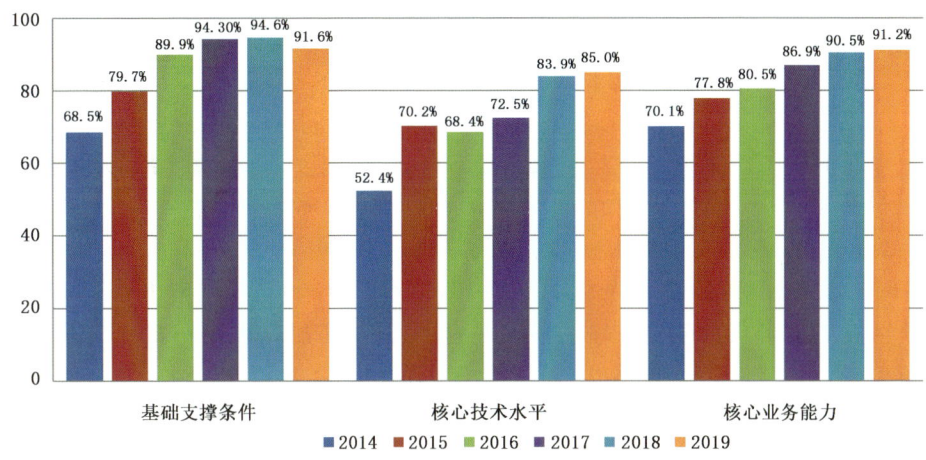

图 3.3 2014—2019 年国家级气象业务现代化评估一级指标完成度(单位:%)

1. 核心技术攻坚取得新成效

2019 年,全球数值天气预报能力、区域数值天气预报能力、全球气候系统模式能力、环境气象数值模式能力指标得分分别为 6.95 分、7.96 分、5.20 分、4.80 分,完成度分别达到 86.9%、99.5%、65.0%、80.0%,依次分别较 2018 年持平、提高 9.9 个百分点、2.5 个百分点和降低 10.0 个百分点(图 3.4)。

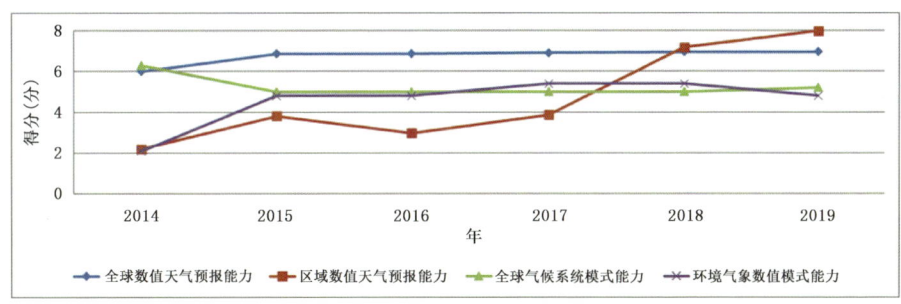

图 3.4 数值预报模式能力指标得分(单位:分)与指标完成度(单位:%)

2019年,GRAPES数值预报业务系统完成了高精度可扩展区域/全球一体化大气模式动力框架初始版本研发,实现了第一个并行版本在中国气象局新一代高性能计算机"派-曙光"上的并行可扩展性测试。GRAPES全球模式水平分辨率25千米,北半球可用预报时效达到7.5天,改进了四维变分同化效果,卫星资料同化量占比由上年度的70.3%提升至73.2%。GRAPES全球模式北半球和东亚区域可用预报天数与欧洲中期天气预报中心(ECMWF)、美国国家环境预报中心(NCEP)为代表的国际先进水平依然有一定差距(表3.2)。

GRAPES区域高分辨率模式水平分辨率达到3千米,覆盖范围由原来的中国东部试验区扩大至全国,有效地提高了强对流天气预报特别是西部地区天气预报业务的支撑能力。区域模式夏季降水预报准确率TS评分为0.114,夏季降水预报水平优于NCEP模式,但与ECMWF还有差距。

气候模式性能明显改进,BCC-CSM2-HR高分辨气候系统模式完成定版(BCC-CSM2-HR),大气分辨率达到水平约45千米、垂直56层,海洋分辨率1/4度(约25千米)。同时,发展了水平分辨率达30千米的测试版本(BCC-CSM3-HRv1(T382L70)),对中层大气的温度和环流的垂直结构及其季节变化已具有一定的模拟能力。

环境气象数值模式(CUACE)实现了与中尺度气象模式GRAPES等在线耦合并已在业务中应用,在业务运行中可用性为5天,水平分辨率为15千米;在部分科研应用时可用性可达9天,水平分辨率可提升至3~5千米。

表3.2 各主要预报模式2015—2019年北半球及东亚地区可用预报天数对比(全年平均)

区域	ECMWF					NCEP					GRAPES_GFS				
	2015	2016	2017	2018	2019	2015	2016	2017	2018	2019	2015	2016	2017	2018	2019
北半球	8.7	8.8	8.6	8.9	8.8	8.3	8.2	8.1	8.5	8.3	6.6	7.4	7.2	7.5	7.5
东亚	8.7	8.8	8.7	9.4	8.9	8.3	8.1	8.4	8.7	8.2	6.4	7.4	7.4	7.8	7.4

数据来源:中国气象局预报与网络司。

全球大气再分析产品(CRA-40)研制完成并实现业务准入,水平分辨率34千米,时间分辨率为6小时。建立了与国际现行水平相当的东亚区域大气再分析系统,水平分辨率12千米,研制了2008—2017年东亚区域再分析数据集。突破地面要素集合同化技术,同化地温、湿度和风场资料,研制出全球陆面再分析产品(CRA-40/Land),其分辨率可达1千米,土壤温度误差1.7(K),湿度误差0.04米^3/米^3。CRA-40产品水平与欧洲中心ERA-Interim、美国CFSR、日本JRA-55等再分析产品总体相当。2019年,气象资料再分析水平指标得分9.15分,指标完成度91.5%,较2018年提升1.1个百分点(图3.5)。

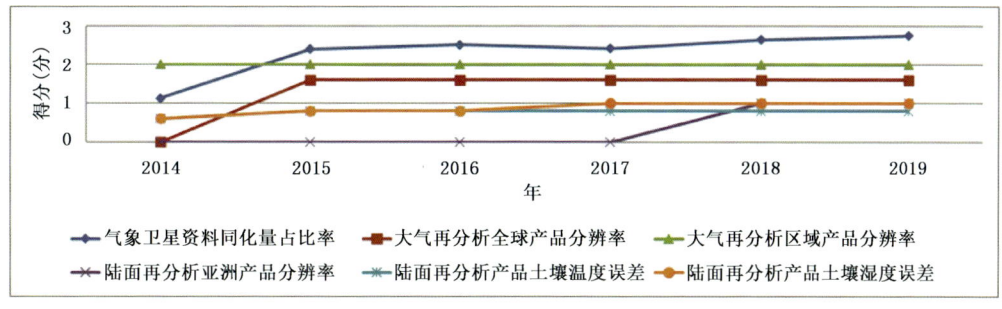

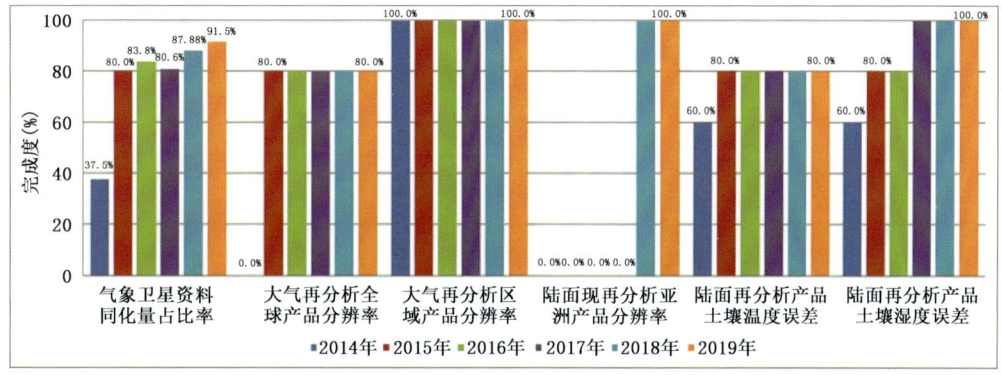

图 3.5 气象资料再分析水平指标得分(单位:分)与指标完成度(单位:％)

2. 核心业务能力不断增强

(1) 综合气象观测能力

2019 年大型气象装备建设水平指标得分 6.19 分,指标完成度达到 88.46％,较上年提升 1.8 个百分点。气象观测资料处理水平指标完成度达到 95.7％,较上年提升 0.9 个百分点(图 3.6)。

2019 年有 7 颗风云卫星在轨业务运行,其中风云三号卫星在轨业务运行 3 颗,可以实现每日 6 次全球全天候多谱段的观测,为"一带一路"服务提供各种天气、生态环境、气候产品;风云四号 A 星可对亚太地区实现 15 分钟一次的全圆盘和 5 分钟区域观测;风云二号 H 星定点东经 79 度,可有效覆盖"一带一路"沿线国家和地区。卫星定标性能不断优化,微波定标精度为 1 开、红外定标精度 0.6 开,可见光和近红外定标精度为 6％。气象观测新装备研发和投入业务应用呈现快速增长态势,相控阵雷达、毫米波云雷达、激光雷达等已开始业务化应用,天气雷达观测、质控与应用关键技术研发取得进展,天气雷达观测水平持续提升。

全网观测装备高水平运行,2019 年各观测装备业务可用性分别为:新一代天气雷达业务 99.21％、国家级自动站 99.98％、土壤水分 98.63％、探空系统 100％、雷电 98.58％、全球导航卫星系统水汽观测站(GNSS/MET)93.47％、风廓线雷达

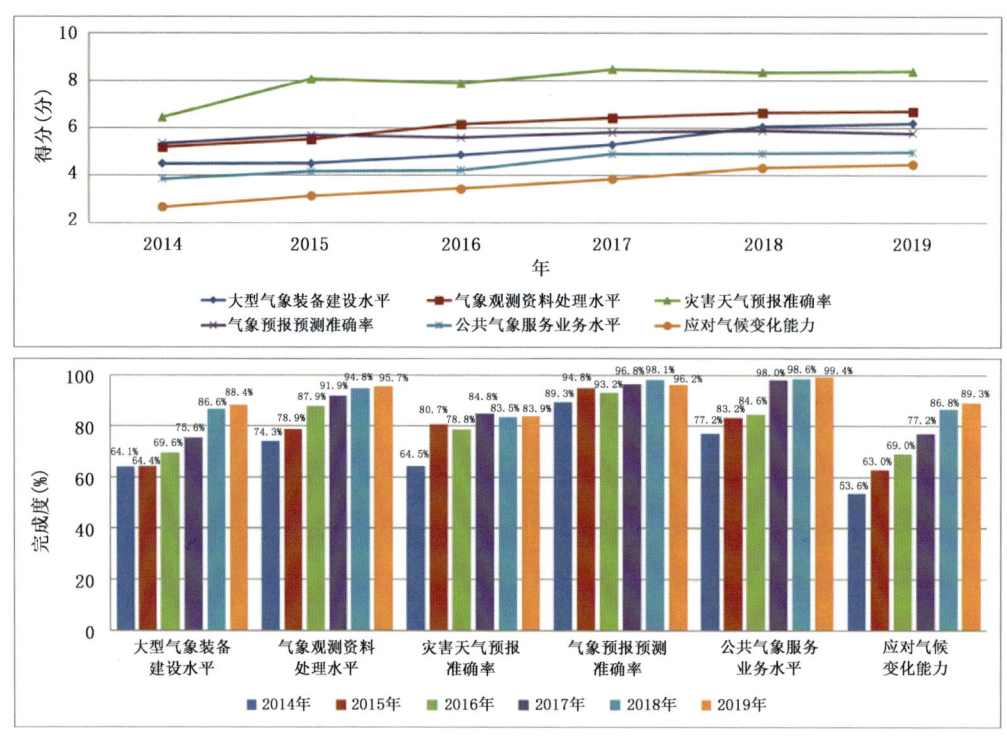

图 3.6　核心业务能力指标得分(单位:分)与完成度(单位:%)

91.4%、气溶胶 92.93%,实时气象观测资料可用率综合水平为 98.9%。观测资料质量控制覆盖率达 98%。

(2)气象预报预测准确率

2019 年气象预报预测准确率指标完成度达到 96.2%,较 2018 年低 1.9 个百分点。灾害天气预报准确率指标完成度达到 83.9%,较 2018 年提高 0.4 个百分点。

其中,基于全网格滚动建模理论的"格点化模式输出统计快速更新系统 GMOSRR V1.0"实现业务试运行,实时提供温度、风、相对湿度等连续要素滚动订正产品。"基于 GRAPES_GFS 模式的精细化气象要素预报系统 V2.0"与"全球城市天气客观预报系统 V1.0"均已投入业务运行,直接支撑全国和全球城市预报业务。气象预报预测准确率持续保持较高水平,全国 24 小时晴雨预报准确率达 87.9%;台风路径 24 小时预报误差 75 千米,好于日本(82 千米)和美国(83 千米);台风强度预报误差 4 米/秒,连续 3 年保持 4.0 米/秒以下水平;暴雨 24 小时 TS 评分 0.203,为近 5 年较高水平,相对于 EC 模式提高 20.1%;强对流预报准确率近年取得稳步提升,雷暴、短时强降水、风雹天气预报质量均优于过去三年,其中 12 小时雷暴和短时强降水预报 TS 评分分别达到 0.36 和 0.27。

2019年,气候趋势预测效果良好,月气温和月降水预测平均分分别为84.2分和69.0分,分别位列历史第一和第三水平;汛期降水预测评分为65.4分,较上年略有下降,但汛期预测较好把握了总趋势,准确预测了相应的气候特征、季节进程和主要气候事件。

(3)公共气象服务业务水平

2019年,公共气象服务业务水平指标完成度达到99.4%,较2018年提升0.8个百分点。

2019年,围绕经济社会发展和人民群众的多元化需求,气象服务业务能力不断提升,气象服务更加智慧化、精细化、个性化,覆盖面更加广泛,经济社会效益更加显著。2019年,预警信息公众覆盖率达到87.3%,公众气象服务满意度91.9分,气象科学知识普及率79.95分,均创历史新高。气象服务精细化多模式集成预报产品覆盖全球52万站点,公众生活气象指数产品覆盖国内2409站,精细化地面实况格点产品空间分辨率为3千米,天气雷达分钟降水预报产品和强对流高影响天气监测预警专业服务产品达1千米分辨率水平。

(4)应对气候变化能力

2019年,应对气候变化能力指标完成度达到89.3%,较2018年提升2.6个百分点。

2019年,全球气候变化监测率59.6%,较2018年提升0.1个百分点,其中,全球均一性检验站点覆盖率74.1%,在世界气象组织12492个站点中,开展气温资料均一性检验的站点9584个,较上年增加64个。气象灾害风险管理业务能力为84分。人工增雨作业条件识别准确率达80%,较上年提升12个百分点。

(5)气象信息化集约化

气象信息基础设施能力大幅提升,国家级高性能计算机运算能力达到9PFlops,有力支持全球数值模式再升级;开展大数据云平台核心能力建设,建立了气象特色的大数据存储系统,气象信息集约化程度大幅提升至77.19%,气象资料在线管理服务率高达96%。

3. 基础保障支撑持续强化

持续夯实气象人才基础,完善人才体制机制,优化人才发展环境,积极实施各类人才措施,不断提升人才队伍素质水平。人才总体素质指标完成度达到99.1%,较2018年提升3.1个百分点(图3.7)。

2019年气象科技贡献率水平为87.1%,超过2020年目标值(85%),气象科技贡献率指标完成度达到100%,和2018年一致。

2019年,新立项国家标准21项、行业标准111项;发布国家标准12项、行业标准47项。国家级业务科研单位累计组织修订国标128项、行标328项。气象标准应用率达到70.4%。

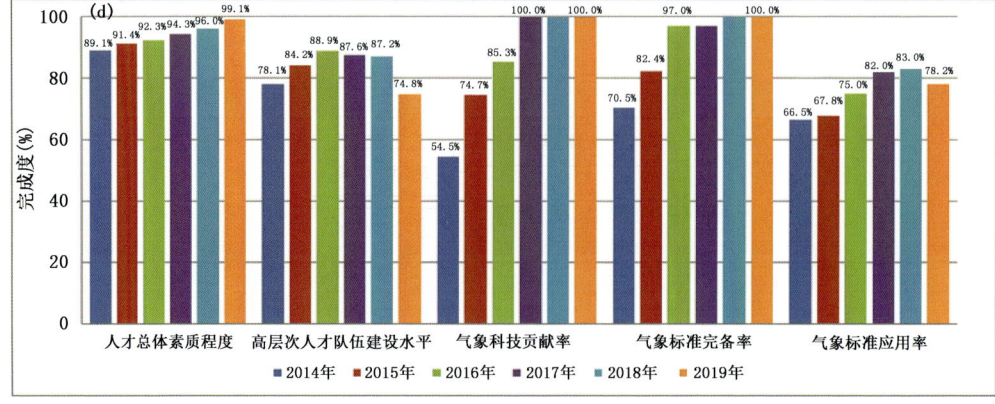

图 3.7 基础支撑条件相关指标得分（单位：分）(a,b,c)与完成度（单位：%)(d)

（二）省级气象现代化整体水平保持稳定

省级气象现代化着眼于促进全国气象事业全面、协调、可持续发展。依据《省级气象现代化指标体系和评价实施办法》（气发〔2015〕55号），从防灾减灾能力、预报预警能力、装备技术水平、气象服务能力、保障支撑水平和社会评价六个方面（图3.8）对2019年省级气象现代化发展水平开展了评估①。

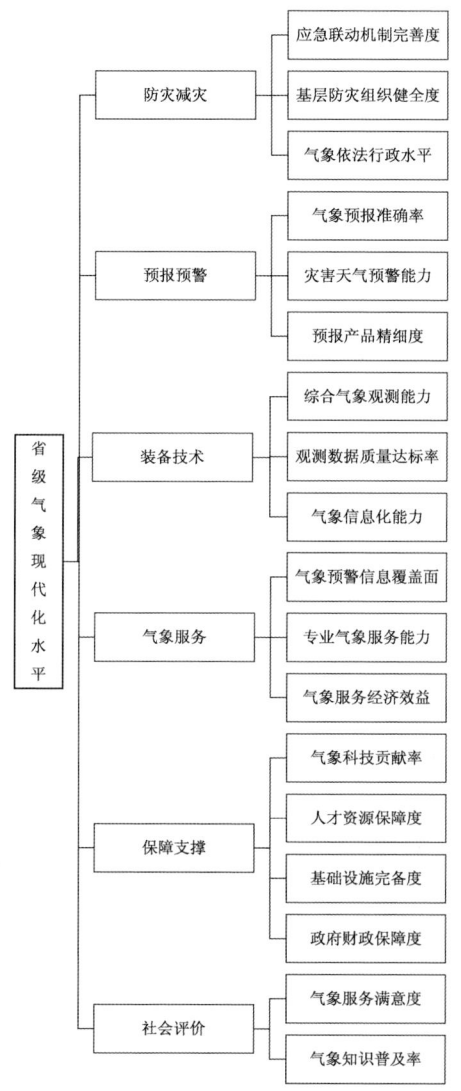

图3.8 省级气象现代化指标体系（到二级指标层）

---

① 数据来源：中国气象局现代化办。

评估结果显示,2019年,全国省级气象现代化平均得分达到96.7分,完成总体水平超过阶段性目标。2019年全国省级气象现代化评估平均得分较2018年提高0.3分,2014年以来全国省级气象现代化水平年均增长率达到4.1%。

1. 省级气象现代化整体水平较上年提高0.31%

2019年全国省级气象现代化水平平均达到96.7分,较2018年提高0.3分(0.31%),较2014年提高17.5分(22.1%)(图3.9)。6年来,6项一级指标得分总体呈现稳步上升趋势,全国省级气象现代化各项工作取得明显进步。

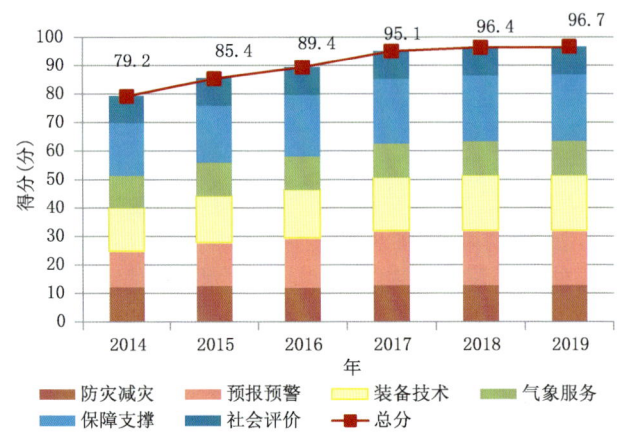

图3.9 2014—2019年省级气象现代化总分和一级指标得分
(全国平均。全国平均为31个省平均得分,下同)

从一级指标的完成度分析,2019年防灾减灾、预报预警、装备技术、气象服务、保障支撑、社会评价6项一级指标的完成度均达到90%以上(图3.10),防灾减灾、预报预警一级指标的完成度与2018年保持持平,其他4个一级指标分别较上年增长0.25、0.34、0.72、0.70个百分点,6项指标相较2014年提升明显,分别增长5.46、32.95、21.25、5.25、18.96、5.50个百分点。

2019年省级气象现代化水平较上年的进步主要体现在保障支撑和社会评价上,完成度均增长0.7个百分点以上,其他4项一级指标完成度增长幅度较小;与2014年相比增长最多的是预报预警,完成度增长了32个百分点以上,反映了全面推进气象现代化以来,全国现代气象业务体系建设卓有成效,气象灾害监测预报预警能力大幅增强。此外,由于在2018年除了保障支撑以外的其他5项一级指标完成度均已达到95%以上,所以2019年各项一级指标的年度增长率较2018年变化较小。

从表3.3可知,自2014年开展省级气象现代化指标完成情况评价以来,由于各省份气象现代化水平基础、发展条件的差异,将防灾减灾、预报预警、装备技术、气象服务、保障支撑、社会评价6项一级指标综合评价得分为90分作为基本实现现代化的阶段目标,在相同标准下各省份基本实现现代化阶段目标的时间明显存在差异。

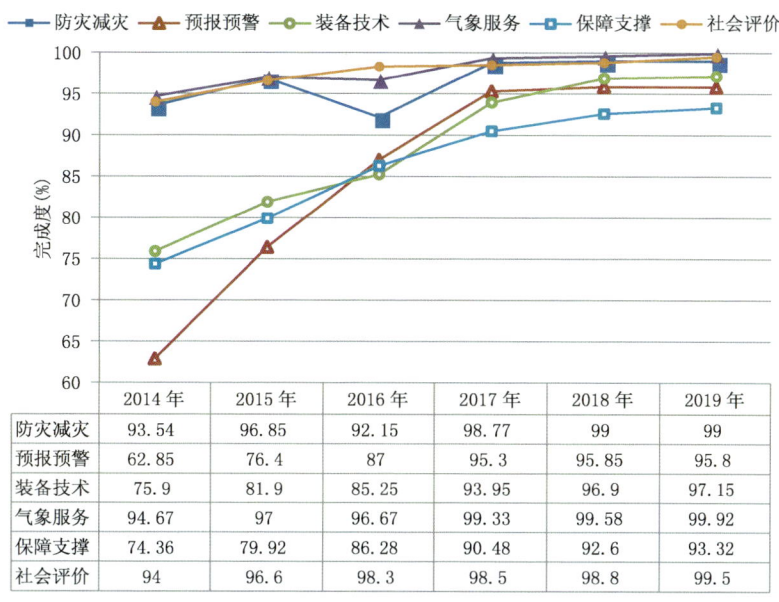

图 3.10 2014—2019 年省级气象现代化一级指标完成度(全国平均)

其中,2015 年实现阶段目标的有 4 个省份,2016 年有 17 个省份,2017 年、2018 年均为 30 个省份,2019 年所有省份均基本实现阶段目标,全国省级气象部门整体提前一年实现阶段目标。

表 3.3 省级气象现代化提前完成基本达标单位

年份	提前实现阶段目标的单位	实现阶段目标(≥90)时的分值
2015	上海、广东、北京和江苏(4 省份)	分别为 92.7 分、92.0 分、91.4 分和 90.9 分
2016	上海、广东、北京、江苏、天津、河北、辽宁、浙江、福建、安徽、江西、河南、湖北、广西、重庆、甘肃、山东(17 省份)	超过基本实现现代化设定分值,得分均为 90~95 分
2017	除西藏(1 省份)外所有省份	超过基本实现现代化设定分值,其中 1 个省份(占比 3.23%)达到 98 分以上,17 个省份(占比 54.84%)得分为 95~98 分,12 个省份(占比 38.71%)得分为 90~95 分
2018	除西藏(1 省份)外所有省份	超过基本实现现代化设定分值,其中 6 个省份(占比 19.36%)达到 98 分及以上,21 个省份(占比 67.74%)得分为 95~98 分,3 个省份(占比 9.68%)得分为 90~95 分
2019	31 个省(区、市)	全部超过基本实现现代化设定分值,其中 7 个省份(占比 22.58%)达到 98 分及以上,23 个省份(占比 74.20%)得分为 95~98 分,1 个省份(占比 3.23%)得分为 90~95 分

气象防灾减灾能力。防灾减灾指标评估各地气象部门应急联动机制的完善程度、基层气象防灾组织体系健全程度以及气象依法行政水平。2019年气象防灾减灾指标全国平均得分12.87分，完成度达到99.0%，和2018年持平，较2014年提高5.5个百分点。该项指标完成情况各省（区、市）差异很小，均达到91%以上（图3.11），其中有20个省（区、市）的气象防灾减灾能力完成度达到100%，28个省（区、市）完成度达到95%以上。该项指标评估结果体现了6年来基层气象防灾减灾组织体系和气象依法行政制度日趋完善，反映了近些年来全国气象部门推进"党委领导、政府主导、部门联动、社会参与"的气象防灾减灾机制建设取得显著成效。

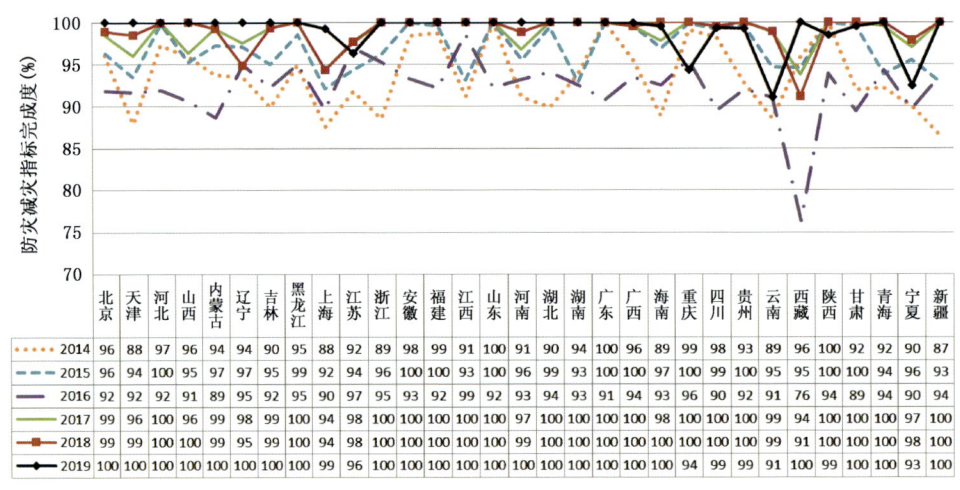

图3.11　2014—2019年各省（区、市）防灾减灾指标完成度

气象灾害监测预报预警能力。预报预警指标通过考察气象预报准确率、灾害天气预警能力和预报产品精细度来综合评估气象预报预测业务水平和推进精细化格点预报的发展水平。2019年气象预报预警指标全国平均得分19.16分，完成度达到95.8%，和2018年基本持平，较2014年提高33.0个百分点，反映了6年来，全国24小时降水和气温预报能力、月降水和月气温预测能力、灾害性天气预警能力、精细化气象格点预报水平均取得明显进展，中国气象局以"信息化、集约化、标准化"的理念和方式部署推进气象业务现代化取得了明显成效。气象预报预警能力受年景影响较大，2019年5个省（区、市）气象预报预警能力完成度达到100%，23个省（区、市）完成度达到95%及以上（图3.12）。

气象装备技术水平。装备技术指标评估各地的综合气象观测能力、观测数据质量达标率以及气象信息化能力。2019年气象装备技术指标全国平均得分19.43分，完成度达到97.2%，较2018年提高0.3个百分点，较2014年提高21.3个百分点。各省（区、市）装备技术指标完成度区域差异较小，均在91%以上，3个省（区、市）达到

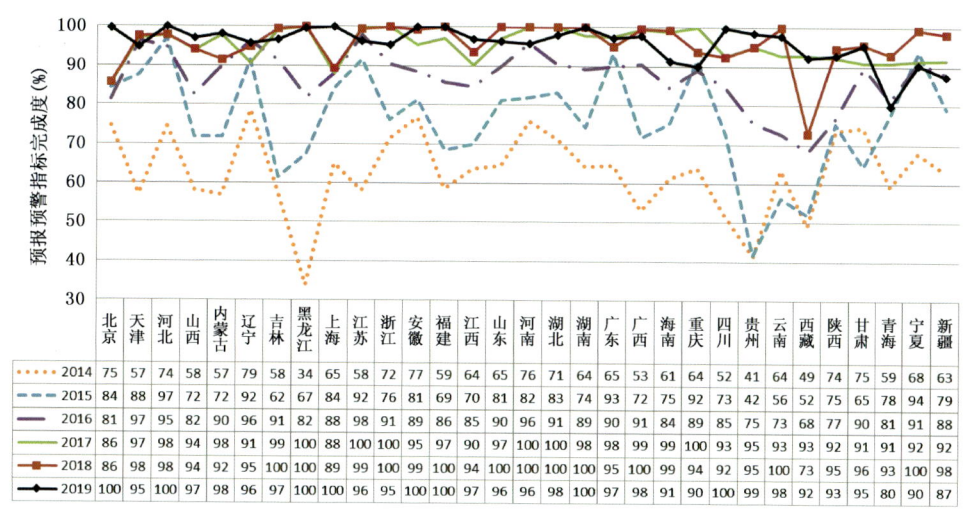

图 3.12 2014—2019 年各省(区、市)预报预警指标完成度

100%,25 个省(区、市)完成度达到 95% 及以上(图 3.13)。该项指标评估结果反映了 6 年来强化全国气象部门综合气象观测能力、数据质量控制以及气象信息化能力建设,取得了较大成效。

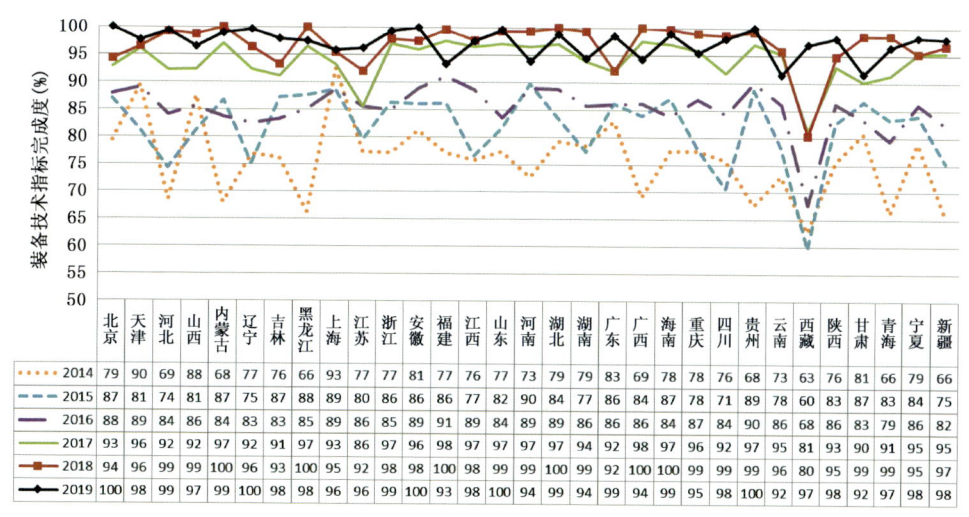

图 3.13 2014—2019 年各省(区、市)装备技术指标完成度

公共气象服务效益。气象服务指标评估各地的公共气象服务均等化程度、专业气象服务成熟度以及气象服务经济效益。2019 年气象服务指标全国平均得分 11.99 分,完成度达到 99.9%,较 2018 年提高 0.3 个百分点,较 2014 年提高 5.3 个百分点。

各省（区、市）气象服务指标完成度差别很小，均达到98%以上，其中26个省（区、市）达到100%（图3.14）。该项指标评估结果反映了省级公共气象服务能力成绩突出，体现了各级气象部门认真履行监测预报预警信息发布及应急联动响应职责，及时为各级党委政府提供决策气象服务，为公众和各行各业提供气象灾害预报预警服务，为经济社会发展提供了有力保障。

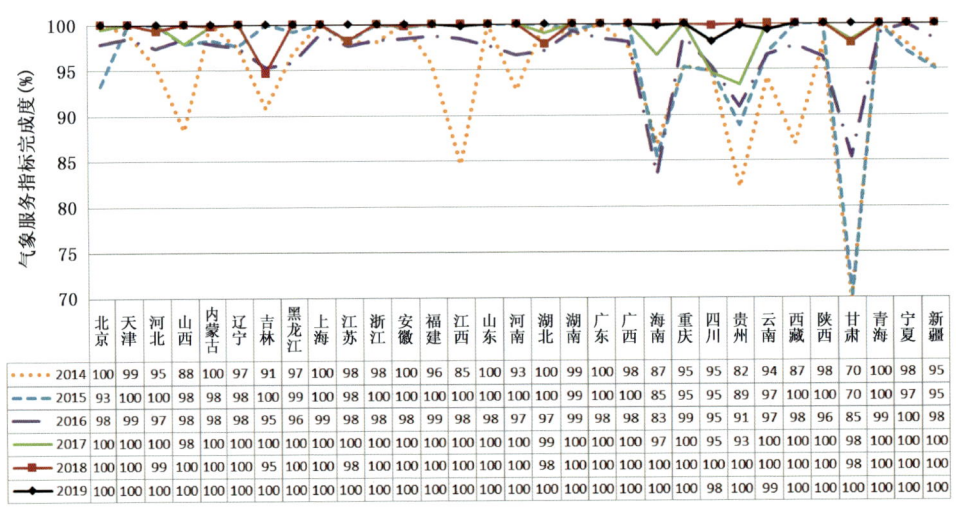

图3.14　2014—2019年各省（区、市）气象服务指标完成度

气象保障支撑能力。保障支撑指标通过评估各地科技、人才、基础设施以及财政保障水平，判断各地气象事业可持续发展水平和协调发展水平。2019年气象保障支撑指标全国平均得分23.33分，完成度达到93.3%，较2018年提高0.7个百分点，较2014年提高19.0个百分点。2019年全国气象事业保障支撑能力较6年前有较大提升，完成度均达到80%以上，但可持续发展和协调发展水平仍存在一定的区域差异，东、中部地区普遍保障支撑能力较高，而西部地区相对较低。2019年有27个省（区、市）完成度达到90%以上，3个省（区）为85%～90%，1个省（区）为80%～85%（图3.15）。

气象社会评价。社会评价指标通过对城乡居民抽样调查，评估公众对气象服务的满意程度和气象知识普及程度。2019年气象社会评价指标全国平均得分9.95分，完成度达到99.5%，较2018年提高0.7%，较2014年提高5.5%。各省（区、市）社会评价指标完成度差别很小，均为96.6%以上，其中19个省（区、市）完成度达到100%（图3.16）。该项指标评估结果反映了5年来气象事业社会评价稳步发展，各地气象工作得到了公众的普遍认可，气象科学普及也取得了很好的成效。

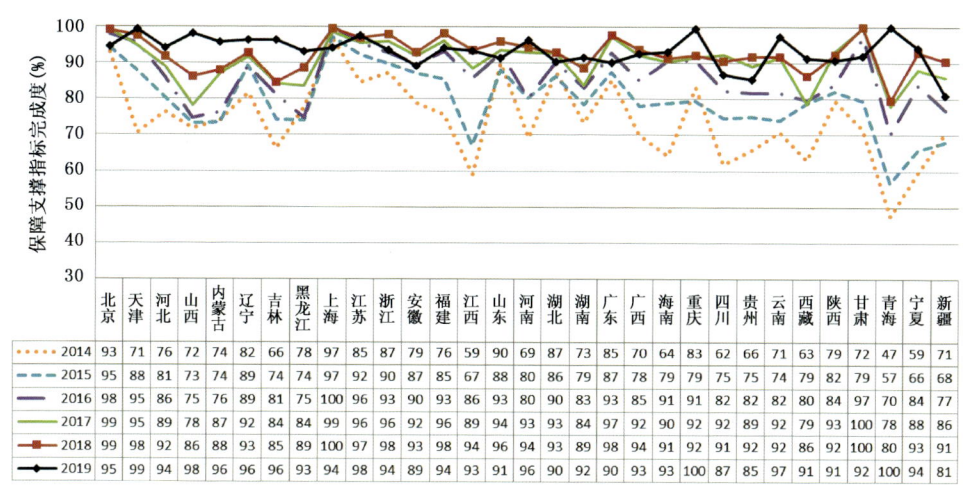

图 3.15　2014—2019 年各省(区、市)气象保障支撑指标完成度

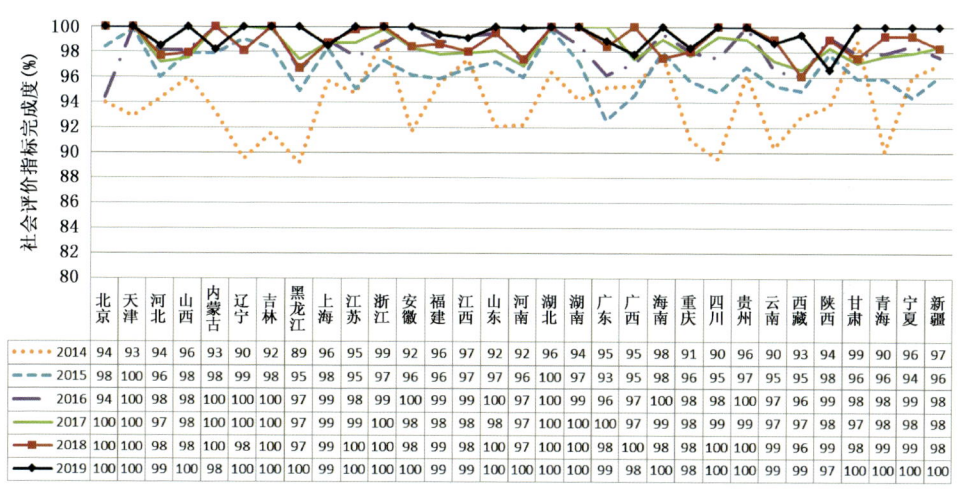

图 3.16　2014—2019 年各省(区、市)社会评价指标完成度

2. 五成以上省级气象现代化水平较上年有所提高

2019 年,全国 31 个省(区、市)全部达到基本实现气象现代化所确定的 90 分目标值,其中,有 7 个省(区)(占比 22.58%)达到 98 分及以上,有 23 个省(区、市)(占比 74.20%)达到 95 分及以上,达到 90～95 分区间的有 1 个省(占比 3.22%)(图 3.17)。31 个省(区、市)气象局中有 16 个省(占比 51.61%)的气象现代化评估得分较 2018 年有所提高,进步最大的为西藏(提高 9.69 分)。有 15 个省(占比 48.39%)较 2018 年得分略有下降,其中宁夏得分降幅较大,主要由于其灾害性天气预警准确

率提升度、观测数据质量控制覆盖率与气象科技贡献率3项指标评分有所降低。

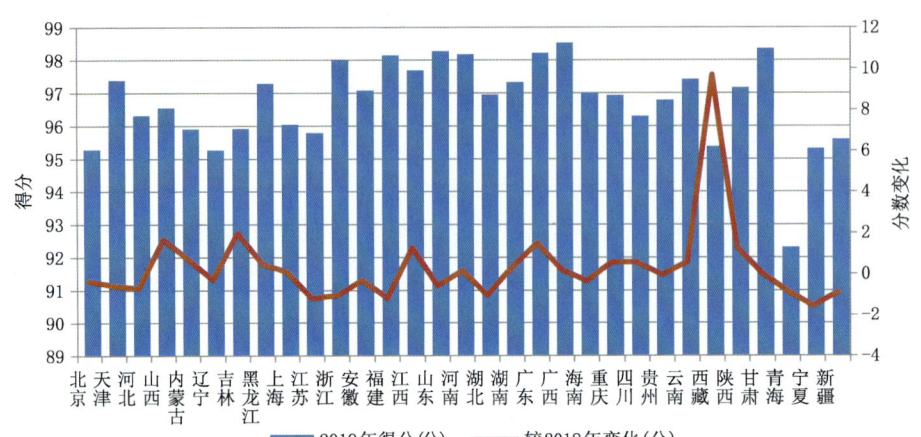

图3.17　2019年各省(区、市)气象现代化得分及得分较2018年变化

3. 省级气象现代化区域差异继续缩小

2014年以来,全国省级气象现代化区域差异呈明显下降趋势。2019年,各省份气象现代化水平得分离散度为1.0,较2018年下降58.33%,较2014年降低81.13%(图3.18)。

图3.18　2014—2019年省级气象现代化得分离散度

具体来看:

(1)全国情况。2019年,有18个省(区、市)(占比58.06%)气象现代化得分高于全国平均水平,分别为天津、浙江、福建、山东、广东、海南、黑龙江、安徽、江西、河南、湖北、湖南、广西、重庆、贵州、云南、陕西、甘肃,其他13个省(区、市)(占比41.94%)气象现代化得分低于全国平均水平。

(2)东部地区。2019年,东部地区气象现代化平均得分96.89分,天津、浙江、福建、山东、广东、海南6个省(市)得分高于东部地区平均水平,北京、河北、辽宁、上海、江苏5个省(市)得分低于东部地区平均水平。

(3)中部地区。中部地区气象现代化平均得分为97.1分,超过东部平均水平,其中黑龙江、江西、河南、湖南4省得分高于中部地区平均水平,山西、吉林、安徽、湖北4省得分低于中部地区平均水平。

(4)西部地区。西部地区平均得分为96.3分,广西、重庆、四川、贵州、云南、陕西、甘肃7个省(区、市)得分高于(或等于)西部地区平均水平,内蒙古、西藏、青海、宁夏、新疆5个省(区)得分略低于西部地区平均水平。

从以上情况分析,全国省级气象现代化区域差异既呈明显缩小趋势,也呈东中部发达省份气象现代化水平上升难度增大趋势,因为地方经济社会发展对气象服务提出了新的更高要求,气象现代化实现高质量发展的难度明显增加。

4. 四分之三以上省份三级指标完成度达到95%以上

2019年,全国省级气象现代化二级指标完成度均达到90%以上,其中有27.78%的指标完成度达到100%,分别为应急联动机制完善度、综合气象观测能力、气象预警信息覆盖面、专业气象服务能力、气象服务满意度;有50%的指标完成度达到95%~100%;有22.22%的指标完成度达到90%~95%。

2019年,全国95%的省级气象现代化三级指标完成度达到90%以上,77.5%的省级气象现代化三级指标完成度达到95%以上。其中,全国有37.5%的指标完成度达到100%,分别为气象灾害应急预案完备率、气象应急联动部门衔接率、联动部门防灾减灾信息双向共享率、乡镇(街道)气象协理员配置到位率、24小时晴雨预报准确率、观测站网完善度、观测装备业务可用性、雷达数据省内到达时间、气象预警信息社会单元覆盖率、气象预警信息广电媒体覆盖面、气象预警信息社会机构覆盖面、专业气象服务成熟度、政府财政支撑满足度、地方现代化项目经费到位率、气象服务公众满意度;有40.0%的指标完成度达到95%以上;有17.5%的指标完成度达到90%~95%;有5.0%的指标完成度在90%以下,分别为高层次人才队伍建设水平(80.31%)和地方中央财政支撑匹配度(73.00%)。

2019年省级气象现代化评估中,有2项三级指标进步明显,分别是气象标准化体系成熟度、基层气象机构基础设施达标率,指标实际值分别较2018年提高4.64、5.05个百分点。有10项三级指标得分较上年有小幅下降,但在正常波动范围内。

三、评价与展望

气象现代化近6年的评估结果表明,国家级气象业务现代化水平持续提升:核心技术自主可控能力不断增强。各省(区、市)气象部门坚持趋利避害并举,着力服务保障国家重大战略和地方经济社会发展,全面推进气象现代化取得了重大进展。

但在不同业务技术领域,气象现代化依然存在发展不平衡不充分问题,气象核心技术水平和业务能力仍有明显短板,相关核心业务技术指标进展缓慢,个别指标完成度不高,部分核心技术与世界先进水平的差距仍未缩小,创新驱动发展能力有待增强,气象服务精细化、专业化和智能化水平还需进一步提高,生态文明建设气象保障仍然有较大提升空间,参与全球气象服务和应对全球气候变化力度还有待加强。

新时代推进气象现代化高质量发展,全国气象现代化建设必须根据党中央和国务院要求,一是对标监测精密发展智能观测业务,不断完善综合气象观测网布局;对标预报精准发展智能预报业务,提升预报技术先进性和智能化水平;对标服务精细发展智慧气象服务,着力提升专业气象服务能力;加快实施气象信息化工程,持续提升气象信息化水平。二是强化创新驱动,补短板、强弱项,集中资源和力量推进核心业务技术能力建设,推进气象关键核心技术自主攻关和自主拥有知识产权。三是加快推进气象信息化、集约化、一体化、云端化和智能化建设,加快让我国气象信息化进入世界领先水平。

减灾与趋利篇

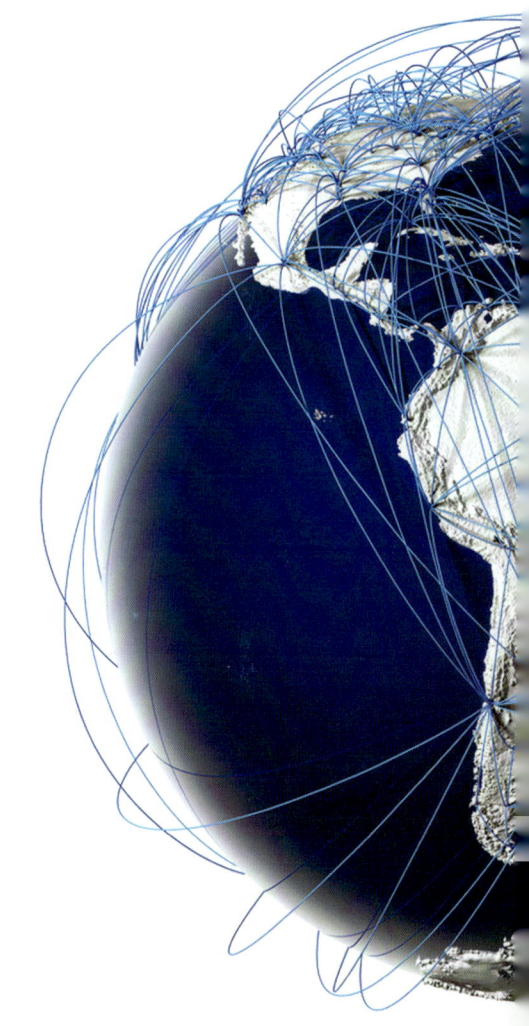

第四章　气象灾害防御

2019年，全国气象系统坚持以习近平关于综合防灾减灾救灾"两个坚持""三个转变"重要指示精神为指导，继续强化气象灾害防御科技支撑，大力提高灾害监测预报能力、突发灾害预警能力和灾害风险防范能力，守住防灾减灾第一道防线，努力做到重大灾害天气过程不漏报、重大灾害天气服务无失误，最大程度减少了人民生命财产损失，全国气象防灾减灾救灾取得了显著经济社会效益。

一、2019年气象灾害防御概述

2019年，我国自然灾害以洪涝、台风、干旱、地震、地质灾害为主，森林草原火灾和风雹、低温冷冻、雪灾等灾害也有不同程度发生。1—2月南方地区出现罕见阴雨寡照天气，2月中旬北方降雪覆盖1/7国土面积，7月初辽宁开原遭遇罕见强龙卷袭击，云南温高雨少遭受严重春夏连旱，长江中下游地区发生严重伏秋连旱，华南出现1961年以来最长汛期，华西秋雨期明显偏长雨日偏多，连续强降水致贵州水城发生"7·23"特大山体滑坡，相继发生青海玉树雪灾、四川木里森林火灾等重大自然灾害。

2019年，全年有5个台风登陆我国沿海大陆，登陆强度总体偏弱，仅台风"利奇马"灾损重；暴雨过程多，但暴雨洪涝灾害总体偏轻；高温日数多，区域性特征明显；区域性和阶段性干旱明显，但灾害损失偏轻；强对流天气过程偏少，损失偏轻；低温冷冻害及雪灾显著偏轻；春季北方沙尘天气少，影响偏轻。总体上看，2019年全国气象灾害造成农作物受灾面积1926万公顷，死亡失踪816人，直接经济损失3271亿元。受灾面积中，由干旱导致的受灾面积占气象灾害总受灾面积的41%，暴雨洪涝占35%，台风占10%，低温冷冻害和雪灾占3%。与2014—2018年平均值比，农作物受灾面积、死亡失踪人口均明显减少[①]，直接经济损失基本持平。

（一）气象灾害监测预报预警水平持续提升

2019年，全国气象灾害监测预警能力不断提升，气象预警信息发布的覆盖面和时效性持续提高，灾害性天气预报预警能力不断强化，气象灾害应急服务水平大幅提

---

* 主要执笔人员：吕丽莉　杨丹
① 资料来源：国家气候中心，2019年气候公报。

升。相较2018年,强对流天气预警时间提前量保持在38分钟,暴雨预警准确率由86%提高到89%。全国汛期降水、气温预测评分分别为65.4和84.2分。台风数值预报范围扩展至北印度洋。

2019年,GRAPES全球预报模式进一步得到改进,模式垂直分层初步增至87层,高层大气预报偏差显著减小。区域模式改进明显,覆盖全国范围的3千米分辨率GRAPES区域模式投入业务运行,对夏季强降水预报准确率明显超过ECMWF全球模式。2019年,基于GRAPES_GFS的气象要素预报产品实现业务运行,完成了产品换代,进一步推进了强对流天气短临预警业务发展,有效提升预警能力。启动SWAN3设计建设,实现雷达基数据流传输在SWAN中应用,将全国拼图时效缩短至观测后3分钟内;实现24小时内智能网格预报由逐3小时提升到逐小时。组织开展智能气候预测系统建设和业务预测试验,推动产品和技术区域共享。

(二)气象灾害防御综合效益日益凸显

1. 气象灾害直接经济损失占比呈波动下降趋势

2019年,气象灾害造成的损失总体属于偏轻年份。全国1.3亿人次受灾,直接经济损失3270.9亿元,其中,因台风造成的直接损失588.7亿元,暴雨洪涝造成的直接经济损失1922.7亿元,高温和干旱造成的直接经济损失457.4亿元,大风、冰雹和雷电造成的直接经济损失183.4亿元,低温冷冻和雪灾造成的直接经济损失27.7亿元。从多年经济损失变化趋势看,全国气象灾害造成的直接经济损失占GDP的比例呈波动下降趋势,较2018年(0.29%)略微上升,为0.33%,但较5年平均占GDP比低0.09%(图4.1)。这表明,由于气象灾害防御能力不断提升,因气象灾害造成的直接经济损失占比总体呈下降趋势。

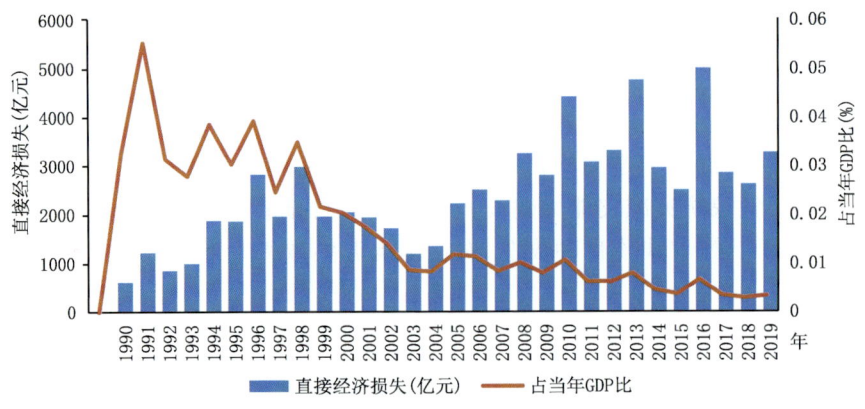

图4.1 1990—2019年全国气象灾害直接经济损失及占当年GDP比例

(数据来源:《气象统计年鉴》,2004—2019)

全国31个省(区、市)受到不同程度的气象灾害影响。其中,气象灾害造成直接经济损失超过200亿元以上的有6个省份,分别为浙江552.6亿元,山东425.3亿元,四川340.9亿元、江西333.6亿元、湖南243.1亿元以及黑龙江221.4亿元;气象灾害直接经济损失低于10亿元以下的有6个省份,分别是北京、天津、上海、宁夏、海南及西藏(图4.2)。

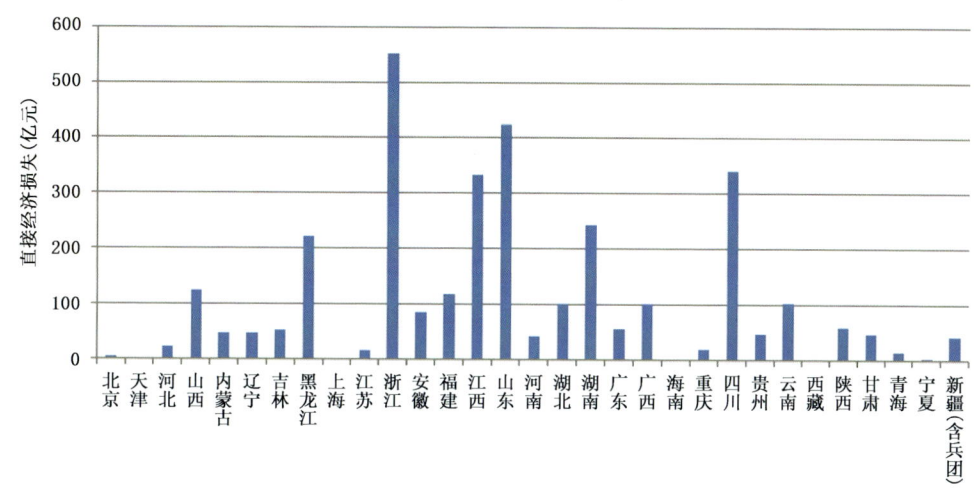

图4.2　2019年全国各省(区、市)气象灾害造成的直接经济损失情况
(数据来源:《气象统计年鉴》,2019)

2. 农业气象灾害防御效益明显

2019年,全国主要气象灾害造成农作物受灾面积1925.69万公顷,绝收面积280.5万公顷,是自2004年来农作物受灾第二低年份。近年来,通过不断加强农业气象灾害监测预报预警工作,持续推进现代气象为农服务体系建设,有效提升了农业气象防灾减灾能力。数据显示,2004年以来全国农作物受灾面积基本上呈逐年降低趋势,一些年份会出现一定波动,但波动幅度不大,仍呈持续减少趋势(图4.3)。这说明全国农业气象防灾减灾能力建设产生取得了明显成效,也说明全国农业防灾减灾措施越来越完善,农作物良种改造、农业结构调整取得了明显效果,有效降低了气象灾害影响。

3. 因气象灾害死亡人口呈减少趋势

2019年,全国气象灾害造成的死亡人数为816人,为2004年来死亡人口第二少年份;受影响人口13759万人,是2004年以来受影响人口第二少年份(图4.4)。从成因上分析,2019年气象灾害造成的人口死亡,主要为暴雨洪涝及滑坡、泥石流等次生衍生灾害所导致,由其造成的死亡人口占总死亡人口的7成以上。本年度台风生成多,登陆强度总体偏弱,仅台风"利奇马"灾害损失较重。全国由于台风造成的死亡人口为74人,为2001年以来死亡人口平均值的39%(图4.5)。

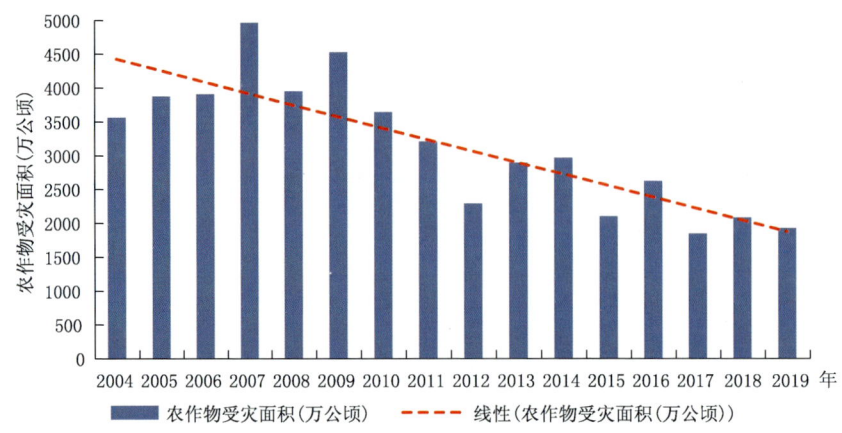

图4.3　2004—2019年全国农作物气象灾害受灾面积情况
(数据来源:《气象统计年鉴》,2004—2019)

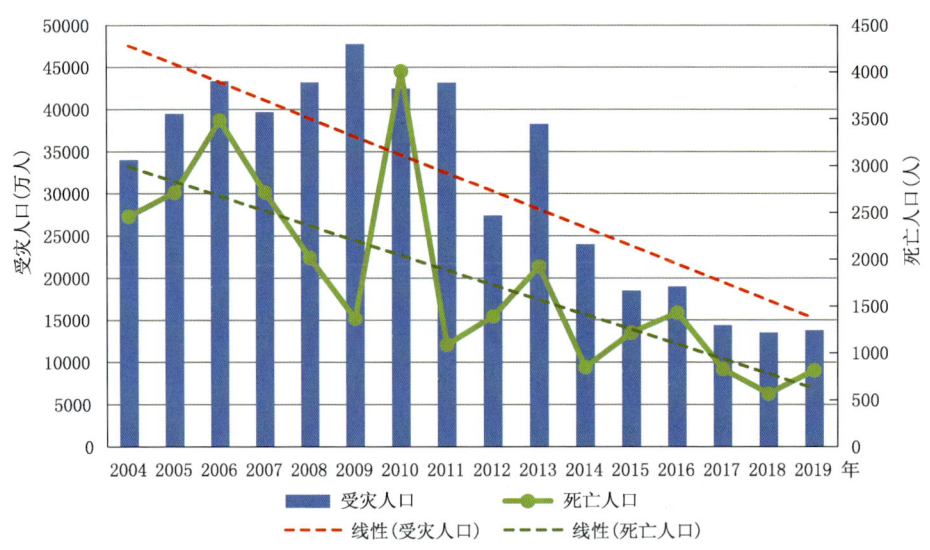

图4.4　2004—2019年全国气象灾害造成的受灾人口和死亡人口情况
(数据来源:《气象统计年鉴》,2004—2019)

4. 地质灾害防御气象服务效果明显

2019年发生的地质灾害共有6181起,其中自然因素引发的有5904起,占总数的95.5%,其中自然因素主要为降雨。全年地质灾害主要发生在全国29个省(区、市),仅天津和上海未发生地质灾害。其中,地质灾害主要集中在湖南、江西和四川等省;地质灾害造成的人员死亡(失踪)主要集中在贵州、云南和广西等(区);地质灾害

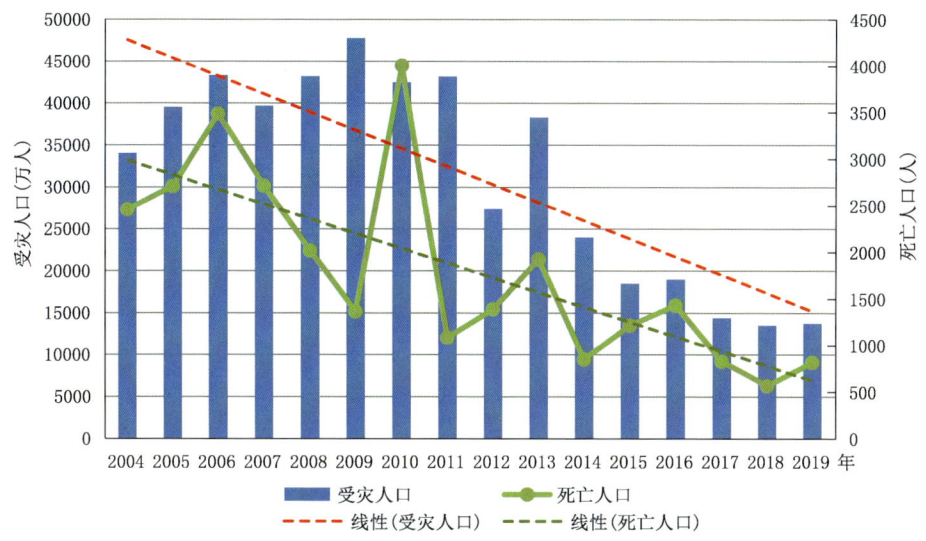

图 4.5　2001—2019 年全国因台风造成的直接经济损失、死亡人口情况
（数据来源：《气象统计年鉴》，2004—2019）

造成的经济损失主要集中在四川、甘肃和湖南等省。

2019 年，气象部门继续优化风险业务流程，建立了气象灾害风险全国天气会商常态化机制和与相关省份的风险会商联动机制。研发未来 2 小时山洪灾害短时临近预报技术，进一步完善优化风险业务流程，面向风险业务的全国水文气象预报业务服务系统投入业务应用，有力支撑了气象灾害风险业务的开展。中国气象局与自然资源部、水利部等联合发布地质灾害气象风险预警 137 期、山洪灾害气象预警 125 期，并与自然资源部等建立未来三天的地质灾害风险预警会商机制，山洪、地质灾害风险预警命中率继续稳步提升。全年成功预报地质灾害 948 起，避免可能伤亡 24478 人，避免直接经济损失 8.3 亿元。与 2010 年以来多年同期相比，2019 年地质灾害造成的总死亡人数排倒数第二位、直接经济损失排倒数第三位[①]，服务效果显著。

二、2019 年气象灾害防御工作进展

2019 年，全国气象系统认真落实气象防灾减灾救灾工作的新要求，积极融入新的应急管理体制，在气象灾害监测预报预警体系、气象灾害预警信息发布体系、气象灾害风险防范体系、气象灾害组织责任体系建设方面取得明显进展，气象防灾减灾能力和气象服务保障经济社会持续发展的能力都得到显著提升。2019 年，中国气象局

---

① 数据来源：《全国地质灾害通报 2019》，http：//www.cigem.cgs.gov.cn/gzdt_4839/dwdt_4861/202003/W020200331361864654877.pdf/。

启动重大气象灾害应急响应17次共69天，积极配合应急管理部开展防灾减灾救灾工作，开展多次视频会商，有力应对强台风"利奇马"，并完成长江中下游和华南地区的干旱，广东、湖南、福建等地暴雨，四川凉山木里、山西陕西等地火灾等一系列重大自然灾害的气象保障，充分发挥了气象防灾减灾第一道防线作用。

超强台风"利奇马"

2019年第9号台风"利奇马"生成于8月4日，7日晚加强为超强台风。其持续时间长，北上影响范围广，降雨量大，降雨强度大。气象部门积极应对，努力做到精密监测、精准预报、精细服务，以降低台风灾害影响，减轻台风灾害损失。

精密监测、精准预报台风路径。针对"利奇马"台风，天气雷达站开启24小时应急加密观测；高分四号、风云二号F星和风云四号A星开启加密观测模式。中央气象台24、48和72小时台风路径预报误差分别为61.4、117.0和161.4千米，均优于日本和美国路径预报误差。降雨最强时段（9—11日）的24小时暴雨和大暴雨预报预警准确率均在92%以上。中央气象台共发布台风预警17期（红色预警3期、橙色预警3期），暴雨预警18期（橙色预警5期）。同时，中国气象局加强与自然资源、水利等部门会商，滚动提供山洪、地质灾害、中小河流洪水、渍涝风险气象风险预警。

及时发布和传播气象灾害预警信息。7日18时至13日15时，全国各级气象部门利用国家突发事件预警信息发布系统共发布台风预警信息1224条，其中，发布国家级预警17条、省级40条、市级176条、县级991条。10—11日台风登陆前后台风影响地区43个预警新媒体账号共发布台风预警1171条，总浏览量近千万，总推送数达到1.8亿人次。中国天气网全站单日浏览量连续3天破亿。中宣部"学习强国"学习平台加急推出"每日预警信息提醒"栏目。《人民日报》手机客户端全国通过弹窗推送中央气象台台风红色预警信息至1.5亿人，阅读量385643人次。

强化部门联动和决策气象服务。中国气象局强化对中共中央办公厅、国务院办公厅及应急管理部等相关部委的决策气象服务信息报送，加大报送频次，共报送决策气象服务材料50余期。各级气象部门加强与防汛防台指挥各成员单位汇报，报送服务报告500余期。中国气象局每日与应急管理部门开展视频会商，及时提供最新实况监测和预报预警等信息；派出专家参加国家防总工作组，组织专家赴交通运输部进行现场气象保障服务并联合发布重大公路气象预警；与自然资源部、水利部分别联合发布地质灾害、山洪灾害气象风险预警；与应急管理部首次联合在中央电视台发布防御提示信息。

> 广泛开展气象宣传和科普。国家级气象业务单位和受影响的浙江、福建、山东、辽宁等地联合形成气象宣传联盟。通过召开媒体通气会、滚动发布31篇新闻通稿、协调12家媒体采访,实现与中央主流媒体、地方重要媒体和社会媒体的无缝隙对接。在微博和抖音平台策划运维"台风利奇马"等6个话题阅读量均破亿,累计阅读量达40.3亿次。"山东全省55个暴雨红色预警"和"台风利奇马"话题分别位列微博和抖音热搜榜首。

(一)气象灾害监测预报预警体系建设

1. 气象灾害观测站网布局更加优化

2019年,继续优化"海—陆—空—天"气象灾害观测站网,设计完成飞机飞艇和空间天气观测布局、海洋二期工程气象观测布局,启动第三极区域冰冻圈气象观测站网布局规划设计。完成了95套海岛和8套岛礁自动气象站完成更新,43套石油平台站完成新建和改造。将扶贫攻坚与补齐观测网短板相结合,西藏自动站数量同比增长188%,四川高原区域230个扶贫自动站完成建设。全国自动站乡镇覆盖率达到99.6%以上。风云卫星服务防灾能力不断增强。2019年,实现风云卫星直收数据接入29个省级数据环境,并向全省用户服务。在应急保障服务期间,启用高分四号、风云二号F星和风云四号A星开展加密观测模式913次。继续完善"风云卫星国际防灾减灾应急保障机制",为更多"一带一路"沿线国家和地区提供服务。全球气象灾害监测覆盖面不断扩大,气象灾害防御全球服务能力有所增强。

2. 灾害性天气预报预警水平继续提升

2019年,强对流预警、暴雨预警、气候趋势预测准确率以及台风路径预报水平都有新提高。西北太平洋台风路径预报处于世界领先水平,暴雨预警准确率达89%,24小时晴雨预报准确率达87.9%,均创历史新高。

推进人工智能在气象预报中的应用研究,深化大数据技术融合,提升业务支撑能力。2019年,气象部门继续组织人工智能等技术在温度、能见度预报订正中应用,开展基于机器学习的强降水短临预报研究,推进智能网格预报产品在灾害预警、风险预警和气象服务中应用。组织人工智能、多模式集合相结合的预测方法试点以及人工智能训练数据集建设。推进大数据云平台应用软件设计开发,大幅改进系统性能。推进核心业务系统云化改造。

2019年,完成MESIS2.0出图系统分布式改造,继续完善基于自然语言处理技术的预报文本自动生成系统,实现了天气公报、强对流预报、环境公报及海上大风预警等各类公报预警的自动生成。初步建立以数据为主线的预报服务一体化业务流程,逐步提升数据共享共用和智能化应用水平。进一步加强智能网格预报产品在灾害天气预警、气象灾害风险预警和气象服务中的应用。

3. 气象灾害应急服务取得新进展

努力发挥气象灾害预报预警在灾害应急中的先导作用,气象灾害应急响应制度和应急体系更加完善。2019年共启动省级以上应急响应240余次,发布突发事件预警信息25万余条,预警覆盖率达87.3%,较2018年提高0.9%(图4.6)。共发布各类预警1067期(次),其中红色预警3期(次)。针对2019年低温雨雪、汛期暴雨、北上台风、盛夏高温、夏秋干旱等重大天气过程,及时发布预报和预警信息,圆满完成预报服务。全国气象防灾减灾监控平台接入5试点省级"一平台",共享气象防灾减灾"一本账"9类信息,全年实现14类气象灾害和96起重特大突发事件从发生、发展到结束的实况、预警、服务、灾情、舆情全流程可视化监控。调研29个国家级部门对决策气象服务的需求,有针对性地增加《汛期每日雨情》等服务产品,推动了分灾种气象影响预报和风险预警产品在决策服务中的应用。

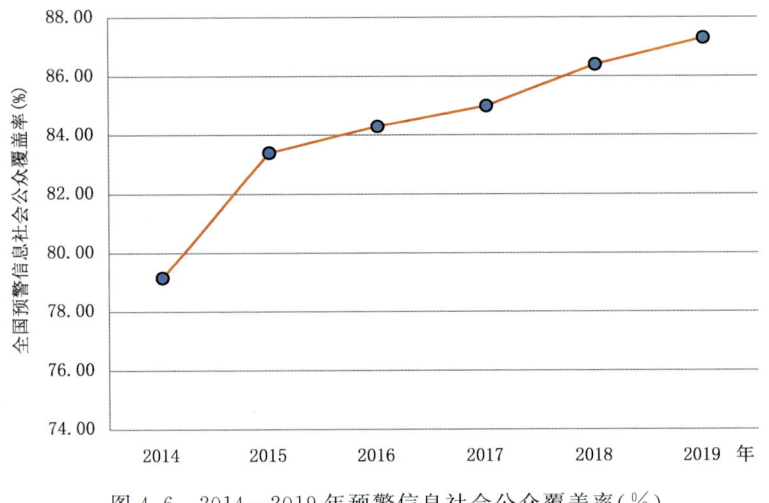

图4.6 2014—2019年预警信息社会公众覆盖率(%)

气象防灾减灾救灾部门联动进一步加强。中国气象局与应急管理部建立应急管理与气象监测预报预警服务联动工作机制。气象局与应急管理部、林草局联合制作发布高森林火险预警。与生态环境部门联合开展空气质量预报,大气污染潜势预测和大气污染防治效果影响定量评估。与水利部门汛期联合发布山洪灾害气象预警,与水利部海河水利委员会签订《共同推进海河流域水安全战略合作协议》。截至2019年底,全国共有19个省(区、市)气象部门与交通运输部门签署合作协议[①]。统计数据显示,2019年,全国31个省级气象部门普遍与政府各有关部门建立了有效的

---

① 资料来源:2019年中国公共气象服务白皮书。

气象灾害信息共享机制,各省份实现气象灾害信息双向共享部门达到 531 个,部门双向共享实现率达到 98.3%,比 2018 年提高 3.3 个百分点,其中有 26 个省级单位实现了气象灾害信息 100% 双向共享(图 4.7)。

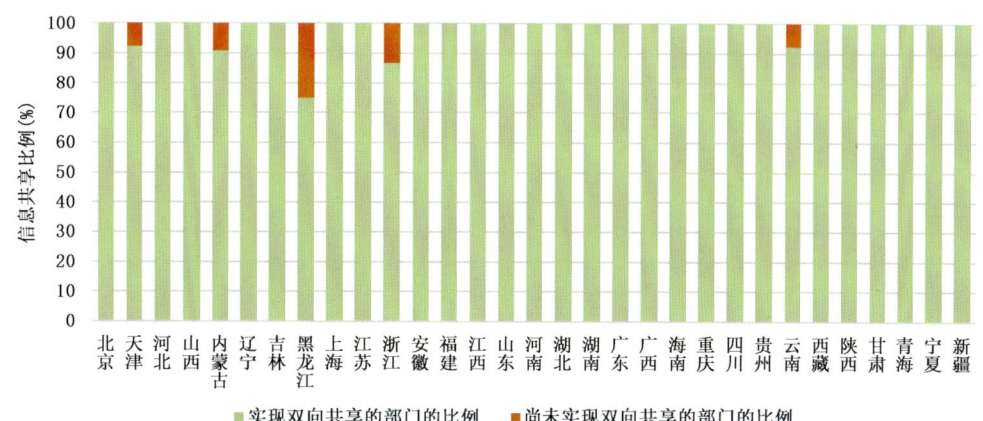

图 4.7　2019 年全国各省(区、市)气象灾害信息共享情况
(数据来源:中国气象局现代化办公室)

4. 气象灾害防御国际合作不断深入

2019 年 10 月 13 日是第 30 个国际减灾日,主题是"加强韧性能力建设,提高防治灾害水平",强调加强基层综合减灾能力建设,加大防灾减灾科普宣传教育力度,提升学校、医院、居民住房、基础设施等设防水平,切实增强全社会抵御灾害的韧性能力[1]。30 年来,中国政府确立了灾害风险管理和综合减灾理念,基本形成了中国特色自然灾害管理体系,显著提升了应对重特大灾害的应急能力,最大限度减少了灾害造成的人员伤亡和财产损失,中国防灾减灾救灾工作取得显著成就。

2019 年,中国气象局整体谋划和推动全球气象监测、预报、服务业务发展,加强气象灾害防御的国际合作。完成了亚洲区域多灾种预警系统(GMAS-A)的建设,实现面向亚洲区域预警信息的汇集和服务产品的共享功能,实现与世界气象组织 60 个成员国预警信息的互联互通;举办亚洲区域灾害早期预警能力提升研讨会;参加多灾种早期预警等国际研讨,不断扩大 GMAS-A 影响力。积极与国际智库开展交流合作,联合英国气候变化委员会出版《中－英合作气候变化风险评估——气候风险指标研究》。

---

[1] 资料来源:http://www.xinhuanet.com/yingjijiuyuan/2019－09/29/c_1210296496.htm。

(二)气象灾害预警信息发布体系建设

1. 国家突发事件预警信息发布系统进一步完善

2019年,中国气象局升级国家预警信息发布系统,优化推送流程,提升发布时效,建立质量通报机制,更新应急责任人信息和数据,系统进驻应急管理部指挥中心,有力支撑防灾减灾科学决策。全国预警信息发布质量单月正确率提升至99.98%,全年平均正确率达99.96%,创历史新高。外交、教育、公安、民政、自然资源、生态环境、住建、交通运输、水利、农业农村、文化旅游、卫生健康、应急管理等多个部门已利用系统发布预警信息(图4.8)。2019年,国家突发事件预警信息发布系统向应急责任人和社会公众发布自然灾害、事故灾难、公共卫生和社会安全四大类预警信息25.5万条,发布12379条短信约30.2亿人次,服务用户60余家共计5903.9万次,同比增长145%。

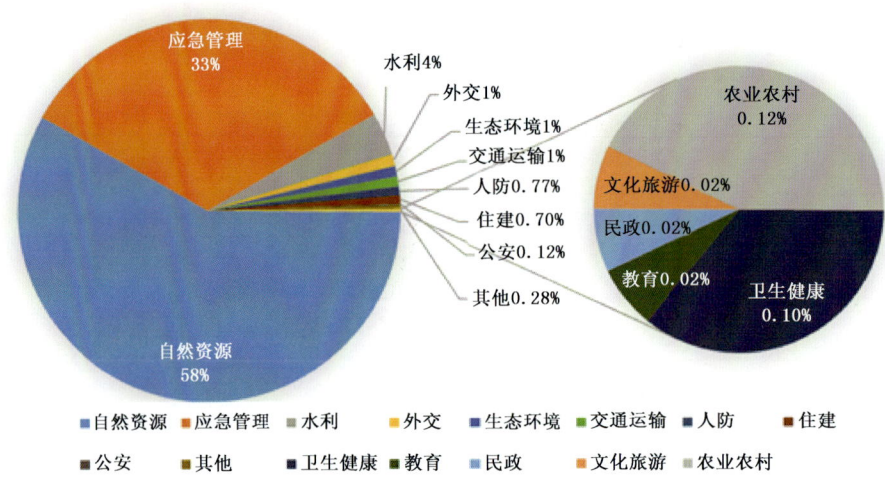

图4.8 2019年在国家突发事件预警信息发布系统上发布预警的部门分布

2. 气象灾害防御决策服务智能化水平提高

决策气象服务和预警发布更加集约和智能。2019年,中国气象局开发了决策气象服务业务系统和气象信息决策支撑平台——"中国气象"和12379手机APP。该平台融合了各类气象数据和预警、国土、水利等数据,由国务院应急办部署运行,并在气象灾害应急联络员会议成员单位中推广应用。

面向各级政府的决策气象服务数量稳中有升。统计数据显示,2019年,全国决策气象服务产品总量达到73.2万期(次),较2018年增加7万期(次),全国气象部门向中央政府、部门和地方各级政府提供决策气象服务产品总量基本呈稳定增加态势(图4.9)。

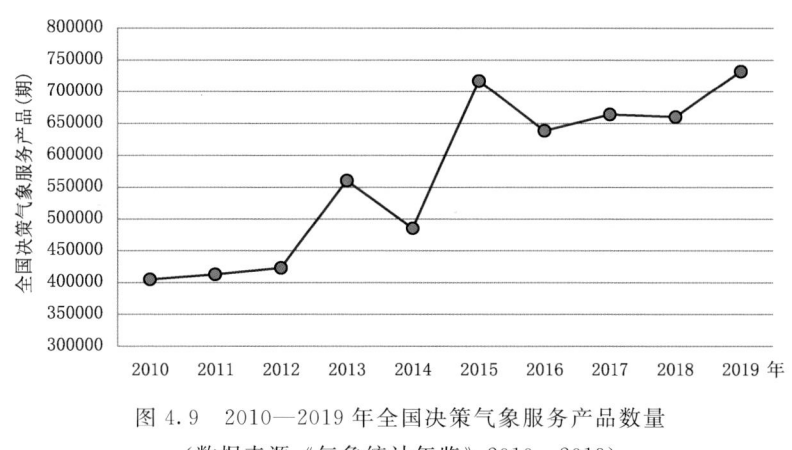

图 4.9 2010—2019 年全国决策气象服务产品数量
（数据来源：《气象统计年鉴》，2010—2019）

2019 年，国家级制作决策服务材料 1300 余份，其中《重大气象信息专报》52 期，《气象灾害预警服务快报》187 期，50 余份材料得到中共中央办公厅、国务院办公厅采用。中央气象台共发布《每日天气提示》及《重要天气提示》395 期。

2019 年，各省（区、市）气象局向省级政府提供的决策服务信息达 57778 期，比 2018 年增加 11350 期（次），增幅达 24.45%；向地（市）级政府提供的决策服务信息达 159949 期，比 2018 年增加 22381 期（次），增幅达 16.36%；向县级政府提供的决策服务信息达 513932 期（次），比 2018 年增加 21463 期（次），增幅达 4.36%。从近 8 年的数据看，总体上，向省级、地（市）级政府提供的决策气象服务产品基本保持稳定，但向县级政府提供决策气象服务产品呈增长态势，2019 年提供量为 2010 年的 1.98 倍（图 4.10）。

3. 气象灾害预警信息发布更加智慧化和精准化

推动全国预警信息立体传播网络建设，预警传播能力进一步提升。2019 年累计服务超过 10 亿人次，点赞量超过 300 万次。开展基于 5G 通信的预警信息靶向发布试点工作，发布正确率提升至 99.98%，达历史最好水平。推动国家预警信息发布中心与农业农村部等 10 个部委的 12 个司局签署预警信息发布工作协议，所有省级预警中心完成与新组建的应急管理、生态环境部门对接。推动工程立项建设，已将国家突发事件预警信息发布系统能力提升工程建设项目纳入公共安全信息化建设内容框架。

截至 2019 年底，全国已初步实现气象灾害和突发事件预警信息的全网、全民发布。全国省级开通气象灾害预警信息绿色通道的电视频道数达到 236 个，占应开通数的 99.5%，其中 30 个省份实现了 100% 开通（图 4.11）；全国省级开通绿色通道的广播电台数达 915 个，占应开通数的 99%，有 28 个省份实现了 100% 开通（图 4.12）。人民网、新华网、中国新闻网、中央电视台等主流传统媒体上使用或引用公众服务类

图 4.10 2010—2019 年向省级、地级、县级政府提供的决策气象服务数量(单位:期)
(包括重要气象信息服务和其他气象信息服务)
(数据来源:《气象统计年鉴》,2010—2018)

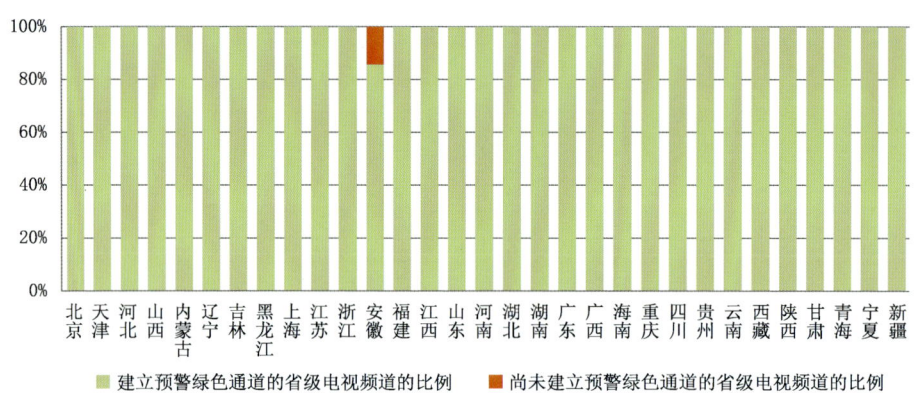

图 4.11 2019 年省级建立预警信息绿色通道电视频道占比

产品达 1.45 万条。台风"利奇马""白鹿""杨柳"生成及影响期间,8 月 9 日、10 日单日微博阅读总量超过 1700 万。

4. 气象灾害预警信息城乡覆盖率不断提高

截至 2019 年底,全国气象灾害预警信息覆盖了 539604 个行政村和 93767 个城市社区。行政村气象灾害预警信息覆盖率达到了 99.65%,城市社区覆盖率达到了 100%(图 4.13)。全国共有 601090 个行政村(社区)设置了气象信息员,全国信息员覆盖率为 99%,只有个别省份未达到 100% 行政村(社区)设置气象信息员(图 4.14)。

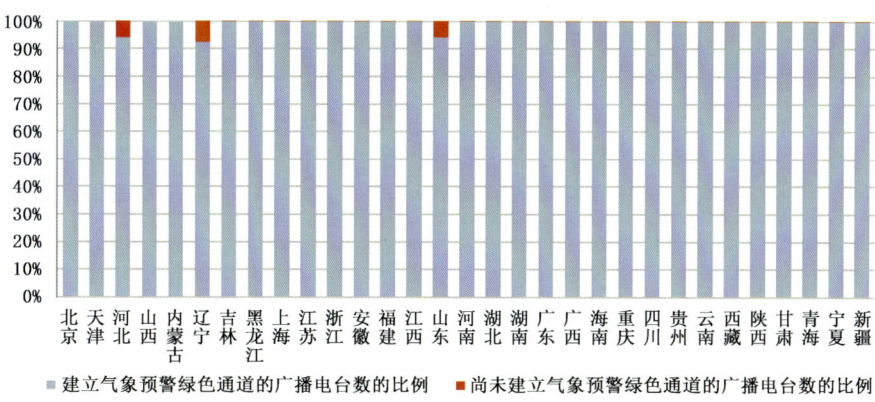

图 4.12　2019 年省级建立预警信息绿色通道广播电台占比

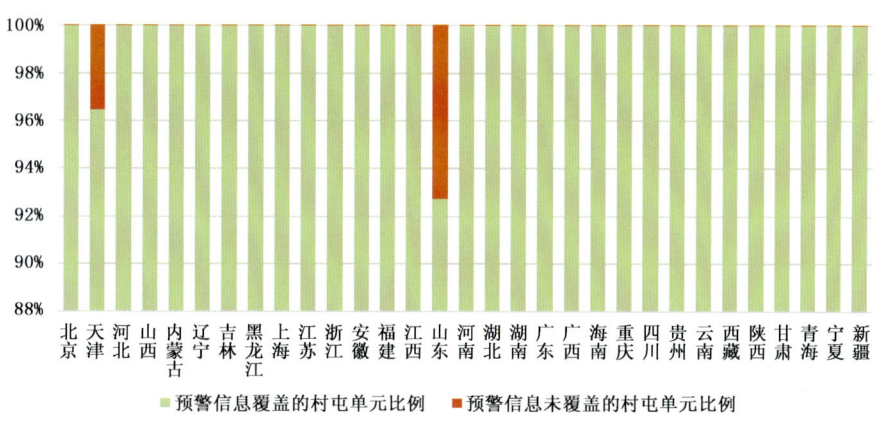

图 4.13　2019 年各省份预警信息覆盖及未覆盖村屯比例

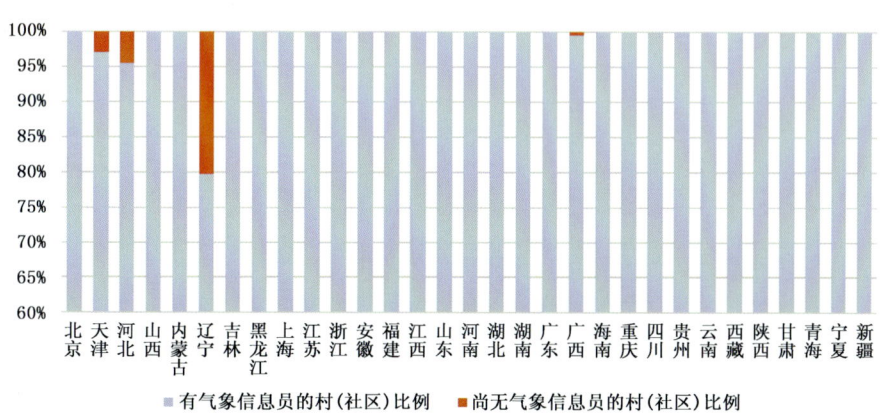

图 4.14　2019 年各省份有气象信息员以及尚未有气象信息员的村（社区）比例

(三)气象灾害风险防范体系建设

1. 气象灾害风险防范组织体系和制度体系建设持续推进

近些年来,全国各级都非常重视气象灾害风险防范,进一步加强了气象灾害防御规划建设。截至2019年年底,全国有376个地(市)制定了气象灾害防御规划(辽宁数据缺),占应制定地(市)的92%,其中有22省份实现了100%(图4.15);有2118县(市)制定了气象灾害防御规划,占应制定县(市、区)的96%,其中22个省份实现了100%(图4.16)。

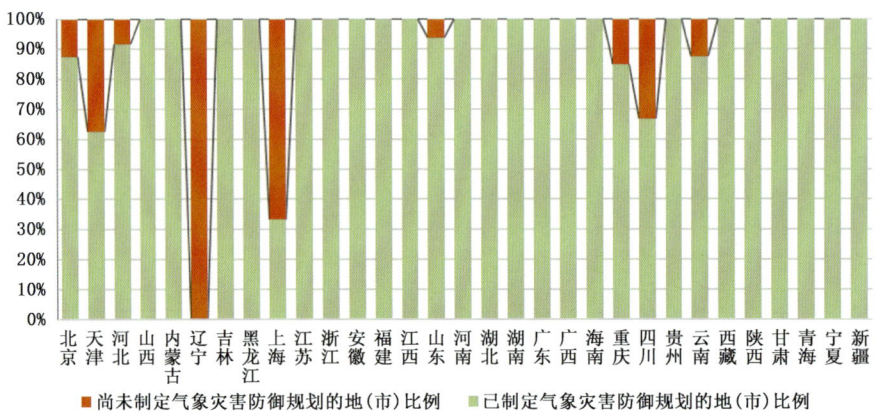

图4.15 2019年各省份制定和尚未制定气象灾害防御规划的地(市)比例
(辽宁地市级数据缺失;北京、天津、上海地(市)级统计口径有待完善,下图同)

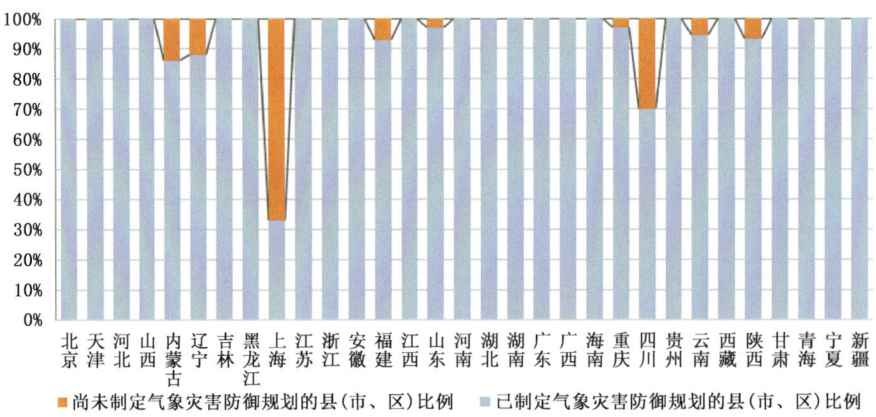

图4.16 2019年各省份制定和尚未制定气象灾害防御规划的县(市、区)数比例

实施基层气象防灾减灾强基行动,基层风险防范能力逐步提升。2019年,全国范围内共有22个省(区、市)日常设置省级气象灾害防御指挥机构或专项指挥部门,2个省份在启动应急响应时自动成立气象灾害应急指挥部。全国1027个县(市)级单位实施了强基行动,其中70%以上建立了基层气象防灾减灾标准化建设评估机制。智慧信息员平台功能逐步完善,实现了灾情信息实时回传和实景气象要素数据的叠加显示。2019年全国信息员平台上报灾情信息达14万余条,预警转发392万次,线上培训6万余次,较2018年分别增长72%、83.3%和40%。

深化基层防灾减灾预警服务机制。组织开展应急演练,逐步健全覆盖乡镇和村屯的气象灾害防御工作责任体系,实现突发灾害性天气监测预报预警、信息发布、应急响应流程化。到2019年底,全国有2304个县(市、区)政府制定了气象灾害应急预案,占应建立数的86%,其中12个省份达到100%(图4.17)。

积极创新开展综合减灾示范社区建设,夯实基层风险防范基础。2019年,国家减灾委员会、应急管理部、中国气象局、中国地震局在全国范围内评选出976个综合减灾示范社区①,其中,综合减灾示范社区数量超过40个的省份共有4个,分别是江苏(100个)、广东(100个)、福建(48个)以及安徽(55个);综合减灾示范社区数量低于15个的省(市)有5个,分别是天津(12个)、海南(4个)、西藏(3个)、青海(10个)以及宁夏(10个)(图4.18)。综合减灾社区的创建有利于建立符合城乡社区现状的防灾减灾长效机制,有利于引导民间救援力量深入社区开展防灾减灾知识培训、政策宣传、应急演练等活动,切实提高社区综合减灾能力。

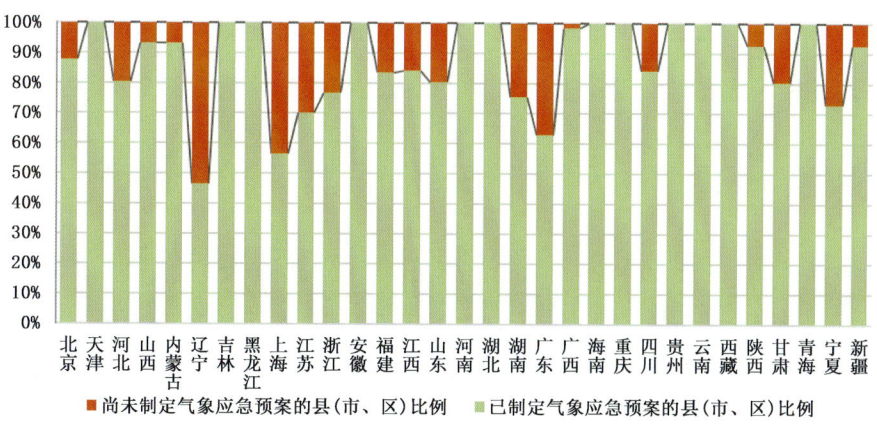

图4.17　2019年全国县级政府制定气象应急预案的县(市、区)比例

---

① 资料来源:https://www.mem.gov.cn/gk/tzgg/yjbgg/201912/t20191219_342467.shtml。

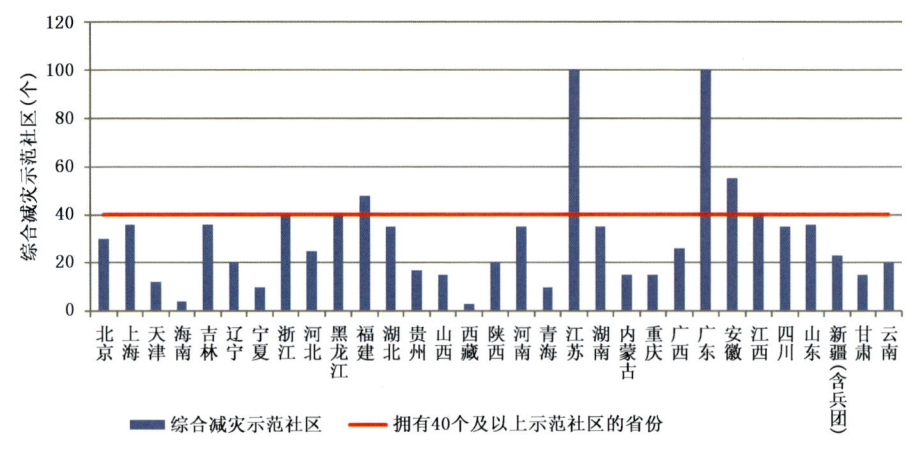

图 4.18　2019 年全国各省(区、市)综合示范区分布情况

2. 气象灾害风险预警逐步实现业务化和标准化

注重强化气象灾害风险业务能力建设。聚焦重大灾害、重点流域、重点地区，强化灾害性天气预警发布机制，确保预警信息第一时间发送到高影响行业、高影响区域和重点服务单位的应急责任人。2019 年，实现了气象灾害风险数据共享应用，产品细化到重点区域和隐患点，建立会商机制和准确率评价机制。参与自然灾害风险调查和重点隐患排查工程的立项和实施。气象灾害风险业务进一步拓展，建立台风、暴雨等重大灾害性天气过程的气象灾害风险评估业务。

基于大数据的气象灾害风险管理系统实现准业务运行。2019 年，全面升级改造气象灾害风险管理系统，集成新的风险评估技术，完成业务化验收。依托气象灾害风险大数据建设，实现了采集、入库、质控、备份到应用等的自动化运行和监控。实现气象灾害风险区划、风险普查、阈值、灾情等信息的空间综合叠加、综合分析显示、多维度信息查询、风险统计分析、产品加工制作，产品的丰富程度和系统的服务能力都有大幅提升。新增了暴雨过程及其影响预估、台风风险预估及长江、黄河、珠江和淮河流域水资源预评估功能，已具备制作和发布逐月滚动风险预估产品的能力。在 2018 年的基础上，针对暴雨洪涝和台风等灾害改进了县域尺度风险区划产品。实现气象灾害风险管理系统的业务化准入并在全国 11 个省市投入应用，实现暴雨和台风灾害风险评估技术在系统的集成，优化县域尺度风险区划产品，首次发布中国近海大风灾害评估业务服务产品。

推进气象灾害风险预警标准化建设。制定森林火险预警和火场保障服务业务流程。组织制订《雷电强度区划技术指南》，开展敏感行业、区域和设施的雷电灾害风险预警服务。推进气象灾害风险评估，建立完善暴雨、台风等气象灾害监测识别评估指标体系，开展定量化风险评估。优化中小河流、山洪和地质灾害气象风险业务，建立形成了国家—省—地—县四级气象灾害风险业务体系。

3. 面向行业的气象灾害风险防范服务持续发展

2019年,气象部门与10余部委业务单位建立了需求即时响应和联合研判机制,实现技术、产品与服务的三重融合。进一步完善优化风险业务流程,专门面向风险业务的全国水文气象预报业务服务系统投入业务应用,有力地支撑了气象灾害风险业务的开展。基于北京电网公司需求开发"基于深度融合的电网气象防灾精准气象技术业务系统",圆满完成国庆70周年大庆保障服务;完成京张高铁防灾平台大风预警等气象服务样例测试数据对接;实现云影响预报产品设计并在高分遥感拍摄等领域开展应用。针对全年火情频发的特点,累计制作火场气象服务专报170期,保障任务量达历年平均的5倍。

中国气象局与国铁集团联合印发铁路气象战略合作协议实施方案,聚焦气象服务"交通强国、铁路先行",强化铁路气象监测预警服务,共同开展川藏铁路规划建设气象风险研究项目。与公安交管部门联合建立了气象、公安深度融合的交通天气风险预警业务。与国家海事局共同推动建立了长江航运气象风险预警业务,五大湖泊相关省份气象部门也相继开展了面向航务、海事管理部门的内河航运监测预报预警服务。

部分城市开展气象与保险融合式服务。2019年,中国气象局与中国人民保险集团股份有限公司联合印发推动落实双方合作框架协议的行动计划,推动共享服务信息平台的建设,强化面向保险需求的气象服务,加强跨行业领域合作,并试点开展重点客户服务等。在台风"利奇马"肆虐中国南方后,依据气象保险标准,浙江人保财险实施"利奇马"台风农业保险理赔。湖南省湘潭市气象局与中华联合财产保险股份有限公司湘潭中心支公司签署战略合作框架协议,实现气象与保险"融合式"发展。[1]

三、评价与展望

2019年是联合国减灾活动30周年。30年来,中国全面履行国际减灾义务,积极开展防灾减灾救灾工作,组织编制实施了国家综合防灾减灾3个五年规划,出台了一系列的重大方针政策,推进了气象灾害防御能力建设,最大限度地减少了自然灾害造成的人员伤亡和财产损失,为促进国家经济社会发展、保障改善民生等作出了突出贡献。

新时代气象防灾减灾救灾服务任务十分艰巨。全国气象系统必须按照习近平总书记提出的"人民至上、生命至上"和"两个坚持、三个转变"的要求,进一步完善由气象灾害监测预报预警体系、突发事件预警信息发布体系、气象灾害风险防范体系、组

---

[1] 资料来源:http://www.cma.gov.cn/2011xwzx/2011xqxxw/2011xjctz/201912/t20191203_541490.html。

织责任体系和法律法规标准规划体系等构成的气象综合防灾减灾救灾体系。气象灾害防御工作必须以保障生命安全,保障生产发展为己任,对灾害性天气过程做到监测精密、预报精准、服务精细,真正发挥气象防灾减灾第一道防线作用,确保人民生命财产安全。必须加强全球观测、全球预报、全球服务的气象业务能力建设,进一步增强服务全球气象灾害防御能力,为全人类安全作出中国贡献。

第五章　生产生活与重大保障气象服务*

气象工作关系生命安全、生产发展、生活富裕、生态良好。切实做好国家重大战略实施气象保障和面向生产生活的气象服务是气象工作的重要内容，也是气象工作成效的最直接体现。2019年，全国气象系统认真贯彻落实党中央重大战略部署，全方位服务保障国家重大战略，围绕国民经济各行各业发展和人民群众美好生活需求，大力发展智慧气象服务，服务能力明显提升，服务效益显著。

一、2019年气象服务概述

2019年是新中国成立70周年，也是新中国气象事业70周年。全国气象系统坚持公共气象发展方向，秉承趋利避害并举理念，在努力提升气象灾害防御能力、发挥气象防灾减灾第一道防线作用的同时，圆满完成一系列重要活动和突发事件气象保障，气象服务人民群众生产生活取得显著成效，气象服务公众满意度再创历史新高。

（一）国家重大战略气象保障深入推进

气象是经济社会发展的基础条件，国家战略的实施需要气象服务保障。2019年，全国气象系统主动服务"一带一路"、乡村振兴、脱贫攻坚、区域协调发展等国家重大战略，强化全球气象业务服务能力建设，气象保障国家重大战略取得新的进展。

1. 深入推进气象服务"一带一路"建设

2019年，中国气象局共向全球105个国家和地区提供风云气象卫星观测资料和产品。升级卫星天气应用平台英文版和俄文版，为相关国家提供全球卫星观测资料定制产品。派员赴多个国家开展风云气象卫星技术交流与应用推广工作。

完成亚洲区域多灾种预警系统的建设，实现面向亚洲区域预警信息的汇集和服务产品的共享，实现与世界气象组织60个成员国预警信息的联通。建成预警发布系统英文版，支持不同国家的预警信息统一规范标准化集中显示配置。俄罗斯、科威特、菲律宾、泰国的预警信息成功接入国家预警信息发布中心并开展应用。面向全球的专业气象服务取得突破，实现风能太阳能服务技术在马来西亚的落地应用。以"中

---

* 主要执笔人员：肖芳　于丹

巴经济走廊"气象服务为切入点,探索气象服务走出去新机制。开展中韩、中蒙和中哈沙尘暴联合监测合作,服务于全球监测并发挥我国在区域的技术辐射作用。

新开发的 GRAPES 南亚区域产品和海浪模式产品等已经通过世界气象中心(北京)门户网站发布,MICAPS4 英文版、高交互全球气象预报服务平台等实现了国际用户(老挝)的首次应用,243 个国际重点城市客观预报产品在国家"一带一路"网站正式发布。依托"中国天气"开展全球重点城市、重点景区、重要机场等的气象服务,并提供海上丝绸之路沿线国家港口、海岛精细气象预报服务和陆上丝绸之路沿线国家机场精细气象预报服务。

2. 区域协调发展气象保障持续推进

确保气象事业发展顶层设计与国家区域协调发展战略有效衔接。为贯彻落实国家关于区域协调发展的一系列战略部署,全面提升气象保障国家区域协调发展战略的能力和水平,2019 年,在继续实施《京津冀协同发展气象保障规划》《长江经济带气象保障协同发展规划》《气象"一带一路"发展规划(2017—2025 年)》《中共中国气象局党组关于东北全面振兴全方位振兴提供高质量气象保障服务的实施意见》的基础上,中国气象局组织编制了《长江三角洲区域一体化发展气象保障规划》《粤港澳大湾区气象发展规划(2020—2035 年)》和《河北雄安新区智慧气象发展规划》,努力做到气象事业发展顶层设计与国家区域发展战略有效衔接。

扎实推进区域协调发展气象保障工程。2019 年,按照有关规划部署,区域协调发展气象保障能力建设项目、海洋气象综合保障工程、人工影响天气能力建设工程有序推进。实施了海洋气象综合保障工程(一期)、西北区域人工影响天气能力建设工程、京津冀交通一体化安全气象保畅服务工程(一期)、长江黄金水道及近海航运交通气象服务系统建设项目、丝绸之路经济带西北五省(区)公路交通和风能太阳能气象保障服务工程等项目建设,国家和地方投资总额超过 22 亿元。

气象保障区域发展能力不断提升。区域大气污染防治能力得到增强,2019 年组建了京津冀环境气象预报预警中心,搭建长三角环境气象工作联动平台,制定了大气污染防治气象保障服务工作方案。区域交通保障能力得到加强,加强京津冀交通气象专业化监测网建设,开展了长江流域航运交通气象监测网建设,建成了长江黄金水道及近海航运交通气象服务系统。区域气候变化工作稳步推进,建立了区域气候变化工作研讨交流机制,区域联合开展精细化农业气候区划、农业气象灾害风险区划、气候变化趋势、极端气候事件以及灾害风险预估以及气候变化对农业、工程建设、城市发展等气候变化评估工作,提出了适应气候变化的对策建议。有针对性地组织分析了粤港澳大湾区建设、黄河流域生态保护与高质量发展等的气象风险。海外气象监测网建设逐步推进。

3. 气象服务全面融入脱贫攻坚

2019 年,中国气象局多措并举,圆满完成定点扶贫任务。内蒙古兴安盟突泉县

146个贫困村已全部"出列",11707户23157名建档立卡贫困人口已脱贫11559户22858人,贫困发生率降至0.12%。通过专项帮扶资金、引进帮扶资金、捐助资金和捐赠物品等多种渠道向突泉县累计投入1206万元,较2018年增加18.6%。气象干部职工参与消费扶贫活动,消费水平有较大幅度增长。通过开展党支部共建促扶贫、科技下乡、送医送药下乡、学生夏令营等举措丰富了气象扶贫内涵。

行业扶贫更加精准。全国832个国家级贫困县自动气象观测站乡镇覆盖率提升至98.3%,比上年提升约6%;67%的国家级贫困县完成农村气象防灾减灾标准化建设;14个省份在贫困县开展了"气候好产品"品牌评价活动。风云气象卫星森林草原火点监测服务覆盖全部贫困县;3A级以上景区精细化天气预报国家级贫困县覆盖率达100%;14.5万个贫困村完成太阳能资源评估;全国气象扶贫特产网平台汇集特色产品300余款。

4. 统筹推进乡村振兴气象服务保障

2019年,中国气象局贯彻落实《中共中央 国务院关于实施乡村振兴战略的意见》和《乡村振兴战略规划(2018—2022年)》中对气象工作的具体要求,制定印发了《乡村振兴气象服务专项实施计划(2020—2022年)》,明确了乡村振兴气象服务专项的总体思路、基本原则、建设目标和建设任务,统筹规划了建设满足乡村振兴战略要求的现代气象为农服务体系的任务和实施方案。

气象部门围绕农业生产的需求,有序开展春耕春播、夏收夏种、秋收秋种关键农时气象服务,国内粮食总产预报准确率达99.4%,有力保障了农业生产。人工影响天气作业已覆盖98%的产粮大县、75%的烤烟面积、55%的果园面积。针对性地开展"趋利"型农业气象服务,带动了当地经济发展和农民增收。[①]

发挥气象科技优势,创新开展农业气象服务。中国气象局发布了81项5千米分辨率的农业气象格点基础产品。研发大宗粮油、特色林果等农业保险天气指数近80项。县级气象部门面向近百万新型农业经营主体开展直通式服务。特色农业气象中心建设初显成效。

(二)面向人民生活的智慧气象服务取得新进展

近年来,随着云计算、大数据、物联网、人工智能等信息技术的发展,智慧气象已经成为转变气象发展方式、推动气象与经济社会融合发展、打造气象现代化"升级版"的核心理念和重要途径。2019年,全国气象部门继续推动智慧气象服务取得新进展。

智慧气象服务的内容更加丰富,更加个性化。中国天气网建立了基于用户画像、定制信息和应用场景的标签库,为用户提供上下班、户外活动等5个场景的气象服

---

① 资料来源:中国气象局应急减灾与公共服务司。

务。"天气管家"APP基于用户生活轨迹，围绕通勤、差旅、老人和低龄儿童四类主要场景及人群，向用户智能提供天气变化情况，推送活动建议、生活参考、风险天气评估等服务信息。部分地区开展针对民航乘客的个性化气象服务，基于订票行程为航线、航空公司会员主动推送气象服务信息。[①]

智慧气象服务的覆盖面更广，满意度更高。截至2019年底，气象影视服务覆盖人群超过10亿，"两微一端"气象新媒体覆盖人群超7.23亿。天气类APP继续稳定发展，活跃人数达2亿。"中国天气"全站浏览量突破1亿。相关调查结果显示，气象服务公众满意度达91.8分，创历史新高。公众对天气预报的准确性、气象信息发布的及时性等多项指标的评价结果连续5年保持上升态势。

智慧气象服务的社会参与更加广泛。2019年中国气象局着力构建协同创新生态，筹建创新联盟，建立气象部门与社会企业协同创新模式。建立气象服务成果转化和交易机制，推动创新项目与产业实践的有机协同，20多个创新成果转化为实际应用，8个企业开展意向签约，累计实现成果转化意向交易3亿元。

（三）面向行业生产的气象服务在改革中持续发展

专业气象服务改革持续深化。2019年10月，中国气象局制定发布《关于大力促进气象部门专业气象服务改革发展的意见》，明确了气象部门专业气象服务的定位、发展目标和主要任务。部分省（区、市）也相继出台文件，推动面向行业生产的气象服务不断发展。全国气象部门深入推进专业气象服务改革发展，大力发展面向农业、交通、生态、旅游、能源等国民经济重要行业的气象服务，积极打造分类发展、国省联动、部门融合、社会参与的专业气象服务体系，取得显著效益。评估结果显示，全国公路交通行业、旅游行业、风电行业气象服务贡献率分别为1.11%、0.64%、1.8%，经济社会效益值分别达到142.6亿元、584.32亿元、48.57亿元。

垦区和森工气象服务在改革中持续推进。2019年，黑龙江垦区、黑龙江省森林工业总局都先后完成了管理体制和运行机制的改革，在改革过程中，黑龙江垦区的气象业务，包括测报业务、预报业务和农业气象业务，以及森工的气象业务和服务等均保持了稳定发展。

二、2019年气象服务主要进展

（一）公众气象服务不断满足人民美好生活需求

2019年，公众气象服务能力不断增强，气象部门围绕人民群众衣食住行、医疗健康等多元化需求，全力提供分众化、定制化、智能化气象服务，不断提升公众对气象服务的获得感和安全感，进一步提升了公众气象服务满意度。

---

① 资料来源：中国气象局公共气象服务中心。

1. 气象服务满意度再创新高

统计结果显示,2019年气象服务公众满意度达到91.9分,创历史新高,近5年评分连续提高,比近10年年均87.4分高4.5分。城乡差距明显缩小,农村气象服务公众满意度为92.1分、城市气象服务公众满意度为91.8分,城乡差距仅为0.3分(表5.1),远小于近10年平均2.2分差距。

表5.1 2010—2019年公众气象服务满意度评估结果

年份	全国满意度(分)	城市公众满意度(分)	农村公众满意度(分)	城市与农村差距(分)
2010	83.5	82.3	84.6	2.3
2011	85.7	83.9	87.3	3.4
2012	86.2	84.5	87.8	3.3
2013	86.3	84.7	88.2	3.5
2014	85.8	84.8	87.0	2.2
2015	87.3	86.3	88.4	2.1
2016	87.7	86.7	88.9	2.2
2017	89.1	88.5	89.9	1.4
2018	90.8	90.4	91.4	1.0
2019	91.9	91.8	92.1	0.3
平均	87.4	86.4	88.6	2.2

数据来源:中国气象局公共气象服务中心。

从各省(区、市)公众气象服务满意度的统计结果来看,2019年13个省(区、市)的满意度超出全国平均值91.96分,占41.9%,其中浙江、山东、贵州和青海的满意度最高,分别达到94.7分、94.1分、94.0分、94.0分。

从图5.1来看,从2010年至2019年,除2014年呈小幅波动外,其他年份全国、城市、农村的公众服务满意度均呈逐年上升趋势,其中2019年较2010年全国提升了8.4分,城市提升9.5分,农村提升7.5分。这在一定程度上表明气象部门坚持公共

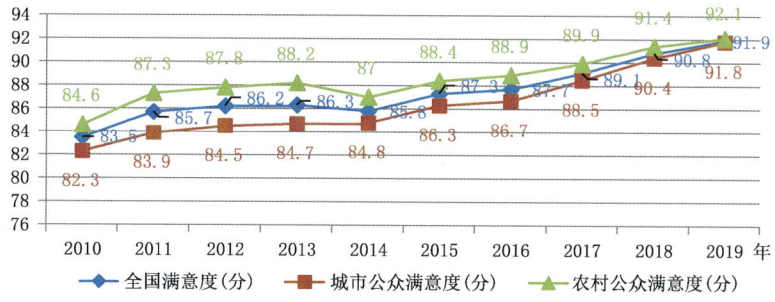

图5.1 2010—2019年全国、城市、农村公众气象服务满意度(单位:分)
(数据来源:中国气象局公共气象服务中心)

气象发展方向,瞄准公众需求,强化公众气象服务能力建设,创新服务方式,提升气象服务有效供给的发展思路和各项工作取得了实效,也获得了公众的持续认可。

从图5.2可知,城市、农村的公众服务满意度分差总体呈缩小趋势,2013年最大差值达到3.5分,2019年缩小至0.3分。

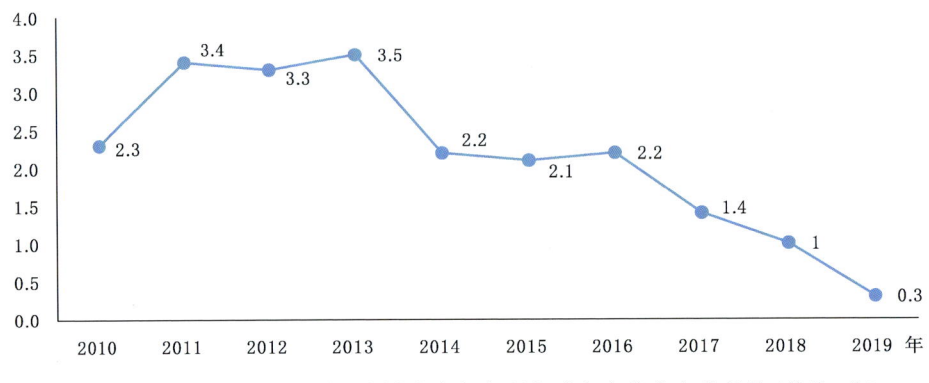

图 5.2　2010—2019年城市、农村公众气象服务满意度分差变化趋势(单位:分)

2. 气象宣传科普影响力持续提升①

气象宣传科普工作始终坚持正确的政治方向和舆论导向,围绕中心、服务大局,为气象事业高质量发展提供了有力支持。

2019年,中国气象局加强顶层设计,会同科技部制定印发《国家气象科普基地管理办法》,并采取多种措施积极推动气象科普工作,气象科普成效显著,影响力持续提升。近6年的统计数据显示,全国气象科学知识普及率呈持续上升趋势(图5.3)。2019年,气象科学知识普及率为79.95%,比上年提高2.82%,较2014年提高9.45%,有17个省(区、市)的得分超过了全国平均值80.07%(图5.4),占54.8%,其中湖南、福建和北京的得分最高,分别达到85.25%、85.14%、84.71%。

2019年,中国气象局着力构建融合新理念、新技术、新媒体的气象大宣传科普格局,气象宣传科普工作体系不断完善,宣传科普能力明显提升。中国气象局网站年访问量达到1亿;气象"两微一端"覆盖人群超7.23亿,影响力位居各部委前列,新媒体矩阵纳入国务院办公厅政务新媒体监管序列;气象影视服务覆盖人群超过10亿;全国气象科普教育基地达346家,气象科普基地融入国家特色科普基地体系。

(1)广泛传播气象声音②

2019年,中国气象局聚焦推动生态文明建设、打赢脱贫攻坚战等国家战略部署,聚焦北京世界园艺博览会、第18次世界气象大会等重大活动,全方位展示气象服务

---

① 资料来源:中国气象局气象宣传与科普中心。
② 资料来源:中国气象报社。

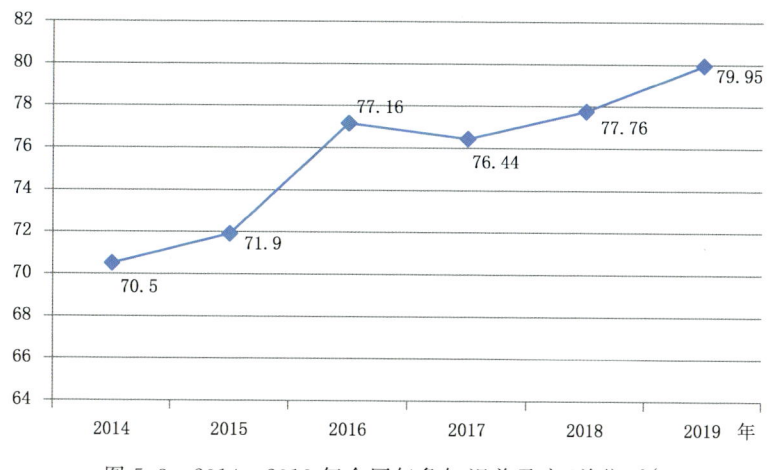

图 5.3　2014—2019 年全国气象知识普及率(单位:%)
(数据来源:2019 年国家级气象现代化业务评估得分表)

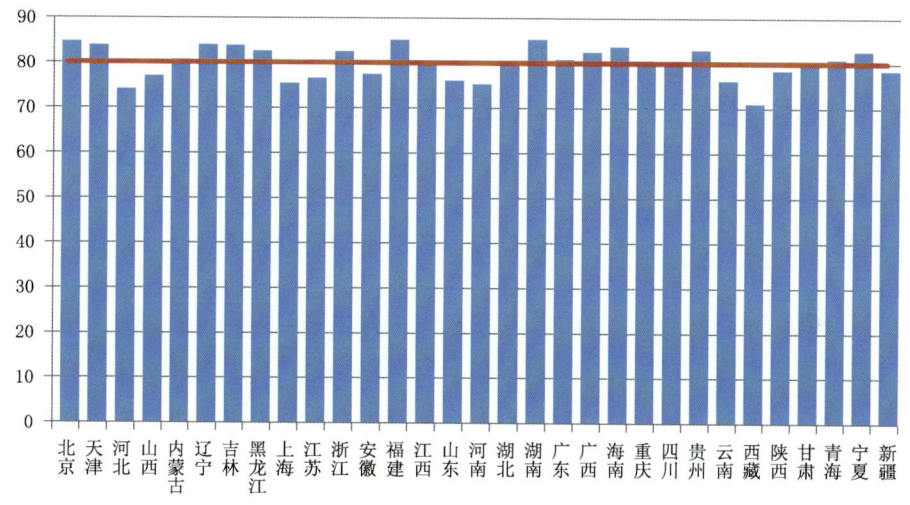

图 5.4　2019 年各省(区、市)气象知识普及率(单位:%)
(数据来源:中国气象局现代化办公室)

保障成效。开展"壮丽 70 年　奋斗新时代"走基层看气象大型主题活动,中国气象报社联合 60 余家中央和地方媒体深入 23 省份采访,全网发稿量近 3000 篇,中国气象局官方新媒体阅读量超过 6000 万次。

努力拓展气象媒体"朋友圈"。与中央媒体建立常态化合作机制,2019 年中央电视台《新闻联播》等播报气象新闻 571 篇(条),《人民日报》等刊发气象相关报道 1284 篇(条)。2019 年共监测到气象相关信息约 825.3 万篇(条),其中网络媒体报道量

2486222篇(条)(同比增长7.7%),微博信息2159768万篇(条)(同比增长4.3%),微信文章1900529篇(条)(同比增长42.8%),APP客户端文章1306482篇(条),传统报刊136503篇(条),论坛帖文和博客文章分别为229405篇(条)、19966篇(条),问答社区帖文14828篇(条)。

努力健全气象宣传资源共享协作机制,组建长三角一体化气象宣传联盟,探索区域宣传合作机制。联合科技部、中国科协举办全国气象科普宣传观摩交流活动,通过"绿镜头·发现中国"等品牌活动展示气象助力生态文明建设等的重要作用。建成"1＋31"气象政府网站集约化平台,气象政府网站数量由2018年初的128个集约为32个,实现了"一省一网"和功能大幅提升。联合中国"一带一路"官网完成"一带一路"气象服务专网建设,气象服务全球能力显著增强。

(2)品牌科普活动示范效应充分发挥

2019年,在气象科技活动周期间,全国气象部门举办科技交流和科普宣传活动757项,现场参与公众113余万人,线上100余万人。世界气象日纪念活动受到广泛欢迎和高度关注,中国气象局官方微博话题阅读量达3093万次,官方抖音号上线浏览量超过27亿,中央气象台直播浏览量达4500万次,《人民日报》、新华社、中央电视台等中央主流媒体相关报道达1.9万余条。

2019年,全国气象部门开放气象场馆、台站2000余家。在740个社区、1009个乡镇和764所学校开展气象科普宣传,面向社会公众开放各级气象科普教育基地和科研院所548个,组织科普报告会407场,放映科普影视935场,为农牧民提供气象科技服务3201次,17000多名志愿者积极参与各项活动并发挥重要作用。

在第十二届"气象防灾减灾宣传志愿者中国行"大型科普活动中,1300余名大学生志愿者组成140多支宣传分队,奔赴全国各地开展气象防灾减灾科普宣传工作,到达500余个基层乡镇,进入6000余家农户,深入200余所中小学校、100余家企事业单位。全国各级气象部门结合本地实际,广泛开展了针对不同群体的气象科学技术普及活动。

(3)面向不同人群开展差异化气象科普

2019年,借助中小学生研学实践教育基地、气象夏令营、校园气象科普嘉年华等载体,提升青少年气象科普的科学性、互动性、趣味性。推动校园科学课程开发,组建校园气象科普教育网。开发气象特色鲜明的研学实践活动课程56门,全年开展400余次活动,接待学生6万余人次。

提高城镇社区居民和劳动者的灾害自我管理能力。加强与地方政府、科协合作,广泛开展气象科普进社区、进企业活动。面向城镇居民,开展气象科普活动、气象知识竞赛,普及气象防灾减灾知识和技能,增强公众灾害自我管理能力。

提高领导干部和公务员科学素质。利用党校、行政学院和气象干部培训学院等各类教学资源,通过面授、网络等多种方式对各级领导干部和公务员开展科学素质培训。

开展"气象科普惠民乡村行""气象科普助力扶贫"等特色活动。中国气象局联合中国科协、科技部、农业农村部等八部委在中国气象局定点扶贫地区——内蒙古突泉县开展气象科技下乡暨科学伴我行活动。与科技部等联合主办"科技列车甘肃行",组织气象科普活动,普及气象科学知识。

(4)气象科普资源更加丰富

气象科普产品和基础设施更加丰富。2019年,新增1000多个优质科普视频、免费课件等软件资源。《走进智慧气象》《寒潮那些事儿》《又见梅子黄时雨》《科学家如何捣乱"天气"》《神秘"局部"的自白》《神奇的天气——龙舟水》等评为全国优秀科普微视频作品。

截至2019年,全国已建成346个"全国气象科普教育基地"、2200多个校园气象站和气象防灾减灾科普示范学校。以国家气象公园建设为抓手打造科普新阵地,着力在科普小镇和特色小镇打造气象科普品牌,推动气象元素融入科普中国乡村e站、社区e站建设。

中国气象科技展馆建成

历时两年半设计与建设,2019年,作为气象文化传承载体和气象科普教育基地的中国气象科技展馆建成。

馆内78项立面展示、23项实物展示,以及浮雕多媒体、纱幕、负空间、半景还原、机械沙盘、全息投影、虚拟演播室、弧幕影院等,展示了中华民族从事气象活动的悠久历史以及人民气象事业波澜壮阔的画卷。

3. 融媒体气象服务取得新发展

相关数据和资料显示,2019年,我国融媒体气象服务稳定发展,为人民群众的生产生活带来了更及时、便捷、精细化的气象服务。

(1)天气类应用继续稳定发展

天气APP在所有行业APP中排名靠前。易观千帆[①]的抽样数据显示,2019年,在全网314个行业中,天气APP排名第31位;在实用工具行业的15个类别(包括搜索、日历、语音助手、网址导航等15个类别)中,天气类APP排名第2位。

天气APP市场格局继续保持相对集中态势。2019年第三季度,墨迹天气APP活跃用户的行业渗透率[②]达到52%,其次为天气、2345天气预报、最美天气,渗透率分别为33%、12%、10%、9%。比达咨询监测数据显示,2018年6月,墨迹天气APP月活跃用户数为2.3亿,排名第一,超过其他所有天气APP月活跃用户总数。易观

---

① 易观千帆:大数据分析公司,成立于2000年。其提供的数据覆盖国内网民99.9%的APP活跃行为,涵盖45个领域,约314个行业,超过5万款APP。

② 活跃人数行业渗透率:在所选时间段内,APP活跃用户占该APP所属行业的活跃用户的比例。

发布的监测报告显示，2017年，排名前五名的墨迹天气、天气通、最美天气、中国天气通和2345天气王占据92％的市场份额。这几组数据从一定程度说明，天气APP市场继续保持品牌格局集中的发展态势，墨迹天气等少数几家APP基本垄断行业市场。

(2) 气象"两微一端"覆盖面和影响力持续提升

2019年6月，据人民日报客户端报告，在全国融媒体50家新媒体排行榜中，中国气象局网排第4名，影响力指数为110237。

气象官方微博微信用户大幅增长。2019年，全国气象微信微博号达到32031个（国家级24个，省级32007个）。中国气象局官方微信订阅用户总量超过37万，较2018年同期增加约7万，阅读量过万产品达125篇（条），较2018年增加30余条。中国气象局官方微博订阅用户增长至420多万，较2018年同期增长97万，每月微博排名稳居中央国家机关官方微博前十，2019年37个微话题阅读量超千万，破亿话题17个，并荣获"微博十年特别贡献·服务"称号。中国气象局官方微博凭借亲和语言、权威发布、话题运营和天气产品等创新应用，荣获"全国十大中央机构微博"奖项。中国天气网微博运营成绩喜人，在由新浪微博主办的"微博十年·政务微博之夜"活动中，荣获2019年度金牌政务主编称号，还获得中国科协、《人民日报》主办的"典赞·2018科普中国"十大科普自媒体称号，以及《人民日报》、微博、新浪网联合主办的2019年政务V影响力峰会"2018年度影响力气象微博"荣誉，连续2年蝉联"全国十大气象系统政务微博"称号。

新闻客户端排名持续靠前。中国气象局人民号在2019年月总榜单中两次进入前四、月政务榜单共5次位列前五；在2019年中发布的"国务院机构政务新媒体传播力二十强"榜单中，中国气象局位列第三。中国气象局新媒体获"2018年部委新媒体传播力奖"、新媒体建设飞跃奖第二名。中国气象局政务头条号获评"2018最具影响力中央国家机关头条号""2018最具影响力政务头条号"。

"中国天气"品牌的关注度持续提升。台风"利奇马"影响期间，中国天气全站浏览量连续三天突破1亿。中国天气微信10万＋爆款推文10篇、单篇阅读量超620万，微博主持阅读量过亿话题18个、登上热搜榜13个，均为历年最多。"中国天气"打造"预警＋新媒体"立体传播网络，入驻学习强国、头条、抖音等平台，累计服务人次超10亿，点赞量超300万次，单条预警短视频最多播放量1480万次。

中国气象局入驻"学习强国"平台和抖音平台。截至2019年底，仅新华社和中国气象局具有"学习强国"平台栏目发布权限，多篇优质内容被推荐至首页，有效扩大了气象宣传影响力。构建以中国气象局抖音号为龙头的气象部门抖音矩阵，围绕世界气象日、汛期服务等主题，组织全国气象部门参与话题活动，多个话题登上热搜榜，播放量超150亿次。截至2019年底，中国气象局已经入驻或开通19个官方新媒体账号。

(3) 短信、电话、电视、广播气象服务发展总体稳定

数据显示，2019年，除了短信气象服务的定制户数有所下降外，提供气象服务的

广播频道、电视频道和电话拨打数量总体保持稳中有升。客观变化趋势表明,传统气象服务传播手段仍然有较大的公众群体,特别是偏远地区公众和中老年群体,是稳定覆盖面的重要手段。

提供气象服务的广播频道数量略有提升。2019年,提供广播气象服务的频道数量为2416个,较2018年有明显提升(图5.5)。

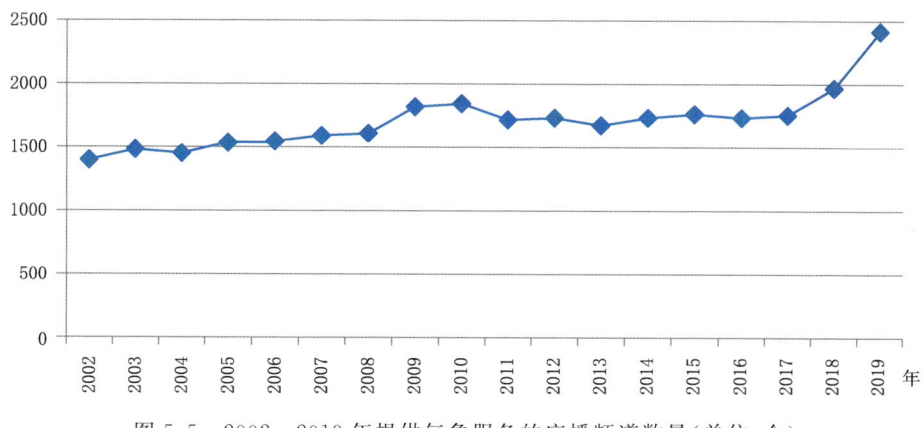

图5.5　2002—2019年提供气象服务的广播频道数量(单位:个)
(数据来源:《气象统计年鉴》,2002—2019)

2019年,传播气象服务的电视频道数量为4364个,较2018年增加809个(图5.6)。目前,虽然部分县市电视天气节目交由地市气象影视中心或地方电视台制作,县市气象台基本退出制作,但地县级电视频道传播气象节目一直在持续,仍然为最受公众欢迎的传统传播媒体。

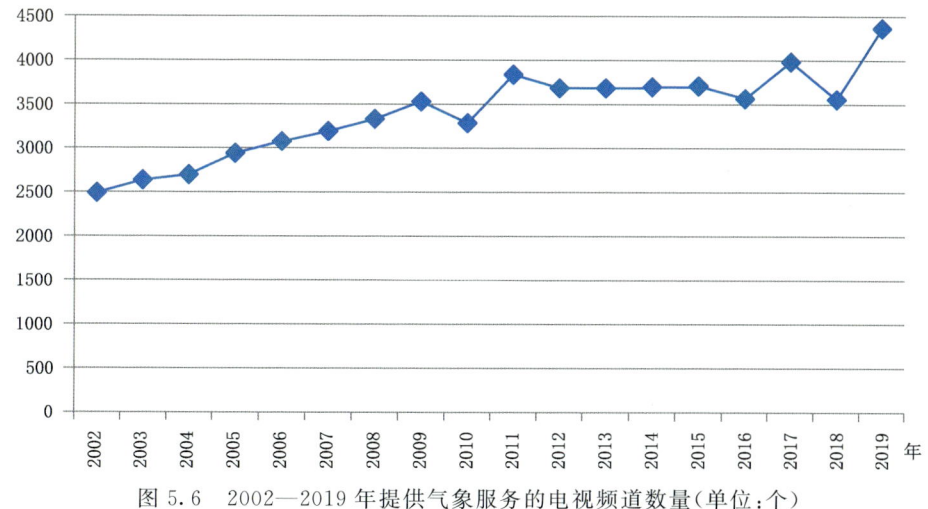

图5.6　2002—2019年提供气象服务的电视频道数量(单位:个)
(数据来源:《气象统计年鉴》,2002—2019)

气象服务电话拨打数量自2008年达到峰值后,2009年后逐年下降,2019年拨打数量略有回升,但也仅只有2008年的23.7%。2019年,气象服务电话拨打总量为6亿次,比2018年增加1.4亿次(图5.7)。从分地区情况看,2019年电话拨打数量最多的山东为10268万次,其次为湖北,拨打数量为8126万次,天津和宁夏两个地区的电话拨打量较低(图5.8)。

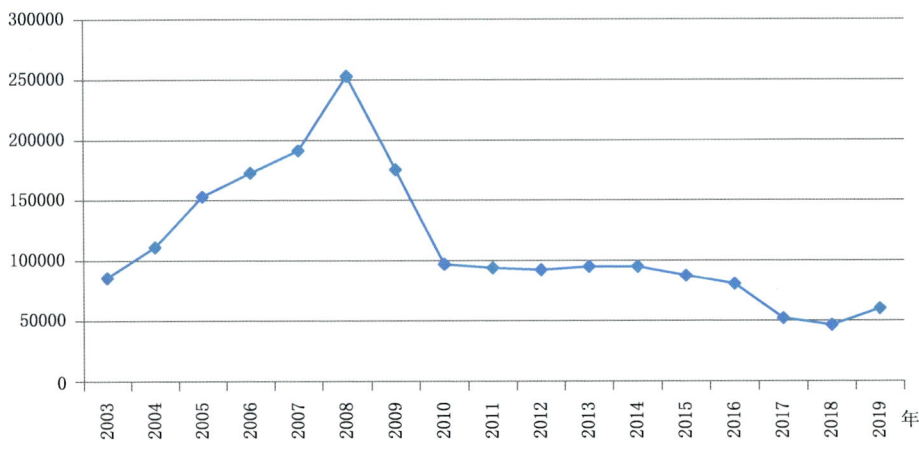

图5.7 2002—2019年气象服务电话的拨打数量(单位:万次)
(数据来源:《气象统计年鉴》,2003—2019)

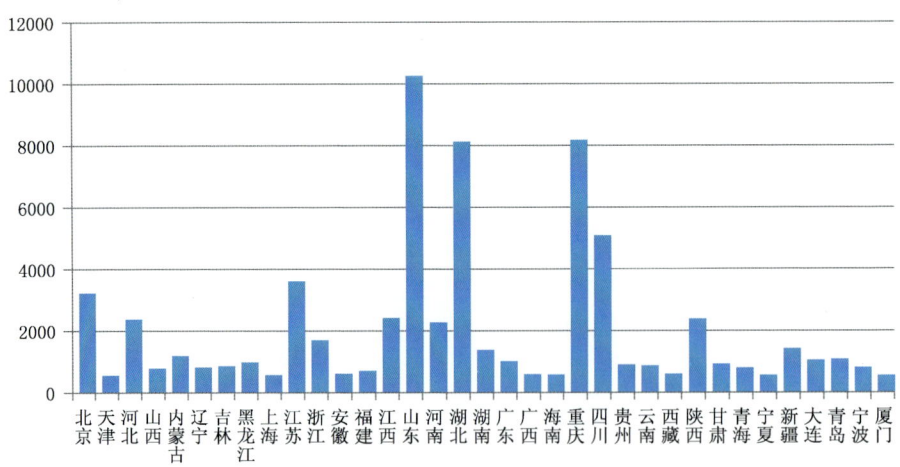

图5.8 2019年各省(区、市)气象服务电话的拨打数量(单位:万次)
(数据来源:《气象统计年鉴》,2019)

短信气象服务的定制户数自2009年以来基本呈现下降趋势(图5.9)。2019年,短信气象服务定制用户数为9008万户,比上年下降15.4%。从分地区情况分析(图

5.10),用户最多的是广东省 917 万户,占全国总用户量的 10.2%,但比上年减少近 200 万户;原定制用户最多的省定制用户数量呈明显下滑,如 2018 年用户最多的江西省在 2019 年减少了 954 万,减少幅度达 73.1%,也就是三分之二以上的用户取消了短信定制,还有重庆、四川等地区数量降幅较大。而 2019 年较上年增加 300 万户以上的省(区、市)有天津、河北,这说明在这些地区短信气象服务仍有一定潜在用户和传统用户。

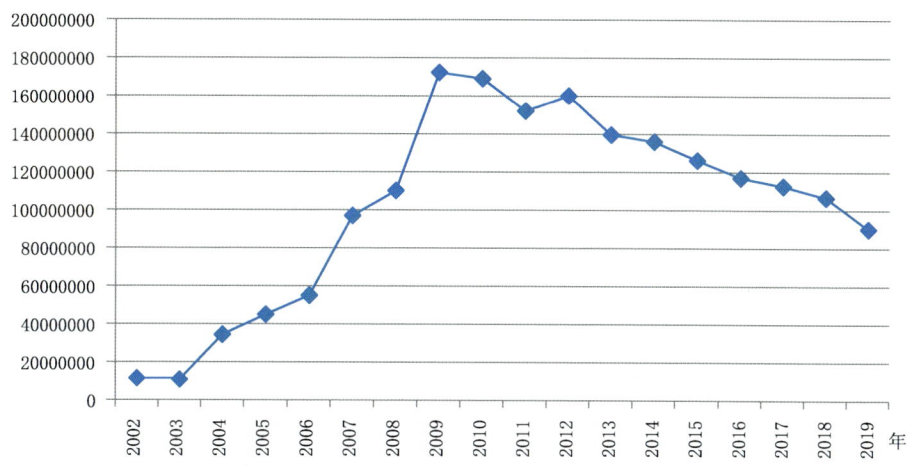

图 5.9　2002—2019 年短信气象服务的定制户数(单位:户)

(数据来源:《气象统计年鉴》,2002—2019)

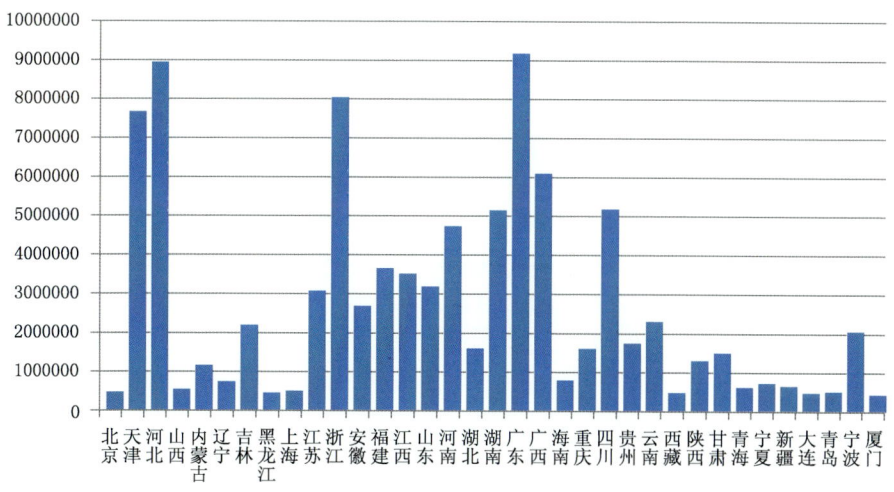

图 5.10　2019 年各省(区、市)短信气象服务的定制户数(单位:户)

(数据来源:《气象统计年鉴》,2019)

4. 面向基层的气象信息服务持续发展

气象信息员是基层传送气象灾害防御信息的重要主体，也是传播公众服务信息的重要途径。

2019年，气象信息员覆盖率基本持稳。全国气象信息员达到78万余人（各省（区、市）气象信息员数量见图5.11），基本覆盖了全国所有城乡社区和行政村。气象部门进一步完善智慧信息员平台功能，通过信息员平台上报灾情信息、转发预警信息、开展线上培训均较上年有大幅增长。

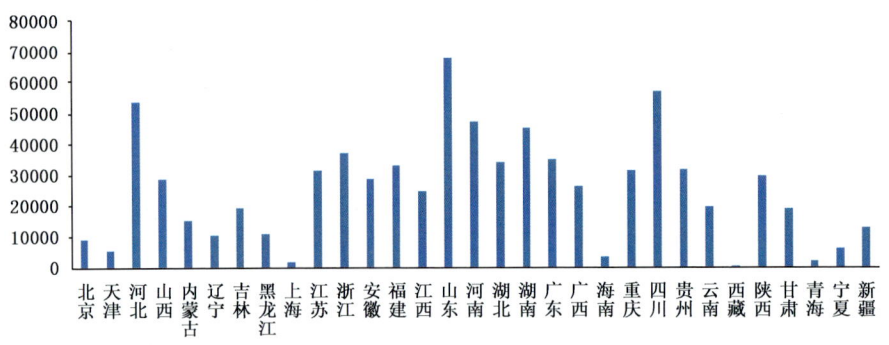

图5.11　2019年各省（区、市）气象信息员数量（单位：人）

数据显示，2019年全国智慧信息员手机APP的各省份信息员活跃度指标中，活跃度最高的贵州、天津、湖北和浙江，分别达到60.21%、48.02%、44.96%、42.21%；智慧信息员手机APP系统中信息员活跃度前20名的省、区、市的活跃度较2018年也均有上升。

（二）面向行业生产的气象服务能力持续增强

1. 面向三农的气象服务更加智慧更有特色

全力保障国家粮食安全。2019年，完成了春耕春播、夏收夏种、秋收秋种关键农事服务，动态评估我国和全球主要粮食生产国的气象条件及产量趋势，多模型分析、多部门联动、科学研判，圆满完成夏粮、秋粮和全年粮食产量预报。冬小麦单产、总产预报准确率分别为97.8%和98.8%，全年粮食单产、总产预报准确率分别为99.1%和99.4%。联合特色农业气象中心制作苹果、茶叶、柑橘、蔗糖等服务产品。每月定期发布全球监测预报业务产品，内容覆盖全球6大洲10个国家和地区的小麦、玉米、大豆、水稻等粮食作物和甘蔗（蔗糖）经济作物。制作关于2019年南美大豆总产量、印度小麦总产量、美国玉米大豆总产、澳大利亚小麦总产量等全球农业决策服务产品。

智慧农业服务能力持续提高。2019年，中国气象局强化农业气象服务标准化建设，组织安徽、河南、重庆、陕西省（市）气象局和国家气象中心开展农业气象服务供给侧结构性改革试点,试点省份着力提升面向生产一线的基层气象部门的服务能力。强化农业气象大数据以及业务支撑平台建设,988个农田小气候站、297个作物实景观测站数据上传到气象大数据云平台。30个省(区、市)研发了农业气象服务格点产品。

直通式服务覆盖近百万新型农业经营主体。2019年,各类智慧农业气象服务APP、微信公众号等客户端的注册用户达55万,较2018年增长28%。特色农业气象服务中心创建工作持续推进,已建成10个特色农业气象服务中心;数据产品平台指标初步实现共享共用,累计研发服务产品近百项。

2. 旅游气象服务品牌影响力逐渐提升

旅游气象服务品牌受到社会关注,影响力逐步提升。2019年,氧吧文化旅游节、穿越赛、旅游专列等衍生品牌初具雏形,形成氧吧产业生态圈。中国气象局启动国家气象公园试点建设,黄山和重庆三峡的试点建设方案通过审查。开展"中国天气·特色旅游目的地评选和推介活动",建立"中国天气"特色旅游推广联盟。与百度地图合作推出赏花地图等特色旅游气象服务产品。打造"中国避寒宜居地"品牌,并完成3个试点地区的评估创建。

旅游气象服务的科技支撑不断强化。2019年,首次发布《中国天然氧吧绿皮书》,基于气象、旅游、舆情大数据,探索解决氧吧深度开发面临的各种问题。编制《中国天然氧吧创建规划》,推进氧吧监测评价业务。建立气象公园评价指标体系,发布避暑旅游城市评价报告,确立避寒、康养、冰雪特色旅游的评价指标和标准。

2019年,旅游气象服务产品进一步丰富,全国31省(区、市)将旅游气象服务纳入基本公共服务,全国景区气象服务覆盖了3A级以上景区,普遍开展旅游气象灾害风险预警服务,基于公众需求,提供旅游线路推荐、出行安全服务提示。各地结合当地景区景点实际,开发了观日出、日落、云海、雪景、雾凇、植物花期和彩叶观赏期等特色景观气象服务产品,还发布了蓝天预报及滑雪场、钓鱼等运动和休闲旅游服务产品,扩大了旅游气象服务覆盖面。

3. 海陆一体化的能源气象服务体系逐渐形成

2019年,气象部门为水电、陆上风电、海上风电、太阳能发电、电网、石油石化、重大能源工程建设相关行业企业及政府机构提供精准定制的气象服务。

完成了全国200米分辨率的风能资源精细化评估数据库升级,发布了《中国风能太阳能资源年景公报》,利用风能太阳能预报系统为1054个风电场和太阳能电站提供服务,开发风能太阳能资源季节预报产品,制作全国近20年逐月5千米格点风速数据集,提供近20年高分辨率格点风资源评估产品。太阳能资源服务产品的空间分辨率提高到1千米,时间分辨率提升为1小时。

支撑全国新能源消纳监测预警平台建设。建立用电负荷预测模型,为电网调度和电站出力提供决策依据;电网灾害预警、海上施工运维窗口期预报等做到了"快速感知、精准预报、智能服务"。

4. 交通气象服务能力明显提升

目前,全国交通气象观测站点约1500多个,其中,江苏、安徽、河北、湖北等部分省份的交通气象监测系统基本达到了全覆盖,如江苏已建成362套交通气象监测站、70套能见度监测站,监测站的平均间距为10~15千米,交通气象监测系统的规模居全国第一。交通气象观测要素包括能见度、路面和路基温度、大气温度、湿度、风向、风速、雨量。

2019年,中国气象局以高速公路、中欧班列、长江主航道、近海航线和远洋导航为重点,注重提升交通气象灾害风险预警能力,努力拓展国际服务领域。采取多种举措,鼓励开展"义新欧"商贸物流气象服务。探索推进远洋气象导航服务联盟建设,提升"一带一路"远洋导航气象服务能力,为招商局、德国HBC公司等定制开展远洋气象导航服务,服务能力达到300艘/日。

2019年,中国气象局与国铁集团联合印发铁路气象战略合作协议实施方案,强化铁路气象监测预警服务,共同开展川藏铁路规划建设气象风险研究项目。与公安交管部门联合建立了气象、公安深度融合的交通天气风险预警业务,产品实时共享接入交管部门"公安交通集成指挥平台",用于交通管理部门监测研判恶劣天气影响、勤务指挥等,保障公路交通安全。每日联合发布面向决策和公众的全国公路气象预报,针对交通高影响天气联合发布《重大公路气象预警》38期;与交通运输部继续针对两会、大连夏季达沃斯年会等重大活动以及元旦、春节、清明节、"五一"、端午节、中秋节以及国庆节等重要节假日制作公路交通气象影响预报材料,联合开展视频会商、电话会商、现场会商49期。与国家海事局共同推动建立了长江航运气象风险预警业务,五大湖泊相关省份气象部门也相继开展了面向航务、海事管理部门的内河航运监测预报预警服务。

进一步提升航空专业气象保障能力。2019年,进一步优化航空气象专业化网站及相关服务产品,为北京大兴国际机场、天府国际机场等新建枢纽机场提供航空运行气象条件分析;支持建成全球航空专业气象服务平台,并为国庆阅兵保障机场提供中长期航空保障等专业服务;圆满完成上海进博会等重大活动航空气象保障服务;为国产ARJ21-700飞机首次执飞的哈尔滨—海参崴国际航线提供定制化国际航线保障服务。

5. 海洋气象服务支撑国家海洋战略

2019年,全国气象部门面向国家海洋战略需求,全年共发布海事天气公报1356期、海洋天气公报1017期、海上大风预报207期、海上大风黄色预警6期、大雾预警33期、春运海上大风和海雾专报40期。并制作近海海域天气趋势预报以及相关港口附近海域的天气、能见度和海况等预报,为煤电油气海上运输及进港提供保障服务。

气象部门持续推进发展全球远洋气象导航业务。上海市气象部门为招商局、中交建集团以及德国、中国香港等多家公司开展定制化的远洋气象导航服务。大连开展基于船舶位置的黄渤海客运航线气象服务。浙江、山东、广东、海南四个国家级海洋广播电台升级,广播有效半径达到1000千米,山东石岛和海南三沙海洋广播电台实现中英双语广播随时插播灾害性天气预警信息,极大提升了海洋气象服务能力。

(三)面向区域协调发展气象保障不断推进

2019年,继续实施了《京津冀协同发展气象保障规划》《长江经济带气象保障协同发展规划》《气象"一带一路"发展规划(2017—2025年)》《中共中国气象局党组关于东北全面振兴全方位振兴提供高质量气象保障服务的实施意见》等区域发展气象保障规划,启动了《长江三角洲区域一体化发展气象保障规划》编制工作,组织编制完成规划初稿。根据规划,长三角地区将形成气象协同观测的"一张网"、气象信息资源共享的"一朵云",打造长三角一体化和智能化的气象预报、服务和创新"三平台"。另外,长三角地区针对跨区域灾害天气过程的联合会商机制,已进入了常态化运行。2019年5月,苏浙沪三地的气象部门联合签发《2019年一体化工作方案》,实现三地气象基础数据互联互通,突破过去气象服务以行政区划分为主的格局。未来,互通互联将进一步"升级"。依据规划,沪苏皖浙四地的长三角气象观测将建起一张一体化融合的"网",将都市圈精细化雷达观测网,港口、航道、海岛、海岸线自动气象站网和激光测雾雷达网,生态和旅游气象观测网,长三角交通气象观测网等"一网打尽";"一朵云"除了建设长三角基础气象数据云平台,实现长三角基础气象数据一体化采集、共享,还会同步建设长三角气象服务数据云平台,融入长三角大数据中心建设,建立互联、开放的气象大数据服务机制,将"气象公共云"的数据和产品与社会各行业相关数据深度相融,进一步提升气象数据和产品的应用效率和贡献率。

加强粤港澳地区气象协同发展。继续完善《粤港澳大湾区气象发展规划(2020—2035年)》,开展了粤港澳大湾区气象创新发展研讨会。中国气象科学研究院、广东省气象局、深圳市气象局合作成立粤港澳大湾区气象监测预警预报中心,致力于研发具有自主知识产权的世界先进的快速同化系统和高分辨率模式系统,建立国际先进的区域数值天气预报系统,为提升大湾区综合防灾减灾水平和湾区高质量发展提供保障。另外,为配合粤港澳大湾区发展,粤港澳三地气象部门携手于2019年4月推出"大湾区天气网站",主要由香港天文台负责开发和运作,一站式提供粤港澳大湾区11个城市共60多个地区的天气信息,可提供长达7天的天气预报,为穿梭大湾区各城市的人士提供便捷可靠的气象服务。

2019年,国家、省、新区三级气象部门制定完成了《河北雄安新区智慧气象发展规划》,修改完善了《河北雄安新区智慧气象示范区建设实施方案》《河北雄安新区智能气象观测大数据系统(天眼系统)建设方案》《雄安新区绿色生态气象服务保障建设规划》等一系列基础性规划方案,具有全国领先水平、充满雄安新区特色的"一脑三网"架构和"一主八辅"气候观象台总体空间布局已经规划完成。河北省气象信息中心与中国雄安集团数字城市科技有限公司签署数据共享框架合作协议,共同推进气象数据与雄安新区城市大数据的融合,实现气象数据与雄安大数据的互联互通。2019年,河北雄安新区气象局正式挂牌成立,雄安新区未来站建设启动,完成智能化气象观测大脑详细技术设计并启动一期工程开发,与新区城市建设同步推进雄安国家气候观象台建设。

(四)面向特定领域的气象服务稳定发展

1. 民航气象服务

2019年,国家民航气象部门按照民航局的统一部署,落实民航强国战略,推进"智慧气象"建设,全面提升航空气象服务能力,为保障航空运行安全和提高航班正常做出了贡献。

民航气象业务运行平稳有序。2019年,我国境内运输机场共有238个,完成飞机起降1166.0万架次,比上年增长5.2%。航空气象在保障飞行安全、正常和高效方面发挥了重要作用,民航气象系统共发布例行天气报告49.3万份、特殊天气报告1.2万份、9小时机场预报13.2万份、24小时机场预报6.2万份、重要天气预告图2.5万份、高空风温预告图2.3万份、自动气象观测系统数据334.0万份、天气雷达图241.9万份、区域预警806份、终端区预警4775份、机场警报9109份。机场预报准确率为93.08%,观测错情率为0.01‰。因天气原因共启动大面积航班延误应急响应机制(MDRS)预警632次,其中,黄色预警560次,橙色预警63次,红色预警9次。为保证民航安全运行,民航气象系统持续加强安全管理,坚持安全隐患零容忍,治理安全风险,飞行气象情报迟、漏发数量继续保持低位,全年未出现漏发报现象。

强化民航重大活动保障。2019年是民航空管重大保障年,民航气象系统圆满完成了春运、两会、"一带一路"峰会、70周年国庆、大兴机场启用等重大活动的气象保障任务。大兴国际机场的启用是全民航的大事,气象部门积极推进大兴国际机场气象工程建设,制定气象工作保障方案,稳步开展运行筹备与过渡运行工作,确保大兴国际机场顺利投运。

推进民航气象设施建设。2019年,民航气象部门以建设"智慧气象"为引领,稳步推进"十三五"各类项目建设,民航气象中心工程建设项目完成顶层设计,建设内容包括气象信息与服务系统、天气雷达资料共享平台、预报业务系统、数值预报系统、业务运行监控与质量评定系统、外场试验基地、科研与测试环境等新一代业务系统的基础设施和运行平台。按计划推进老旧雷达的更新。规划并启动全国民航天气雷达布网建设,推进中小机场天气雷达建设和数据联网工作。完成大兴国际机场全数字有源相控阵天气雷达建设,在北京大兴机场、兰州中川机场、昆明长水机场试点建设激光测风雷达。截至2019年底,民航机场共配备自动气象观测系统259套,天气雷达65部,风廓线雷达39部,卫星资料接收系统247套。

加强气象业务运行管理。2019年,根据民航气象实际业务运行需求,出台《民用航空气象预报规范》,使民航气象预报业务更加规范,并与国际接轨;下发《关于加强飞行气象情报质量控制工作的通知》,从源头上控制飞行气象情报的数据质量;下发《关于增加平视显示器(HUD)运行机场特殊天气报告标准的通知》,对机场特殊天气报告标准进行补充。

开展航空气象科技推广工作。2019年,民航气象部门积极推进气象科技项目实施,组织完成《基于机载数据的航路颠簸研究与应用示范》等多个科技项目;启动《无人观测技术研究》等六个科研、专项项目,开展前瞻性研究;组织开展第二十六届民航气象技术交流活动,推选出优秀技术交流文章80篇;组织《空地数据链在气象领域的研究与应用》《机场C波段全数字相控阵天气雷达》《强对流短临预报系统》等议题的科技成果交流会,加强航空气象技术交流和成果共享,提升气象人员对航空气象新技术、新方法、新手段的综合应用能力;积极组织专家参与国际民航组织和世界气象组织国际事务,介绍中国航空气象发展,跟进国际事务进展。

2. 水文气象服务

我国水文气象服务主要由水利部水文水资源监测预报中心承担,现有职工20人,其中水文首席预报员7人。目前,全国各级水文机构均内设了水文情报预报业务部门,从业人员超过4000人。其主要职能是,组织实施水文情报预报工作,承担国家防汛抗旱防台风的气象水文及相关信息收集、处理、监视、预警和全国江河湖泊、水库的雨情、水情及旱情分析预报;承担国家防汛抗旱防台风会商的相关技术支撑工作,按规定发布全国江河实时水情信息和预报信息。

水文气象业务主要涉及雨水情信息报送、暴雨洪水监视分析、洪水预测预报、水情预警发布、水利工程调度分析、抗旱信息服务、中长期预测、台风洪水预测、山洪泥石流预警、城市防洪、突发应急水情分析等11个领域。

在报汛报旱站网方面,全国共有报汛站10.2万个,报送项目包括雨量、水位、流量、泥沙、湖库蓄水量、土壤墒情等防汛抗旱所需的信息。在信息传输交换方面,近年来,全国水情信息传输网络全部建成并不断优化完善,实现了全国实时雨水情数据库的完全统一和信息的全面在线交换,全国水情信息基本在15分钟内可以报至水利部水文情报预报中心。在预测预报预警方面,组织开展旬、月、季、年等不同时间尺度的中长期雨水情趋势预测业务,内容涵盖降水、台风、江河来水、重点水库来水、洪水、干旱等。制作发布全国170多条主要江河湖泊、2300多个断面的洪水预报,组织发布全国江河湖泊700多个断面的洪水和干旱预警。在业务应用系统方面,主要设有水情信息交换系统、水情值班系统、防汛抗旱水文气象综合业务系统、中国洪水预报系统、防汛水情会商系统、全国水文干旱业务系统、雨水情信息掌上查询系统、水情预警汇集发布系统等业务系统,实现了水情信息接收处理自动化和水情预测分析科学化。其中,中国洪水预报系统是水利部水文情报预报中心洪水预报作业专用平台,已广泛应用于全国各级水情部门。

长期以来,气象部门与水利系统广泛合作,努力实现数据互联互通互利共享。2019年,气象部门与水利部门共同会商、准确预测了长江、黄河等重点流域汛期降水趋势,并围绕做好水旱灾害防御工作的业务需求、数据共享、预报会商、技术攻关等方面进行了深入的交流与讨论,就建立汛期联合预报会商机制、加强气象水情信息产品与数据共享、推进业务人员短期交流等方面达成一致意见,以进一步推进水文气象业务深度合作,共同提高预测预报服务水平。2019年,全国各流域气象中心建立了定量化预报模型,预报空间分辨率进一步缩小,8大类46种流域气象服务产品成为江河防汛抗旱决策的重要支撑。

3. 农垦气象服务

2019年,黑龙江垦区改革成立黑龙江北大荒农垦集团总公司以后,垦区气象业务在改革中保持了相对稳定。目前,垦区共有气象台站94个(具有地面观测业务的台站92个),其中总公司设立气象管理站,分公司有气象台6个、农场气象站86个,北大荒通用航空公司气象站1个,形成了独具农垦特色的专业气象队伍。垦区气象台站建站年代较早,气候资料积累时间长,有36个气象台于20世纪50—60年代建站,记载气候资料在50年以上的气象站有50余个。垦区已建成较完善的气象服务体系,成为垦区现代化农业的重要组成部分,发挥了不可替代的作用。

到2019年,垦区已建成C波段新一代天气雷达2部、X波段多普勒天气雷达10部。建成风云3、风云4遥感卫星接收系统各一套,气象极轨卫星云图接收系统6套、新型静止卫星云图接收系统10套,实现了对大、中、小不同天气尺度天气系统的有效监测。建成自动气象站92个,全面完成了新型自动站建设,并对原有自动气象站进行了升级改造,实现了新、老自动站互为备份运行,建成自动雨量监测站460个,基本实现地面探测自动化。人工影响天气作业体系健全,拥有性能先进的运-12飞机一架,作业高炮297门,火箭发射器243部,辐射垦区85个农场的3000余万亩耕地。

在测报业务方面,垦区按国家地面气象观测规范的要求,开展对云、能、天、压、温、湿等项目的三次定时观测,自动化后实现了全天候观测,定期编制气象报表并经上级业务部门审核,测报业务错情率在0.5‰~1‰,达到或接近国家测报质量标准。积累并四次系统整编出版了建站50余年的完整气候资料,填补和加密了三江平原和松嫩平原的气候资料,成为垦区乃至黑龙江省气候资源的开发利用的重要依据。同时,垦区62个气象台站通过了全面标准化的省级验收,其中9个台站获标兵、30个获优秀台站称号。

在预报业务方面,根据垦区农业生产需要,垦区气象台站发布各类短时、短期、中期、长期天气预报,为农作物种植和品种布局提供年景分析,为各项农事活动提供长、中、短期天气预报,发布各类突发性、灾害性短时预报。短时和短期天气预报准确率达到85%以上,中长期天气趋势预报准确率达到75%～80%,短期气候预测和农业年景分析达到趋势基本准确,成为有效指导垦区农业生产、防灾减灾不可缺少的重要信息。

在农业气象业务方面,垦区根据农场不同作物分布进行物候、墒情的定期观测。紧密配合农业科研部门开展各类农业课题研究、科技攻关和气候区划等,完成垦区《主要作物的气候区划》《三江平原地区降水分布及预报》《三江平原旱涝分析》《垦区五大作物最大气候生产潜力》《气象服务垦区现代化大农业研究》等重大课题研究,为合理利用垦区气候资源、服务农业生产提供支撑。

4. 森工气象服务

2019年是黑龙江省森林工业总局全面推进管理体制改革的一年。黑龙江省森林工业总局改名为中国龙江森林工业集团有限公司(简称龙江集团),结束了70年"政企合一"的管理体制,实现政企分开。作为国有大型生态公益性企业,龙江集团承担森林培育、保护、经营等重大生态建设任务,是重点国有林区森林资源经营管理的主体,拥有森林经营的自主权利。

黑龙江省森林物候气象站也由行政管理部门改制为企业,相应的行政职能移交省、市、县气象局,改变了黑龙江省森林物候气象工作65年的管理体制。改制后的森工气象业务由龙江集团生态建设部接管,各林业气象站依然按照中国气象局《地面气象观测规范》进行观测,继续为全省林区的常规天气预报、灾害性天气警报、气候区划,为全林区生产生活和防灾减灾提供气象服务;继续与国家气象部门做好资料汇交、资源共享等工作。继续坚持特色,做好物候工作,为实现科学经营森林提供支撑。

龙江集团非常重视林业气象工作,2019年,拨付专项经费保证了气象站建设和自动站运行。全面完成山洪地质灾害防治气象保障工程项目,对东方红、大海林、沾河、汤旺河、东京城、山河屯、鹤北、清河、亚布力等林业气象站进行升级改造,保证自动站运行。龙江集团非常重视规范管理,2019年制定了《森林物候气象工作管理办法(试行)》,保证了森林物候气象站稳定运行,每个林业有限公司设有直属森林物候气象站(国家一般气象站)一处,场级气象哨根据地理区位由各林业局有限公司根据生产需要自行设置。气象人员基本保持了稳定,林业气象业务服务保持了稳定运行。

(五)重大活动和突发事件气象服务效益显著

2019年,全国气象部门统筹协调、主动服务、圆满完成新中国成立70周年庆典活动、第二届"一带一路"国际合作高峰论坛、北京世界园艺博览会、第二届中国国际进口博览会、第十一届全国少数民族传统体育运动会、第二届全国青年运动会等重大活动气象保障,获得各级政府和社会公众的充分认可。气象部门严密监测、准确预报、及时预警,有力应对超强台风"利奇马"、连续性暴雨等重大灾害天气,完成贵州水城、浙江永嘉特大山体滑坡等重大突发事件应对气象保障,充分发挥气象防灾减灾第一道防线作用,最大限度地减轻了人民群众的生命和财产损失。

新中国成立70周年庆祝活动气象保障

中国气象局将做好新中国成立70周年庆祝活动气象保障服务作为最重要的政治任务，举部门之力，高标准、严要求、全方位开展气象保障服务各项工作。

构建最严密的组织体系。中国气象局成立70周年庆祝活动气象保障服务领导小组，在北京市气象局设前线指挥部。8月21日，全面进入实战状态。

汇聚最精锐的科技人力资源。统筹全国最先进的装备，将稳定可靠的科技成果应用到气象保障服务工作中。由国家级业务科研单位和京津冀气象部门24名首席专家组成国庆专班，提前一个多月驻场北京市气象局，建立联合专家组，高频次加密天气会商；并联合北京市生态环境局会商研判空气质量。前线指挥部与派驻各指挥部现场气象服务团队实时联动，确保气象服务全流程的针对性。

气象现代化成果充分运用于保障服务。提前半年分析研判活动期间7类气象风险，重点关注气温、风速风向、湿度、能见度及白天体感温度、夜间风力影响等，创新开展体感温度、长时间曝晒、夜间烟花烟雾扩散影响观礼等分析及提示工作。利用睿图中尺度数值模式，研发核心区实况分析产品、未来12小时云预报产品，开展风向风速"立体式"预报；基于北京智能网格预报业务，建成核心区天气预报产品制作及评估平台，开展预报能力训练和准确率评估。

做好周密的人工影响天气作业准备。建立联合作业工作机制，成立了联合指挥调度中心和地面作业指挥组，调集北京、天津、河北、山西、内蒙古、辽宁、黑龙江7省（区、市）人工影响天气作业力量。空中、地面作业力量包括飞机31架、地面作业点760个、火箭架535个、高炮345门。联合组织地方开展了6次人工影响天气作业演练，31架飞机、209个地面作业点、145门高炮、227部火箭发射架参与演练，其中飞机飞行159架次、500多小时，完善了技术方案和作业流程，为庆祝活动实施人工影响天气作业积累了经验。

服务保障成效显著。庆祝活动气象预报服务准确及时，得到习近平总书记等中央领导同志的高度赞扬。活动期间提前48小时逐小时晴雨预报准确率达100%，气温预报准确率达95.8%，风向预报基本与实况吻合。准确预报了3次演练天空状况、能见度、气温日变化及风力大小和风向转变时间。9月中旬提前3天和提前5天核心区逐小时温度预报的准确率分别为95.8%和87.5%，逐小时阵风风力等级预报平均准确率为92.2%。

北京世园会气象服务[①]

2019中国北京世界园艺博览会（以下简称世园会）于4月28日在北京延庆开幕。共历时162天，跨越春、夏、秋三季，天气复杂多变，强降水、雷电、大风、高温、雾和霾等高影响天气多发，室内室外花卉、常绿植物、果树等作物生长对气象条件要求各不相同，这对气象保障服务提出了很高的要求。中国气象局举全部门之力，全方位保障世园会顺利举办。

提供精细到每一类天气和植物的园艺专项气象服务。植物生长对气象条件极为敏感，低温、强降雨、冰雹、干旱、大风、强日照、连阴天等高影响天气会对植物管控和展览效果带来较大影响，分类开展园艺观赏指数、花期预报等的园艺专项服务必不可少。基于需求，气象服务团队收集整理了世园会参展园艺植物类型、基本习性、地理分布、气候类型等内容，建立了园艺作物基本信息和园艺植物图谱。研究建立了代表性植物的温度适宜度指数、旱涝指数、灌溉指数等园区主要观赏植物园艺气象服务指数预报模型，根据园艺植物不同生长习性，按照高影响天气对植物影响气象指标，分类开展适宜性评价、影响预报预警等，并提供防控决策建议。还设计了园艺气象灾害预警及规范预报用语，针对每一类天气、每一类植物提出园艺高影响天气致灾应对措施，通过园艺气象服务决策服务系统，实现自动气象站历史和实时气象数据监测显示、气候背景数据分析、逐日滚动预报预警、园艺气象指数预报和花卉植物生长气象条件动态监测评估等功能，为决策部门提供专业化、精细化信息服务。

通过跨区域、专业化的公众气象服务，为中外游客提供气象参考。气象服务团队构建了以北京世园会园区为中心并向周边交通沿线外延的点、线、面等多维度气象服务网络，提供覆盖面更广、获取更便捷、专业化精细化程度更高、中英双语的气象服务产品。包括园区的天气监测、预报、预警等全要素天气信息，还包括园林园艺相关的植物灾害预警、植物气象指数等专项服务产品以及气象科普资讯产品，以及紫外线、负离子、穿衣、舒适度、旅游适宜度等生活气象指数产品。此外，气象服务团队还提供针对园区及周边的交通主干道、旅游景点以及酒店民宿的精细化预报服务产品和预警信息。

聚焦高影响天气提供运营及重要活动气象服务。6月至8月，北京易受高温天气影响，暴雨等强对流天气高发，可能对相关大型活动产生影响。基于此，气象服务团队开展了世园会高影响天气风险评估，科学分析

---

① 资料来源：李一鹏，刘若馨.中国气象局网站.2019-04-26.

北京世园会期间天气气候特点。展会期间,气象部门面向北京市委、市政府和世园会运行保障管理等决策部门的需求,每日早、晚滚动制作《世园会气象服务专报》,提供气温、风力、降水、相对湿度、舒适度、紫外线预报、空气质量气象条件预报和服务提示信息等。遇突发性天气或其他相关突发事件发生时,按需随时滚动发布有针对性的气象服务产品。为确保北京世园会期间城市安全运行,气象服务团队面向应急管理、防汛、市政、交通、旅游、交管、环保、卫生、救灾等部门和高速公路、铁路、航空企业等提供常规气象监测预报信息。

上海进博会气象保障①

2019年11月5日,第二届中国国际进口博览会(简称进博会)在国家会展中心(上海)开幕。上海市气象部门全力以赴,圆满完成第二届进博会气象保障服务。

融入式服务是提升进博会气象服务质量和效益的关键。进博会气象台开启了"前后联动"的工作模式,服务进博会整个活动流程。前方现场保障人员提前分析研判,滚动报告国家会展中心及周边最新天气趋势和大气扩散条件。气象应急观测车提前就位,实时传回气象监测要素,每隔半小时对云高、云量等进行加密观测。后方的8名首席预报员从天气预报、气候预测到运行保障提供实时支持。"上海知天气"APP开设进博会气象服务专栏,方便用户快捷查询周边的实时气象信息及关键区域的逐小时精细化天气预报。

"智慧气象"赋能预报服务。2019年,上海气象部门融入智慧城市精细化管理,建立了"城市精细化管理气象先知系统"。该系统进驻进博会安保指挥部、执委指挥部、虹桥枢纽应急指挥中心等重要部门,为展会组织管理部门、参展方等提供更具针对性的气象服务产品。相比于首届(2018年)进博会的气象平台,城市精细化管理气象先知系统不仅可实现气象实况、预报预警的可视化服务,还可呈现气象对城市运行的影响,提供全方位、多层次、多角度、基于场景的智能决策支撑。

---

① 资料来源:朱晔,谢丽萍,王瑾.中国气象报.2019-11-11.

"6·17"长宁地震气象服务

2019年6月17日22时55分,四川省宜宾市长宁县发生6.0级地震,震源深度16千米。四川省各级气象部门立即启动地震灾害气象服务Ⅱ级应急响应,积极开展监测、预报、预警服务,有效减轻了人员伤亡和财产损失。

四川省气象局紧急调运便携移动气象站到灾区开展应急观测,为抗震救灾气象服务提供了基础支撑。宜宾市气象局深入珙县、长宁等各个受灾群众集中安置点进行实地踏勘,对珙县、长宁受灾群众临时集中安置点进行防雷工程施工。四川省气象台通过实时的卫星云图、雷达、自动气象站等监测资料及各类业务平台加强天气监视,依托四川精细化预报平台、欧洲中心细网格、西南区域9 km(3 km)、GRAPES等产品加强对天气的跟踪分析。

通过各种方式向党政领导、各级防灾减灾责任人员及时传递气象预报预警信息。共制作抗震救灾专题产品、雨情通报等160余期,暴雨、雷电预警9期,通过电话、传真、手机短信等多种渠道第一时间向省应急厅、省地震局、消防总队、中央台决策服务、三级平台、宜宾市委市政府等部门发布。省气象服务中心累计向公众及决策用户发送地震灾区及附近地区天气预报预警共计1.6万次,向省级决策用户发送了919.1万条信息,向市(州)及各县决策用户发送了972.2万条信息。并及时通过电视、电台、短彩信、声讯电话、气象微博、微信等各种媒体及时向公众发布气象信息。6月18日08时到28日08时,共发布微博88条,今日头条16条,微信10条;在直播平台发布抗震救灾重要专题天气预报32条;发布抖音6条;在中国气象局网站、天气网和中国气象报发布新闻14篇、协助四川观察发布联合报道3篇。

四川凉山木里火灾气象服务

2019年3月30日18时,四川凉山州木里县雅砻江镇立尔村发生森林火灾,过火面积约20公顷。四川省气象局于4月1日19时启动森林火灾Ⅰ级应急响应,全力以赴做好监测、预报、服务、人工影响天气作业等各项工作。

应急响应期间,四川省气象部门累计向公众及决策用户发送火场及附近地区天气预报预警858次,向市州及各县决策用户发送858条。在四川气象微博累计发布5条气象保障服务动态信息和《天气与森林草原火险》科普知识图解,在四川气象微信开设"凉山州木里县森林火灾气象保障服务新闻汇总"栏目。凉山州气象局向地方党委政府、应急管理、防火等部门报送《雅砻江镇立尔村森林火情灭火专题天气预报》34期,《人工增雨专题天气预报》5期。

抓住时机开展人工影响天气作业。4月1—2日,共开展地面增雨作业5次,发射火箭弹15枚;4月3日13时开始作业3次,发射火箭弹23枚,作业后,木里火场高山降雪,河谷降小雨,对雅砻江镇立尔村森林火灾烟点处理起到了抑制作用。4月3日19时15分人工影响天气作业飞机起飞,1小后到达凉山州作业区域,作业飞机以木里县为中心开展增雨作业,催化作业约80分钟,作业后影响区大部分区域出现1毫米左右降水,对降低森林火险等级发挥了重要作用。

贵州水城"7·23"特大山体滑坡抢险救援气象服务

2019年7月23日21时20分,贵州六盘水市水城县鸡场镇坪地村岔沟组发生山体滑坡,造成21幢房屋被埋。面对灾情,贵州省气象部门及时响应、主动服务,有效保障了现场抢险救援的顺利实施。

7月24日00时40分,贵州省气象局启动重大突发事件气象保障服务Ⅱ级应急响应,连夜到现场开展抢险救援气象服务。针对预报信息传输渠道不畅的问题,现场收集抢险救援相关指挥部门和救援队伍的微信号并纳入气象保障群,并协调后勤保障组解决油机、油料和帐篷等物资。应急响应期间,省、市两级先后派出2辆气象应急保障车、5辆人员物资运输车和38人次到现场。

应急响应期间,贵州省气象台累计制作专题气象服务材料94期,六盘水市气象局制作重要气象信息专报1期、气象信息报告3期、气象信息快报16期、专题气象服务5期、逐小时短时预报气象保障服务专报114期,为市级部门提供滑坡点临时材料4次,与自然资源部门联合发布地质灾害气象风险预警8次,开展"三个叫应"服务212人次。水城县气象局每小时向县政府及相关部门报送实时雨情和天气预报。

在公众气象服务方面,贵州省气象局每天向新闻媒体通报最新降雨实况,撰写山体滑坡灾情应急响应服务情况稿件发送中国气象报社,联系贵州卫视新闻广播FM94.6电话采访天气预报专家,并发布气象通稿1篇,由省级媒体转载5次,其他媒体转载534次。各套影视节目重点对山洪地质灾害防范进行科普宣传。通过"黔气象"微博发布预警信息30条,阅读量19.63万人次,省级通过"抖音"发布19条,播放量221万次。六盘水市气象局通过短信发布预报预警服务9751人次,通过微信、微博开展科普宣传,服务88.27万人次。

(六)人工影响天气趋利避害效果明显

随着经济社会发展与防灾减灾需求的不断提高,我国人工影响天气服务领域已拓展到农业抗旱减灾、森林草原防火、机场公路消雾、应对突发污染事件、城市降温和净化空气等多个领域,发挥了"趋利避害"的独特作用。

1. 空中云水资源开发利用效益显著

2019年,全国开展人工影响天气高炮火箭作业4.56万次、飞机作业1234架次,人工增雨(雪)覆盖面积约508万千米^2(图5.12),防雹保护面积约66万千米^2。并针对长江中下游和华南地区夏秋干旱,有效实施人工增雨作业。从各省份人工影响天气作业情况看(图5.13),高炮火箭作业超过2000次省份有云南、四川、新疆、贵州、黑龙江、山东、河北,分别达到6529次、3261次、2979次、2832次、2499次、2355次、2045次,飞机作业100架次以上省份有内蒙古、山西、青海、云南,分别达到208架次、152架次、103架次、100架次。

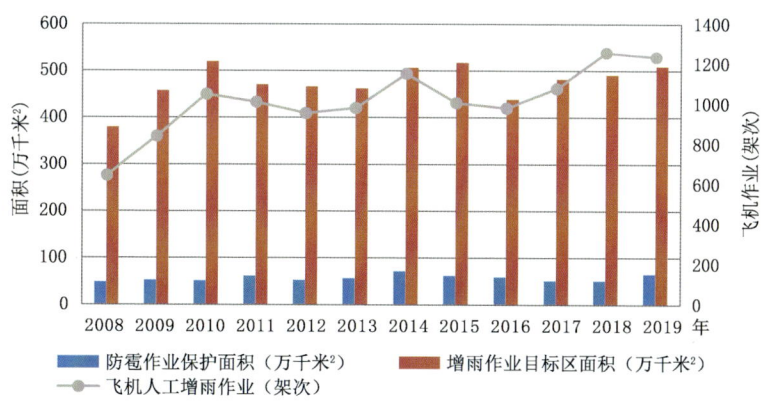

图5.12　2008—2019年人工影响天气作业量

(数据来源:《气象统计年鉴》,2008—2019)

开发云水资源,服务生态文明建设。气象、自然资源、水利等部门联合开展生态修复、地下水超采治理人工影响天气科学试验试点工作。2019年,全国人工影响天气作业覆盖72%的县(市、区)国家重点生态功能区、48%的大中型水库。青海省加大三江源地区人工增雨作业力度,在人工增雨(雪)和自然降水的共同作用下,生态环境持续改善,扎陵湖、鄂陵湖水体面积较上年分别增加3.2%和0.8%,植被覆盖面积

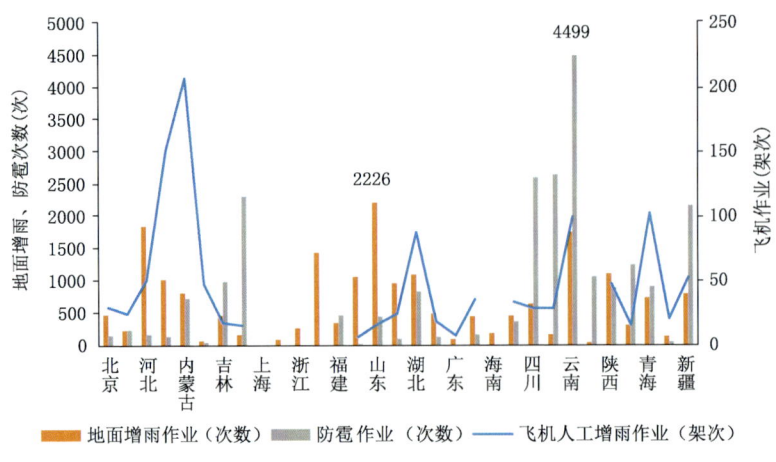

图 5.13　2019 年全国各省(区、市)人工影响天气作业量
(数据来源:《气象统计年鉴》,2019)

较上年增加 2%。河北省在太行山东麓持续开展人工影响天气综合观测和催化作业科学实验,实施人工增雨作业 2103 次,增加降水约 28.5 亿吨,为缓解地下水位下降趋势做出积极贡献。

强化应急减灾,减轻灾害损失。应急管理部、中国气象局建立森林防灭火人工增雨作业启动条件和有关工作流程。生态环境部、中国气象局探索改善空气质量人工增雨试验联合会商和作业机制。在应对干旱、异常高温、森林草原大火、重污染天气等自然灾害中,加强滚动监测预报,及时制定作业方案,适时开展人工影响天气作业。2019 年,有关地区共实施 508 次林草扑火增雨(雪)作业,在春季北方大范围森林火险等级居高不下的关键时期,组织 11 省(区、市)开展飞机增雨作业 27 架次、地面增雨作业 1176 次,作业影响区域内普降小到中雨,有效降低森林草原火险等级。安徽、河南、湖北、重庆、四川等省(市)政府积极主导探索开展人工增雨净化空气作业试验。

2. 作业和指挥能力建设持续推进

2019 年,气象部门制定印发《人工影响天气"耕云"行动计划(2020—2022 年)》,着力实施国家重大任务保障、业务现代化、安全能力提升等三个专项行动,强化人工影响天气在精准扶贫、乡村振兴、防灾减灾救灾、生态文明建设、重大活动中的保障作用。

2019 年,气象部门继续实施国家级和西北、中部区域人工影响天气工程,建设天山、祁连山、六盘山等生态脆弱区人工增雨试验基地,西北 4 架高性能增雨飞机基地建设取得实质性进展。由雷达、卫星和飞机等探测系统组成的空中云水资源"天基—空基—地基"立体监测能力显著增强。

"四级业务纵向到底、五段流程横向到边"的业务体系更加完善,作业指挥平台实现省级全覆盖,国家(区域)—省—市—县—作业点逐级指导的作业指挥体系全部建成。卫星、雷达、数值预报等作业指导产品覆盖率达100%,人工影响天气作业精确指挥、精准调度水平大幅提升。

3. 关键技术攻关和产学研用深度融合

推进核心科技创新。2019年,科技部、自然科学基金委等部门批准实施"人工影响天气基础理论、数值模式技术研究""典型区域云水资源监测、开发和耦合利用示范"和"祁连山地形云人工增雨(雪)技术研究试验"等一批重点科技项目,以提高基础理论认识和应用技术研发能力。

加快科研成果转化应用。2019年,自主研发的3千米水平分辨率的云降水数值预报系统投入业务运行,国产新型高效催化剂的催化效率提高100倍以上。甘肃、新疆等省(区)积极开展无人机增雨试验,探索国产工业设备与人工影响天气的融合发展。

改善科学试验条件。完善中国气象局云雾物理环境重点开放实验室、中国气象局华北云降水试验基地以及吉林云物理野外科学试验基地建设。针对重点区域生态修复和保护,新建成天山、祁连山、青海三江源、宁夏六盘山等国家级外场科学试验基地。

4. 安全和装备质量监管不断强化

完善安全监管制度。2019年工信、公安、气象等部门进一步规范管理人工影响天气作业弹药生产、运输和存储,建立作业人员备案制度,装备年检、作业人员备案率达100%。人工影响天气弹药存储运输专业化水平不断提升,28个省份将安全生产监管工作纳入了政府安全保障体系,28个省份实现了省—市弹药100%专业化运输,逐渐向基层延伸,其中北京、天津、云南、新疆、重庆等省(区、市)实现市—县级弹药专业化运输100%。

提升装备质量安全。2019年,开展了"增雨防雹炮弹生产安全技术条件"等技术标准研究,推广了37毫米防雹增雨高炮远程控制技术,完成991门高炮和2945台火箭发射架自动化改造。提高弹药质量和安全标准,瞎火率由3%降低到1‰。到2019年,全国增雨高炮达到5858门,作业火箭达到7411架(图5.14)。

推进安全技术防控。推广高炮、火箭操作人员身份识别、密码管理等技术,完成基层作业点试点示范。2019年,建成了人工影响天气弹药物联网,30个省(区、市)实现了作业装备弹药安全实时在线监控。在空管部门指导下,16个省份建立了人工影响天气空域申报系统,作业空域保障自动化水平和可靠性、安全性显著提升。

5. 人工影响天气工作体系不断健全

2019年,根据需要增补国家人工影响天气协调会议制度组成部门,调整后协调会议制度由22个成员单位组成,部门间沟通协调机制更加健全。

2019年,中央和地方人工影响天气投入(图5.15)较好保障了能力建设和业务运

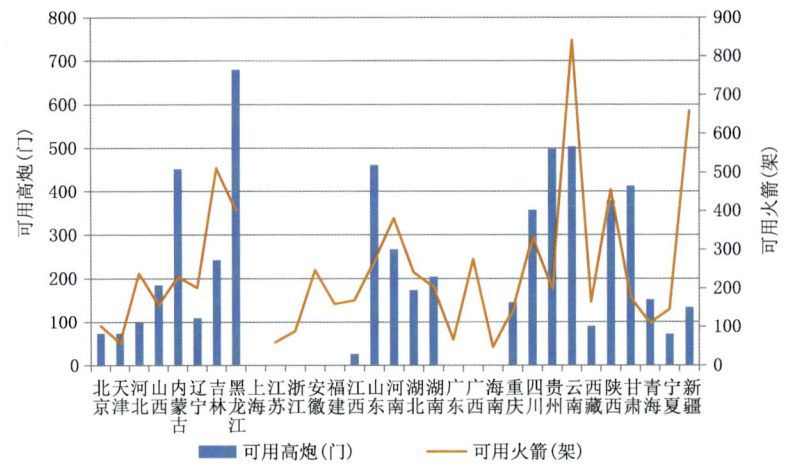

图 5.14　2019 年全国分地区人工影响天气作业可用火箭、高炮数量
(数据来源:《气象统计年鉴》,2019)

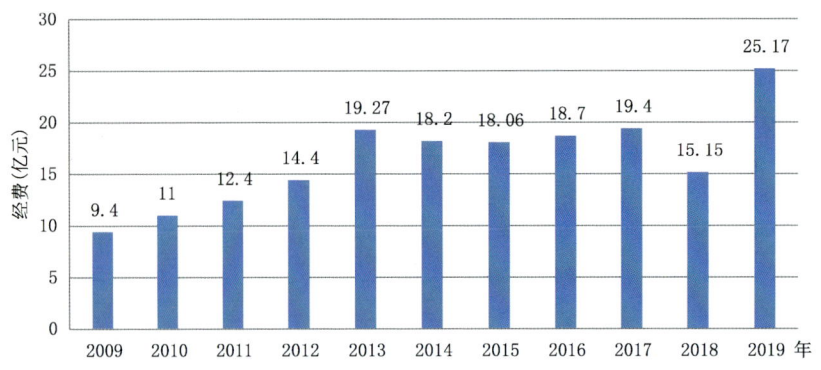

图 5.15　2009—2019 年人工影响天气投入经费情况
(数据来源:《气象统计年鉴》,2009—2019)

行需求。其中,中央投入 4.57 亿元,支持实施国家级和西北区域、中部区域人工影响天气工程建设,其中安排了人工影响天气业务经费,用于农业抗旱防雹、森林草原防灭火、生态修复等作业服务。地方人工影响天气投入 20.6 亿元。国家和地方总投入较上年增长 68.1%,较 2009 年增长 167.8%,比近 10 年平均值增长了 50.1%。

优化人才队伍和开展科技合作。2019 年,人力资源社会保障部安排了人工影响天气高级研修班,对自然资源、生态环境、水利、农业农村、应急管理等 17 部门的 68 个单位相关工作人员进行专题培训。创新重大工程项目管理体制,建立实施了人工影响天气工程总指挥、总师、首席科学家制度。支持成都信息工程大学开展人工影响天气学科建设、人才培养和科技研发等工作。

2019年,扩大了人工影响天气国际交流。组织了云降水大气物理学与大气环境前沿国际论坛,派出专家参加国际人工影响天气和云—气溶胶研讨会学术交流、世界气象组织(WMO)人工影响天气专家组活动,为东盟国家人工影响天气开展技术培训,广泛开展了人工影响天气国际科技交流活动。

三、评价与展望

我国全面推进现代气象服务体系建设,已经形成智能化精细化气象服务业务,基本实现智能推送任意时间、任意位置、全要素的气象服务产品;重大保障气象服务和公众气象服务业务能力显著增强,气象服务成为受众面广、社会普及度高、人民群众生产生活离不开的公共服务产品。但是,新时代,党中央和人民群众对气象服务提出了新的更高要求,气象服务必须站在新的历史起点,以保障国家发展和服务满足人民群众对美好生活的向往为目标,全面提高服务能力,为经济社会发展和人民群众生产生活提供更精细、更智能、更贴心的气象服务。

新时代气象服务的主要任务:一是对标党和国家对气象服务保障的新要求,切实做好重大气象服务保障。气象服务应主动融入国家重大发展战略,培育服务新增长点,挖掘服务新潜力,着力提升气象服务保障国家重大战略的质量和效益。

二是以保障生命安全、生产发展、生活富裕、生态良好为目标,坚持趋利避害并举。完善气象灾害监测预报预警服务,确保人民群众生命财产安全;深度融入现代经济建设,不断提升面向各行各业的气象服务能力和水平;公众气象服务应增强人民群众对气象服务的获得感、幸福感、安全感。

三是以核心技术发展为重点,着力发展智慧气象服务。在保证全覆盖基础上,应充分利用现代智能信息技术,着力发展智能感知、精准泛在、情景互动、普惠共享的智慧气象服务,智慧地向决策者、生产者和社会公众推送服务信息。

四是以建设现代化气象强国为战略目标,大力发展全球服务。从陆地到海洋、从中国到世界,进一步发展和丰富全球服务产品,使我国气象业务服务水平整体跨入世界先进行列。

第六章 应对气候变化[*]

习近平总书记明确指出,要实施积极应对气候变化国家战略,推动和引导建立公平合理、合作共赢的全球气候治理体系。应对气候变化是中国可持续发展的内在需要,是推动构建人类命运共同体的责任担当。中国政府始终高度重视应对气候变化工作,将应对气候变化纳入国家经济社会发展大局,持续推进适应和减缓气候变化工作,不断完善体制机制,提升科技支撑水平,被国际社会公认为全球应对气候变化行动的"领跑者"。

一、2019年国内外应对气候变化概述

2019年,国际政治因素导致全球应对气候变化遭遇变数,面对单边主义、保护主义带来的挑战,中国积极、建设性参与全球气候治理,不断强化适应气候变化举措和减缓气候变化行动,在全球应对气候变化中发挥了关键作用。气象部门在应对气候变化关键技术研究取得新进展,为国家应对气候变化和参与全球气候治理提供了有力的科技支撑。

(一)全球气候变化加剧导致极端气象灾害频发

世界气象组织(WMO)发布的《2019年全球气候状况声明》(简称《声明》)指出[①],2019年的全球平均温度高于工业化前水平1.1℃±0.1℃,2019年很可能是有历史记录以来第二热的一年。《声明》称,大气中的温室气体浓度也上升到创纪录水平,锁定了未来世代的变暖趋势。由于温室气体浓度的上升,海洋吸收了地球系统中约90%的热量,海洋随着变暖而膨胀,海平面会上升。2019年,全球平均海面达到了有高精度测高纪录以来(1993年1月)的最高值。同时还监测到,2019年北极和南极海冰范围均较小,9月北极海冰范围每日最低值是卫星记录中的第二低水平,南极海冰范围2017年以来一直保持较低水平。

在气候变化的影响下,极端天气事件在2019年席卷全球[②]。从南部非洲到北

---

[*] 主要执笔人员:王喆　龚江丽　杨丹
[①] 资料来源:http://library.wmo.int/doc_num.php?explnum_id=10216。
[②] 资料来源:中国气候变化信息网,http://www.ccchina.org.cn/index.aspx。

美,从澳大利亚、亚洲到欧洲,洪水、风暴、极寒、热浪和火灾等气象灾害频发。年初北美遭遇罕见极寒天气,气温创下历史新低。欧洲多国也出现强暴风雪天气,导致交通受阻、学校停课、供电中断、交通事故等。由于气候变化,地球正在变暖,但北极附近地区的变暖速度比全球其他地区快2倍,这种"北极扩增"在冬季尤其明显。欧洲热浪与高温不断,法国6月28日高温打破历史纪录逾1.5℃。侵袭欧洲的热浪已抵达北极圈,7月,格陵兰冰川融化量高达1970亿吨,超过往年此时的融冰量两倍之多。

2019年,亚马孙森林火灾频发,1—7月,亚马孙雨林着火点累计达15924处,过火面积超过100万公顷。大火持续时间长,燃烧面积大,对当地的生态环境破坏较大,释放出大量的二氧化碳和气溶胶,对当地乃至全球气候产生较大影响。7—8月,南亚及附近地区持续强降雨引发严重洪灾,造成印度、尼泊尔、孟加拉等国至少600人死亡,超过2500万人生活受到影响。9—11月,澳大利亚全国平均降水量27.4毫米,为1900年以来统计最少,全国平均最高气温较1961年至1990年同期偏高2.41℃。高温少雨导致澳大利亚森林火灾频发,造成9人死亡,1000余所房屋被毁,过火面积超过500万公顷。

(二)应对气候变化国际合作努力前行

2019年,联合国气候变化马德里会议[①]达成了坚持多边主义、反映各国气候治理共识的"智利马德里行动时刻"以及《联合国气候变化框架公约》《京都议定书》《巴黎协定》落实和治理等30余项决议。《巴黎协定》第6条实施细则谈判是本次会议的重点议题之一,是《巴黎协定》实施细则遗留议题,主要解决如何通过市场及非市场机制,帮助各国实施其在协定下的"国家自主贡献"(NDCs),具体内容大致分为国际减排成果转让、市场机制和非市场机制。因涉及各方经济利益,该题自谈判伊始便备受关注,各方在收益分成、项目过渡安排、如何确保环境完整性、避免减排量双重计算存在严重分歧,未能达成共识。

欧盟委员会于2019年底发布了《绿色欧洲协议》[②],旨在使欧洲到2050年成为变化总体影响为零的气候中和第一大陆,从而促进欧洲经济稳定可持续发展、改善民众健康和生活质量、保护大自然。《绿色欧洲协议》显示了通过改变生活、工作、生产和消费方式,使生活更健康、商业不断创新,为提升能源使用效率(通过转移到清洁循环经济)、阻止气候变化、减少生物多样性丧失和减少污染提供了行动路线图,概述了所需投资和可用的融资工具,并说明了如何确保过渡公平公正。《绿色欧洲协议》涵盖所有经济领域,尤其是交通、能源、农业、建筑、钢铁、水泥、信息与通信技术、纺织和

---

① 资料来源:中国气候变化信息网,联合国气候变化大会马德里(2019)专题,http://www.ccchina.org.cn/list.aspx? clmId=254。

② 资料来源:https://ec.europa.eu/ireland/news/eu-commission-presents-roadmap-make-europe-climate-neutral-2050_en。

化工等行业。为实现其中提出的目标,欧盟委员会将提出首部《欧洲气候法》《2030年生物多样性战略》《工业战略和循环经济行动计划》《从农场到餐桌的可持续食品战略》以及对无污染欧洲的建议等。

2019年,政府间气候变化专门委员会(IPCC)先后发布了《气候变化与土地特别报告》(SRCCL)[①]《气候变化中的海洋和冰冻圈特别报告》(SROCC)[②]和《清单指南:2019年修订》方法学报告。SRCCL由来自52个国家和地区的107名专家编写,是IPCC于第六个评估周期内编写的第二份特别报告,对全球土地利用、土地与气候变化的关系作出全面分析与总结,认为土地在气候系统中起着重要作用,更好的土地管理有助于应对气候变化,但其贡献有限且不是唯一解决方案,关键还在于减少所有行业的温室气体排放。SROCC由来自36个国家的100多位作者共同完成,对约7000份气候变化中海洋和冰冻圈相关的最新科学文献进行了评估,阐释了世界各地的人们及子孙后代面临的气候相关风险和挑战。IPCC第六次评估于2015年启动,计划于2022年结束,有60名中国专家当选报告作者。30年来,中国政府深度参与IPCC的制度构建和改革,有上千位科学家参与了IPCC的评估进程,为国际科学评估作出贡献,也成为推进我国气候变化科学研究、应对机制建设和科学普及的核心力量。[③]

(三)中国积极参与全球气候治理

中国政府始终将应对气候变化作为可持续发展的内在要求和建设全球生态文明、构建人类命运共同体的责任担当,一直积极、建设性参与全球气候治理。自2014年起,中国致力于在全球气候治理进程中发挥大国的引领作用,在人类命运共同体理念的指导下,为全球气候治理贡献了理念共识,在国际上努力推动全球气候治理框架的形成、推进南南气候合作,在国内结合生态文明建设,通过启动全国统一的碳市场促进节能减排、大力发展可再生能源和加强生态环境保护等举措,为有效实行全球气候治理贡献了中国方案。

2019年,中国进一步强化适应气候变化战略举措,在农业、水资源、林业和生态系统、海岸带及相关海域、城市、气象、防灾减灾以及加强适应能力建设等领域取得积极进展,在减少碳排放、节能提高能效、增加碳汇和推进碳排放交易等减缓气候变化方面取得了一系列积极成果。同时,应对气候变化科技支撑作用凸显,关键核心技术进步显著,气候事件和气候灾害预测能力进一步增强,气候灾害风险管理稳步推进,气候影响评估和可行性论证工作全面展开,气象部门应对气候变化决策服务能力进一步增强。积极参与联合国气候变化框架公约气候变化谈判,圆满完成波恩大会和马德里大会谈判任务。

---

① 资料来源:http://www.cma.gov.cn/2011xwzx/2011xqxkj/qxkjgjqy/201908/t20190815_533095.html。
② 资料来源:http://www.cma.gov.cn/2011xwzx/2011xqhbh/2011xkydt/201910/t20191011_537227.html。
③ 资料来源:http://www.xinhuanet.com/local/2018-11/09/c_1123691852.htm。

二、2019 年我国应对气候变化主要进展

(一)我国适应气候变化主要进展

多年来,我国适应气候变化工作不断推进,在农业、水资源、森林和其他生态系统、海岸带和沿海生态系统、人体健康、综合防灾减灾、气候灾害的风险防控与预警、适应气候变化国际合作等领域取得积极进展。

1. 农业

2019 年,统筹绿色发展重大行动。组织编制了《农业绿色发展建设规划(2019—2025 年)》,整体推进实施节水节肥节药、耕地保护与质量提升、农业废弃物资源化利用等重大任务。完善农业绿色发展研究体系,发布《中国农业绿色发展报告 2018》。强化了农业资源区划工作,推动农业资源区划体系工作转型。组织编制农业产业发展负面清单,明确农业产业发展的管控要求。开展国家农业资源台账制度建设,编制《全国重要农业资源台账 2018》。

2019 年,继续深化国家农业绿色发展先行区建设。指导第一批国家农业绿色发展先行区在创新体制机制、出台扶持政策等方面加强探索,全域推进绿色发展。认真总结典型范例,启动第二批先行区认定工作。依据管理办法,对先行区工作推进情况和绿色发展水平进行监测评价。推动长江经济带绿色发展。落实《农业农村部关于支持长江经济带农业农村绿色发展的实施意见》,推进长江经济带农业农村绿色发展,建立了工作机制,围绕农业面源污染防治、水生生物保护等重点任务,整区域整建制推进落实。

2019 年,继续积极应对由气候变化诱发的地区旱涝不均、病虫害突发、极端气候事件对农业生产的不利影响。各地积极发展节水农业,推广旱作农业、抗旱保墒等适应技术;努力保护和提升耕地质量,大力推进秸秆还田等增加土壤有机质的工作;大力提升农作物育种能力,培育耐高温、抗寒抗旱等适应力强的作物品种。

2019 年,开展中德农业应对气候变化国际合作。中国农业农村部和德国联邦食品与农业部通过共同主办的第五届中德农业企业对话研讨,中国农业农村部提出将农业应对气候变化议题纳入合作领域,彰显了中德双方推动绿色发展的坚定决心。

2. 水资源

2019 年,水文现代化建设顶层设计。水利部启动了《水文现代化建设规划》编制,依托先进科技手段和技术装备应用,确立监测手段自动化、信息采集立体化、数据处理智能化、服务产品多样化的现代化水文业务体系的发展方向和重点任务。地方水文现代化规划同步推进,《江西省水文事业发展规划(2017—2035 年)》已获批准。山东、浙江、西藏等省(区)针对水文工作存在的突出问题和短板,加大水文基础设施建设投入力度,补齐短板,强化支撑。

2019 年,继续深入开展华北地区地下水超采综合治理。水利部组织编制监测方

案，安排部署地表水/地下水协同监测相关工作任务；海委、北京、天津、河北水文部门按照相关技术规范，认真开展监测工作，及时报送监测数据，进行逐月滚动分析评价，定期编制动态监测分析评价报告。在开展为期一年的河湖地下水回补试点工作中，有效提高了监测数据的准确性，为综合治理行动和治理目标考核提供了科学依据。

2019年，水利监管取得新进展。水利部推动完成53条跨省江河水量监测省界断面监测站点建设任务，组织开展省界和重要控制断面水文监测与分析评价。长江委水文局参与长江大保护监管督查、取水工程核查、小型水库安全度汛专项督查等12项水利督查工作，精确测量275个岸线项目，现场核查3000多个涉河项目，积极参与长江流域全覆盖水监控系统建设、采砂管理规划编制以及《长江保护法》制定工作。各省、区、市水文部门制定水文服务河湖长制工作实施方案，积极服务河湖长制。

2019年，全面完成国家地下水监测工程建设任务。完成全国10298个站，1个国家中心、7个流域中心、31个省级和280个地市级中心等建设任务，40个单项工程通过验收，质量合格，实现了对全国大型平原、盆地及岩溶山区350万千米^{2}地下水动态的有效监测。制定颁布《国家地下水监测工程水利部与自然资源部信息共享管理办法》。

开展水利行业应对气候变化科学研究。"气候变化对区域水资源与旱涝的影响及风险应对关键技术"经十余年联合攻关，获得2019年1月颁布的国家科技进步二等奖，成果已得到广泛应用，取得了显著的社会经济与生态环境效益。推动了水利行业应对气候变化和水安全保障等技术进步。

我国水资源配置格局进一步优化。截至2019年6月，南水北调中线一期工程已累计向北方供水209亿米^3，其中生态补水19.6亿米^3；水安全保障进一步强化，农村饮水安全问题基本解决，城市污水处理率从2010年的82.3%提高到95.49%。

3. 林业和生态系统

2019年，大规模国土绿化行动积极推进。全国绿化委员会、国家林业和草原局印发了《关于切实做好2019年大规模国土绿化工作的通知》《2019年大规模国土绿化行动分工方案》。各省（区、市）党委、政府结合本地实际出台了相关政策，部署推进大规模国土绿化行动，大规模国土绿化工作全面展开。在国土空间规划中统筹划定落实生态保护红线、永久基本农田、城镇开发边界三条控制线，加强了国土空间基础信息平台建设，优化生态安全屏障体系。

2019年，草原生态保护修复力度加大。稳步推进退牧还草工程，安排围栏建设60万公顷、退化草原改良51.3万公顷、人工种草22.1万公顷、黑土滩治理9.9万公顷、毒害草治理14.5万公顷。新一轮退耕还草安排任务3.4万公顷。京津风沙源草地治理安排人工种草1.7万公顷、围栏封育23.9万公顷、飞播牧草9300多公顷。下发《退化草原人工种草生态修复试点方案（2019—2020年）》，在8省（区）启动实施了13个试点项目。组织各地深入开展以"依法保护草原　建设美丽中国"为主题的草原普法宣传月活动，通过举办现场宣讲等活动，直接受宣群众达9万余人次。

湿地保护修复有效加强。到2019年,全国湿地总面积稳定在0.53亿公顷,湿地保护率达52.19%,提前完成2020年湿地保护修复目标任务。扎实推进湿地分级管理,国家林业和草原局印发了《国家重要湿地认定和名录发布规定》,组织申报和考察论证国家重要湿地127处。实施湿地工程和补助项目387个,开展湿地生态效益补偿补助30处,安排退耕还湿2万公顷,恢复退化湿地7.3万公顷。158处国家湿地公园通过试点验收,3处晋升为国家湿地公园,国家湿地公园总数达到899处。组织开展了56处国际重要湿地生态状况监测。强化湿地宣传教育,发布《西宁宣言》和《海口倡议》,推动长江流域重要湿地和滨海湿地保护与修复。

沙区生态状况持续改善。全国完成防沙治沙任务226万公顷,荒漠化土地面积连续净减少,成为全球防治荒漠化的典范。京津风沙源治理二期工程完成营造林20.8万公顷,石漠化综合治理工程完成营造林24.75万公顷。封禁保护区新增8个,封禁总面积累计达174万公顷。启动了第六次全国荒漠化和沙化监测。国家沙漠(石漠)公园累计达120个。

4. 海岸带及相关海域

2019年,进一步推进流域海域生态环境监管,生态环境部加快了流域海域生态环境监督管理局组建,切实加强流域海域生态环境监管工作。目前,七大流域(海域)生态环境监督管理机构已经全部挂牌成立,将在进一步加强流域海域生态环境监管、打好污染防治攻坚战、持续改善流域海域生态环境质量中发挥职能作用。

2019年,生态环境部全面启动了渤海地区入海排污口现场排查工作,首批安排河北唐山、天津(滨海新区)、辽宁大连、山东烟台等4个城市。继续加大对海洋环境污染的处罚力度,强化海洋适应气候变化的制度建设;加强沿海生态修复和植被保护,建设沿海防护林带、防潮工程,提升海岸带和沿海生态系统抵御气候灾害的能力;加强风暴潮、海浪、海冰、海岸带侵蚀等海洋灾害的立体化监测和预报预警,海洋灾害预警发布频率显著提高;发布海平面上升影响脆弱区评估技术指南,开展沿海省市等重点区域的脆弱性评估、海平面变化影响调查和海岸侵蚀监测与评价;对中国近海海洋灾害与环境因子长期变化进行了趋势研究,预估未来气候变化对海洋灾害的可能影响;开展中国管辖海域海-气二氧化碳交换通量监测工作,初步掌握我国管辖海域不同季节大气二氧化碳源汇状态。开展海洋生态系统修复和应对气候变化研究,实施红树林修复和滨海湿地修复项目,在废弃虾塘再造林和可持续利用等方面开展了试点工作。加强海洋生态保护修复,开展"蓝色海湾"整治行动和渤海综合治理攻坚战,促进沿海岸线和海岛海域生态功能恢复。

5. 城市

国家林业和草原局持续推进森林城市建设,我国森林城市的建设加快了城乡生态建设步伐。到2019年,全国已有387个城市开展国家森林城市创建,21个省份开展了省级森林城市创建活动,11个省份开展了森林城市群建设,形成了跨区域、覆盖城乡的建设体系，探索出一条具有中国特色的森林城市建设之路。28个城市被授予"国家森林城市"称号，全国国家森林城市达194个。

雄安新区全国森林城市示范区建设稳步推进，《长株潭国家森林城市群建设总体规划（2018—2030年）》启动实施，浙江省金义都市区被纳入国家森林城市群建设试点。福建省厦门市等8个城市被授予国家生态园林城市，河北省晋州市等39个城市被授予国家园林城市，河北省正定县等72个县城被授予国家园林县城，浙江省泰顺县百丈镇等13个城镇被授予国家园林城镇。

助力气候适应型城市建设试点工作，按照我国2017年启动的气候适应型城市建设试点工作要求，至2020年，各试点城市需提供阶段性建设成果，科学的评价指标至关重要，中国气象局部署气候变化专项课题《气候适应型城市建设成效评价体系预研究》进行探索研究。该气候变化专项课题于2019年6月完成，课题围绕客观评价气候适应型城市建设成效的关键技术问题，开展了城市建设初衷、国外弹性城市建设、绿色建筑、各类城市建设理念、应对气候变化、气候适应型城市目标解析，结合气候适应型城市建设任务、绩效评价体系和黑箱法思路，建立了由遵循原则、指标及评价方法、评价流程组成的气候适应型城市建设成效评价指标体系，提出了基于城市建设理念的气候适应型城市建设内涵，给出了气候适应型城市建设思路。

6. 气候变化和生态文明建设

2019年，完成了IPCC第六次评估报告《气候变化中的海洋和冰冻圈》《气候变化与土地》两份特别评估报告和《清单指南：2019年修订》方法学报告的政府评审技术支撑，《第四次气候变化国家评估报告》和《中国气候与生态环境演变：2021》编写取得积极进展。揭示了全球变暖与城市化作用是中国东部极端高温事件增加、极端低温减少的两个重要驱动因子，青藏高原极端暖事件增加和极端冷事件减少的强度和频率都大于全国和华东地区，自然强迫的影响远小于人类活动。完成了三个排放情景多集合样本的25千米动力降尺度模拟试验，开展了RCP4.5排放情景下京津冀6.25千米极端气候事件预估。

保障生态文明建设基础支撑能力提升明显。到2019年，完成延伸期尺度大气污染潜势气候预测系统的业务化评审，初步搭建了用于次季节尺度大气污染预报的大气化学模式系统，研发影响大气污染扩散条件的诊断产品及重点区域主要气象要素的延伸期预测产品，评估了未来京津冀地区大气环境容量变化趋势与大气重污染风险。卫星遥感气候应用业务平台完成了业务验收，实现全国和典型区域的植被、生态环境、重要水体等监测。加强了风云卫星气候应用，初步实现全球、中国及典型区域多时间尺度射出长波辐射、海冰、植被指数、积雪等监测。

7. 防灾减灾

2019年，进一步加强气候变化对自然灾害孕育、发生、发展及其影响机理研究；应急管理部探索形成国家级灾害事故应急响应救援扁平化组织指挥模式、防范救援救灾一体化运作模式等有效工作机制,成功应对超强台风"利奇马"、金沙江和雅鲁藏布江四次堰塞湖灾害等一系列重特大灾害。同时,注重加强灾害综合风险监测预警和评估制度建设,强化风险形势研判,组织实施灾害风险调查和重点隐患排查工程,加强自然灾害防治重点工程的统筹协调,开展全国综合减灾社区和示范县创建,夯实适应气候变化及其影响的基层基础。2019年,启动了国家综合防灾减灾"十四五"规划编制工作。全国各地开展了形式多样、群众广泛参与的防灾减灾活动。

(二)我国减缓气候变化主要进展

我国一直高度重视通过减缓应对气候变化,在调整产业结构、节能提高能效、优化能源结构、控制非能源活动温室气体排放、增加碳汇、加强温室气体与大气污染物协同控制、推动低碳试点和地方行动等方面持续采取措施,取得积极成效。

1. 减少碳排放

2019年,全国万元国内生产总值(GDP)二氧化碳排放下降4.1%,万元国内生产总值能耗①比上年下降2.6%。近年来中国单位国内生产总值能耗不断下降,2015—2019年,单位GDP能耗分别下降5.3%、4.8%、3.5%、3.0%和2.6%,节能成效显著(图6.1)。

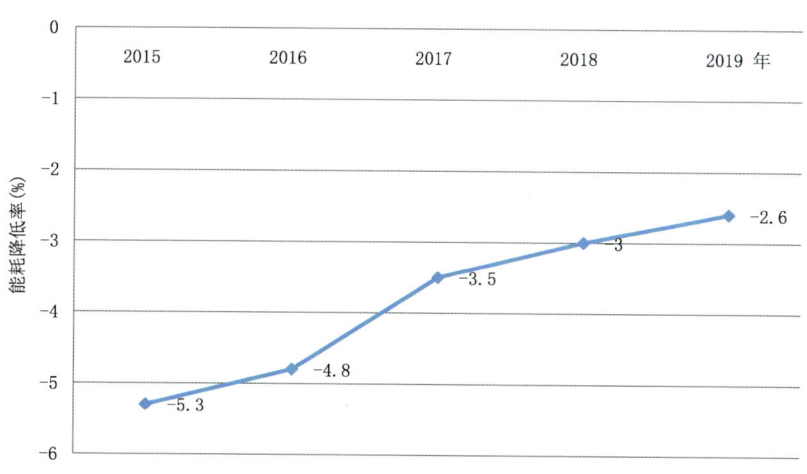

图6.1 2015—2019年万元国内生产总值能耗降低率(单位:%)
(数据来源:2019年国民经济和社会发展统计公报)

2019年,天然气、水电、核电、风电等清洁能源消费量占能源消费总量的23.4%,较上年上升1.3个百分点。2014—2019年清洁能源消费量占能源消费总量的比重

---

① 万元国内生产总值能耗降低率=[(本年能源消费总量/本年国内生产总值)/(上年能源消费总量/上年国内生产总值)−1]×100%。

万元国内生产总值能耗按2015年价格计算,根据第四次全国经济普查结果对历史数据进行了修订。

逐年上升,分别是17.0%、18.0%、19.5%、20.8%、22.1%和23.4%,发展清洁能源政策落实良好,能源消费结构不断优化(图6.2)。

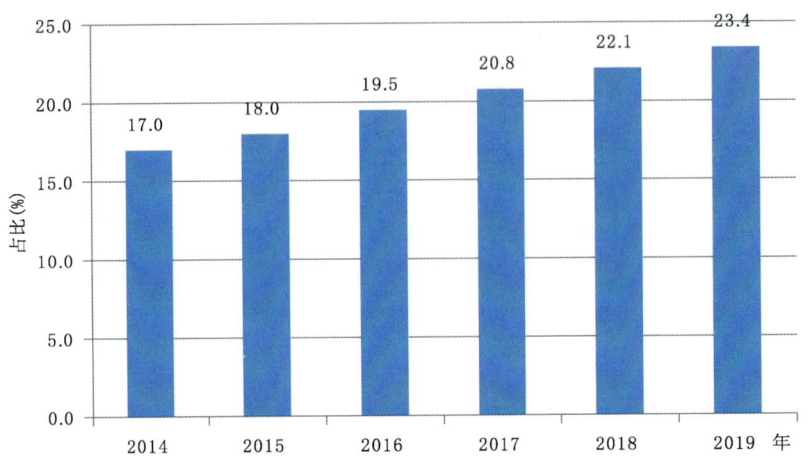

图6.2　2014—2019年清洁能源消费量占能源消费总量的比重
(数据来源:2019年国民经济和社会发展统计公报)

2. 增加森林碳汇

科学研究表明,林木每生长1米^{3}蓄积量,平均吸收1.83吨二氧化碳,释放1.62吨氧气。

2019年全年完成造林面积707万公顷(图6.3),其中人工造林面积365万公顷,占全部造林面积的51.6%。森林抚育面积773万公顷。截至2019年底,国家级自然保护区474个。新增水土流失治理面积5.4万千米^2。国家储备林完成建设任务

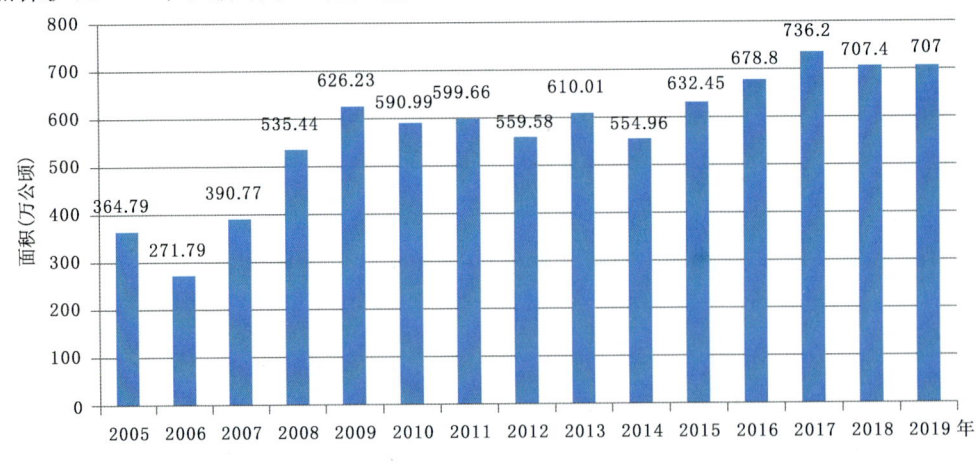

图6.3　2005—2019年全国造林面积
(数据来源:2019年中国国土绿化状况公报)

62.1万公顷。辽宁、湖南、广西、重庆、甘肃5省（区、市）成为第三批"互联网＋全民义务植树"试点省份，全国试点省份达到15个，建立了26个首批国家"互联网＋全民义务植树"基地，各地还大力实施地方性造林绿化工程。

3. 全国碳排放交易市场

2019年七个试点碳市场完成交易量2187万吨，达成交易额7.73亿元；成交均价为35.39元/吨。其中交易量最多的是广东碳排放交易所，达到1220.71万吨，占比55.82%；其次是湖北、北京和上海碳排放交易——占比在十几个百分点左右；深圳、重庆以及天津碳排放交易所，合计占比不足5%（图6.4）。

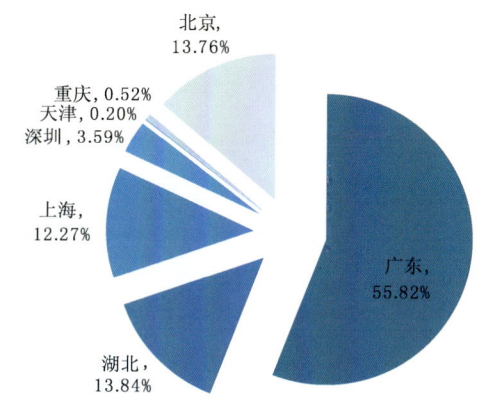

图6.4　2019年七个试点碳市场交易量区域对比情况
（数据来源：中国碳排放交易网）

从七个试点碳市场2019年的平均成交价格来看，北京碳市场成交价格为80元/吨左右；上海碳市场的平均成交价格为40元/吨左右；湖北碳市场的平均成交价格约为30元/吨；广东碳市场的平均成交价格约为25元/吨；深圳碳市场平均成交价格约为20元/吨；天津碳市场的平均成交价格为15元/吨左右；重庆碳市场平均成交价格为10元/吨左右（图6.5）。

2017年，国家发展改革委员会发布《全国碳排放权交易市场建设方案（发电行业）》以来，2018年主要进行碳市场的基础建设工作，包括建立健全制度体系、建设基础支撑系统、开展能力建设等。2019年为模拟运行期，主要开展发电行业配额模拟交易。预期全国碳市场将在2020—2021年完成发电行业碳市场首单交易，纳入80%重点排放单位，并逐步引入国家核证自愿减排。

（三）我国应对气候变化科技进展

气象部门在应对气候变化工作中，持续为应对气候变化决策提供科技支撑。2019年，中国气象局统筹部署、组织协调，不断加强顶层设计，制定实施2019年度气候变化重点工作计划。

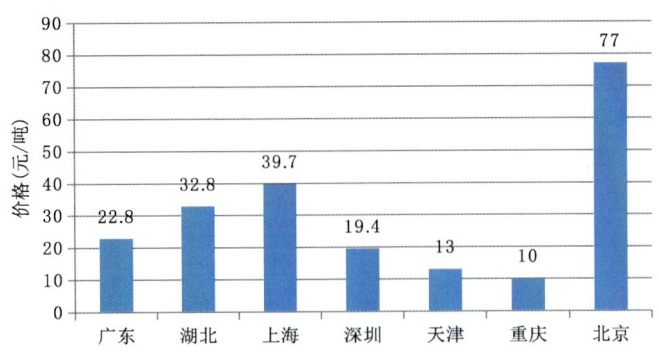

图 6.5　2019 年七个试点碳市场交易价格区域对比情况
（数据来源：中国碳排放交易网）

2019 年，围绕气候变化领域科研发展需求，组织开展《我国大气重污染累积与天气气候过程的双向反馈机制研究》《京津冀超大城市和城市群的气候变化影响和适应研究》《小冰期以来东亚季风区极端气候变化及机制研究》《京津冀超大城市和城市群的气候变化影响和适应研究》《中国区域重大极端天气气候事件的归因方法研究》《气候变化风险的全球治理与国内应对关键问题研究》等项目研究，科技水平不断提高。积极推进八个区域《第二次区域气候变化评估报告》编写，组织技术交流研讨会，明确报告编写要求，引导聚焦区域及流域气候变化敏感带，凝练适应决策措施建议，编制工作有序进行。

2019 年，中国气象局气候变化专项项目数达 46 项（图 6.6），气候变化专项科研经费总计达 1544 万元。应对气候变化气象科技工作取得了较大进展：在气候变化检测归因、气候变化影响评估、适应性分析、决策支撑等方面关键技术取得明显突破，国家应对气候变化的气象科技支撑能力得到进一步提升。

1. 应对气候变化关键核心技术进步明显

气候模式性能明显改进。高分辨率模式版本 BCC-CSM2-HRv1 完成定版，大气分辨率达到水平约 45 千米，大气模式垂直分层达到 56 层，海洋模式水平分辨率提高到 0.25°（约 25 千米），云和降水模拟性能显著提高，双热带辐合带问题得到有效解决。发展了 30 千米分辨率 T382L70 分辨率模式 BCC-CSM3-HRv1 测试版本，进一步提高了对中层大气的温度和环流的垂直结构及其季节变化和中国区域大尺度环流场和云辐射强迫特征的模拟能力。中国多模式集合预测系统（CMME）正式业务运行，集合样本数增加到 70～80 个，研发全球 100 千米月—季降水的实时预测新技术，基于 BCC_CSM1.2 模式，研发了我国延伸期 50 千米网格的降水逐候实时预报产品，近 3 年 CMME 的 ENSO 实时预测技巧高于 IRI 大集合和各单一模式；CWRF 区域气候模式业务化系统建设顺利完成。

目前，我国有 9 家机构参加第 6 次国际耦合模式比较计划（CMIP6），参与

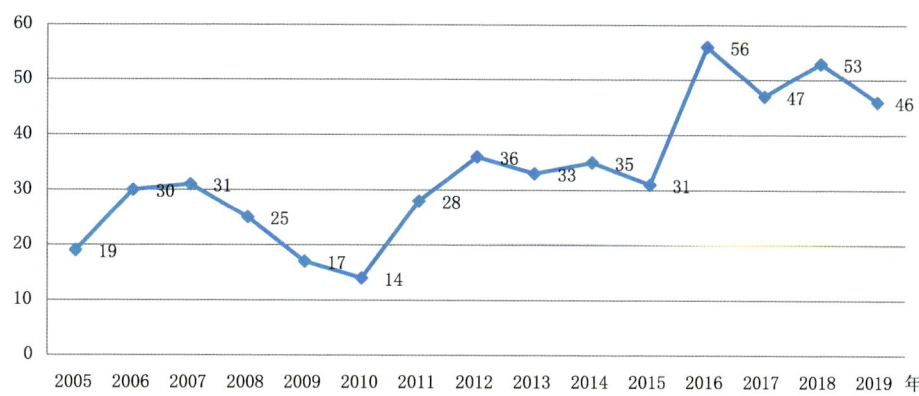

图 6.6　2005—2019 年气候变化科研立项情况（单位：项）
（数据来源：气象科技管理信息系统）

CMIP6 的模式水平较之前有一定提升，大气模式分辨率多在 100 千米左右，海洋模式分辨率 100 千米与 50 千米各占一半（表 6.1）。其中，由国家气候中心提供参与计划的 3 个模式版本在经过气候诊断、评估和描述试验（DECK）、历史气候模拟试验（Historical）以及模式比较子计划（MIPs）后，试验结果显示，模拟效果较之前版本有明显提高[1]。由中国气象科学研究院研发的包含大气、海洋、陆面和海冰等主要气候系统分量的 CAMS-CSM 目前已完成 CMIP6 的所有核心试验以及模式比较子计划，评估结果显示 CAMS-CSM 能合理再现与观测一致的全球气候平均态、季节循环、季节内变率、年际以及年代际变率的主要特征。[2] 此外，清华大学 CIESM 模式[3]、中国科学院 FGOALS-g 模式[4]、自然资源部第一海洋研究所 FIO-ESM v2.0 模式[5]、南京信息工程大学 NUIST-ESM 模式[6]均经过试验，评估结果显示模拟效果合理。模式试验相关数据通过地球系统网格联盟（ESGF）发布。

---

[1] 参考资料：辛晓歌,吴统文,张洁等. BCC 模式及其开展的 CMIP6 试验介绍. http://www.climatechange.cn/CN/10.12006/j.issn.1673-1719.2019.039.

[2] 参考资料：容新尧,李建,陈昊明等. CAMS-CSM 模式及其参与 CMIP6 的方案. http://www.climatechange.cn/CN/10.12006/j.issn.1673-1719.2019.186.

[3] 参考资料：林岩銮,黄小猛,梁逸爽等. 清华大学 CIESM 模式及其参与 CMIP6 的方案. http://www.climatechange.cn/CN/10.12006/j.issn.1673-1719.2019.042.

[4] 参考资料：唐彦丽,余永强,李立娟等. FGOALS-g 模式及其参与 CMIP6 的方案. http://www.climatechange.cn/CN/10.12006/j.issn.1673-1719.2019.042.

[5] 参考资料：宋振亚,鲍颖,乔方利. FIO-ESM v2.0 模式及其参与 CMIP6 的方案. http://www.climatechange.cn/CN/10.12006/j.issn.1673-1719.2019.033.

[6] 参考资料：曹剑,马利斌,李娟等. NUIST-ESM 模式及其参与 CMIP6 的方案. http://www.climatechange.cn/CN/10.12006/j.issn.1673-1719.2019.064.

表 6.1 中国参与 CMIP6 计划的地球/气候系统模式及其参与的比较计划

模式名称	所属机构	模式分辨率（千米） 大气	模式分辨率（千米） 海洋	参与的比较计划
BCC-CSM2-HR	BCC	50	50	CMIP，HighResMIP
BCC-CSM2-MR	BCC	100	50	CMIP，C4MIP，CFMIP，DAMIP，DCPP，GMMIP，LS3MIP，ScenarioMIP
BCC-ESM1	BCC	250	50	CMIP，AerChemMIP
BNU-ESM-1.1	BNU	250	100	CMIP，C4MIP，CDRMIP，CFMIP，GMMIP，GeoMIP，OMIP，RFMIP，ScenarioMIP
CAMS-CSM1.0	CAMS	100	100	CMIP，ScenarioMIP，CFMIP，GMMIP，HighResMIP
CAS-ESM1.0	CAS	100	100	AerChemMIP，C4MIP，CFMIP，CMIP，CORDEX，DAMIP，DynVarMIP，FAFMIP，GMMIP，GeoMIP，HighResMIP，LS3MIP，LUMIP，OMIP，PMIP，SIMIP，ScenarioMIP，VIACS AB，VolMIP
CIESM	THU	100	50	CFMIP，CMIP，GMMIP，HighResMIP，OMIP，SIMIP，ScenarioMIP
FGOALS-f3-H	CAS	25	10	CMIP，HighResMIP
FGOALS-f3-L	CAS	100	100	CMIP，DCPP，GMMIP，OMIP，SIMIP，ScenarioMIP
FGOALS-g3	CAS	250	100	CMIP，DAMIP，DCPP，GMMIP，LS3MIP，OMIP，PMIP，ScenarioMIP
FIO-ESM-2.0	FIO-QLNM	100	100	CMIP，C4MIP，DCPP，GMMIP，OMIP，ScenarioMIP，SIMIP
NESM3	NUIST	250	100	CMIP，DAMIP，DCPP，GMMIP，GeoMIP，PMIP，ScenarioMIP，VolMIP
TaiESM1	AS-RCEC	100	100	AerChemMIP，CFMIP，CMIP，GMMIP，LUMIP，PMIP，ScenarioMIP

资料来源：周天军，邹立维，陈晓龙．第六次国际耦合模式比较计划（CMIP6）评述．

气候事件和气候灾害预测能力进一步增强。针对东亚季风雨季进程，研发了影响各类雨季开始早晚的关键大气环流系统的延伸期尺度预测产品，实现监测预测一体化产品。完成 MJO 和 ENSO 以及夏季高温日数、高温强度、强降水日数、强降水强度诊断预测产品。研发了区域性高温过程预测确定性和概率预测产品，以及区域性暴雨过程确定性预测产品。基于 FU-UHM 模式和 DERF2.0，研发了台风活跃季节未来 11~30 天热带气旋生成频数、生成源地、强度和路径等业务预测产品。此外，基本实现气候预测检验全覆盖，并加强对国内外模式预测产品的检验。建立沙尘、梅雨、华南前汛期、初霜冻等专项气候预测检验流程，建成历史和实时一体的检验评估业务系统,检验评估业务不断完善。

气候灾害风险管理稳步推进。全面升级改造气象灾害风险管理系统,并完成业务化验收,集成了新的风险评估技术,针对暴雨洪涝和台风等灾害改进了县域尺度风险区划产品,实现了数据的自动化运行和监控,产品丰富程度和系统服务能力大幅提升。拓展风险业务,系统新增暴雨、台风风险预估及相关水资源预评估功能,已具备制作发布逐月滚动风险预估能力,决策服务成效显著。

气候业务系统智能化水平再上新台阶。持续改进和完善气候信息交互显示与分析平台(Climate Interactive Plotting and Analysis System,CIPAS),发布 2.3 版本。新增延伸期过程、MODES 客观网格、海洋气候、S2S 模式等 4 大类 18 小类约 120 项业务功能,扩展了省级特色化监测预测功能模块。推进与气象大数据云平台融入试点工作,系统技术架构全面升级,全面改造系统界面,提升了用户体验,完成了数据环境优化、算法库系统升级和产品规范化标准化建设等工作。拓展了海洋气候监测数据源,建立了中国近海风、海浪、海雾、台风频数等数据集。

应对气候变化研究取得积极进展。巩固气候变化检测归因研究的领先地位,开展区域气候环境承载力影响评估与预估、区域重大极端天气气候事件归因方法、大城市群气候变化影响评估模型、我国重点领域和典型脆弱区气候风险及适应对策、应对气候变化科学数据与知识集成共享平台建设等研究任务进展顺利,科技能力不断提升;完成了 IPCC 第六次评估报告《气候变化中的海洋和冰冻圈》《气候变化与土地》两份特别评估报告和《清单指南:2019 年修订》方法学报告的政府评审技术支撑,从科学的角度维护了国家利益。牵头推进 WMO 第三极区域气候中心建设,承担领导节点职责;完成第三极地区气候监测、月和季节气候预测试验产品研制。参与编写《第四次气候变化国家评估报告》《中国气候与生态环境演变:2021》科学评估报告编制,科技支撑国家应对气候变化工作;有序推进《第二次区域气候变化评估报告》编写,提升地方决策服务支撑能力。

2. 应对气候变化基础支撑能力明显提升

国家气候观象台是气候系统多圈层(包括大气圈、水圈、冰雪圈、岩石圈和生物圈)及其相互作用进行长期、连续、立体观测的国家级地面综合气象观测站,也是开展相关领域科学研究、开放合作和人才培养的平台。到 2019 年,全国有 24 个气象台站被授予了"国家气候观象台"名称。国家气候观象台以应对气候变化为出发点,结合服务新时代生态文明建设等需求,以现有国家基准气候站、国家基本气象站、国家气象观测站、高空气象观测站等各类台站为基础拓展气候观测能力,遵循 16 个气候系统关键观测区中每个区应至少建设一个的原则,由专家评估、优选而出。国家气候观象台的发展将为国家和地区应对气候变化、有效利用气候资源、服务生态文明建设和经济社会发展提供支撑,从而提高气象防灾减灾能力、增强科学应对气候变化能力。①

延伸期尺度大气污染潜势气候预测系统的业务化评审完成,初步搭建了用于次季节尺度大气污染预报的大气化学模式系统,研发影响大气污染扩散条件的诊断产品及重点区域主要气象要素的延伸期预测产品,评估了未来京津冀地区大气环境容量变化趋势与大气重污染风险,开展了 RCP4.5 排放情景下京津冀 6.25 千米极端气候事件预估。推进 CIPAS 升级,实现大气污染潜势气象条件预测。

卫星遥感气候业务应用平台投入业务应用,形成了全国范围 1986 年以来 30 米 Landsat 卫星遥感数据集,实现全国范围植被、水体、地表分类、光合有效辐射、农作长势的实时动态监测。加强了风云卫星气候应用,初步实现全球、中国及典型区域多时间尺度射出长波辐射、海冰、植被指数、积雪等监测,提高气候要素自主监测能力。在轨业务运行的三颗风云三号卫星,实现每日 6 次的全球全天候多谱段观测,为"一带一路"服务提供各种天气、生态环境、气候产品。

完成了气候生产潜力模型构建,改进了迈阿密模型、桑斯维特模型以及综合模型。建立了光能利用效率模型,模拟了近 20 年净初级生产力和总初级生产力等生态要素。利用 BCC_CSM 开展 LAI、NPP 等生态要素的预估。重视气象条件对植被生态的影响,开展定量评估,实现全国 1 千米、重点区域 250 米空间分辨率植被生态质量监测评估。

2019 年,中国气象局强化中国气候变化公报体系建设,与中国社会科学院生态文明研究所联合编写了 2019 年度气候变化绿皮书——《应对气候变化报告(2019):防范气候风险》(图 6.7),发布了《中国气候变化蓝皮书(2019)》和《2019 年中国气候公报》,编写了《中国温室气体公报》,为我国生态文明建设和防灾减灾工作提供科学依据。山西、内蒙古、浙江、福建、河南等 8 个省(区、市)积极创建"天然氧吧""气候宜居城市"等国家级气候标志(表 6.2)。

表 6.2 全国天然氧吧、气候标志县、气候宜居城市认证进展

年份	天然氧吧市县总数(个)	气候标志市县总数(个)	气候宜居城市总数(个)
2016	9	—	—
2017	19	—	—
2018	36	23	3
2019	51	2	2
合计	115	25	5

数据来源:中国气象服务协会、国家气候中心。

---

① 资料来源:http://www.cma.gov.cn/2011xwzx/2011xqxww/2011xqxyw/201902/t20190215_514728.html。

第六章　应对气候变化

图 6.7　2019 年《应对气候变化报告》和《中国气候变化蓝皮书》

3. 气候影响评估和气候可行性论证工作持续推进

2019 年，气候影响评估和气候可行性论证工作得到全面发展。一是系统开展了气候与农业、气候与水资源、气候与能源、气候与植被、气候与交通、气候与大气环境、气候与人体健康等领域的气候影响评估工作（图 6.8），相关成果通过《2019 年中国气候公报》《2019 年全国生态气象公报》和《中国气候变化蓝皮书》等向社会各界发布。

二是加强区域气候可行性论证工作，推进气候可行性论证监管体系建设。2019 年，落实中央审批服务便民化要求，规范加强开发区、工业园区区域性气候可行性论证工作，印发了《关于加强区域性气候可行性论证工作通知》，编制了《区域性气候可行性论证技术指南》，推动 20 个省份将区域性气候可行性论证纳入政府审批制度。通过搭建通用平台，完成了 352 项城市规划、国家重点建设工程、重大区域性经济开发项目气候可行性论证项目。完成气候可行性论证报告归档等 2 项气候可行性论证标准，完善相关评价流程和制度，组织完成第一批 11 个气候可行性论证机构信用评价和授牌工作。

三是加强了气候资源保护与开发利用，提升清洁能源利用效率。支撑国家气候标志等品牌建设，进一步完善气候资源评价标准框架，组织完成气候资源评价通用指标等 4 个标准编制并送审，推动 4 项气候资源评定标准立项；组织推进冰雪气候资源业务研讨，形成业务布局方案。组织开展光伏扶贫阶段进展评估总结和 2018 年太阳能光伏扶贫年景评估报告编制，为扶贫主管部门开展扶贫电站建设质量、管理运行的

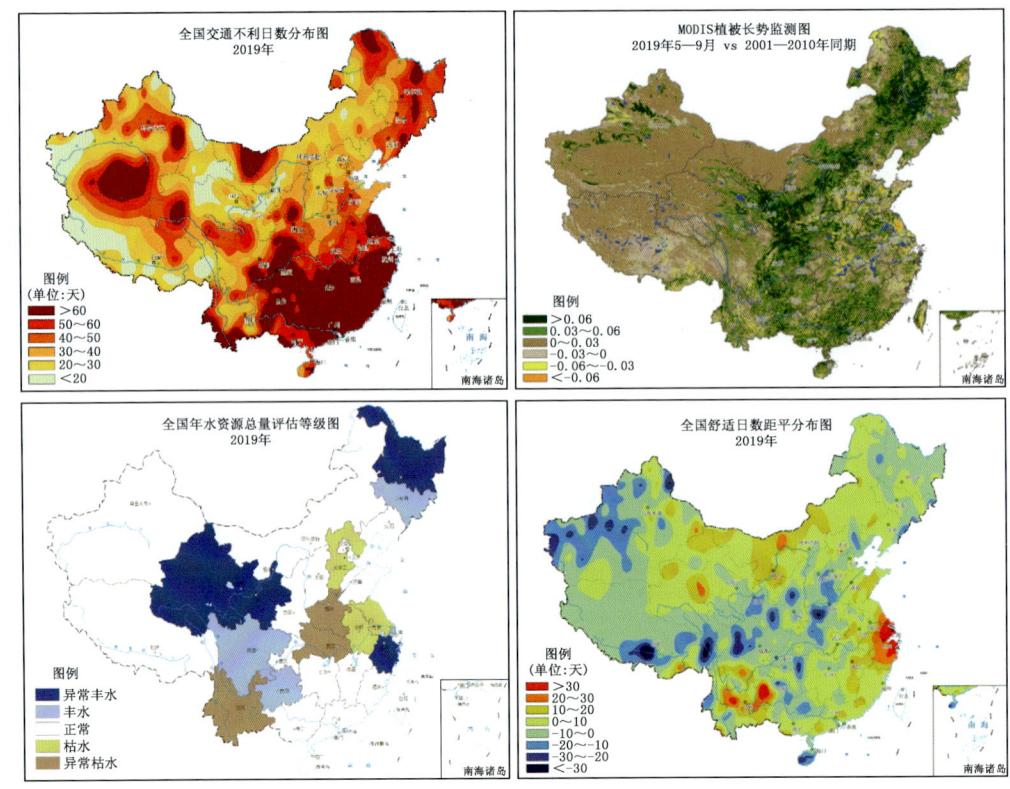

图6.8 气候影响评估(交通、植被、水资源、人体舒适日数)
(资料来源:国家气候中心)

效益评估、绩效考核等提供支撑。组织国省两级协同的风能太阳能预报服务业务调整,实现业务化。组织风能太阳能监测评估和预报预警技术改进,完成全国1千米分辨率精细化太阳能资源评估。

4. 应对气候变化决策科技支撑效果显著

2019年,紧紧围绕国家应对气候变化的重大政策战略部署提供决策咨询服务。针对低碳经济发展、气候变化国内外新形势与IPCC最新科学进展、碳汇核算等关键议题,组织咨询研讨,完成多份高质量咨询报告,为气候变化内政外交建言献策。面向国家重大战略和防灾减灾关键点,国家级气象部门完成重要气候信息53期,滚动预测57期,专题材料118份,为全国防汛抗旱减灾做出了重要贡献。

2019年,持续开展气候变化对生态环境系统影响、缓解和适应气候变化的经济学等方面的研究,气候变化预估研究成果在服务国家战略、重大规划和重大工程、重大活动等气象科技支撑服务中得到了有效应用。根据需要,为党中央、国务院、各级政府部门及有关方面提供了《川藏铁路规划建设面临的主要气候风险及应对建议》

《关于西北暖湿化的分析报告》等决策咨询材料。

2019年,积极促进部门间合作,合力推进应对气候变化相关工作。参与国家能源消耗"双控"目标责任考核、北极事务部际协调小组、气候变化数据统计等工作。参与编研了《中国应对气候变化的政策与行动(2019)》《中国本世纪中叶长期温室气体低排放发展战略》《"十三五"应对气候变化科技创新工作进展》。

5. 参与国际应对气候变化能力显著增强

2019年,中国气象局充分发挥IPCC国内牵头组织部门作用,积极参与公约谈判。组织专家参与IPCC第六次评估报告编写,协助IPCC工作组推进相关任务,完成《清单指南:2019年修订》方法学报告、《气候变化与土地》和《气候变化中的海洋和冰冻圈》特别报告的政府评审。圆满完成3次IPCC全会和2次主席团会谈判任务,维护国家利益。完成综合报告规划会作者推荐和气候变化评估资料支持任务组中国成员替换工作。

2019年,中国气象局积极与国际智库开展交流合作,联合英国气候变化委员会出版《中-英合作气候变化风险评估——气候风险指标研究》,会同印度国际经济关系研究委员会举办"中印气候变化专家对话会",推动应对气候变化成果应用与经验交流。

2019年,中国全面参与国际科学界和联合国机构的科学计划,为增强全球可持续发展和应对全球环境变化挑战作出中国贡献。第二届未来地球计划中国委员会(CNC-FE)召开全体会议,CNC-FE持续致力于打破科学壁垒,填补全球变化研究和实践的鸿沟,以"协同设计、协同实施、协同推广"为目标,在世界气候研究、国际地圈生物圈、国际生物多样性和国际全球变化人文因素等领域,形成了丰硕的科研成果和解决方案,使自然科学和社会科学成果更积极地服务于可持续发展。截至2019年,CNC-FE已建立14个优先工作组,涵盖环境污染、能源供给、生物多样性、产业转型等多个领域。[1] 此外,中国还积极为未来地球计划与国际自然保护联盟联合成立的国际地球委员会贡献力量,中国科学院院士、未来地球计划中国委员会主席秦大河当选该委员会联合主席,该委员会旨在召集全世界顶尖科学家开展对地球系统的评估,为地球生命支持系统(如水资源、陆地、海洋、生物多样性等)设定科学目标,同时谋求政府间合作,制定与生物多样性公约、联合国沙漠化公约等国际公约,为全球发展提供依据。[2]

6. 气候变化科普和培训工作持续开展

2019年,我国在国际、国内应对气候变化科普与培训、合作与交流工作方面已形

---

[1] 资料来源:http://www.cast.org.cn/art/2019/12/3/art_378_106156.html。
[2] 资料来源:http://digitalpaper.stdaily.com/http_www.kjrb.com/kjrb/html/2019-11/27/content_435573.htm?div=-1。

成常态化、大众化机制。积极开展公众应对气候变化有关科普宣传工作,将应对气候变化成效纳入"壮丽 70 年 奋斗新时代"大型主题活动。通过"3·23"世界气象日、防灾减灾日、气象科技活动周等时间节点以及北京世园会生态气象馆、中国气象科技展馆建设,不断扩大应对气候变化科普宣传的覆盖面,促进科技交流,扩大了气象社会影响力。以"气候变化背景下基于自然的绿色发展之路"为主题,组织举办 2019 年"应对气候变化?记录中国"走进重庆酉阳活动,30 余家中央和地方主要媒体开展实地考察与科普宣传,取得良好效果。加大气候变化知识科普和 IPCC 第六次评估报告、联合国气候变化大会的宣传报道工作。编制《气候变化动态—马德里回声》,在 COP25 大会上广泛传阅。编写《气候变化动态》45 期。

与中央组织部联合举办了地方领导干部防灾减灾与安全生产气象保障专题研究班,提升了地方政府对综合防灾减灾和突发性公共事件的应急处置能力。成功举办"短期气候预测技术在防灾减灾中的应用国际培训班",来自发展中国家的 15 名国际学员参加本次培训。围绕"一带一路"气象保障等重大战略,开展沿线国家风云气象卫星产品应用国际培训。圆满完成第十六届气候系统与气候变化国际讲习班。成功举办第十五届亚洲区域气候监测、预测和评估论坛。

开设了"气候变化科学概论"优质课程和讲授气候变化事实、归因与预估、气候变化的影响与适应、气候变化减缓与可持续发展、气候变化国际谈判与中国的减排行动等领域的最新成果和进展课程。截至 2019 年,全国共有 8 所高校开设大气物理学与大气环境专业[①],其中,中国气象科学研究院优化学科布局,突出发展气候与气候变化研究方向。此外,水利部、生态环境部、中国科学院、北京大学、清华大学、北京师范大学、南京大学、南京信息工程大学等单位均设立了气候变化研究智库,专门从事气候变化与全球环境相关研究。

7. 地方适应气候变化影响科技支撑能力增强

2019 年,各省份气候变化影响适应与科技支撑能力明显提升,适应影响的针对性明显增强,展示了气象部门在地方应对气候变化科技支撑服务中的积极作为。目前,全国 31 个省(区、市)气象部门均组建了省级气候变化工作团队或工作组,积极参与中国气象局气候变化专项项目,为地方经济发展和应对气候变化决策提供科技支撑的力度加大、范围更广、成效更显著。

各地加快推进气候变化影响评估和气候可行性论证工作的落实落地,山西、广东、河南制订完善气候可行性论证相关制度;内蒙古将"重大规划、重点工程项目强制进行气候可行性论证"写入《内蒙古自治区气象条例》;吉林、安徽将气候可行性论证纳入地方区域评估范畴;湖南省将区域气候可行性论证列入省委重大改革内容。北京、河北、内蒙古、辽宁、吉林、浙江、福建、河南、湖北、湖南、广东、广西、重庆、西藏、宁

---

① 资料来源:https://yz.chsi.com.cn/zsml/queryAction.do。

夏、新疆等省（区、市），多措并举，通过制定完善农产品气候品质评价技术标准及管理办法、建设农产品气候品质认证平台、将"农业气候品质认证"纳入质量认证体系等举措，积极开展农产品气候品质认证工作。河南重视黄河流域气候变化及可能带来的风险，加强气候监测与规律研究，提高应对能力。吉林、四川、贵州、云南推进完成精细化农业气象区划论证工作。甘肃、青海加强气候变化决策咨询工作，报送相关决策咨询报告，为各级政府和部门提供决策支撑。

省级气候变化科技支撑能力不断提升。黑龙江加强气候业务建设，开展了"黑龙江省风速变化及风能资源趋势变化""松花江流域异常雨涝事件检测与归因""第二次东北区域气候变化评估报告"等分析研究工作。江西完成年度碳排放核查、温室气体排放清单编制和二氧化碳排放目标责任考核；完成3个风电场风资源测量与评估任务；建设完成3个太阳能光伏发电监测示范基地。广东发展无缝隙智能网格气候预测系统，重庆建设智能生态气候资源分析评估系统，四川研发一体化气候预测系统，宁夏印发《宁夏气候预测技术体系发展规划（2020—2025）》，推进延伸期、月等气候预测关键技术研究，提高预测技术客观化水平。上海城市气候变化应对重点实验室建设稳步推进，陕西商洛国家气候适应型城市重点实验室投入运行。甘肃加强局校合作，兰州天气气候联合研究与实训中心已挂牌成立。青海加强部省合作，共同提升青藏高原应对气候变化能力。黑龙江、广西、云南、宁夏开发建成小气候运行监控平台或观测站。

（四）气候资源开发利用气象保障

2019年，气象部门参与国家和地方风能、太阳能等新能源发展规划编制工作。实现风能太阳能预报系统业务化。完成全国1千米分辨率精细化太阳能资源评估，各地为1147个风电场、太阳能电站做好选址评估和预报服务。开展光伏扶贫电站太阳能资源实时监测，为国家扶贫主管部门提供技术支撑[①]。

1. 太阳能开发利用气象服务

（1）太阳能资源年辐射总量分布评估

根据太阳能监测数据评估，2019年全国陆地表面平均的水平面总辐射年辐照量为1470.5千瓦时/米^2，较近10年（2009—2018年）平均值1494.7千瓦时/米^{2}略有偏低，比2018年（1486.5千瓦时/米^2）略有减少。

2019年，我国东北西部、华北北部、西北大部和西南中西部年水平面总辐射年总量超过1400千瓦时/米^2，其中甘肃西部、内蒙古西部、青海北部、西藏中西部年水平面总辐射年辐照量超过1750千瓦时/米^2，太阳能资源最丰富。新疆大部、内蒙古大部、甘肃大部、宁夏、陕西西北部、山西北部、河北中北部、青海东部南部、西藏东部、四

---

① 中国气象局减灾司，关于反馈《2019年度环境状况和环境保护目标完成情况》的函。

川西部、云南大部、海南等地水平面总辐射年辐照量 1400～1750 千瓦时/米^2,太阳能资源很丰富。东北大部、华北南部、黄淮、江淮、江汉、江南及华南大部水平面总辐射年辐照量 1050～1400 千瓦时/米^2,太阳能资源丰富。重庆、贵州中东部、湖南西北部及湖北西南部地区水平面总辐射年辐照量不足 1050 千瓦时/米^2,为太阳能资源一般区。

从全国及各区域水平面总辐射年辐照量距平分布看,大部分地区距平为－3%～3%,青海大部、甘肃南部、四川东部、西藏东部等地比常年偏低超过 5%,东北东部地区偏高超过 5%。[1]

(2)光伏发电增长明显

2019 年全国新增光伏发电装机 3011 万千瓦,同比下降 31.6%,其中集中式光伏新增装机 1791 万千瓦,同比减少 22.9%;分布式光伏新增装机 1220 万千瓦,同比增长 41.3%。光伏发电累计装机达到 20430 万千瓦,同比增长 17.3%,其中集中式光伏 14167 万千瓦,同比增长 14.5%;分布式光伏 6263 万千瓦,同比增长 24.2%。全国光伏发电量达 2243 亿千瓦时,同比增长 26.3%,光伏利用小时数 1169 小时,同比增长 54 小时。由表 6.3 可知,我国光伏发电累计装机量从 2011 年的 222 万千瓦,增加到 2019 年的 20485 万千瓦,增加 90 多倍;光伏发电量从 2011 年 6 亿千瓦时,2016 年达到 662 亿千瓦时,2019 年再增加到 2238 亿千瓦时,3 年增长了 3 倍多。

表 6.3 2011—2019 年光伏发电发展情况

年份	新增光伏发电装机量（万千瓦）	光伏发电累计装机量（万千瓦）	光伏发电量（亿千瓦时）
2011	196	212	6
2012	129	341	36
2013	1248	1589	84
2014	897	2486	235
2015	1732	4218	395
2016	3413	7631	665
2017	5311	12942	1166
2018	4421	17463	1775
2019	3022	20485	2238

数据来源:累计装机量,《中国统计年鉴》,2011—2020;发电量,《中国电力年鉴》,2011—2020。

---

[1] 资料来源:中国气象局风能太阳能资源中心,中国气象服务协会.2019 年中国风能太阳能资源年景公报[R],2020-01-07。

（3）太阳能开发利用气象服务持续开展

2019年，气象部门为太阳能发电能源工程建设相关行业企业及政府机构提供精准定制专业气象服务。开发太阳能资源季节预报产品，太阳能资源服务产品的空间分辨率提高到1千米，时间分辨率提升为1小时。支撑全国新能源消纳监测预警平台建设。建立用电负荷预测模型，为电网调度和电站出力提供决策依据。

2. 风能开发利用气象服务

（1）全国风能资源年度评估

2019年，气象部门利用全国陆地70米高度层水平分辨率1千米×1千米的风能资源数据，得到2019年全国陆地70米高度层的风能资源年景。

根据风观测数据评估，2019年全国陆地70米高度层平均风速均值为5.5米/秒。大于6.0米/秒的地区主要分布在东北西部和东北部、华北平原北部、内蒙古大部、宁夏中南部、陕西北部、甘肃西部和北部、新疆东部和北部的部分地区、青藏高原大部、川西高原大部、云贵高原中东部、广西以及浙江沿海地区，其中内蒙古中东部、新疆北部和东部部分地区、甘肃西部、青藏高原大部等地年平均风速达到7.0米/秒，部分地区甚至达到8.0米/秒以上。山东大部、华东北部、华中大部、华南大部以及西南等部分山区的平均风速也可达到5.0米/秒以上。[①]

（2）全国风电保持健康发展势头

2019年，全国风电新增并网装机2574万千瓦，其中陆上风电新增装机2376万千瓦、海上风电新增装机198万千瓦，到2019年底，全国风电累计装机2.1亿千瓦，其中陆上风电累计装机2.04亿千瓦、海上风电累计装机593万千瓦，风电装机占全部发电装机量的10.4%。2019年风电发电量4057亿千瓦时，首次突破4000亿千瓦时，占全部发电量的5.5%。

2019年，全国风电平均利用小时数2082小时，风电平均利用小时数较高的地区是云南（2808小时）、福建（2639小时）、四川（2553小时）、广西（2385小时）和黑龙江（2323小时）。

从表6.4可知，近10年，我国风能发电累计装机量从2011年的0.46亿千瓦，增加到2019年的2.1亿千瓦；风能发电量从2015年1856亿千瓦时，2019年增加到4057亿千瓦时，增长了2倍多。

---

① 资料来源：中国气象局风能太阳能资源中心，中国气象服务协会. 2019年中国风能太阳能资源年景公报[R]. 2020-01-07.

表 6.4 2011—2019 年风能发电发展情况

年份	新增风能发电装机量（万千瓦）	风能发电累计装机量（亿千瓦）	风能发电量（亿千瓦时）
2011	1763	0.46	741
2012	1296	0.61	1030
2013	1609	0.77	1383
2014	2320	0.97	1598
2015	3297	1.31	1856
2016	1930	1.47	2409
2017	1966	1.63	3034
2018	2059	1.84	3660
2019	2574	2.1	4057

数据来源：累计装机量，《中国统计年鉴》，2011—2020；发电量，《中国电力年鉴》，2011—2020。

3. 风能资源开发利用气象服务

国际可再生能源署发布最新报告显示，到 2050 年全球风力发电量将增长 10 倍，达到 6000 吉瓦以上。亚洲陆上风电装机容量将从 2018 年的 230 吉瓦增长到 2600 吉瓦以上。届时，亚洲地区将成为全球风力发电的领头羊，占全球陆上及海上风电装机容量的 50% 和 60% 以上。其中，中国将率先拥有 2525 吉瓦陆上和海上风电装机容量，远远领先于排名其后的印度和韩国。[①]

2019 年，开展全国风能资源详查和评估工作。摸清全国陆地及近海的风能资源分布，支持我国风电发展规划编制和实施，并在上千个风电场选址或风能资源评估中得到应用，极大地支撑和推动了我国风能资源的开发利用。

气象部门利用全国气象台站 2009—2019 年地面观测资料，统计分析 2019 年我国陆地 10 米高度的风速特征，得出 2019 年，全国地面 10 米高度年平均风速较近 10 年（2009—2018 年）均值偏小 0.63%，属正常略偏小年景，但分布不均，地区差异性较大。上海、湖南、河北、江苏、山东、广东、河南、青海、甘肃、浙江、贵州、江西、海南、新疆 14 个省（区、市）年平均风速偏小，其中，上海、湖南、河北 3 个省（区、市）偏小 5% 以上，西藏、天津、辽宁、云南、吉林、湖北、四川、重庆、黑龙江 9 个省（区、市）年平均风速偏大，其中，四川、重庆、黑龙江 3 个省（区、市）偏大 5% 以上，其他省（区、市）年平均风速与近 10 年接近。

2019 年，全国超过一半的省（区、市）陆地 70 米高度年平均风速接近于常年均值，偏小的地区是上海、江苏和河北，上海偏小 3.6%、江苏偏小 2.3%、河北偏小 2.1%；偏大的地区有广西、湖北、云南、辽宁、西藏、四川、吉林、重庆、黑龙江 9 省（区、市），其中偏差最多的是重庆、黑龙江，重庆偏大 4.2%、黑龙江偏大 4.5%。2019 年

---

① 资料来源：亚洲将引领全球风能发展. 经济日报. 2019-10-31.

与2018年相比,绝大多数省(区、市)年平均风速和年平均风功率密度比较接近。年平均风速仅山西略有偏小,减少了2.1%,年平均风功率密度明显减小的山西、河南,分别减少6.7%、5.9%,云南是唯一年平均风功率密度略有偏大的省份,增加了5.4%。从技术层面上来说,释放风力发电潜力,可以提高气候资源利用率,更好地服务于碳减排目标,实现可持续发展。

三、评价与展望

中国是全球气候变化的敏感区和影响显著区之一,气象部门立足于基础性科技型部门定位,持续为应对气候变化工作提供科技支撑,为国家应对气候变化提供了"全链条"式的支撑服务,发挥了重要作用。然而,应对气候变化是项长期任务,在国际局势跌宕起伏、存在众多不确定性和挑战的背景下,中国还需要更加积极地参与全球气候治理,不断提升在国际气候事务中的规则制定权和话语权,推动构建应对气候变化人类命运共同体。同时,统筹国际国内两个大局,高度重视气候安全,积极应对气候变化,这是我国长期坚持的战略任务。

新时代,应对气候变化工作任重而道远,气象领域更需要从以下方面主动作为。一是完善应对气候变化和极端气候事件业务服务体系建设,加快推进中国气候服务系统建设。不断提升气候风险业务能力,加强气候变化与自然灾害基础研究,加强未来减排情景设定、全球气候模式研究,提升我国在未来气候演变预估方面的科技能力,为气候变化背景下长期防灾减灾规划和措施制定提供科学依据。二是强化应对气候变化全球服务能力,积极参与国际合作,加强气候变化内政外交科学决策服务,科学支撑应对气候变化能力建设,推动构建全球应对气候变化命运共同体。三是强化气候资源合理开发利用和科学保护支撑,坚持开展气候资源评估,深入推进气候品质评价,为新能源经济和绿色农业经济发展提供气象科技支撑。

第七章 生态环境气象保障*

生态环境气象保障是针对生态保护和建设及大农业可持续发展对气象服务的特殊需要而开展的保障国家生态安全、粮食安全的气象服务保障活动,以及面向政府决策部门、社会公众、相关行业部门提供的与人民健康直接相关、与人类活动密切联系的大气环境质量监测、预报、预警、评估等气象服务保障活动(《中国气象百科全书》总编委会,2016)。2019年,全国气象系统贯彻落实习近平总书记关于生态文明建设"四个一"的思想,更加突出气象保障生态文明建设的基础作用,持续推进气候资源开发利用气象服务,进一步完善生态气象监测评估业务,完善环境气象监测预报预警体系,增强服务可再生能源的能力,气象服务生态环境的综合实力显著提升。

一、2019年生态环境气象保障概述

(一)全面落实党中央和国务院关于生态文明建设的部署

2019年,习近平总书记在十三届全国人大二次会议上提出了"四个一"的生态文明建设思想,即在"五位一体"总体布局中,生态文明建设是其中一位;在新时代坚持和发展中国特色社会主义基本方略,坚持人与自然和谐共生是其中一条基本方略;在新发展理念中,绿色是其中一大理念;在三大攻坚战,污染防治是其中一大攻坚战。"四个一"凸显了我国生态文明建设新的时代特点和要求,充分认清这些新特点和要求,才能更好地推进生态文明建设,实现经济社会的可持续发展[①]。

2019年,气象部门根据"四个一"的要求,坚持趋利与避害并重,在服务大气污染防治、生态系统保护、推进绿色发展等方面取得了明显进展。一是在助力打赢"蓝天保卫战"中,建立了覆盖全国的环境气象监测预报业务,组建了京津冀、长三角、珠三角及汾渭平原环境气象预报预警中心和汾渭平原环境气象业务协调机制,为精准减排提供大气污染气象条件评估服务。二是在建设"美丽中国"进程中,建立生态环境监测网络,开展生态环境监测评估业务,成功发射我国首颗碳卫星并实现全球二氧化

---

* 主要执笔人员:林霖

① 资料来源:中国新闻网,习近平在参加内蒙古代表团审议时强调 保持加强生态文明建设的战略定力 守护好祖国北疆这道亮丽风景线。https://www.chinanews.com/gn/2019/03-05/8772354.shtml。

碳监测与数据共享。三是参与生态保护红线划定和严守工作,为环保部门生态保护红线划定提供气象保障。四是"中国天然氧吧""国家气候标志"等生态品牌影响力不断扩大(中国气象局,2019)。五是积极推进省级生态文明建设气象行动方案。一些省(区、市)气象部门积极融入地方经济社会发展,推进了生态文明气象保障服务能力建设,极大地提升了生态文明建设气象保障服务水平(余亚庆 等,2018)。

(二)充分发挥气象保障生态建设的基础作用

天气、气候服务在生态文明建设中发挥着基础性科技保障作用。在"国家生态安全屏障保护修复"重点任务中,2019年气象部门主要承担人工影响天气工程建设和生态气象监测评估能力建设,尤其是东北、西北人工影响天气基地建设取得显著成效。在春季北方大范围抗旱和森林扑火的关键时期,各级气象部门密切与应急管理、水利、农业农村、自然资源、生态环境、民航等多部门协作,组织北京、天津、河北、山西、内蒙古、山东、河南、陕西、甘肃、青海、宁夏等11省(区、市)共开展飞机增雨和地面增雨作业,作业影响区域内普降小到中雨,对抑制旱情和火险及对生态修复发挥了重要作用。

在生态气象监测领域,推动了重点生态功能区生态气象监测评估能力建设。一是开展青藏高原生态保护修复气象监测评估能力建设,完成青藏高原生态功能区酸雨和日照等观测要素站点建设。收集整理了青藏高原气候要素长时间序列数据集以及土壤、植被等背景资料,对青藏高原地区可能适用的生态评估方法及模型进行分析。根据国家级植被生产力和覆盖度模型,在青藏高原地区进行参数本地化的研发和应用,并利用植被生态质量估测模型,完成了对青藏高原植被生产力和覆盖度的初步分析研究。二是开展黄土高原生态保护修复及水土流失治理气象监测评估能力建设,完成在黄土高原生态功能区的酸雨和日照等观测要素站点的建设。初步完成黄土高原水土流失敏感气象要素、高影响气候事件、气象灾害基本资料的整理和个例提取,构建了黄土高原地区土壤保持功能模型。三是开展京津冀地区水源涵养生态保护修复气象监测评估能力建设。完成雄安新区白洋淀湿地生态气象试验站建设和地面基准气候观测站主站的选址。完成京津冀生态功能区酸雨和日照等观测要素站点的建设。初步建立京津冀生态系统气象监测评估体系所需关键指标,确定利用Invest模型对海河流域水源涵养量进行评估。构建京津冀水源涵养功能评估模型,完成了不同生态系统的功能统计分析及其水源涵养功能空间分布特征分析。

(三)大力提升气象保障生态文明建设支撑能力

2019年,气象部门继续实施《"十三五"生态文明建设气象保障规划》和《关于加强生态文明建设气象保障服务工作的意见》,编制了《生态文明建设气象保障服务工程项目可行性研究报告》和《重点生态功能区生态修复工程气象服务能力建设实施方案》,相关建设内容已经列入国家发展改革委员会(以下简称国家发改委)《全国重要生态系统保护和修复重大工程总体规划(2021—2035年)》和自然资源部《重点生态功能区生态修复工程实施方案(2019—2021年)》,进一步强化了顶层设计。通过近两年的生态气象业务能力建设,气象部门建立了生态气象地面自动观测示范站和中分辨率成像光谱仪(MODIS)、风云(FY)长序列可对比气象卫星遥感资料序列,研究确定了植被生态质量监测评价、重大气象灾害影响评估、生态文明建设绩效考核气象条件评价、气候生产潜力评估、气候生态宜居评估等技术方法和核心指标,初步形成了以陆地植被生态质量为主、聚焦重点区域生态问题的气象监测评估业务能力,国家级发布年度《全国生态气象公报》,形成了下一年度天气气候及其对生态安全影响预估报告,定期为国家林业和草原局、农业农村部等提供草地生态气象动态监测预测服务产品,31个省(区、市)制作发布《生态气象公报与遥感年报》,为各级政府和有关部门开展重大生态保护和修复工程提供了气象服务支撑[①]。

二、2019年生态环境气象保障进展

生态环境气象保障是气象服务生态文明建设的重要领域。2019年,生态环境气象保障工作全面推进,强化了生态环境修复、大气污染防治等气象服务业务。完善了国省联动、区域联防的大气污染防治气象服务机制。建立气象条件对大气污染防治效果评估业务,发布《2018年大气环境气象公报》。生态气象保障列入国家发改委和自然资源部相关规划及实施方案。印发生态气象业务服务能力建设三年实施方案。实施人工影响天气"耕云"行动计划,作业覆盖近四分之三的国家重点生态功能区、近一半的大中型水库。启动国家气象公园试点建设。

2019年,中国气象局加强制度建设,制定出台了《生态气象业务服务能力建设实施方案(2020—2022年)》《全国生态气象公报编制发布规范(暂行)》《城市热岛卫星遥感监测评估业务管理规定(试行)》《酸雨自动观测业务规范(试行)》等部门规章,为服务国家生态文明建设,配合各地生态规划、生态保护与建设工程实施,开展退耕还林(草)、重点流域生态治理,开展了生态气象监测和评估,为保障生态文明建设贡献了力量。

(一)生态气象保障工作稳步推进

1. 生态气象业务服务体系不断完善

随着人民对美好生活需求的日益增长,生态气象业务服务领域更加宽广,已从单一的大气圈拓展到与之紧密联系的水圈、岩石圈、生物圈、冰雪圈以及近地空间在内的整个地球系统。与之相适应,气象监测评估的涉及面越来越广。优化完善生态气象观测站网布局,新建和改造自动酸雨、辐射、日照等观测要素站点。初步建立青藏

---

① 资料来源:中国气象局办公室。

高原、黄土高原区等基于卫星遥感指数数据集,提升了生态气象监测分析能力。构建了黄土高原地区土壤保持功能的模型和京津冀水源涵养功能评估模型,增强了生态气象评估能力。

2019年,积极参与全国环境监测网络建设,建成了酸雨监测站、环境气象站、大气成分监测站、沙尘暴监测站、大气本底站等共同组成的大气环境地面监测站网,建成了由7颗在轨运行的风云气象卫星和1颗碳卫星组成的大气环境监测星座,开展了温室气体、气溶胶、沙尘暴等观测。到2019年,全国建有399个酸雨观测站、29个沙尘暴观测站、227个大气成分观测站、1个全球大气本底站和6个区域大气本底站(表7.1)、653个农业气象观测站、2376个自动土壤水分观测站、69个农业气象试验站,并充分利用基本气象观测网,形成了较为完善的生态气象监测体系。

表7.1　2003—2019年全国气象部门大气污染相关观测站点与项目情况

年份	PM_{10}观测站	$PM_{2.5}$观测站	PM_1观测站	酸雨观测	主要大气污染物观测	沙尘暴观测	臭氧观测	紫外线观察站	大气成分站	全球大气本底站	区域大气本底监测站
2003				220		85	10	100		1	3
2004				277		94	9	121		1	3
2005				299		85	14	178	21	1	5
2006				513		86	18	178	73	1	6
2007				327			4	174	29	1	6
2008				330			20	203	35	1	6
2009				337			17	150	35	1	6
2010				342		29	22	164	28	1	6
2011				342		29			28	1	6
2012				365		29	36	157	28	1	6
2013				365		29	41	157	28	1	6
2014				365		29	48	168	28	1	6
2015	272	264	156	365	50	29	71	158	28	1	6
2016	45	264	156	376	50	29	53	164	28	1	6
2017	45	264	156	376	50	29	68	155	28	1	6
2018	45	264	156	398	50	29	53	111	168	1	6
2019	45	264	156	399	50	29	53	111	277	1	6

数据来源:《气象统计年鉴》,2003—2019。全国气象观测站点(设施)数量统计表,统计截止日期:2019年12月31日。

2019年,保障打赢蓝天保卫战。完善了国省联动、区域联防的大气污染防治气象服务机制,组织建立了汾渭平原环境气象业务服务协调机制。印发《环境气象预报评估能力建设实施方案》,强化重点区域环境气象业务服务能力,24小时环境气象预报准确率较上年提高了2.8%。强化了气象条件对大气污染防治效果影响评估分析能力,为生态环境部提供气象条件对大气污染防治效果影响分析报告,助力精准防治。开展大气污染气候预测业务。实现了次季节尺度大气污染预报的雾—霾和臭氧预报业务的试运行。联合生态环境部开展大气污染过程及强度预测会商及空气质量预报会商,联合发布预报预测产品,为政府精准减排提供决策支撑。在70周年国庆保障服务中,评估历年国庆节前后北京地区的霾天气分布特征,开展大气污染气象条件预报,有效支撑了重大活动环境气象保障服务的开展。联合开展了污染防治重大课题研究。

2019年,推进构建生态气象业务体系,编制了《生态文明气象保障能力建设实施方案》,实现了国、省两级生态气象监测评估准业务化运行。全面推进省级生态保护红线卫星遥感工作。环境气象预报水平和能力不断提升,中短期时效达7~9天,国家级开展了月、季尺度环境气象预测业务,生态气象保障服务列入国家发展和改革委员会和自然资源部相关规划及实施方案。完成了延伸期尺度大气污染潜势气候预测系统的业务化评审,初步搭建了用于次季节尺度大气污染预报的大气化学模式系统,研发影响大气污染扩散条件的诊断产品及重点区域主要气象要素的延伸期预测产品,评估了未来京津冀地区大气环境容量变化趋势与大气重污染风险。卫星遥感气候应用业务平台完成了业务验收,实现全国和典型区域的植被、生态环境、重要水体等监测。加强了风云卫星气候应用,初步实现全球、中国及典型区域多时间尺度射出长波辐射、海冰、植被指数、积雪等监测。建立了光能利用效率模型,模拟了近20年NPP和GPP等生态要素。利用BCC_CSM开展LAI、NPP等生态要素的预估。

2019年,试点开展重点生态功能区、生态脆弱区的气象保障服务。编制发布年度《全国生态气象公报》,突出气象条件对植被生态影响的定量评估,实现全国1千米、重点区域250米空间分辨率植被生态质量监测评估。制作发布20期生态气象产品与决策服务材料。加强技术培训和业务系统推广,举办全国生态气象培训,推动省级开展了生态气象业务,形成了省级生态气象监测评估数据和产品,各省份制作了生态气象年报和决策服务材料。拓宽了环境气象监测服务范围,开展韩国雾霾评估和泰国缅甸生物质燃烧对我国西南地区影响评估。

2019年,各省份结合当地生态环境实际,建立形成了具有特色生态气象业务服务,湖北开展江汉平原湿地生态气象服务助力长江大保护。广西、贵州依托气象科技创新助力地方石漠化治理,贵州省气象局《贵州省喀斯特石漠化气候效应研究》获得贵州省科技进步奖三等奖。甘肃、内蒙古开展荒漠化生态气象监测评估。江苏、福建开展水生态气象监测评估。上海、北京。开展城市生态气象监测评价。河北开展森林生态气象监测评估助力塞罕坝可持续发展。辽宁、安徽探索开展生态文明建设绩效考核气象评估服务。开展极端事件和气候变化对黄河流域生态环境的影响评估，对黄河流域生态环境大保护提出科学的建议。开展了华北地区湿地评估，通过遥感手段监测北戴河湿地的变化，评估气候变化和水资源对湿地的影响，进一步提升气候变化对华北地区生态安全影响评估的技术支撑能力。

2019年，开展了生态修复型人工增雨（雪）作业，提高防扑火、抗旱防雹、华北地下水超采区水资源安全等保障水平。开展了气象灾害对生态系统的影响评估业务。支持研发了干旱、山洪地质灾害、台风暴雨对生态影响的评估技术，并开展了相关服务。特别是在长江中下游地区长时间干旱期间，开展了干旱对生态环境的影响评估，完成未来干旱对生态环境的预估分析，为长江流域的生态安全提供技术支撑。研制了山洪地质灾害生态风险气象条件评估模型及其对生态安全影响评估系统；研发了暴雨灾害影响预评估、台风大风综合破坏力、台风大风对低矮房屋的影响预评估等生态安全影响预评估模型，并在汛期"山竹""利奇马"等重大台风服务、南方强降雨过程中开展了业务服务应用，取得了良好的服务效果。

2. 生态气象监测评估取得积极进展

2019年，气象部门建立了国家级、省级协同的陆地植被生态气象监测评估业务。开展全国陆地植被、草地、森林、水体、农田等生态系统监测评估，空间分辨率由8千米精细化到1千米，重点区域达到250米。发布年度《全国生态气象公报》和全国草原生态气象监测预测报告，31个省（区、市）气象局制作发布《生态遥感年度报告》，为政府和有关部门开展重大生态保护和修复工程提供气象服务支撑。

（1）农业气象条件年景评估。2019年全国农区气象条件较好，粮食单产达2000年以来最高。全年农区主要生长季≥0℃积温较常年同期增加126.4℃·日，降水量较常年偏多41.0毫米，日照时数接近常年，灾害影响总体偏轻，有利于农作物生长发育和产量形成。特别是华北、黄淮等灌溉条件较好的主要产粮区降水偏少时，光热条件优越，灌溉弥补了降水偏少的不足，加上其他农业防灾减灾、增产等措施的有力实施，保障了2019年全国粮食单产再创新高。2000—2019年全国农区平均植被覆盖度呈上升趋势。此外，2000年以来我国北方植被防风固沙功能提升，生态向好发展。

（2）生态植被气象年景评估。根据生态气象监测评估，2019年全国大部地区水热条件正常偏好，有利于植被生长，生态质量属偏好年份，有利于植被生长和生态质量提高。全国有62%的区域降水量较常年偏多，但全国大部分地区降水量少于2018年。全国2019年≥0℃积温低于2018年。2019年我国区域性、阶段性低温明显，特别是东北地区、西北地区东部等地降水偏多时气温却偏低，水热匹配明显不如2018年，植被生态质量总体不如2018年。

2019年区域性、阶段性干旱和低温等灾害影响较重，造成全国植被净初级生产力较水热条件优越的2018年减少25克碳/米^2。但全国植被生态质量指数为67.6，较常年提高 6.1%,生态质量处于较好和很好等级[①]的面积比例达 67%。2019 年全国植被净初级生产力[②](NPP)和植被覆盖度[③]分别为 431 克碳/米^2 和 35.1%,较常年均值分别增加 18 克碳/米^2 和 3.0 个百分点。与 2018 年相比,2019 年全国植被生态质量指数偏低 0.6 个百分点,其中全国植被覆盖度增加 0.6 个百分点,但植被净初级生产力减少 25 克碳/米^2。新疆东部、内蒙古中部偏北和偏西地区、华北南部、黄淮大部、江汉东部、江淮大部、江南中西部、华南北部、西南地区南部等地植被生态质量指数下降 3%～15%,植被覆盖度减少 2.0～10.0 个百分点,阶段性高温干旱、低温以及局地暴雨洪涝等灾害是造成其降低的主要原因。

2000—2019 年全国有 92% 的区域植被生态质量指数呈提高趋势,全国植被生态质量指数实现了"三级跳",特别是 2012—2019 年植被生态质量指数较 2000—2001 年、2002—2011 年两个阶段明显提高,2019 年为 2000 年以来第四高(图 7.1)。

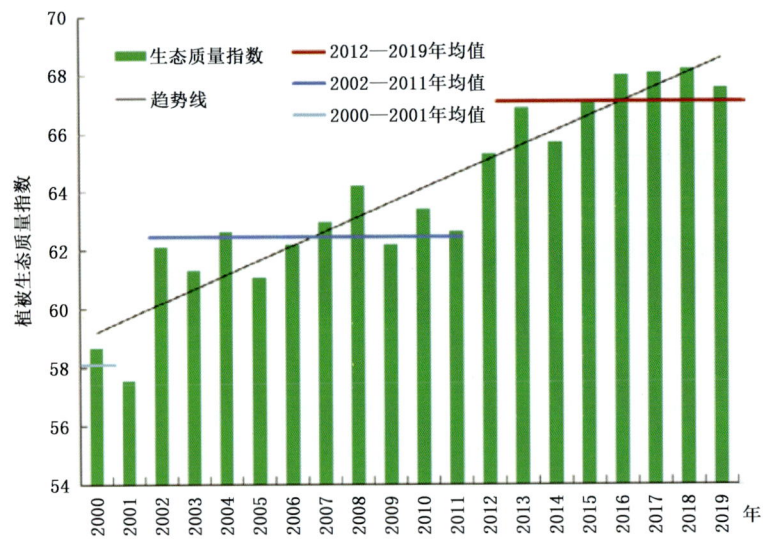

图 7.1　2000—2019 年全国植被生态质量指数变化
(数据来源:国家气象中心)

---

① 植被生态质量等级:以植被生态质量指数的距平百分率表示,＜−10%,生态质量很差;−10%～−3%,生态质量较差;−3%～3%,生态质量正常;3%～10%,生态质量较好;＞10%,生态质量很好。
植被生态质量指数:以植被净初级生产力(NPP)和覆盖度的综合指数来表示,其值越大,表明植被生态质量越好。本指数来源于《GB/T 34814—2017 草地气象监测评价方法》。
② 植被净初级生产力:绿色植物在单位面积、单位时间内所能累积的有机物数量,一般以每平方米干物质的含量(克碳/米^2)来表示,简称植被 NPP。
③ 植被覆盖度:植被地上部分垂直投影面积占地面面积的百分比。

(3) 重点生态工程区域气象影响评估。评估结果表明,2019年三江源地区降水较常年偏多,气温偏高,植被生态质量偏好,湖泊面积达2006年以来最大。祁连山区2019年和2018年植被生态改善明显,2019年达2000年以来最好;近十年来主要湖泊水库蓄水增加,2019年青土湖、青海湖水体面积达最大。呼伦湖区域2000年以来植被生态质量呈改善趋势,2019年水体面积维持在2000千米^{2}以上。黑龙江扎龙湿地2000年以来降水量和汛期明水体面积呈增加趋势,植被生态质量明显提高。2019年海河流域涵养水量较常年偏多5.1%,但较2018年下降42.7%。2019年西南石漠化区大部降水正常偏多,植被生态正常偏好,但云南和广西阶段性严重干旱造成生态质量偏差。2019年洞庭湖和鄱阳湖区域受阶段性高温干旱、暴雨洪涝等影响,生态质量不如2018年。2019年太湖气象条件利于蓝藻水华发生,发生面积大于2018年。

(4) 湖泊湿地生态气象评估。洞庭湖、鄱阳湖和太湖区域2019年受干旱等影响,生态质量差于2018年。2019年洞庭湖区域气象灾害影响较重,大部区域生态质量不如2018年。2019年洞庭湖区域气温偏高,降水正常偏少,日照条件偏差。其中,冬季多阴雨寡照、春季日照严重不足、盛夏持续高温少雨、秋季降水异常偏少,不利于植被生长,区域平均植被覆盖度为60.7%,较2018年减少0.59个百分点。从2000年以来变化趋势来看,洞庭湖区域大部植被覆盖度呈提高趋势,但西部、南部局地呈下降趋势,且下降明显。气象卫星遥感监测结果表明,2019年洞庭湖水体面积1—8月均大于2000—2018年平均值,其中7月达年最大值2052千米^2;9—11月受高温干旱的影响,水体面积偏小明显,12月持平。从全年来看,2019年全年洞庭湖平均水体面积为1084千米^2,大于2000—2018年平均值和2018年,位于2000年以来年平均水体面积的第六高位。鄱阳湖受夏秋连旱的影响,面积小于常年,区域大部植被长势偏差。气象条件利于太湖蓝藻水华发生,发生面积大于2018年。

(5) 石漠化生态气象评估。2000年以来西南石漠化区大部植被生态呈改善趋势,但局部还在恶化。2000—2019年西南石漠化区植被生态质量指数总体呈上升趋势。其中,贵州有85.9%的区域明显变好,2019年全省植被生态质量指数居2000年以来第二高位;云南石漠化区2000年以来植被生态改善的速度大于全省平均值,云南东南部的重度石漠化区改善最为明显,仅西北部和中部的中度和潜在石漠化区植被生态质量上升较慢,局部还有下降;广西有98.9%的石漠化区植被生态质量呈变好趋势,有1.1%的区域植被生态质量下降。2019年西南石漠化区大部降水量接近常年或偏多,热量充足,有94.7%的区域植被生态质量指数接近或高于常年,生态质量正常偏好。2019年云南石漠化区大部植被生态质量不如2018年;广西石漠化区2019年7月下旬至11月中旬出现大范围干旱,植被生长受到较大影响,生态质量也低于2018年。

(二)大气环境气象监测、预报、预警全面展开

1. 环境气象业务能力明显提升

2019年,组织建立了汾渭平原环境气象业务服务协调机制。组织召开汾渭平原大气污染防治气象保障服务第二次联席会议,推动区域协作能力的提升。陕西省气象局牵头建立了汾渭平原环境气象共享平台并投入运行,实现了陕西、山西、河南环境、气象数据及产品的共享,2019年共发布《汾渭平原空气污染气象条件周报》47期。

强化大气环境气象评估能力。建立并规范了全国气象条件对大气污染防治效果影响评估业务,印发《气象条件对大气污染防治效果影响评估服务规范》,组织召开气象条件对大气污染防治效果影响评估业务视频培训,保持国、省级评估结论的权威性、科学性和可比性。提供气象条件对大气污染防治效果影响分析报告,助力大气污染精准防控。制定了《中国气象局大气环境气象公报编制发布规范》,开展了大气污染预测业务,发展了大气污染预测支撑平台。实现了次季节尺度大气污染预报的雾—霾和臭氧预报业务的试运行。联合生态环境部开展大气污染过程及强度预测会商及空气质量预报会商,联合发布预报预测产品,为政府精准减排提供决策支撑。

拓展环境气象监测领域。应生态环境部需求,组织编制了中国消耗臭氧层物质监测评估报告,配合生态环境部制定我国履行蒙特利尔协议国际谈判中有关消耗臭氧层物质监测评估情况的应对口径。

环境气象业务能力稳步提升。24小时环境气象预报准确率较2018年提高了2.8%,国家级和重点区域中短期环境气象预报时效达到7~9天,环境气象预报模式分辨率达到6~9千米,国家级开展了月、季尺度环境气象预测业务。在70周年国庆保障服务中,评估历年国庆节前后北京地区的霾天气分布特征,开展大气污染气象条件预报,有效支撑了重大活动环境气象保障服务的开展。

2. 积极开展大气污染气象监测评估

2019年,气象部门完善国省级联动、区域联防的大气污染防治气象服务机制,组织建立了汾渭平原环境气象业务服务协调机制。印发《环境气象预报评估能力建设实施方案》,强化重点区域环境气象业务服务能力,24小时环境气象预报准确率较2018年提高了2.8%。强化气象条件对大气污染防治效果影响评估分析能力,为生态环境部提供气象条件对大气污染防治效果影响分析报告,助力精准防治。开展大气污染气候预测业务。2019年,气象部门制定发布了《大气气溶胶碳组分膜采样分析规范》等3项行业标准,进一步完善了大气环境质量监测标准规范体系;执行观测仪器业务入网许可制度,按规定开展量值溯源,保证了观测数据的准确性和可比性。严格执行大气环境监测标准规范和规章制度,按照统一的标准开展监测,同步开展数据质量控制活动,确保了观测数据的可用性。加强部门间沟通协作,为生态环境部门开展大气污染预警提供客观科学支撑,联合开展重污染天气会商,定期开展全国空气质量预测预报会商和全国大气污染潜势预测会商。加强部门间数据共享,组织完成

5 种监测数据的交换共享，通过中国天气网环境频道发布空气质量监测产品。

(1) 臭氧监测浓度

根据中国环境监测总站资料分析显示，2019 年全国臭氧浓度为 148 微克/米^3，比 2018 年升高 6.5%。2019 年，京津冀地区臭氧浓度为 191 微克/米^3，较 2018 年升高 7.9%；长三角地区臭氧浓度为 164 微克/米^3，较 2018 年升高 7.2%；汾渭平原臭氧浓度为 171 微克/米^3，较 2018 年升高 4.3%；珠三角地区臭氧浓度为 176 微克/米^3，较 2018 年升高 17.3%。

(2) 大气颗粒物浓度

根据中国环境监测总站资料分析显示，2019 年全国 PM_{10} 平均浓度为 63 微克/米^3，比 2018 年降低 1.6%。2019 年，京津冀地区 PM_{10} 平均浓度为 89 微克/米^3，比 2018 年降低 7.3%；长三角地区 PM_{10} 平均浓度为 65 微克/米^3，比 2018 年降低 3.0%；汾渭平原 PM_{10} 平均浓度为 94 微克/米^3，比 2018 年降低 3.1%。珠三角地区 PM_{10} 平均浓度为 47 微克/米^3，比 2018 年升高 2.2%。

中国气象局区域大气本底站与城市背景站观测显示，2019 年阿克达拉站 PM_{10} 浓度为 20.3 微克/米^3，较 2018 年升高 13.3%；龙凤山、番禺、香格里拉、金沙、临安站 2019 年 PM_{10} 浓度分别为 21.0 微克/米^3、20.9 微克/米^3、4.9 微克/米^3、32.7 微克/米^3、29.9 微克/米^3，较 2018 年分别降低 34.2%、30.1%、24.6%、36.8%、35.1%。

根据中国环境监测总站资料分析显示，2019 年全国 $PM_{2.5}$ 平均浓度为 36 微克/米^3，与 2018 年持平。2019 年，京津冀地区 $PM_{2.5}$ 平均浓度为 50 微克/米^3，比 2018 年降低 5.7%；长三角地区 $PM_{2.5}$ 年均浓度为 41 微克/米^3，比 2018 年降低 2.4%；汾渭平原 $PM_{2.5}$ 年均浓度为 55 微克/米^3，比 2018 年上升 1.9%；珠三角地区 $PM_{2.5}$ 年均浓度为 28 微克/米^3，比 2018 年降低 6.7%。

2019 年上甸子、阿克达拉站 $PM_{2.5}$ 平均浓度分别为 35.9 微克/米^3、11.5 微克/米^3，分别比 2018 年升高 48.9%、10.3%，而番禺、金沙、香格里拉站 2019 年 $PM_{2.5}$ 平均浓度分别为 17.0 微克/米^3、23.5 微克/米^3、3.6 微克/米^3，比 2018 年分别降低 26.7%、24.9%、14.2%。

(3) 雾霾、沙尘与大气酸沉降监测评估

——雾霾天气过程。2019 年全国共出现 7 次大范围霾天气过程（表 7.2），多于 2018 年（5 次），较近 5 年平均（9.2 次）偏少。2019 年霾天气过程主要集中在京津冀及周边地区、汾渭平原等地，其中，2019 年 1 月 2—8 日、1 月 11—15 日、12 月 20—26 日三次霾天气过程影响范围广、持续时间长、强度大，影响面积分别达到 70 万千米^2、95 万千米^2 和 75 万千米^2，重度霾面积均达 60 万千米^2 左右。但三次过程影响面积较 2018 年 1 月 13—22 日（影响面积 190 万千米^2）和 11 月 24 日至 12 月 3 日（影响面积 160 万千米^2）霾天气过程明显偏小。

表 7.2　2019 年霾天气过程纪要表

编号	起止时间	主要影响区域
201901	1月2—8日	京津冀、河南、山东中西部、陕西关中、山西、安徽北部、湖北、湖南北部等地,影响面积约 70 万千米^2
201902	1月11—15日	京津冀、河南、山东中西部、陕西关中、山西、辽宁、吉林中西部、黑龙江西南部、安徽中北部、江苏、湖北中部等地,影响面积约 95 万千米^2
201903	2月4—6日	京津冀、河南、山东、陕西关中、山西、安徽中北部、江苏、湖北中部等地,影响面积约 75 万千米^2
201904	2月20—27日	京津冀、河南、山东、安徽中北部、江苏等地,影响面积约 68 万千米^2
201905	11月22—24日	京津冀、河南、山东、陕西关中、山西、安徽中北部等地,影响面积约 33 万千米^2
201906	12月6—10日	京津冀、河南、山东、陕西关中、山西、安徽中北部、江苏、湖北、湖南、辽宁南部等地,影响面积约 65 万千米^2
201907	12月20—26日	京津冀、河南、山东、陕西关中、山西、安徽中北部、江苏北部、湖北、湖南、黑吉辽等地,影响面积约 75 万千米^2

资料来源:中国气象局,2019 年大气环境气象公报。

2019 年 1 月 2—8 日,京津冀、河南、山东中西部、汾渭平原、安徽北部、湖北出现大范围霾天气,此次过程是 2019 年强度最强、平均 PM$_{2.5}$ 浓度最高的霾天气过程。京津冀及周边地区和汾渭平原出现持续性的中至重度霾。京津冀及周边地区过程平均 PM$_{2.5}$ 浓度为 124 微克/米^3。汾渭平原过程平均 PM$_{2.5}$ 浓度为 213 微克/米^3。

从图 7.2、表 7.3 可知,2011—2019 年全国大范围霾天气过程年均达到 10 次,

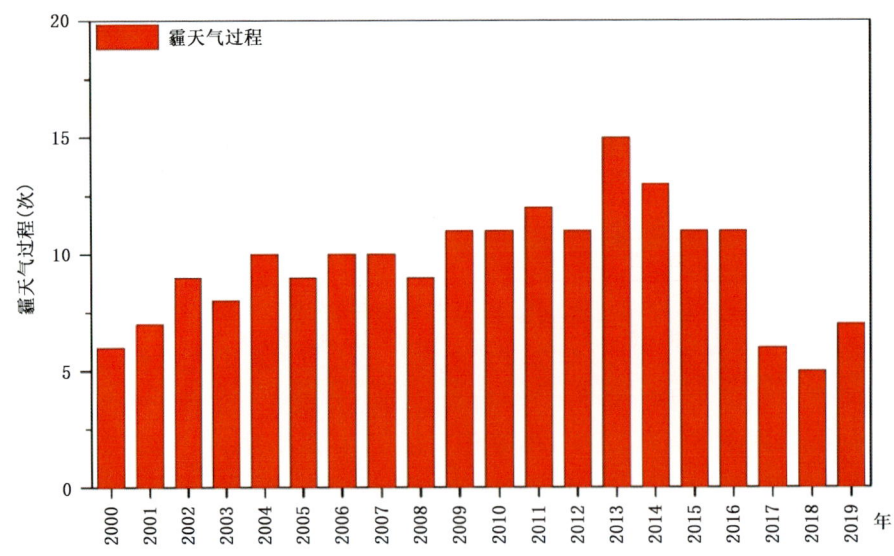

图 7.2　2000 年至 2019 年全国霾天气过程次数
(中国气象局,2019 年大气环境气象公报)

2013年达到15次峰值,然后逐步年下降,到2019年降为7次,为峰值时的50%以下,充分说明近些年生态文明建设取得了实质性效果。

表7.3　2011—2019年历年大范围霾天气过程

年份	大范围霾天气过程(次)
2011	12
2012	11
2013	15
2014	13
2015	11
2016	11
2017	6
2018	5
2019	7
平均	10

——沙尘天气过程。2019年春季,北方地区共出现10次沙尘天气过程(表7.4),比常年同期(17次)偏少7次,其中沙尘暴和强沙尘暴过程共3次。北方地区平均沙尘日数为3.2天,比常年同期偏少1.8天。2019年首次沙尘天气过程发生在3月19日,较2000—2018年平均(2月16日)偏晚31天,较2018年(2月8日)偏晚39天。

3月19—21日的沙尘暴天气过程是年内最强的一次,新疆南部及内蒙古中西部、甘肃北部、青海西北部等地先后出现扬沙或浮尘,新疆温宿、新河出现沙尘暴,南疆盆地的部分地区出现强沙尘暴。

表7.4　2019春季北方地区沙尘天气过程简表

序号	起止时间	过程类型	主要影响系统	影响范围
1	3月19—21日	强沙尘暴	地面冷锋 蒙古气旋	新疆南疆盆地、内蒙古中西部、甘肃北部、青海西北部等地出现扬沙和浮尘天气,新疆南疆盆地的部分地区出现强沙尘暴
2	4月4—6日	扬沙	地面冷锋 蒙古气旋	新疆南疆盆地、内蒙古中东部、辽宁、吉林、山东、河北、北京、天津等地的部分地区出现扬沙和浮尘天气
3	4月16日	扬沙	蒙古气旋	辽宁西部、吉林西部、黑龙江西部等地出现扬沙和浮尘天气
4	4月17日	扬沙	蒙古气旋 地面冷锋	内蒙古中东部、辽宁西部、吉林西部、黑龙江西部等地出现扬沙和浮尘天气

续表

序号	起止时间	过程类型	主要影响系统	影响范围
5	4月20日	扬沙	地面冷锋	内蒙古中东部、吉林西部、河北北部等地出现扬沙和浮尘天气,内蒙古中西部局地出现沙尘暴
6	5月4—5日	扬沙	地面冷锋	内蒙古中西部、甘肃中西部出现扬沙和浮尘天气,内蒙古中西部局地出现沙尘暴
7	5月11—12日	沙尘暴	蒙古气旋 地面冷锋	内蒙古大部、甘肃中西部、宁夏、陕西北部、山西北部、河北北部、北京、天津等地出现扬沙和浮尘天气,内蒙古中西部、甘肃中部的部分地区出现沙尘暴
8	5月14—16日	沙尘暴	地面冷锋	内蒙古中西部、甘肃中西部、宁夏、黑龙江西南部、吉林西部等地的部分地区出现扬沙和浮尘天气,内蒙古、甘肃中部的部分地区出现沙尘暴
9	5月18—19日	扬沙	蒙古气旋 地面冷锋	内蒙古中西部、青海北部、宁夏、甘肃东部、河北中南部、新疆南疆盆地等地出现扬沙和浮尘天气
10	5月24—26日	扬沙	蒙古气旋 地面冷锋	新疆南疆盆地、青海西北部、宁夏北部、内蒙古西部、陕西北部等地出现扬沙和浮尘天气,其中南疆盆地局地出现沙尘暴

资料来源:国家气候中心,2019年中国气候公报。

从表7.5、图7.3可知,2011—2019年我国北方沙尘天气过程总体呈波动状态,9年总过程次数80次,年均为8.9次,但2001—2010年总过程次数达到146次,年均为14.6次。近10年过程次数显著减少,充分说明国家实施生态文明建设取得显著成效。

表7.5　2011—2019年北方沙尘天气过程

年份	北方沙尘天气过程(次)
2011	8
2012	10
2013	7
2014	7
2015	11
2016	8
2017	9
2018	10
2019	10
平均	8.9

资料来源:国家气候中心,2019年中国气候公报。

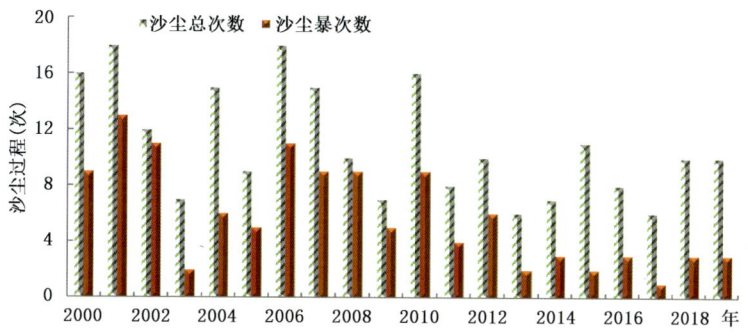

图 7.3　2000—2019 年春季北方沙尘天气过程历年变化(单位:次)
(资料来源:国家气候中心)

——大气酸沉降。2019 年,全国平均降水 pH 值为 5.96,为 1992 年有观测记录以来酸雨状况最好的一年;全国平均酸雨频率为 29.4%,维持近年来较低的水平。2019 年,全国酸雨区(降水 pH 值低于 5.60)主要位于江淮、江汉、江南、华南大部及四川盆地等南方地区,其中浙江西部、福建西北部、湖南东南部、广东西部、广西东部等地平均降水 pH 值低于 5.00,酸雨污染较明显;酸雨频发区(酸雨频率[①]高于 50%)主要位于江南、华南、四川盆地等南方地区,其中湖南东南部、四川东部和重庆西部等地区酸雨频率高于 80%,为酸雨高发区。

2019 年,广东、湖南等 8 个南方省(区、市)的平均降水 pH 值为 5.0~5.6(图 7.4);全国没有平均降水 pH 值小于 5.0 的省份。湖南、广东、江西、广西等 4 个南方省(区)的平均酸雨频率为 50%~80%,为酸雨频发区域;重庆、浙江等 8 个省(区、市)的平均酸雨频率为 20%~50%,为酸雨多发区域。

总体来看,我国酸雨频率分布南部和东中部高于北部和西部,降水 pH 值北部和西部高于南部和东中部,酸雨频率和降水 pH 值呈反相关,这种状况与我国地理气候和工业布局基本吻合。

与近 5 年平均状况相比,2019 年全国大部分地区降水 pH 值持平、偏高或显著偏高,仅广东、青海、西藏、新疆、四川、浙江、黑龙江等省(区)局部地区的降水 pH 值偏低,但变化幅度不大;我国大部分地区酸雨频率以偏低或持平为主,仅广东、四川、浙江、黑龙江等省的局部地区酸雨频率偏高。偏低或持平为主,仅广东、四川、浙江、黑龙江等省的局部地区酸雨频率偏高。

中国气象局 74 个酸雨观测站的长期观测资料显示,自 1992 年以来,全国酸雨污染经历了改善、恶化、再次改善的阶段性变化。1992 年至 1999 年为酸雨改善期,平

---

① 酸雨频率为:某一时段(月、季、年)内,日降水 pH 值小于 5.6 的次数占该时段内所有酸雨观测次数的百分率。

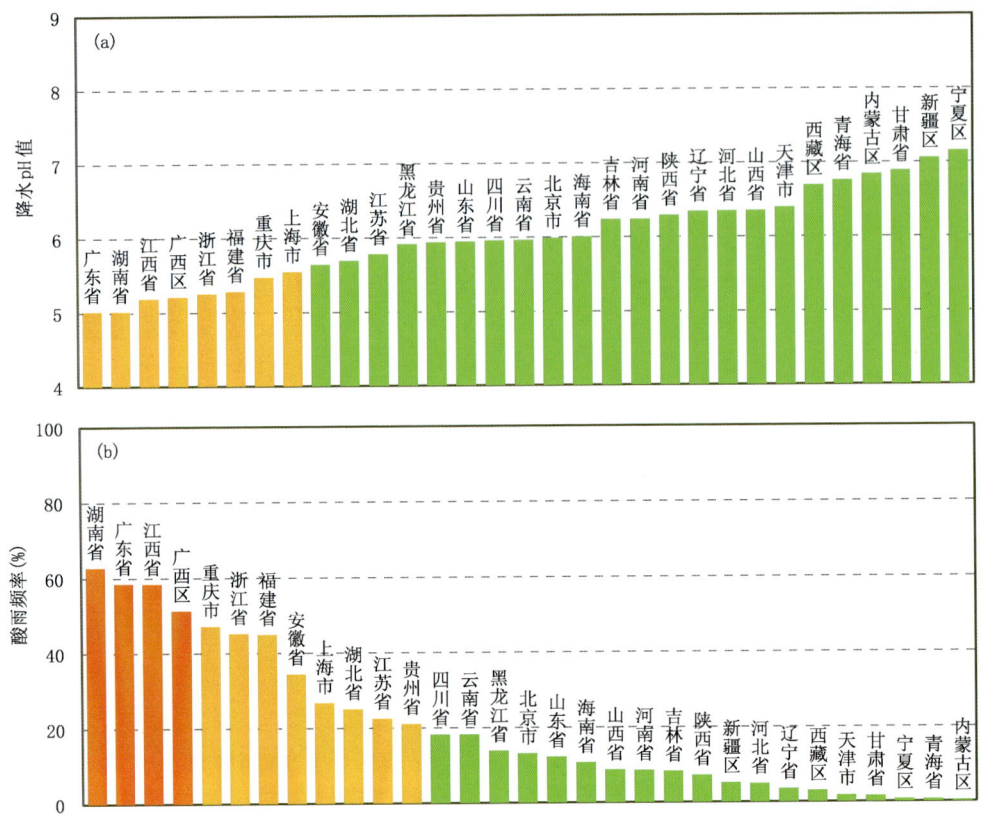

图 7.4 2019 年各省(区、市)降水 pH 值(a)、酸雨频率(b)

均降水 pH 值、酸雨频率、强酸雨频率的年变率分别为 0.03/年、−0.7%/年、−0.7%/年;2000 年至 2007 年酸雨污染恶化,平均降水 pH 值、酸雨频率、强酸雨频率的年变率分别为−0.06/年、2.1%/年、1.6%/年;2008 年以来酸雨污染状况再度改善,平均降水 pH 值、酸雨频率、强酸雨频率的年变率分别为 0.06/年、−1.8%/年、−1.5%/年(图 7.5)。长期以来,我国二氧化硫排放量的增减变化是影响酸雨污染变化趋势的主控因子,2010 年以来氮氧化物排放量的逐年下降对酸雨污染的改善也有较明显贡献。

3. 积极开展国家重点生态功能区气象服务

2019 年,积极参与《全国重要生态系统保护和修复重大工程总体规划》和《重点生态功能区生态修复工程实施方案》编制和相关项目建设。围绕青藏高原生态保护修复、黄土高原水土流失、京津冀地区水源涵养、重点河湖水环境治理、西南地区石漠

第七章　生态环境气象保障

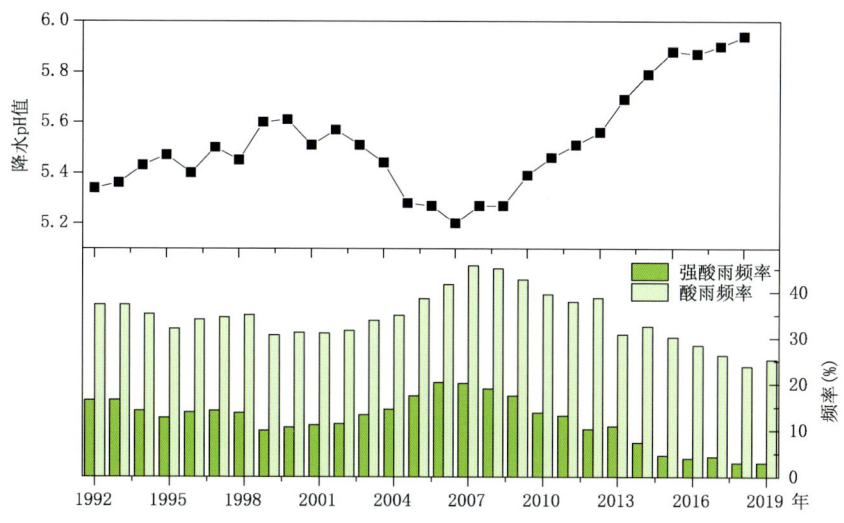

图 7.5　1992—2019 年全国平均降水 pH 值、酸雨频率和强酸雨频率时间序列

化防治、东北森林生态系统保护修复等开展气象监测评估能力建设。[①]

三江源地区 2000 年以来降水增加,湖泊面积扩大,生态改善。2000—2019 年三江源地区年降水量呈增多趋势,平均每 10 年增加 51.1 毫米。2019 年为丰水年,全年降水量较 2000—2018 年平均值增加 13.5%,利于湖泊和积雪面积的增大。同时,2000 年以来三江源地区气温呈上升趋势,年平均气温平均每 10 年升高 0.45℃。气温升高促进了冰雪融化,也利于水体面积的增大。气象卫星遥感监测结果表明,2006 年以来三江源地区湖泊面积呈增大趋势。2000 年以来三江源地区大部植被生态质量持续改善,东北部改善明显。

祁连山区近 10 年主要湖泊水库蓄水增加,2019 年植被生态达最好。2000 年以来祁连山区 4—9 月降水量呈增加趋势,为区域生态改善提供了良好的水分条件,特别是 2016—2019 年生长季降水量较 2000—2015 年平均增加 13.9%,加之生态保护力度的加强,利于区域生态向好发展。近 10 年祁连山区主要湖泊水库蓄水增加,对区域生态改善十分有利。2018—2019 年祁连山区植被生态明显改善,2019 年达 2000 年以来最好。

呼伦湖 2000 年以来面积先降后升,区域植被生态质量提高。呼伦湖水体面积 2000—2011 年逐步萎缩,之后逐步恢复。其中,呼伦湖区域 2000—2011 年年降水量多在常年值以下,水量持续亏缺,湖泊蓄水严重减少,2011 年湖泊面积达最小,仅有 1722.7 千米^2;2012 年以来,呼伦湖区域先后实施了裸露沙地综合治理、湿地修复、

[①]　资料来源:中国气象局应急减灾与公共服务司

"引河济湖"等生态保护和修复工程,加之 2012—2014 年、2018—2019 年年降水量较常年偏多,湖泊面积迅速增大,2014 年达 2020.2 千米^2,至 2019 年一直维持在 2000.0 千米^2 以上。2000 年以来呼伦湖区域大部地区植被生态质量呈提高趋势。

扎龙湿地区域 2000 年以来降水增加,2019 年植被生态质量达最好。2000—2019 年黑龙江扎龙湿地区域年降水量呈增加趋势,平均每年增加 10.1 毫米;植被主要生长季(5—10 月)降水量也呈明显增加趋势,平均每年增加 11.5 毫米,利于植被生长和生态恢复。遥感监测结果表明,2000 年以来扎龙湿地汛期明水体面积呈增大趋势,2019 年面积达 243 千米^2,较 2000 年增加 121%。2000—2019 年扎龙自然保护区植被生态质量指数呈提高趋势;2019 年较 2018 年高 3.3%,达 2000 年以来第一。

海河流域 2019 年涵养水量较常年偏高,但低于 2018 年。2019 年海河流域平均涵养水量为 23.7 毫米,其中北部燕山和西部太行山区的森林、草原等生态系统发挥着重要生态功能,涵养水量达 80～200 毫米,是流域主要涵养水源功能区。2019 年海河流域涵养水量总体比常年气候条件下偏高 5.1%,偏高区域主要位于北部地区,特别是西北部地区 2019 年降水量多于常年,涵养水量比常年偏多 3 成以上。但流域南部大部地区降水量较常年偏少,导致涵养水量较常年偏少 3～9 成。

(三)稳步开展大气环境容量分析

大气自净能力反映大气对污染物的通风扩散和降水清除能力。2019 年,东北大部、青藏高原大部及内蒙古大部、新疆北部、山东东部、云南东部、海南大部等地的大气自净能力在 4.5 吨/(天·千米^2)以上,大气对污染物的清除能力较强;新疆西部部分地区大气自净能力小于 2.5 吨/(天·千米^2),大气对污染物的清除能力较差;全国其余大部地区在 2.5～4.5 吨/(天·千米^2),大气对污染物的清除能力一般。

2019 年 1—3 月和 10—12 月,京津冀地区平均大气自净能力为 2.5 吨/(天·千米^2),较常年同期偏低 25%,较近 10 年(2009—2018 年)同期偏低 11%,较 2018 年同期偏低 4%,大气对污染物的清除能力减弱;长三角地区为 3.4 吨/(天·千米^2),较常年同期偏低 15%,与近 10 年同期水平相当,较 2018 年同期大气对污染物的清除能力减弱(偏低 8%);珠三角地区为 2.2 吨/(天·千米^2),较常年同期偏低 26%,与近 10 年同期和 2018 年同期水平相当;汾渭平原为 2.8 吨/(天·千米^2),较常年同期偏低 13%,但较近 10 年同期偏高 5%,与 2018 年同期大气对污染物的清除能力基本持平。[①]

三、评价与展望

近些年来,我国生态文明建设气象服务取得了重大进展,气象为生态文明建设作

---

① 资料来源:中国气候公报,2019 年。

出了重大贡献。但生态气象服务业务总体仍然处在初步发展阶段,新时代还需从以下方面推进生态气象业务服务工作。

一是深化融入生态文明建设,加强气候变化背景下的生态状况气象监测、生态风险气象预警、生态经济气象支撑、生态治理气象保障服务,构建面向多领域的生态文明气象保障服务体系。二是强化生态文明建设的气象基础支撑作用,提升以国家级、省级为重点,发展卫星遥感、生态气候等生态气象业务,开展陆地植被、水体、荒漠、湿地、生物等生态气象监测评估业务;开展精细化农业气候资源和农业气象灾害风险区划,加强特色农产品优势区、旅游资源富集区的气象特色服务。三是推进生态文明建设气象保障协同,形成以国家级、省级为主,服务能力向市县级延伸生态气象业务体系,为市县级气象部门面向地方生态文明建设需求,开展生态气象服务提供技术支持;统筹区域人工影响天气作业,强化对重点生态功能区、生态环境敏感区和脆弱区的保障服务,开展生态修复型人工影响天气常态化作业。

能力与创新篇

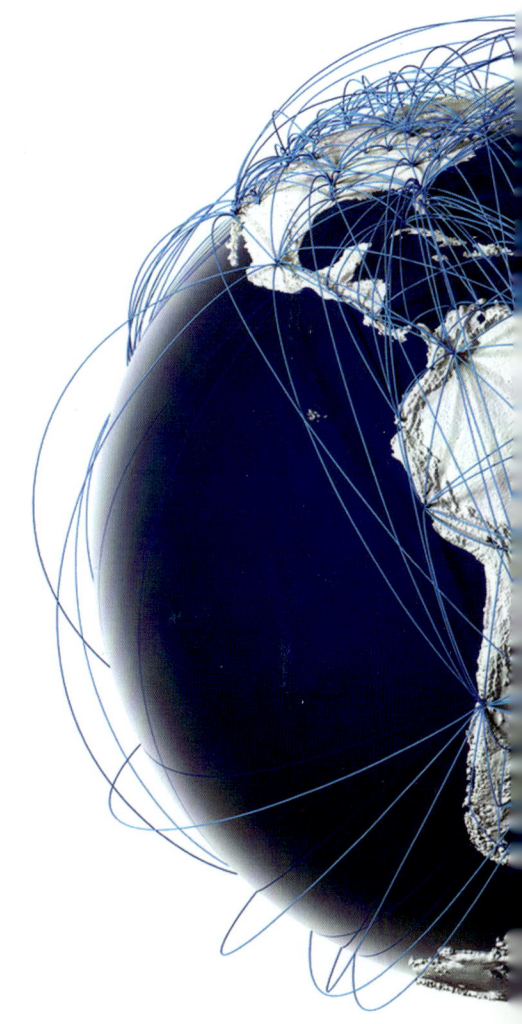

第八章　现代气象业务*

2019年，全国现代气象业务发展以"提能力、稳业务、促创新"为目标，深入推进研究型业务试点，以大力提升气象观测装备智能化水平、大力发展智能预报业务、统筹谋划大数据中心建设为重点，加快推进气象信息化建设，现代气象业务能力水平持续提升。

一、2019年现代气象业务发展概述

（一）综合气象观测体系形成新布局

2019年，全国气象综合观测进一步优化顶层设计，全时全域全要素综合气象观测站网新布局基本形成。组织完成了"十三五"观测规划进展情况评估，初步提出"十四五"观测发展新战略，制定了《气象观测技术发展引领计划（2020—2035年）》，为未来15年观测技术装备发展指明了方向。地球系统多圈层观测不断拓展，观测站网立体布局继续深化，高原、海洋观测能力显著增强，基于观测与预报互动技术站网设计业务处于世界领先水平。观测新装备研发和投入业务应用速度加快，人工智能技术在气象观测中的应用取得了重大进展，智慧气象观测融入智慧城市建设，大城市协同观测技术彰显成效，综合观测技术水平显著提升。观测和保障业务系统完成了集约整合，信息化、综合化、集约化水平显著提升。地面观测自动化完成全国业务运行准备，观测业务可用性持续保持较高水平。围绕服务保障国家发展战略，强化风云气象卫星国际应用，完善遥感应用业务体系，助力重大活动服务保障，服务"一带一路"格局初步形成，观测综合应用服务水平显著提升。

尤其是卫星观测应用，自2018年习近平主席在上海合作组织成员国元首理事会第十八次会议上作出"中方愿利用风云二号气象卫星为各方提供气象服务"的承诺后，经中国气象局的科学部署和统筹谋划，聚焦提升风云气象卫星服务水平、数据共享能力和开展风云气象卫星产品推广等三项任务，围绕全球监测、全球预报、全球服务发展，大力推进卫星综合遥感应用体系建设，释放风云气象卫星服务资源，着力提升用户风云气象卫星数据获取能力和数据应用水平，为"一带一路"沿线各国提供及

---

* 主要执笔人员：龚江丽　王喆　唐伟　郝伊一　周勇

时和精细化的气象服务,充分发挥风云气象卫星综合应用效益,提高风云气象卫星国际影响力,为建设国际气象防灾减灾救灾体系,参与全球治理体系改革,构建人类命运共同体贡献智慧。

(二)智能预报质量不断提升

2019年,大力发展智能预报业务,气象预报业务能力持续提升。数值预报多项业务系统成功升级,区域数值预报模式对我国强对流天气预报能力明显提升。智能预报质量不断提升,智能网格预报业务不断优化,基于人工智能等新技术在预报预警中的应用不断加快。各类预报准确率持续保持在高位,全国24小时晴雨预报准确率87.9%,暴雨预警准确率提高到89%,均取得历史最好成绩。强对流预警时间提前量保持在38分钟。台风路径预报水平继续保持世界领先。月温度气候预测准确率评分位列历史第一。全球预报业务、风云卫星气象业务有力支撑"一带一路"服务。

(三)智慧气象服务业务取得新发展

2019年,全国气象部门落实《智慧气象服务发展行动计划》,推动智慧气象融入城市发展。上海、广东气象局分别与东航、南航合作,基于订票行程提供个性化和主动推送气象服务。搭建全国气象服务创新平台,建立气象服务成果转化和交易机制,推动创新项目与产业实践的有机协同。

智慧产品的精细化、精准化和丰富度持续提升,OCF(气象服务精细化多模式集成预报系统)预报时效从15天拓展至45天,空间站点从28万扩展至52万,研发首套全国高空实况格点产品和雷电临近预报服务产品。核心系统支撑能力不断增强,圆满完成全国气象防灾减灾监控管理平台一期建设,打造智慧气象服务开放平台,建设全业务流程监控系统,完善气象信息决策支持系统,优化全媒体智造系统,持续赋能各类气象服务产品加工智造。

持续推进智慧农业气象服务能力建设,服务现代农业发展。印发实施《全国智慧农业气象能力建设2019年实施方案》,强化农业气象大数据以及业务支撑平台、"农业天气通"等服务平台建设及应用。强化气象助力精准扶贫工作,服务脱贫攻坚。海洋气象服务支撑国家海洋战略,能源气象服务体系进一步完善,重点领域气象服务取得积极进展。

(四)气象信息云平台建设和应用效益持续提升

2019年,基本建立以数据为主线的预报服务一体化业务流程,明显提升了数据共享共用和智能化应用水平。完成了气象大数据云平台基本功能设计开发。进一步加强智能网格预报产品在灾害天气预警、气象灾害风险预警和气象服务中的应用。构建气象大数据云平台,重构以数据为中心的观测、预报、服务全链条业务流程,优化岗位设置,形成"云+端"现代气象业务新格局。建成"云+端"会商云平台。完成MICAPS4基础版及各个专业版本云桌面迁移,全面实现登录与日志管理。发布MI-

CAPS4.6版本,提升中期预报支撑能力。初步建成"天镜"综合业务监控运维体系。提升模式计算支撑能力,整合CIMISS资料和10大类、56种核心历史数据,存至气象大数据云平台。省级气象大数据中心启动建设,启动了气象大数据采集、管理和应用支撑系统建设,完成了系统设计及功能开发并进行业务测试。实现了气象信息云平台建设与实际应用效益双向提升,双向促进。

(五)研究型业务试点取得积极进展

2019年,研究型业务试点深入推进,中国气象局印发了《研究型业务试点工作建设指导意见》《2019年研究型业务试点建设工作方案》,重点推进了自动观测、实况业务、智能网格预报、综合评估和智慧服务等研究型业务。印发《国家气候观象台建设工作方案》,编制完成《国家气候观象台研究型业务指南》和《新疆阿克达拉国家大气本底站建设方案》。组织开展了研究型业务技术交流活动,持续推动试点单位业务科研深度融合,促进业务技术人员向研究型转变,探索新时代气象业务岗位职责、业务环境和体制机制。注重科技创新,以重点实验室为核心,重大项目为纽带,创新团队为单元,建立气象业务与科研深度融合的工作机制。省级气象研究型业务试点深入推进,建立形成了支撑研究型业务发展的配套制度。构建形成了省级气象大数据平台,省市县级集约化预报预警业务体系建设统筹推进,取得积极进展。

二、2019年现代气象业务进展

(一)综合气象观测业务

1. 观测技术

2019年,气象部门通过深入实施创新驱动发展战略,落实加快推进智慧气象建设的要求,充分应用现代材料、电子、信息以及新一代人工智能等现代高新技术,推动气象观测技术向自动化、信息化和智能化发展,引导相关企业、高校和科研院所等共同研发气象观测技术装备,从而为进一步提升我国综合气象观测现代化水平打下良好基础。

2019年,气象部门组织观测新装备研发和投入业务应用呈现快速增长态势。全年研发新装备30余种,试验试用50余次,近10种新装备达到列装条件。其中,小型无人机、相控阵雷达、毫米波云雷达、激光雷达等已开始业务化应用,往返智能探空系统也已具备业务应用条件,智能漂流浮标、新型船载气象观测仪等设备也将在海洋二期工程中使用。完成微波辐射计质控算法和反演算法中试评估,质控后亮温数据可用率78%,湿度廓线精度提高20%。启动"芯片"计划,推出全球首款专门用于卫星导航探空仪上的系统级芯片——"春分Ⅰ号"并投入量产,完成了芯片定型测试,搭载新型探空仪通过722组动态测试,芯片运行稳定性≥99%,这是气象行业第一款专用芯片,部分指标优于国际主流芯片。气象专用技术装备使用许可审批61件,核发许可证70套,其中首次申请的智能化新技术装备超过50%。组织完成降水现象仪装备的质量监督检查。

2019年，人工智能技术在气象观测中的应用取得了系统性突破，特别是基于"摄像头＋AI"的天气现象观测技术实现业务化，并继续快速演进，有力支撑了地面观测自动化工作。"天脸识别仪"在全国气象观测站列装，其云观测准确率超90％。人工智能技术的开发充分秉持了开放创新的理念，积极引导高校、企业、科研院所参与研究。2019首届全国"观云识天"人机对抗大赛成功举办，吸引了全国31个省（区、市）的共计5.2万人次、2372支队伍报名参加，涉及282所高校和287家知名企业，产生了空前的影响力。与此同时，更加注重气象观测直接面向服务需求，开发"卦天"（公众版）＋"观测通"（专业版）APP，实现基于手机的气象观测。

首届全国"观云识天"人机对抗大赛决赛在雄安新区举行

2019年11月10日，全国首届"观云识天"人机对抗大赛决赛在雄安新区举行，来自全国的12支机器算法团队和12名个人分别获得机器图像算法赛道和人工识云赛道的决赛资格并在决赛中进行人机对战。

本次大赛的主题是"人机争英雄　气象保民安"。入围决赛的选手中，有从事计算机视觉、生物医学、通信技术、人工智能等领域的团队，长期在气象部门工作的观测、预报一线业务人员，气象领域高校教师等。从9月5日初赛至11月10日决赛闭幕，全国共有31个省（自治区、直辖市）的52000人、2372支队伍参赛。其中，来自全国高校的选手占比为67.5％，涉及282所高校，"985""211"和"双一流"院校的参赛占比分别为100％、80％和71％；百度、腾讯、阿里巴巴、华为等287家知名企业也派队伍参赛。

本次大赛突出四大特点，一是专注气象智能观测，大赛聚焦云和天气现象的智能识别，以期推动人工智能技术在气象领域的专业应用探索，提升智能气象观测水平，实现气象观测业务化应用及观测装备智能化改造；二是体现人机现场真实对抗，通过首创气象观测方向的人机对抗赛事，让技术优秀的AI智能算法团队与经验丰富的观测员直接对抗，摆脱了赛事枯燥的传统学术氛围，让参赛人员学在其中，乐在其中；三是带动全民气象科普，通过大赛推进气象科学向普通民众进一步下沉，激发气象爱好者热情，促进全民广泛参与，使得气象观测成为人人能够参与，人人可以参与，实现"观测即共享"的新模式。四是搭建国际一流的气象科技创新平台，通过大赛搭建"气象＋人工智能"国际一流的科技创新平台，打造出智慧气象示范区，催生全新"气象＋人工智能"产业链，为雄安新区数字城市建设添砖加瓦。

（中国新闻网、新华网）

2019年，智能观测业务领域取得新发展。河北雄安新区开展了智能气象观测大数据系统建设，创新提出雄安新区由气象大脑、物联网、基准网、泛在网构成的"一脑三网"未来站网技术框架，结合"一主八辅"观象台布局，形成雄安新区智慧气象示范建设总体布局和建设方案。同时，联合推进北京、上海、深圳、河北、浙江、河南等省市开展智慧城市气象观测和服务试点，与当地城市大脑对接，融入智慧城市建设。

2019年，超大城市观测试验进展顺利，建成上海和广州综合大气廓线站，开展北上广增强期观测试验并形成数据集。大城市协同观测技术彰显成效，在相关重大活动保障中系统应用，为大城市综合气象观测建设提供样板。通过构建多维协同观测新模式，从空间范围、观测时效、观测要素三个维度提升了观测的智能化水平和精细化能力，实现了多维立体综合观测协同，观测与预报服务互动协同，不同层级管理、业务部门联动协同，为超大城市观测系统建设提供了示范。

2019年，气象观测高精度实况场实现技术突破，温、湿、压、风实况分析和三维可视化产品空间分辨率达到全国3千米、局部地区0.5～1千米，时间分辨率15分钟，垂直层由21层提高到41层，并已在天衍系统发布试运行。WIGOS区域中心数据质量评估平台上线运行，实现二区协地面、探空数据质量评估及异常跟踪。地基遥感温湿廓线观测技术方法通过中试。完成微波辐射计质控算法和反演算法中试评估，质控后亮温数据可用率78%，湿度廓线精度提高20%，在天衍系统开展了数据应用试验。

2019年，全国气象观测重大工程有序推进。推进了风云三号03批和风云四号02批卫星工程的报批和建设；组织完了捕风一号A/B卫星发射、在轨测试、地面验证及应用预研。完成了95套海岛和8套岛礁自动气象站更新；新建和改造了43套石油平台站气象站。启动了2部新一代天气雷达和11部X波段天气雷达建设，完成了1部风廓线雷达安装，升级改造了20部双偏振雷达，完成了13部雷达技术标准统一。建成了雷达测试保障与仿真平台（一期），实现了SA、CA天气雷达仿真平台的搭建；雷达质控和组网产品业务系统基本建成。随着重大气象观测工程的推进，全时全域全要素综合气象观测能力显著增强。

2. 观测站网布局

2019年，优化观测站网布局取得较大进步，地球系统多圈层观测不断拓展，观测站网立体布局继续深化，设计完成飞机飞艇和空间天气观测布局、海洋二期工程气象观测布局，启动第三极区域冰冻圈气象观测站网布局规划设计，将扶贫攻坚与补齐观测网短板相结合，高原、海洋观测能力显著增强，基于观测与预报互动技术站网设计业务处于世界领先水平。

（1）地面观测

截至2019年底，国家级地面气象观测站数为10701个（图8.1），包括观象台24个、基准站211个、基本站627个、常规站9839个。其中，共有278个行业站纳入国家级地面气象观测站序列,包括农垦78个、森工23个,全部为常规气象站。全国省级常规气象观测站数为54534个,其中单要素13338个、两要素12488个、三要素47个、四要素15794个、六个及以上要素12867个。将扶贫攻坚与补齐观测网短板相结合,西藏自动气象站数量同比增长188%,四川高原区域新建230个扶贫自动气象站。全国乡镇自动气象站覆盖率达到99.6%。2019年,批复迁移气象站78个(基准站4个、基本站14个、常规站58个、雷达站2个)。

图8.1 2005—2019年历年气象台站数(单位:个)
(数据来源:中国气象局综合观测司)

2019年,地球系统多圈层观测不断拓展。全国共有大气本地站7个(表8.1),遴选出覆盖全国13个气候观测关键区的24个国家气候观象台(表8.2)。大气本底站、气候观象台研究型业务持续推进,首批24个国家气候观象台中60%成立了科技委员会,开始"一站一方案"研究型业务方案设计。广东新丰成为我国第8个国家大气本底站候选站,金沙国家大气本底站完成改造,瓦里关、阿克达拉本底站开始升级改造。地球多圈层观测建设得到全面加强,未来多圈层观测将成为综合气象观测的主要任务。

表8.1 全国大气本底站布局

序号	大气本底站	气候系统关键观测区(站址代表性)	级别	业务状态
1	瓦里关	青海瓦里关大气本底与三江源生态综合观测区	全球	已建 参与GAW组网
2	上甸子	京津冀经济圈环境观测区	区域	已建 参与GAW组网
3	龙凤山	东北林带及松嫩平原生态综合观测区	区域	
4	临安	长三角经济圈环境综合观测区		

续表

序号	大气本底站	气候系统关键观测区(站址代表性)	级别	业务状态
5	香格里拉	川滇水分循环过程及高原边缘带生态综合观测区	区域	
6	阿克达拉	天山冰川与水文生态综合观测区		
7	金沙	洞庭鄱阳两湖平原河湖综合观测区		

表 8.2　24 个国家气候观象台

锡林浩特国家气候观象台	北海国家气候观象台	金坛国家气候观象台
电白国家气候观象台	西沙国家气候观象台	南昌国家气候观象台
张掖国家气候观象台	温江国家气候观象台	安阳国家气候观象台
呼和浩特国家气候观象台	墨脱国家气候观象台	深圳国家气候观象台
五营国家气候观象台	寿县国家气候观象台	三亚国家气候观象台
武夷山国家气候观象台	大理国家气候观象台	南沙国家气候观象台
长岛国家气候观象台	饶阳国家气候观象台	日喀则国家气候观象台
岳阳国家气候观象台	盘锦国家气候观象台	武威国家气候观象台

按照"一站多用、一网多能"的设计理念,大多数专业气象观测的功能任务整合到国家级地面气象观测站网之中。到 2019 年,有 489 个站包含雷电观测项目,太阳辐射观测 137 个,大气成分观测 261 个,风能观测 151 个,沙尘暴观测 29 个,臭氧观测 60 个,紫外线观测 108 个,酸雨观测 399 个(表 8.3)。农业气象观测方面,全国共建有 69 个农业气象试验站(其中一级站 40 个,二级站 29 个),653 个国家级地面气象观测站开展农业气象观测(其中一类站 398 个,二类站 255 个),自动土壤水分观测点 2386 个(表 8.4)。在雄安新区建成首个国家级湿地站,实现生态气象、农业气象、土壤水分和星地校验等多源生态气象观测数据收集与融合,为评估湿地景观变化提供依据。

表 8.3　2019 年专业气象观测站点数统计表

站点/设施	数量(个)
雷电观测	489
太阳辐射观测	137
大气成分观测	261
风能观测	151
沙尘暴观测	29
臭氧观测	60
紫外线观测	108
酸雨观测	399

数据来源:中国气象局综合观测司。

表 8.4 2019 年农业气象观测站点数统计表

站点/设施/项目	数量(个)
农业气象试验站	69
农业气象观测业务	653
自动土壤水分观测点	2386

数据来源:中国气象局综合观测司。

海洋观测方面,利用石油平台、远洋船舶、浮标和海岛观测站等设施在海上开展了自动气象观测,联合中远集团、中海集团开展了海上船舶气象观测资料的收集传输和处理试验工作。2019 年,气象部门与中海油等相关领域合作,在南海和东海新建 25 个并更新 18 个石油平台气象观测站。同时,依托海洋气象综合保障工程,更新了 213 个海洋气象观测站,包括 95 套海岛和 8 套岛礁自动气象站。

(2)高空观测

截至 2019 年底,全国气象部门共有 120 个高空气象观测站开展 L 波段二次探空业务。其中,8 个站开展全球气候观测系统探空业务(GCOS),分别为北京,内蒙古二连浩特、海拉尔,甘肃民勤,湖北宜昌,云南昆明,西藏那曲,新疆喀什;87 个站参加全球资料交换。西藏还布设了 3 个自动探空站,用于填补西部气候敏感区的资料空白,满足天气预报和气候监测需求。

(3)雷达观测

全国形成了广泛覆盖的雷达观测网。2019 年,全国气象部门有 227 部新一代多普勒天气雷达业务运行或试运行(含农垦 2 部)(图 8.2)。为强化局地小尺度天气的精细化观测,省级气象部门还布设了结构轻便、易于车载和复杂地理状况下架设的 X 波段天气雷达 98 部(其中固定 46 部、移动 52 部),农垦布设 10 部,用于人工影响天气、应急指挥系统等。各地还布设了 713、714 型号数字化天气雷达 46 部。风廓线雷达 151 部,其中国家级 67 部、省级 84 部,最大探测高度 3 千米的(边界层)65 部,最

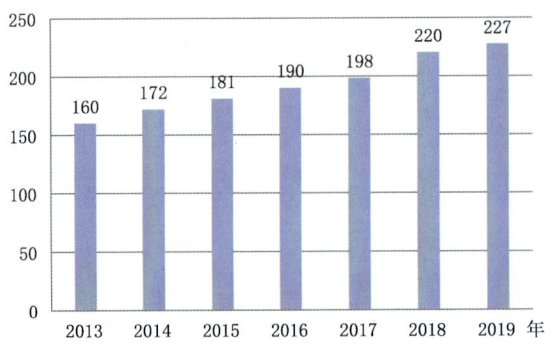

图 8.2 新一代天气雷达布网数量(单位:部)

(数据来源:中国气象局综合观测司)

大探测高度 8 千米的（低对流层）75 部，最大探测高度 16 千米的（高对流层）5 部。

(4) 空间观测

2019 年 6 月 5 日，技术试验卫星捕风一号 A/B 星在黄海海域发射成功，将在 500 余千米高空准确测量海面风场信息，从而预报台风。捕风一号卫星搭载GNSS-R 台风观测雷达载荷分系统、X 频段星地测控分系统和宽波束电子扫描相控阵微纳数传系统，利用导航信号在海面上的反射，通过对反射信号变化规律的捕捉实现对风场信息的"捕捉"，实现了我国卫星导航信号探测海面风场零的突破，对我国台风预警、防灾减灾具有重要意义。

迄今为止，我国已成功发射了 17 颗风云系列气象卫星，其中 7 颗卫星在轨业务运行。在轨业务运行的 3 颗风云三号卫星，可以实现每日 6 次全球全天候多谱段的观测，为"一带一路"服务提供各种天气、生态环境、气候产品。风云四号 A 星可对亚太地区实现 15 分钟一次的全圆盘和 5 分钟区域观测。风云二号 H 星定点东经 79 度，可有效覆盖"一带一路"沿线国家和地区，成为名副其实的"一带一路"服务星。

我国卫星地面应用系统目前已形成北京、广州、乌鲁木齐、佳木斯和喀什 5 个国内站加北极瑞典基律纳站和南极毛德皇后站组成的数据接收网络，同时包括 31 个省级卫星遥感应用中心和多个卫星资料接收利用站。全球观测资料获取时效由 4 个小时缩短至 2 小时以内。全国气象系统静止气象卫星中规模接收站 216 个，风云三号气象卫星资料接收站 31 个，"地球观测系统/中分辨率光谱成像仪"（EOS/MODIS）卫星接收应用站 21 个，省级风云四号气象卫星资料接收站 30 个；民航气象系统有卫星资料接收系统 247 套；农垦系统建成风云三号、风云四号遥感卫星接收系统各 1 套，气象极轨卫星云图接收系统 6 套，新型静止卫星云图接收系统 10 套。

2019 年，发布了最新版本的风云气象卫星数据共享与应用平台，包括"国省两级卫星数据共享服务""卫星天气应用平台（SWAP）"和"卫星监测分析与遥感应用系统（SMART）"，同时开发完成英文版和俄文版界面，保证汛期国际用户服务，为风云气象卫星国际用户防灾减灾机制的顺利实施提供支持。

2019 年，完成风云三号 03 批气象卫星工程地面应用系统初步设计编制，完成风云四号 02 批地面应用系统可行性研究报告编制，完成高分五号卫星气象应用在轨测试工作。有序开展风云五号卫星需求论证工作，初步形成风云五号观测体系。中国气象局会同国防科工局、中国航天科技集团启动了风云五号（简称"风五"）气象卫星需求论证工作。经过与用户、载荷方和平台总体的多次技术协调，针对"风五"卫星设计理念、用户需求、载荷和轨道配置、地面系统、遥感应用等核心问题展开了深入交流，初步确定了 3+X 的观测体系，即"晨昏星＋上午星＋下午星"组网运行的综合观测卫星和由降水测量卫星等组成的专业测量卫星，并辅以应急极端天气卫星星座等，形成全要素、高精度、高稳定性的新型低轨气象卫星体系。完成捕风一号卫星在轨测试工作。成功举办"新一代风云气象卫星科学算法创新大赛"。

空间天气观测方面,一是充分利用风云气象卫星平台搭载的空间天气仪器监测近地空间活动、太阳大气到地球大气的空间环境状态变化,如风云四号携带有先进的空间环境监测仪器组(ASEMS),既可以监测空间粒子又可以对空间磁场进行探测;二是以气象监测与灾害预警工程为基础,结合国内现有的地基气象观测站,在国家重大科技基础设施项目——东半球空间环境地基综合监测子午链(子午工程)的基础上,在关键地点建设一些太阳、电离层和高空大气观测台站,形成"三带六区"地基空间天气专业观测网布局。2019年,国家空间天气观测站达56个。

(5)移动气象应急观测

移动气象观测系统主要是为重大气象灾害事件、重大安全事件、重大公共活动等现场提供气象要素定点定时和定量的监测、实时跟踪区域天气状况和天气预报服务,并对突发性事件如森林火灾的监测响应等。这是进入21世纪气象技术发展最快的领域之一,到2019年底,我国已经建成的移动气象观测系统有2部L波段探空雷达、52部天气雷达、31部风廓线雷达,以及241部便携自动气象站和708部便携式自动土壤水分观测仪(图8.3)。

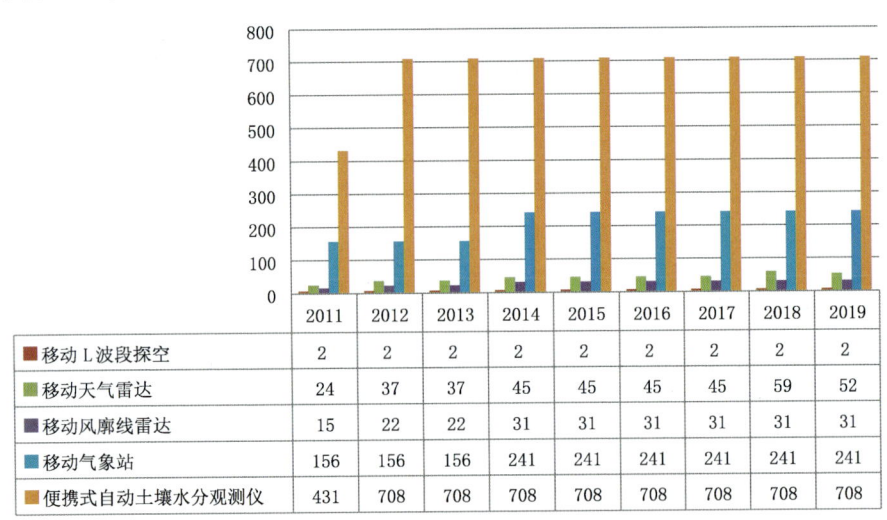

图 8.3 2011—2019 年移动观测设备数(单位:部)

3. 观测业务运行

2019年,观测业务在持续高水平运行的同时,信息化、综合化、集约化水平显著提升。观测和保障业务系统完成集约整合,平台融合了气象观测质量控制系统("天衡")、气象观测综合产品系统("天衍")、质量管理信息系统、装备一体化平台以及中国气象观测网等"4+1"软件系统,具备完善的身份认证管理、统一的后台标准和数据库支撑以及快速响应处理能力。观测业务平台推动构成了国家气象观测研究型业务布局,功能可覆盖气象观测业务全链条:每日对8大类观测数据实时自动质控200余万次，全天候实时监视近4万套设备运行的状态，实现温、压、湿、风、雨等基本要素站点、格点、三维无缝隙"一张网"，温湿压风实况分析和三维可视化产品空间分辨率达到全国3千米、局部地区0.5～1千米，时间分辨率15分钟，垂直层由21层提高到41层。WIGOS区域中心数据质量评估平台上线运行，实现（WMO）二区协35个国家（地区）地面、探空数据质量评估及异常跟踪。平台具备观测数据质量控制、装备运行保障、观测产品加工制作等综合能力，大幅提升业务集约化水平。观测业务平台的投入使用，推动国家级观测实时数据质量控制业务框架基本建立，实现了国家级观测业务链条形成"运行—评估—改进"的闭环，为观测研究型业务发展奠定了坚实基础。

2019年，地面观测自动化完成了全国业务试运行，完成了地面气象观测自动化试运行中期、总结评估。印发《地面气象观测自动化改革试运行应急观测管理办法》。组织相关单位持续加强自动化相关业务技术研发和软件支撑，实现了自动综合判识数据的全国实时业务应用。地面观测实现全面自动化后，使得观测频次提高4～8倍，传输频次提升至1分钟，传输时间提升至秒级，到报完整率99％，基层台站气象观测工作量平均降低30％。

2019年，风云二号、风云三号、风云四号气象卫星业务系统稳定运行，各项接收成功率满足指标。完善业务系统突发故障响应机制。提升气象卫星业务运行能力，保障全球观测服务。在轨业务运行三颗风云三号卫星，可以实现每日6次全球全天候多谱段的观测，为"一带一路"服务提供各种天气、生态环境、气候产品。风云气象卫星地面应用系统格局发生显著变化（图8.4），由原来的8个地面系统+1个应用系统，转变为11个地面系统+16个应用系统，大幅度增加应用系统占比，有效提升风云卫星地面应用水平。

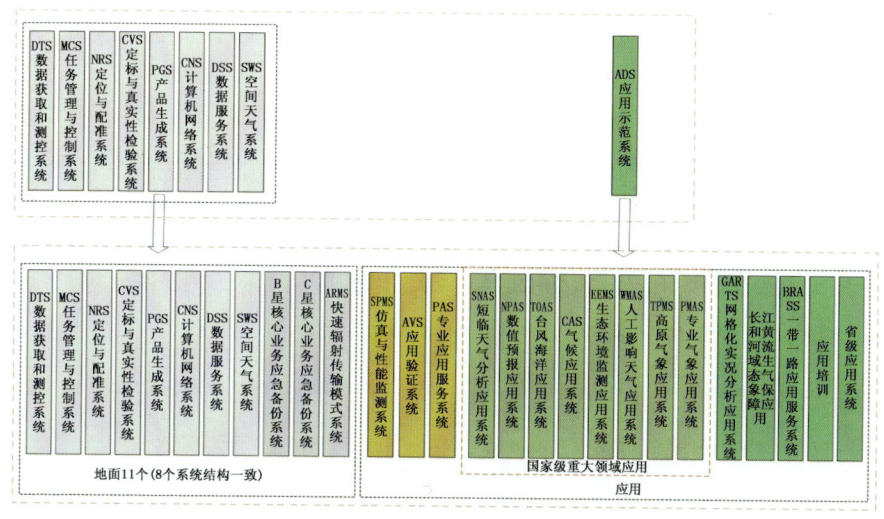

图8.4 风云气象卫星地面应用系统格局前后对比

全网观测装备高水平运行,2019 年新一代天气雷达业务可用性 99.21%、国家级自动气象站 99.98%、土壤水分 98.63%、探空系统继续保持 100%。实时监控业务稳定开展,发布观测快报、月报 363 期,监控短信 742 条 6.7 万人次,对全国各级台站和设备厂家提供技术支持 4500 余次。观测数据质量进一步改善,天气雷达基数据正确率 98.5%,较上年提升 1.2%;国家级自动站数据正确率 99.90%,提升 0.15%;风廓线雷达数据正确率 91.4%,提升 4.9%。大气成分业务能力全面提升,376 个站酸雨考核合格率 92.8%,在第 60 次、61 次 WMO/GAW 降水化学国际比对中优秀率分别为 94% 和 97%,处于国际领先水平。2019 年观测业务质量可用性统计情况详见图 8.5、图 8.6、图 8.7。

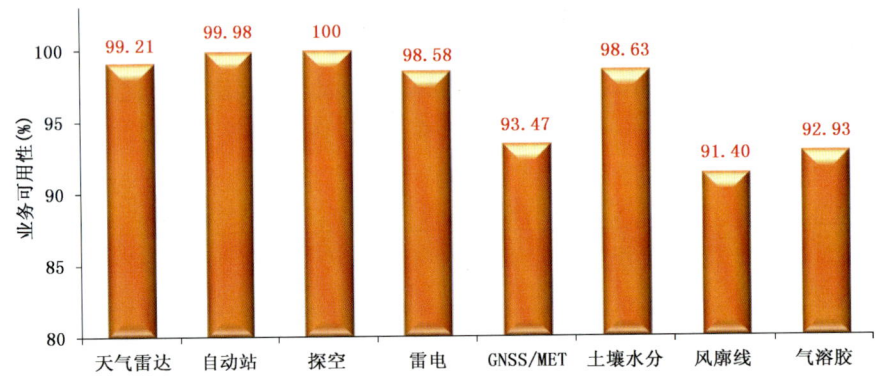

图 8.5　2019 年八大类观测业务可用性
(数据来源:中国气象局气象探测中心)

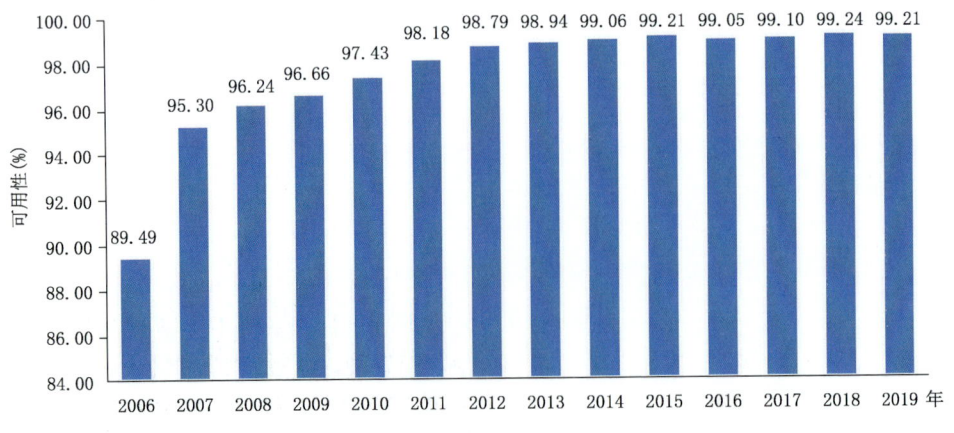

图 8.6　2006—2019 年天气雷达业务可用性
(数据来源:中国气象局气象探测中心)

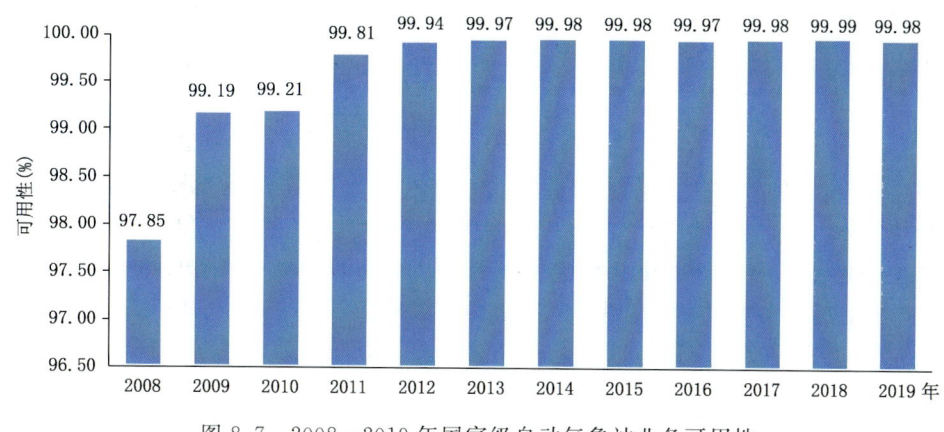

图 8.7　2008—2019 年国家级自动气象站业务可用性
（数据来源：中国气象局气象探测中心）

计量业务行业支撑能力稳步提升。2019 年全国各省级气象计量机构检定校准仪器 93221 台件。其中，国家气象站网 44600 件，计量保障率 97.29％。

2019 年，全国气象观测质量管理体系建设全面铺开。在前期试点基础上，推进了全国 29 个单位的体系建设，逐步建成全国气象观测质量管理体系，委托第三方机构对体系进行评估。共梳理标准制度 493 个，形成体系文件 3050 份。制度化观测业务流程 1109 个，实现了"程序管事，制度管人"。确定观测业务风险 809 项，制定预防和事前控制措施 1094 项，提升了业务运行稳定性。第一批 10 个省（区、市）气象局和中国气象局观测司以及试点单位通过现场审核，获得体系认证。体系信息系统实现试运行。2518 名内审员和外审员获得资格认证。推进在编标准、规范等的制修订进程，全年发布观测标准 22 项，立项行标 50 项，印发《气象观测质量管理体系业务运行规定》等规范制度 21 项。

4. 观测效益

2019 年，综合气象观测业务围绕服务保障国家发展战略，强化风云气象卫星国际应用，完善遥感应用业务体系，助力重大活动服务保障，观测综合应用服务水平显著提升。

（1）观测综合应用服务水平显著提升。2019 年，观测产品日益丰富，包括多源融合降水产品、天气识别产品、三维格点产品、航空气象服务、生态红线遥感应用等大量天地空综合实况产品进入业务，应用效益日益显著，全国遥感应用实现国家级、省级、行业、国际体系化发展。制订了卫星遥感应用会商业务规定，建立了国省两级会商机制，内容涵盖卫星遥感火情、高温和城市热岛、沙尘、蓝藻、台风、生态年报、遥感应用平台发布培训等多个专题；省级特色遥感应用得到完善，建立了全国首个统一城市热岛卫星遥感监测业务。围绕"山水林田湖草气土城"，通过山洪项目支持国家卫星气象中心及 16 个省级遥感中心建立和完善遥感应用核心业务，升级完善卫星监测分析与遥感应用系统（SMART2.0）并开展了试用。开发完成综合气象观测系统质量控制系统（天衡）和产品系统（天衍）并推广应用。

（2）遥感应用体系建设取得进展。根据《全国卫星遥感应用会商业务规定（试行）》，2019年国省两级遥感应用业务会商正式开展。会商内容涵盖卫星遥感火情、高温和城市热岛、沙尘、蓝藻、台风、生态年报、遥感应用平台发布培训等多个专题。启动全国城市热岛卫星遥感监测业务。高分卫星应用服务能力大幅提升。开展高分三号雷达卫星、欧洲哨兵1号雷达卫星资料对洪涝、滑坡泥石流等灾害监测技术方法和业务服务能力建设，在全国推广高分应用系统软件，为国家级和省级气象业务部门提供数据支持。联合内蒙古、辽宁、广西、山东和重庆5个应用示范区，利用卫星、常规气象观测等多源数据，针对生态保护红线区域开展生态环境动态遥感监测，生态功能评估指标研究和气象贡献分析，初步建立全国生态遥感评价指标体系。

（3）圆满完成汛期及重大活动保障气象观测任务。2019年，应急保障服务期间，共下达观测加密指令34次，174个国家地面气象观测站开展云量、云高加密观测10092次，高空加密观测39次，北京及周边地区8个天气雷达站开展24小时应急加密观测，启用高分四号、风云二号F星和风云四号A星开展加密观测模式913次。为地震、暴雨、台风等重大自然灾害和新中国成立70周年等重大活动保障提供了装备保障。

（二）气象预报预测业务

1. 天气预报业务

随着气象科学技术的不断发展，天气预报业务已由传统的预报业务发展为基于数值天气预报技术的现代天气预报业务。2019年，天气预报业务加强顶层设计，编制《实况业务建设方案》《实况产品质量评估规范（2019版）》《数值预报业务准入和版本升级管理办法》《区域模式检验评估业务规定》等，持续推进数值天气预报创新发展，各项预报和服务的业务应用向高质量发展。

（1）数值预报多项业务系统成功升级

2019年，完成了高精度可扩展区域/全球一体化大气模式动力框架初始版本研发，实现了第一个并行版本在中国气象局新一代高性能计算机PI上的并行可扩展性测试。GRAPES_GFS全球模式业务系统于6月完成新版升级，改进四维变分同化效果。GRAPES_GFS垂直分层由60层初步增至87层，高层大气预报偏差显著减小。其北半球可用预报时效达到7.5天。数值预报同化业务不断改进，实现4类风云气象卫星观测资料、192部雷达探测资料在GRAPES全球和区域业务模式中同化应用。

区域模式改进明显。2019年，GRAPES_3KM由原来的中国东部试验区扩大至全国，首次实现了覆盖全国范围的对流尺度数值预报，有效地提高对我国强对流天气预报特别是西部地区天气预报业务的支撑能力，对夏季强降水预报准确率明显超过ECMWF全球模式。GRAPES_TYM扩大模式区域，覆盖西北太平、北印度洋及亚洲大部分地区，模式分辨率由12千米提升为9千米，垂直层次由50层加密为68层，为更好地提供"一带一路"气象服务提供模式支撑。GRAPES 区域集合预报 15 千米分辨率升级到 10 千米分辨率。

区域高分辨率数值预报业务实现精细化客观评估。2019 年,华南、华东区域高分辨率数值预报系统实现业务运行,区域模式分辨率提升至 3 千米,实现逐 1～3 小时循环更新。风云四号 A 星/风云三号 D 星资料在全球和区域模式中开始同化试验和应用。成立区域高分辨率数值预报检验评估技术团队,制订区域模式独立检验评估实施方案和指标体系,初步建立区域模式降水过程精细化评估业务流程,通过评估推动区域数值预报模式业务发展。

(2)智能天气预报技术支撑能力不断加强

智能预报业务不断改进。2019 年,基于全网格滚动建模理论的"格点化模式输出统计快速更新系统 GMOSRRV1.0"实现业务试运行,实时提供温度、风、相对湿度等连续要素滚动订正产品。组织基于 GRAPES_GFS 的气象要素预报产品业务运行,实现指导产品换代。"基于 GRAPES_GFS 模式的精细化气象要素预报系统 V2.0"与"全球城市天气客观预报系统 V1.0"均已投入业务运行,直接支撑全国和全球城市预报业务。启动 SWAN3 设计开发。开展雷达基数据流传输在 SWAN 中应用,全国拼图时效缩至观测后 3 分钟内。升级智能网格预报处理系统,实现 24 小时内智能网格预报由逐 3 小时提升到逐小时。实现对国家级、省级网格预报的实时监视、到报统计和实时检验,实现异常数据的一键溯源。优化动态滚动预报流程和小时滚动更新预报,基于 APP 实现基于临近点实况的气温订正。

新技术方法应用步伐加快。人工智能等技术在温度、能见度预报订正中应用,开展基于机器学习的强降水短临预报研究,推进智能网格预报产品在灾害预警、风险预警和气象服务中应用。

实况业务能力稳步提升。推进卫星、雷达等探测资料在实况分析的应用,全国实况融合分析产品时效由 15 分钟提升至 12 分钟。全球海表温度、中国三维云量等分析产品通过业务准入,提供全国应用。中国第一代全球大气再分析数据集(1979—2018 年)通过准业务评审。

灾害天气预报技术支撑不断加强。2019 年,基于多中心全球及区域中尺度模式,构建多模式自适应集成降水客观预报技术。开展基于 AI 技术的天气分析预报技术研究,在雷达回波外推技术和台风强度分析、海雾智能判识等方面取得初步效果。初步建立未来 2 小时的山洪灾害短时临近预报产品;基于 logistic 和降水百分位的地质灾害预报模型投入业务应用。环境气象评估系统实现臭氧源解析,初步建立雾霾集合预报模型。

(3)各类预报准确率持续保持在较高水平

定量降水预报准确率进一步提升。主客观融合定量降水预报(Quantitative Precipitation Forecast,QPF)业务产品中,2019 年预报员小雨、中雨、大雨累加 24 小时站（格）点预报 TS 评分分别达到 0.59、0.399、0.293（图 8.8，图 8.9）。对比 2010 年以来 QPF 逐年预报评分，2019 年各量级降水预报准确率均保持在较高水平，较 2018 年有明显提升。对比欧洲中期天气预报中心（EC）模式、GRAPES 模式预报，预报员 24 小时、48 小时定量降水预报各量级预报准确率均较高（图 8.10，图 8.11），充分体现了预报员的模式订正能力。

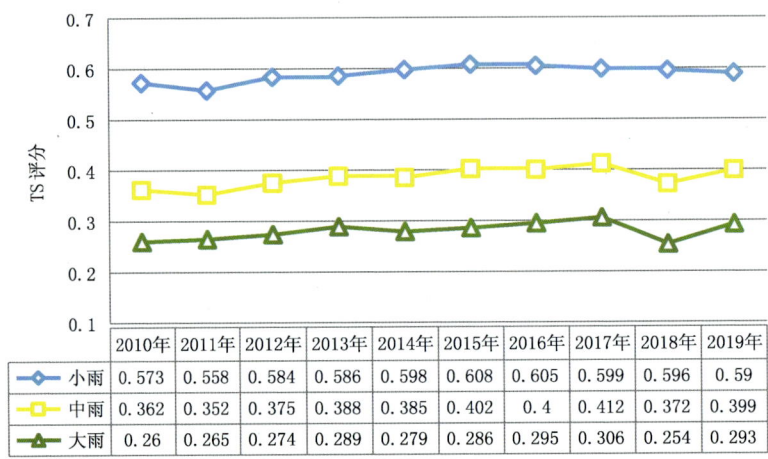

图 8.8　2010—2019 年中央气象台预报员主观 08 时次累加 24 小时定量降水预报 TS 评分对比
（数据来源：中国气象局预报与网络司）

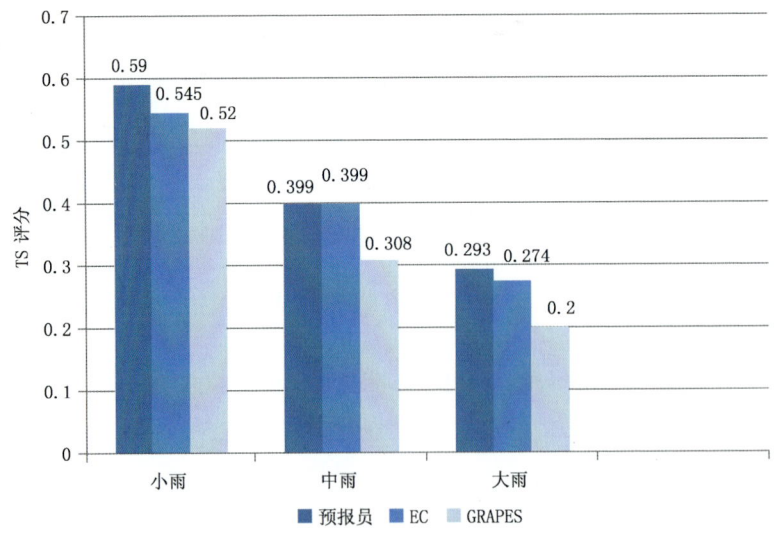

图 8.9　2019 年 08 时次 24 小时定量降水预报 TS 评分的中央气象台预报员和
EC、GRAPES 模式预报对比
（数据来源：中国气象局预报与网络司）

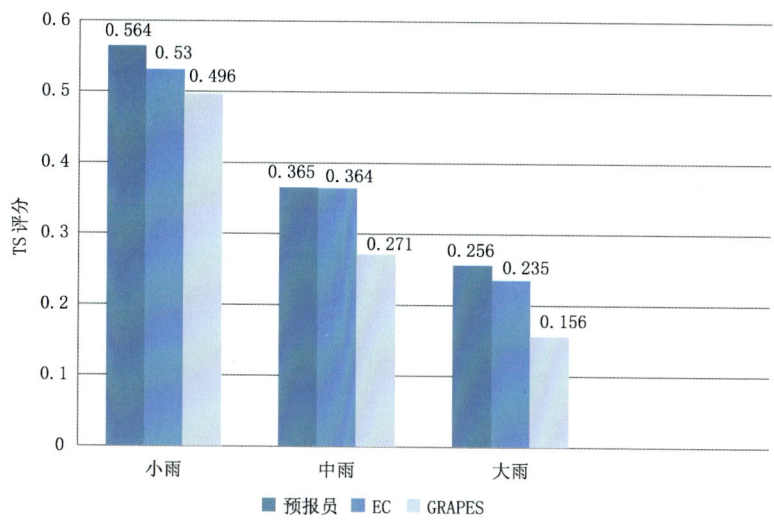

图 8.10　2019 年 08 时次 48 小时定量降水预报 TS 评分的中央气象台预报员和各模式预报对比
（数据来源：中国气象局预报与网络司）

台风长时效路径预报取得明显进步。2019 年，中央气象台台风路径 24 小时、48 小时、72 小时、96 小时和 120 小时预报时段预报误差分别为 75 千米、136 千米、208 千米、260 千米、340 千米（图 8.11），台风路径预报性能总体保持稳定。日本各时段台风路径预报误差分别为 81 千米、136 千米、200 千米、272 千米、385 千米，美国分别为 82 千米、142 千米、222 千米、298 千米、354 千米。2019 年我国西北太平洋和中国南海台风路径预报继续保持世界先进水平，除台风 48 小时路径预报误差和日本相当、台风 72 小时路径预报误差略高于日本以外，其他各时段路径预报误差均优于日本和美国（图 8.12），长时效路径预报准确率取得明显进步；24 小时强度预报误差 4.0 米/秒，连续 3 年台风 24 小时强度预报误差在 4.0 米/秒以下。

天气预报准确率水平保持稳定。2009—2019 年全国 24 小时晴雨、最高温度和最低温度预报准确率平均分别为 87.1％、76.8％和 81.1％。2019 年，全国 24 小时晴雨、最高温度和最低温度预报准确率分别为 87.9％、81.3％和 84.3％，分别较 2009—2019 年平均值提高 0.8％、4.5％、3.2％（(图 8.13，图 8.14，图 8.15）。2019 年各省（区、市）24 小时晴雨、最高温度和最低温度预报准确率，北京 24 小时晴雨预报准确率取得最好成绩，上海和福建分别取得 24 小时最高温度和最低温度预测准确率的最好成绩（图 8.16，图 8.17，图 8.18）。强对流预报准确率近年稳步提升，雷暴、短时强降水、风雹天气预报质量均优于过去三年，其中 12 小时雷暴和短时强降水预报 TS 评分分别达到 0.346 和 0.256。强对流天气预警时间提前量保持在 38 分钟，暴雨预警准确率提高到 89％。

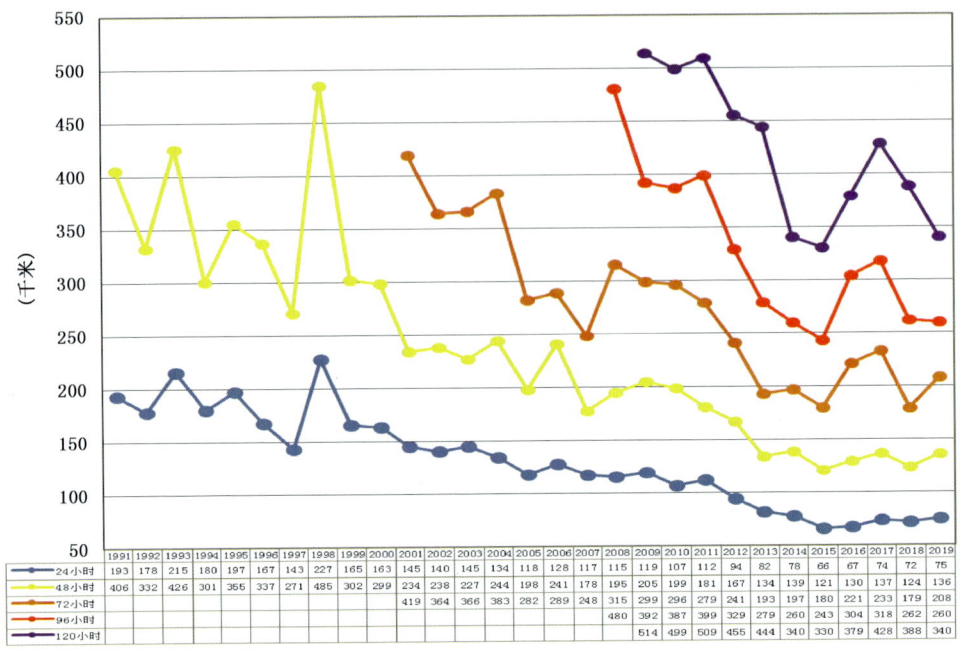

图 8.11 1991—2019 年中央气象台西北太平洋和中国南海台风路径各预报时段预报误差
（数据来源：中国气象局预报与网络司）

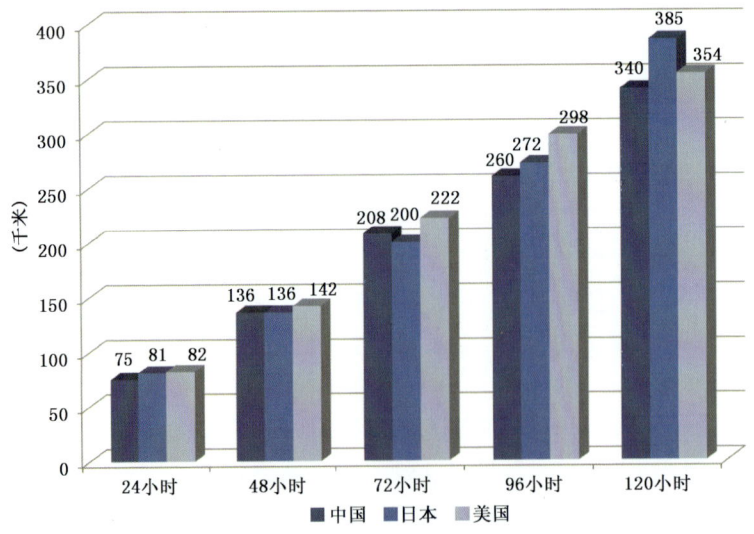

图 8.12 2019 年中国、美国、日本台风路径预报误差对比
（数据来源：中国气象局预报与网络司）

第八章　现代气象业务

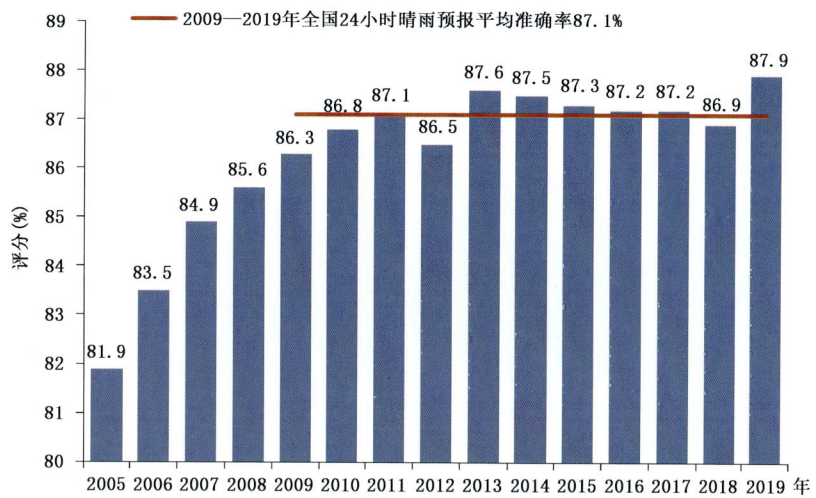

图 8.13　2005—2019 年全国 24 小时晴雨预报准确率评分（全国所有站点独立统计结果）
（数据来源：中国气象局预报与网络司）

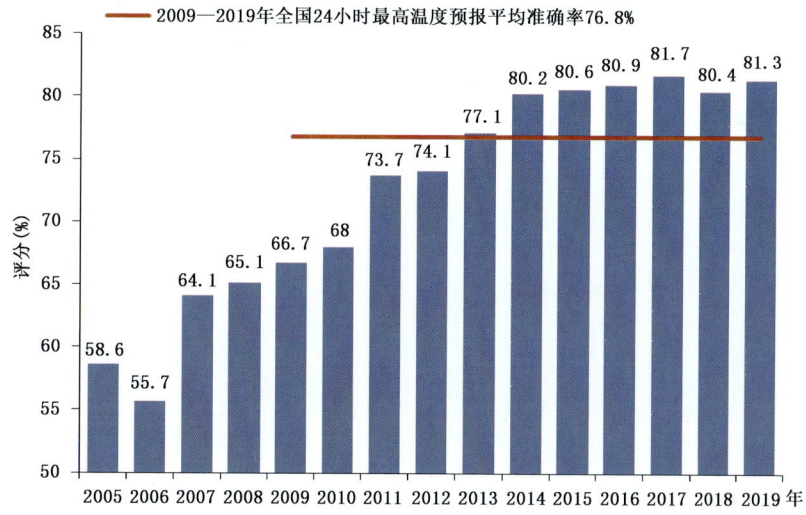

图 8.14　2005—2019 年全国 24 小时最高温度预报准确率评分（全国所有站点独立统计结果）
（数据来源：中国气象局预报与网络司）

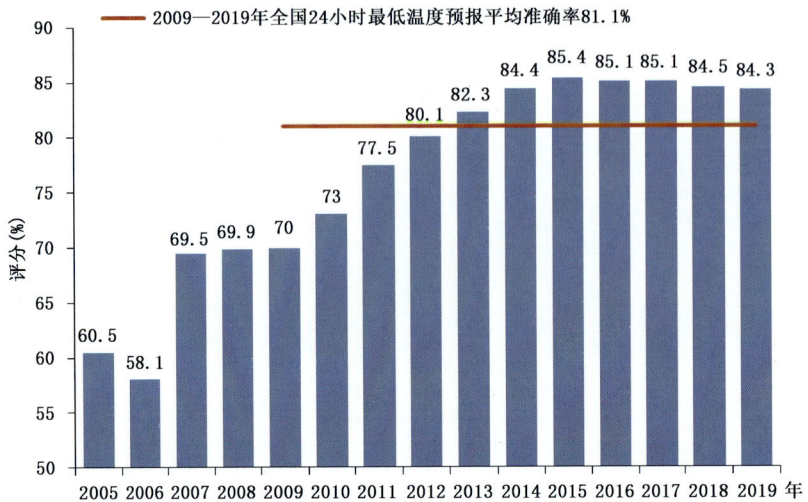

图 8.15　2005—2019 年全国 24 小时最低温度预报准确率评分（全国所有站点独立统计结果）
（数据来源：中国气象局预报与网络司）

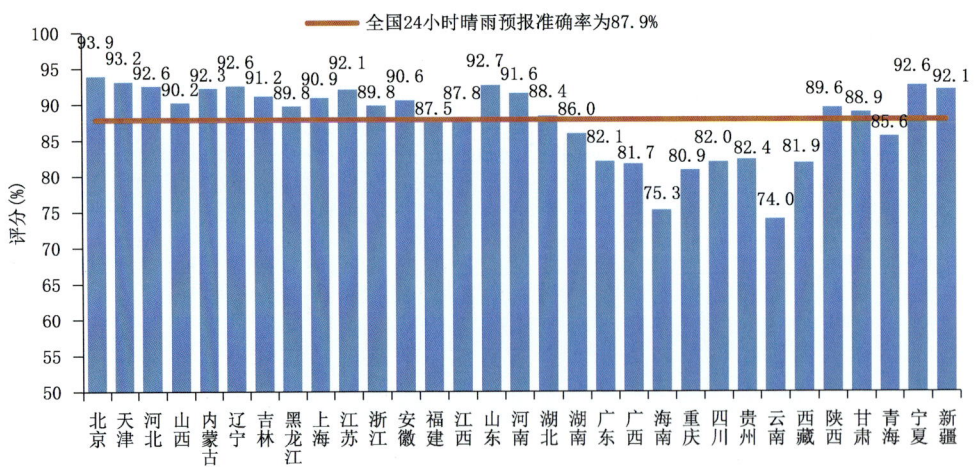

图 8.16　2019 年全国 24 小时晴雨预报准确率评分（全国所有站点独立统计结果）
（数据来源：中国气象局预报与网络司）

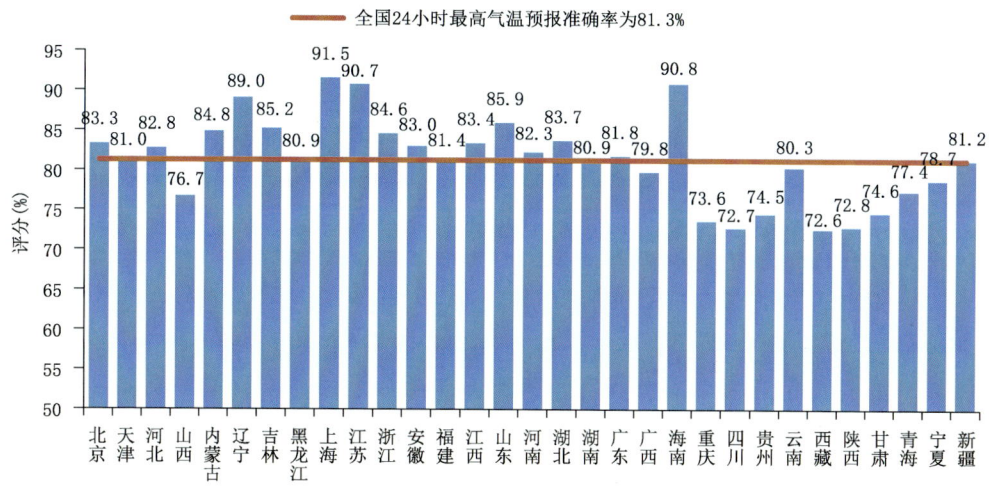

图 8.17　2019年全国24小时最高气温预报准确率评分（全国所有站点独立统计结果）
（数据来源：中国气象局预报与网络司）

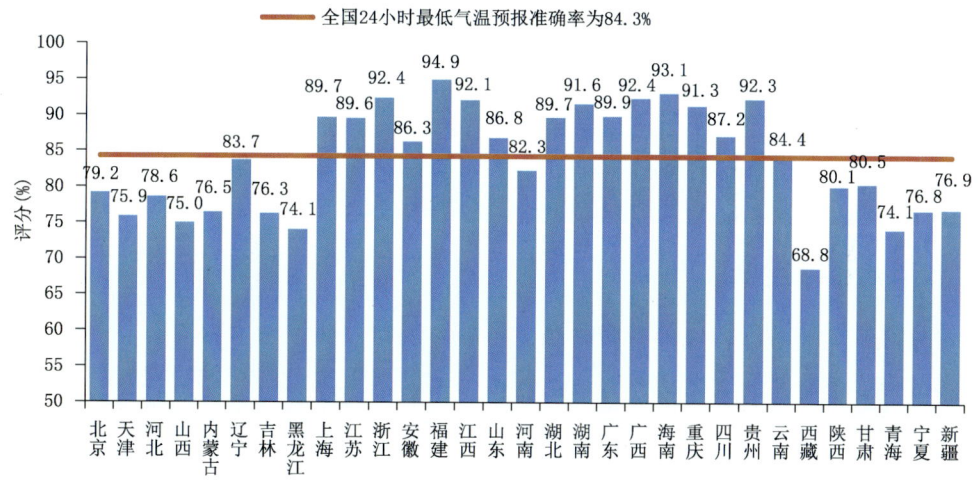

图 8.18　2019年全国24小时最低气温预报准确率评分（全国所有站点独立统计结果）
（数据来源：中国气象局预报与网络司）

（4）面向全流程的检验评估业务持续推进

2019年，持续加强对无缝隙精细化网格预报产品监控和评估总结。针对第一届全国智能预报技术大赛，设计了多指标的降水网格预报产品检验评估方案，开发了检验评估软件系统。初步完成面向全流程的检验评估程序库第一版开发，提供50多个模块文件和上百个函数功能。

2.气候预测业务

气候预测业务以全球气候系统监测和气候动力学诊断分析为基础,以气候模式、气候系统探测资料综合应用和气候信息处理分析系统为技术支撑,主要针对时间尺度从两周以上,到月、季节和年的预测业务。2019年,气候预测业务对接国家重大战略,坚持以提高气候预测准确率和气候服务质量为发展主线,全力推进气候业务现代化、积极拓展气候服务。

(1)气候预测水平稳定发展

2019年气候预测效果良好,汛期预测把握了"我国气候状况总体偏差,降水呈南多北少分布,极端天气气候事件偏多,旱涝灾害较重"的总趋势,准确预测了长江以南地区降水偏多的特征;也准确预测了南海夏季风爆发明显偏早、西南雨季开始偏晚、梅雨开始偏早、华北雨季开始偏晚等季节进程和主要气候事件。汛期降水、气温预测国家级发布评分分别达65.4分和89.4分,均较2018年略有下降。各省(区、市)气候预测总体有较高的正订正技巧,汛期降水、气温预测的全国平均评分达到70.8和91.2分。月降水和气温预测国家级发布评分平均分别为69.0和84.2,分别较2018年保持持平和提高3.8%,其中月降水预测评分位列历史第三水平,月气温预测评分位列历史第一。近9年全国月降水、月气温、汛期降水和汛期气温预测评分平均分别为67.2、79.8、70.2和85.2分,分别较2001—2010年平均提高3.7%、6.7%、2.3%和11.7%(图8.19—图8.22)。

图8.19　2001—2019年全国月降水距平百分率趋势预测评分
(数据来源:中国气象局预报与网络司)

第八章 现代气象业务

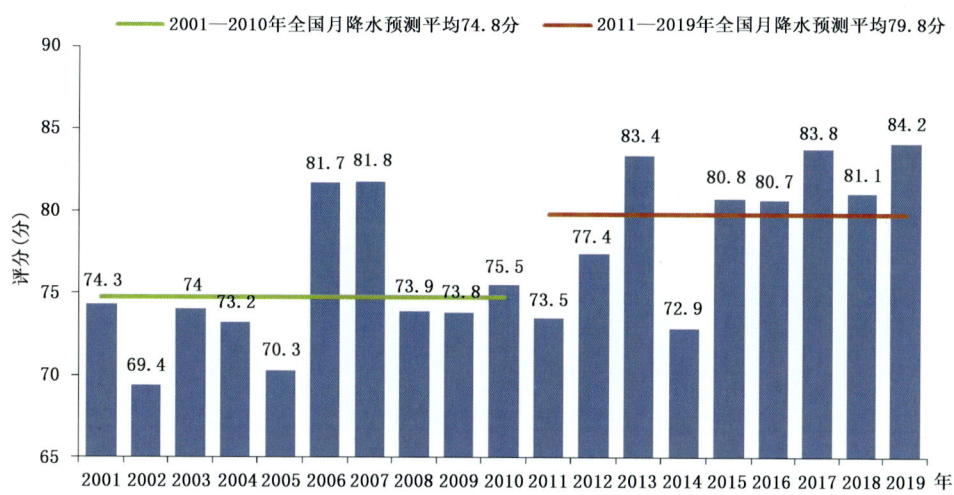

图 8.20 2001—2019 年全国月平均气温趋势预测评分
（数据来源：中国气象局预报与网络司）

图 8.21 2001—2019 年全国汛期（6—8 月）国家级降水距平百分率趋势预测评分
（数据来源：中国气象局预报与网络司）

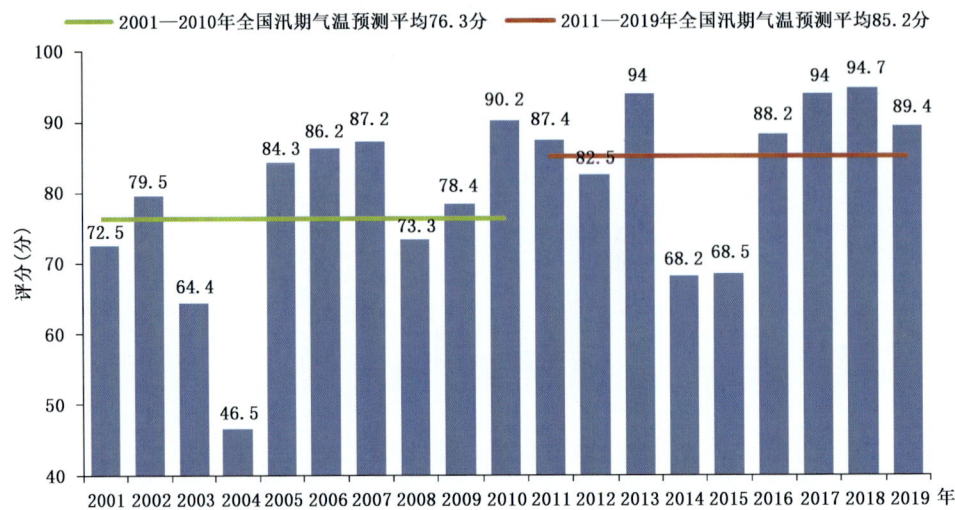

图 8.22　2001—2019 年国家级全国汛期（6—8 月）平均气温趋势预测评分
（数据来源：中国气象局预报与网络司）

（2）高分辨率气候系统模式定版并准业务运行

2019 年，高分辨率气候模式版本 BCC-CSM2-HR（大气模式 T266L56）完成定版，S2S 预测系统准业务运行。改进了大气模式参数化、土壤导水率和农作物物候等方案；海洋模式水平分辨率提高到 0.25 度；云和降水模拟性能显著提高，双热带辐合带问题得到有效解决；解决了高分辨率耦合同化后易出现运行不稳定的问题，建立了 S2S 实时预测系统，通过了准业务化评审，MJO 的可用预测技巧为 22 天，实时为 S2S 第二阶段的国际比较计划提供预测结果。同时，还建立了 BCC-CSM3-HR（T382L70）测试版本，对中层大气的温度和环流的垂直结构及其季节变化已具有一定的模拟能力。BCC-CSM2-HR、BCC-CSM3-HR 和第一代气候模式 BCC-CSM1.1 的性能参数对比见图 8.23。CWRF 高分辨率区域气候模式达到业务化运行条件，能够便捷高效地开展基于 CWRF 的气候预测。

（3）基于 CMME 的气候网格预测产品实现业务应用

2019 年，改进中国多模式集合预测系统 CMME1.0，新增模式成员和模式预测数据，集合样本数增加到 70~80 个，对全球气候现象和气候要素预测一定程度上有所提高（图 8.24）。组织开展智能气候预测系统建设和业务预测试验，推动产品和技术区域共享。利用机器学习回归解释应用方法，研发全球 100 千米网格月—季降水的实时预测新技术，进行历史回报检验和预测，为实时业务预测提供参考和依据。基于 BCC_CSM1.2 模式，研发了我国延伸期 50 千米网格的降水逐候实时预报产品。

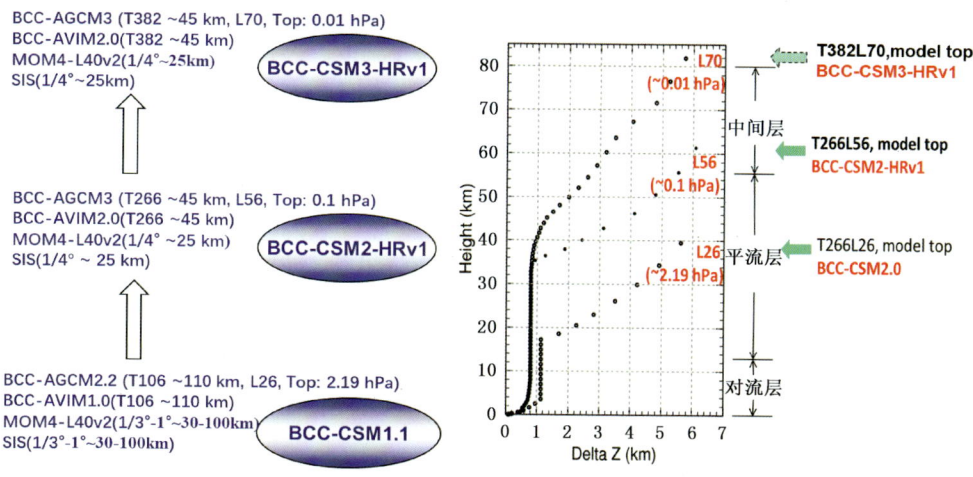

图 8.23　国家气候中心历代气候模式性能对比

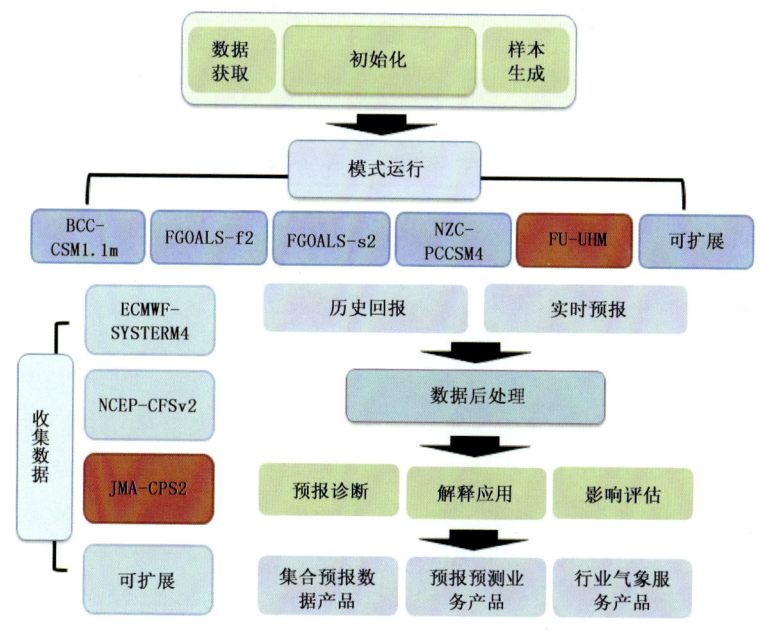

图 8.24　中国多模式集合预测系统(CMME1.0)流程图

(4)气候事件和气候灾害预测能力进一步增强

2019年,针对东亚季风雨季进程,研发了影响各类雨季开始早晚的关键大气环流系统的延伸期尺度预测产品,并形成了多个季风指数的监测预测一体化产品。完成 MJO 和 ENSO 对夏季高温日数、高温强度、强降水日数、强降水强度诊断产品。

研发了高温灾害区域确定性产品和概率预测产品以及暴雨灾害区域确定性预测产品，通过业务平台实时更新。基于FU-UHM模式和DERF2.0，建立了热带气旋动力预测系统(图8.25)，研发了台风活跃季节未来11~20天热带气旋生成频数、生成源地、强度和路径等业务预测产品。

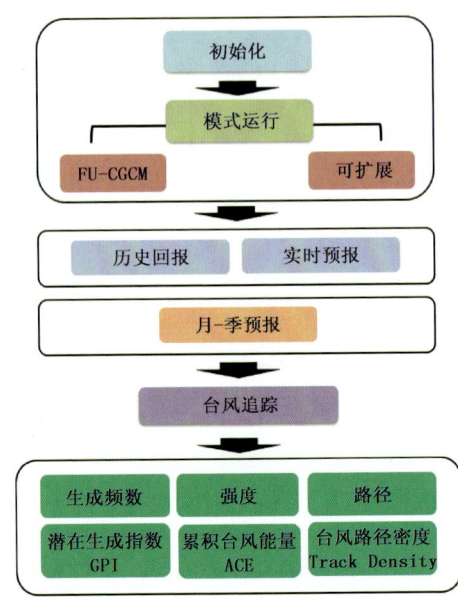

图8.25 热带气旋动力预测系统流程图

(5)气候预测检验基本实现全覆盖

2019年，加强了国内外模式预测产品的检验，开展了模式对站点和全球格点季节基本要素和ENSO、IOD、东亚夏季风等全球气候现象预报性能检验评估，完成DERF2.0、CFSv2和ECMWF模式多尺度实时预测检验及降水、高温、降温过程延伸期预测实时检验功能建设。建立沙尘、梅雨、华南前汛期、初霜冻等专项气候预测检验流程，建成历史和实时一体的检验评估业务系统，完善了检验评估业务。

(6)气象灾害风险管理系统实现准业务运行

2019年，气象灾害风险管理系统(图8.26)进行了全面的升级改造，集成了新的风险评估技术，完成了业务化验收。依托气象灾害风险大数据建设，实现了采集、入库、质控、备份到应用等的自动化运行和监控。实现气象灾害风险区划、风险普查、阈值、灾情等信息的空间综合叠加、综合分析显示、多维度信息查询、风险统计分析、产品加工制作，产品的丰富程度和系统的服务能力都有大幅提升。新增了暴雨过程及其影响预估、台风风险预估及长江、黄河、珠江和淮河流域水资源预评估功能，已具备制作和发布逐月滚动风险预估产品的能力。在2018年基础上，针对暴雨洪涝和台风等灾害改进了县域尺度风险区划产品。

图 8.26　气候灾害预测系统

（7）保障生态文明建设基础支撑能力提升明显

2019 年，完成延伸期尺度大气污染潜势气候预测系统的业务化评审，初步搭建了用于次季节尺度大气污染预报的大气化学模式系统，研发影响大气污染扩散条件的诊断产品及重点区域主要气象要素的延伸期预测产品，评估了未来京津冀地区大气环境容量变化趋势与大气重污染风险。卫星遥感气候应用业务平台投入业务应用，建立全国范围 1986 年以来 30 米分辨率 Landsat 卫星遥感数据集，实现全国和典型区域的植被、生态环境、重要水体等的实时动态监测。加强了风云气象卫星观测资料的气候应用，初步实现全球、中国及典型区域多时间尺度射出长波辐射、海冰、植被指数、积雪等监测，提高气候要素自主检测能力。完成了气候生产潜力模型构建，改进了迈阿密模型、桑斯维特模型以及综合模型。建立了光能利用效率模型，模拟了近 20 年 NPP 和 GPP 等生态要素。利用 BCC_CSM 开展 LAI、NPP 等生态要素的预估。

（8）气候业务系统智能化水平进一步提升

2019 年，持续改进和完善 CIPAS 业务系统，发布 2.3 版本。新增延伸期过程、MODES 客观网格、海洋气候、S2S 模式等 4 大类 18 小类约 120 项业务功能，并扩展了省级特色化监测预测功能模块。推进与气象大数据云平台融入试点工作，系统技术架构全面升级，全面改造系统界面，提升了用户体验，完成了数据环境优化、算法库系统升级和产品规范化标准化建设等工作。拓展了海洋气候监测数据源，建立了中国近海风、海浪、海雾、台风频数等数据集。

3. 气象服务业务[①]

气象服务业务是开发和生产气象服务产品的基础和支撑，主要包括决策气象服

---

① 考虑到各章内容的协调，面向交通、海洋、能源等其他行业的气象服务业务相关内容纳入了第四章。

务业务、公众气象服务业务和专业专项气象业务,涉及的范围十分广泛。其中涉及气象保障生命安全、生产生活和生态气象服务业务在前面有关章节中已有介绍,以下简要介绍一些具有规模和特色的气象服务业务。

(1) 公众气象业务

2019年,全国气象部门落实《智慧气象服务发展行动计划》,推进智慧气象服务业务能力不断提升。上海市、广东省气象局分别与东航、南航合作,基于订票行程为航线、航空公司会员提供个性化和主动推送气象服务。中国天气网开展用户画像、交互数据的收集,建立了基于用户画像、定制信息和应用场景的标签库。"天气管家"APP建设完成。初步制定《中国天气品牌规划》,持续提升"中国天气"品牌影响力。逐步建立气象服务成果转化和交易机制,推动气象部门与社会企业协同创新。

智慧气象支撑业务能力增长。2019年,智慧产品的精细化、精准化和丰富度持续提升,OCF预报时效从15天拓展至45天,空间站点扩展至52万,研发首套全国高空实况格点产品和雷电临近预报服务产品,基于机器学习将全国降水预报服务产品分辨率提升至1千米,基于风云四号卫星建立高时空分辨率太阳能监测、评估和短临预报服务产品,推进精细化站点服务产品检验和系统原型建设。核心系统支撑能力不断增强,圆满完成全国气象防灾减灾监控管理平台一期建设,打造智慧气象服务开放平台,建设全业务流程监控系统,完善气象信息决策支持系统,优化全媒体智造系统,持续赋能各类气象服务产品加工制造。

2019年,举办了第二届智慧气象服务创新大赛。搭建了全国气象服务创新平台,汇集了气象行业科技创新成果,涌现出基于深度融合的电网气象防灾精准服务技术、智慧气象服务助推超大城市精细化治理、智慧交通气象等优秀作品。智慧气象服务创新大赛受到社会各界的一致好评,逐渐成为气象领域创新的"品牌"。

(2) 农业气象业务

2019年,持续推进智慧农业气象服务业务能力建设,服务现代农业发展。全国已经形成了稳定的土壤水分监测、农业干旱综合监测、关键农时农事、农业气象周报、农业气象月报、农业气象专报、作物发育期监测等农业气象业务,其中作物发育期监测包括早稻、晚稻、一季稻、冬小麦、春小麦、春玉米、夏玉米、马铃薯、大豆、油菜、牧草、棉花、花生等,部分省区市气象部门根据地方农业特色产业经济发展增加了观测品种和观测项目。

2019年,印发实施《全国智慧农业气象能力建设2019年实施方案》,强化农业气象大数据以及业务支撑平台、"农业天气通"等服务平台建设及应用。在气象大数据平台中完成了农业气象观测自动化资料的存储管理和服务。国家级业务平台实现81项5千米分辨率格点农业气象基础产品业务运行,并实现茶叶等特色农业气象业务系统与国家级业务系统的对接。完善了农业天气通APP的定制功能,开发了全国农业天气通大数据监控系统。组织了春耕春播、夏收夏种、秋收秋种关键农时服务,报送产量预报报告。

有序推进特色农业气象中心建设,服务特色农产品优势区建设。2019年,气象与农业农村部门联合推进特色农业气象服务中心建设,启动了第二批特色中心创建工作。依托小型基建项目"特色农业气象服务能力建设",已建成的10个特色农业气象服务中心共完成农业气象标准24项、获得专利11项、软件著作权19项;初步建立了支撑区域尺度特色农业气象服务的数据库与产品共享平台、共享共用集约化的全国特色农业气象业务平台等,数据产品平台指标初步实现共享共用,累计研发服务产品近百项。

创新开展特色农业气象服务。2019年,"巫山脆李"等又一批农产品被授予"中国气候好产品"称号,促进农民增收和农业转型。加强贫困地区"趋利"气象服务,建设光伏扶贫业务平台,开展突泉等地优质农产品评估。推动中国兴农网转型发展,面向需求改版优化网站频道,完善内容建设,与为农气象服务品牌深度联动。

2019年,强化农业气象技术支撑,各地突出特色化发展,形成规模效益,鼓励各地自主申报"三农"服务专项经费数;分类制定深度贫困县与需求旺盛县的重点建设任务和绩效指标。强化农业气象服务标准化建设,修订印发《农业气象产量预报质量考核办法》,突出作物考核所占权重和特色作物产量预报。

(3)生态气象业务

2019年,稳步推进生态气象服务业务,完善了国省联动、区域联防的大气污染防治气象服务机制,组建了汾渭平原环境气象业务协调机制;建立气象条件对大气污染防治效果影响评估业务,进一步规范了生态气象评估业务,提供了生态气象评估分析报告,编制中国臭氧层消耗物质监测评估报告;环境气象预报水平能力不断提升,中短期时效达7～9天,国家级开展了月、季尺度环境气象预测业务,生态气象保障服务列入国家发改委和自然资源部相关规划及实施方案。初步建立国省级协同的生态气象监测评估业务。开展植被、草地、森林、水体、农田等生态系统的监测评估,空间分辨率提升至1千米,重点区域达到250米。中国生态学会成立了生态气象专业委员会,在大气科学基金编码中增设生态气象学科。加强了生态修复型人工影响天气服务业务,做好华北黄淮地区改善空气质量、常年西北地区生态系统修复和湖库增蓄等重点作业服务。

推进生态气象服务业务创新,2019年新授予51个地区"中国天然氧吧"称号,成功打造氧吧文化旅游节、穿越赛、旅游专列等衍生品牌,形成氧吧产业生态圈,效益评估显示氧吧创建地旅游收入普遍增长10%～35%。正式启动国家气象公园试点建设,黄山和重庆三峡的试点建设方案通过审查。联合中国旅游研究院举办避暑旅游产业峰会,向40家单位授牌;打造"中国避寒宜居地"品牌,完成3个试点地区的评估创建;开展气候康养旅游评估试点。各类服务品牌受到社会广泛关注,影响力和美誉度持续提升。

科技创新支撑生态气象服务。2019年,首次发布《中国天然氧吧绿皮书》,基于气象、旅游、舆情大数据破解氧吧深度开发的痛点和热点。面向美丽中国,编制《中国天然氧吧创建规划》。推进氧吧监测评价业务,建立气象公园评价指标体系,发布避暑旅游城市评价报告,确立避寒、康养、冰雪特色旅游的评价指标和标准。

(4)决策服务和重大活动保障业务

2019年,针对重点行业领域共完成服务产品2500余期。针对2019年火情频发的特点,累计制作火场气象服务专报170期,保障任务量达历年平均的5倍。推动行业气象服务业务融合发展新模式,气象与10余部委业务单位建立需求即时响应和联合研判机制,实现技术、产品与服务的三重融合,完成交管天气风险管控平台业务运行,首创全国疾病风险预报产品,发布基于位置的精准化健康气象服务,面向风电场提供短临、短期和季节预报服务,建设防(灭)火气象现场保障系统,推动铁路气象服务和海洋气象服务业务建设。

2019年,建立形成重大活动保障服务业务,组建专门服务团队,加强联动、精准服务,圆满完成新中国成立70周年庆祝活动、青运会、少数民族运动会等重大活动气象保障服务工作。以冬奥会服务促进技术支撑能力全面提升,对接服务需求,开展了现场保障、智慧观赛、应急救援等气象服务技术研发。

(三)气象信息网络和资料业务

1. 气象信息系统和数据资源整合

统筹气象信息化业务集约化发展。2019年,通过落实《气象信息化发展规划(2018—2022年)》,推进气象信息化系统工程立项。统筹山洪、雷达、海洋、保障工程建设任务与经费,做好项目任务衔接,持续提升基础信息设施保障能力。落实《气象信息系统集约化管理办法》,编制《气象信息系统集约化评估标准》,并完成国家级项目可研报告集约化评估,进一步提高部门信息系统集约化水平。

系统平台和信息化工作再上新台阶。2019年,编制完成《国家气象中心信息化建设方案(2019—2025年)》。建成"云+端"会商云平台,实现会商室基础环境升级。完成MICAPS4基础版及各个专业版本云桌面迁移,发布MICAPS4.6版本。MESIS2.0出图系统分布式改造完成。完成历史数据库结构设计,实现数据收集整理和自动更新。完成国家气象中心外网新版开发。发布决策服务移动终端V1.1版本。"一网、两池、四平台、多应用"的信息化整体架构初具规模,集约化综合业务平台、公众气象服务云平台、综合业务实时监控平台、气象灾害防御决策指挥平台持续优化。基础设施资源池完成扩容,基础设施资源池包含476核CPU,2.432TB的内存,32TB的SAN存储。

信息化基础支撑能力显著增强。制定气象信息化发展水平评估指标,组织全国开展了气象信息化水平评估。制订《气象信息系统集约化评估标准》,组织完成集约化评估。完成国产高性能计算机系统业务验收,印发资源分配方案,组织完成业务数值模式从原进口计算机向国产计算机移植。组织建立基于气象通信2.0系统的国家—省级数据传输主通道,支持实况、智能网格等业务国省级数据实时协同传输。国家级大数据云平台实现业务试运行,自动气象站、雷达等关键数据处理时效较CIMISS显著提升,开展省级大数据云平台建设。北京等8个省级开展集约化业务流程建设试点,推进核心业务系统融入大数据云平台。"天镜"系统实现16个业务系统监视,完成"天镜"综合业务监控系统省级推广应用,初步建立国省级一致的"全业务、全流程、全要素"实时业务综合监控系统。

气象数据资源管理工作取得新进展。2019年,统筹谋划以大数据为中心的业务技术体制改革。强化以大数据为中心重建气象业务技术体制,重塑业务布局分工和流程,统筹谋划研究型业务、信息化和气象大数据中心建设。编制《国家气象大数据中心建设思路》,统一数据管理,理顺数据产品加工业务,统一建设气象大数据云平台,统一国省级数据环境。完成气象大数据云平台基本功能设计开发,联合全国技术力量,推进大数据云平台应用软件设计开发,完成传输流程优化、数据存储管理、加工处理等基本功能软件开发。系统性能大幅改进,自动气象站观测数据入库处理由2分钟缩短至9秒,雷达基数据更新由6分钟缩短至45秒,全球40年的地面及高空观测资料在线存储。推进核心业务系统云化改造,实现区域模式检验、交通风险管控、CIPAS海洋等业务无缝对接,完成内蒙古、山东等试点部署,开展测试运行。

数据创新应用取得新突破。构建以数据为主线的集约化业务流,2019年初步建立以数据为主线的预报服务一体化业务流程,逐步提升数据共享共用和智能化应用水平。进一步加强智能网格预报产品在灾害天气预警、气象灾害风险预警和气象服务中的应用。持续拓展数据渠道,新增互联网收集全球台风、我国台湾900余站等30种资料。新增南海观测敏感数据实时传输业务,有效填补业务空白。探索社会化数据准入机制,制定《社会气象观测数据收集技术规范》,基于公有云构建收集平台,实时获取北京世园会百余台社会化便携观测设备观测数据,为决策服务提供数据支撑。全面盘点气象大数据资产,编制《全球气象大数据资源目录》。开展数据产权标识试验,初步实现气象数据资源唯一标识的在线注册、审批认证。编制《珍贵气象档案管理办法(试行)》,开展国家级珍贵气象档案拯救保护,完成首批44件珍贵档案分级鉴定。构建数据质量评估评价系统,实时评估全球地面、海洋、高空、飞机、卫星共16项观测要素的数据质量,全面提升全球数据质量判识、诊断和评估能力。

气象大数据中心建设与运营加快推进。2019年,升级中国天气智慧气象服务云平台,首次引入数据授权;建设聚焦自然灾害信息传播的"中国天气"融媒体平台并在5个地区应用;"生日天气查询"作为新中国成立70周年大型成就展唯一互动产品,三次亮相《新闻联播》。全国省级气象大数据中心启动建设,启动了气象大数据采集、管理和应用支撑系统建设,完成了系统设计及功能开发并进行业务测试。完成省级预警中心配套楼宇智能化工程,开发楼宇三维信息发布、移动综合管理等系统,推进数字档案馆建设,建设新一代数据中心机房。

2. 气象信息网络基础设施建设

开展业务同城备份能力建设。2019年,基于互联网、广域网第二路由光纤,实现双路由电信接入,完成国家气象中心等10余单位双上联技术改造。

基础资源支撑高效。精细管理1040台虚拟机支撑12家国家级单位434个应用系统,集约比达到1∶15。统筹资源新建国家级22 PB大容量业务科研存储及30 PB带库,通过大数据云平台提供业务应用。

基础网络大幅度升速。提高气象宽带网络带宽及数据传输性能,国家级带宽由800 Mbps升至5 Gbps,区域中心和省级带宽分别升至800 Mbps和400 Mbps,互联网出口总带宽升至8.5 Gbps,极大改善交互应用和用户上网体验。

模式计算支撑能力提升。优化作业调度策略,实施资源精细化管理,"派一曙光"高性能计算机业务和科研子系统CPU平均使用率分别提升至59%和82%以上。建立GRAPES_GFS、GRAPES_MESO等模式研发协同平台。开展GPU编程和国产海光芯片的模式代码移植与应用适配性测试。

气象信息化标准体系建设逐步完善。实施了《2019年气象信息标准化工作计划》,推进数据资源类标准制订修订工作,全年标准立项16项。实现标准格式地面、高空、辐射、酸雨数据投入业务应用,推进标准格式天气雷达基数据业务应用。区域站地面等数据标准格式开展扩大试点试运行。以规范数据资源、信息技术平台为重点,完善技术标准体系。加快推进标准编制,《气象数据元总则》等17项行业标准通过评审,《大气成分反应性气体BUFR格式》等19项标准完成编制。2019年标准完备率由上年的29%提升至37%。推进了观测数据格式标准化实施应用,国家级台站地面、辐射和酸雨等数据按照新标准单轨运行,高空、天气雷达基数据标准格式单轨运行准备就绪,部分站点已试用农业观测数据标准格式。面向预报预测业务与服务需求,按照国家标准制作发布全球9个区域静态地图及全球5大区域制图数据。

3. 气象资料业务和服务

气象数据资源整合和共享应用能力提升。2019年,整合CIMISS资料和10大类、56种核心历史数据,存至气象大数据云平台。完成了29个省级风云气象卫星直收数据接入省级数据环境,并向全部省级用户服务。组织完成了国省级8大类19种汇交资源的整理与编目,完成新增台站历史沿革等5类数据汇交和共享,数据量约40 TB。中国气象局与应急管理部、生态环境部、自然资源部实现了数据交换。修订《风云气象卫星数据管理办法(试行)》《气象数据管理规定》,推进气象数据共享效益评估。

2019年,风云气象卫星遥感数据用户覆盖近100个行业,年度卫星数据存档量3.2 PB,总存档数据量已达15 PB,向农业、林业、水利、环境和公共设施管理等12个行业分发数据776.6 TB。风云气象卫星数据已实现与全球多个国家和地区共享,在台风、暴雨、沙尘暴、森林草原火灾等监测中发挥重要作用。数据显示,2019年,通过风云气象卫星遥感数据服务网、FTP、卫星数据资源池、人工数据服务等方式(图8.27),已为来自近100个行业的8万多用户提供数据5.4 PB(图8.28)。其中数据服务网访问量超过17万人次,年处理订单超过6.5万个(图8.29,图8.30);FTP全年下载量402 TB,其中外网下载量较上年增加60%;在全国省级气象部门建立风云极轨、静止气象卫星数据直收站,显著增强了省级气象部门卫星数据获取能力和时效性。

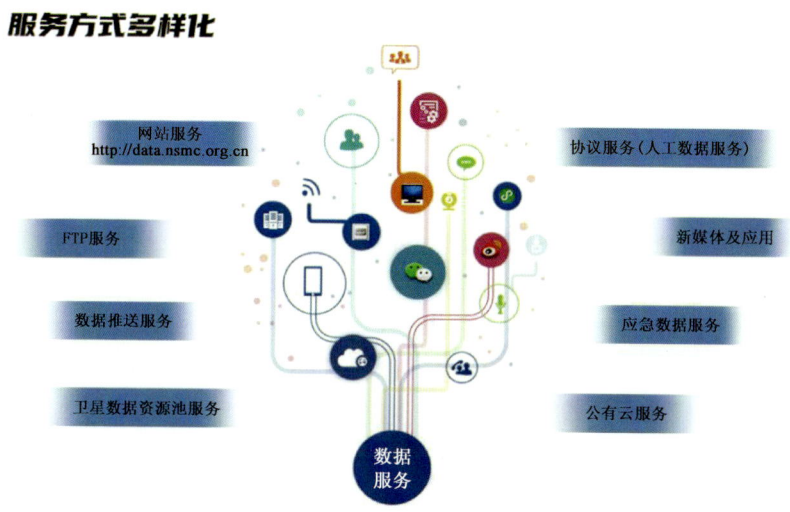

图8.27 气象卫星数据服务方式

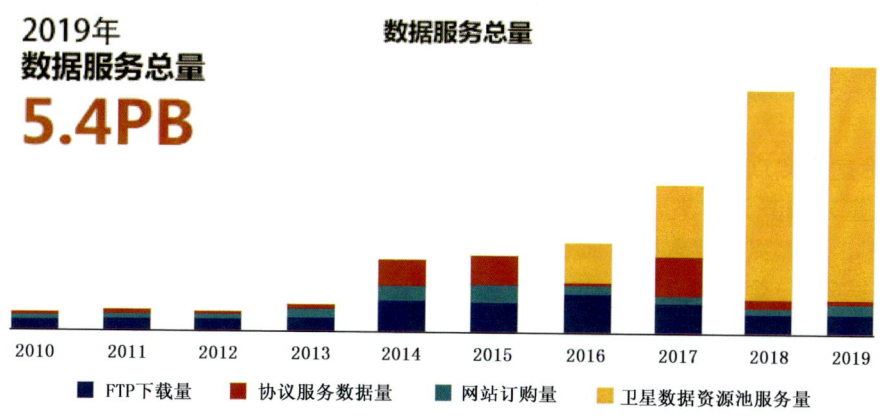

图8.28 风云气象卫星数据年服务总量(2010—2019年)

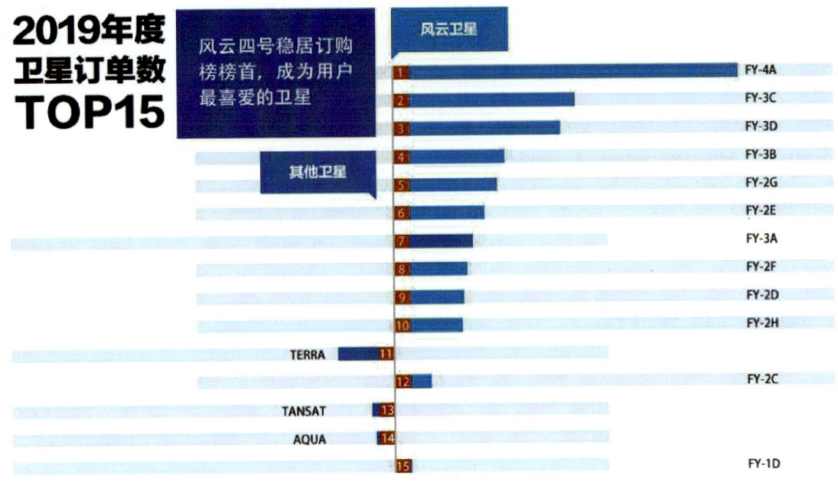

图8.29 2019年风云卫星数据服务订单数

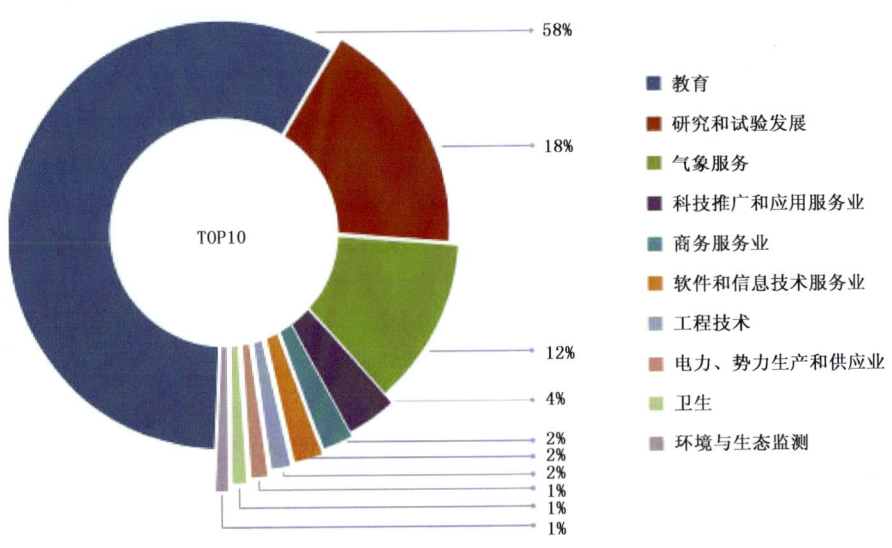

图8.30 风云气象卫星数据用户累计行业分布

建成国省两级卫星数据资源池,卫星气象数据用户分布更为广泛,支持国家级、省部级和气象部门省气象局级科技项目421个,利用风云气象卫星观测数据在正式刊物发表论文159篇。同时拓展了新媒体等服务方式,为用户提供监测、服务等更新视角、更多维度的数据服务。通过风云气象卫星数据及应用服务调查获知,用户对数据服务总体满意度为89%,在平台使用、服务流程、服务响应、服务内容、服务主动性和服务宣传等方面较上年均有所提高。

推进国家气象科学数据中心（中国气象数据网）建设，推动气象数据共享。到2019年，中国气象数据网共享数据量超过600 TB，累计访问量超过4亿人次，共享数据支持了"973"、国家科技支撑计划、"863"、自然科学基金等重点科研项目，成为用户应用发表相关文章、论著及发布国家标准和行业标准的重要数据来源。2019年中国气象数据网新增用户5.36万个。企业实名注册用户数达1134个，其中京津冀地区278个，长三角地区215个，广东省138个；涉及行业主要为专业技术服务、软件、公共管理等。

信息咨询服务能力稳步提升。2019年，完成图书馆网站全面升，编辑出版《气象科技进展》7期、《科技信息快递》16期、《气候变化动态》43期、《马德里回声》8期。有效组织开展气象科技史研究并发挥其对人才培养、文化传承、以史资政、支撑教学的功能与作用，承担相关研究项目10项。

气象政务管理信息化水平明显提高。2019年，依托国家级基础设施资源和气象大数据云平台——"天擎"，全力推进气象政务管理数据中心建设，在政务数据梳理分析、政务数据管理机制建设、数据中心规划设计和功能建设、政务数据管理应用示范、政务数据相关标准规范体系建设等方面做了基础性工作。新版气象管理信息系统"气政通"全国正式上线。建成中国气象局一体化在线政务服务平台，与5省份地方政务平台实现对接。电子政务内网完成验收，实现业务化。推动"中国气象"强国号和"每日天气"专栏于7月底在"学习强国"平台上线，开设气象科普答题、慕课等栏目，适时推送气象政务、业务、卫星、人工影响天气等信息，提升气象工作显示度。建立反映全国气象宣传工作情况的新平台、跟踪气象热点的渠道，联合人民网舆情数据中心，制作月度《气象系统政务服务双微影响力排行榜》，促进气象新媒体发展；组织开展全国气象部门网络评论工作。完成"气象后勤"APP一期建设并正式上线运行，同时启动了项目二期建设；开展网络安全检查和应急演练，全年未发生网络安全事故；顺利完成新版政务管理平台、信息门户、公文管理和安全邮件的全面切换。提高后勤保障信息化服务和能源管理信息化水平，确保能源供给安全。研究提出了"全国气象部门离退休干部管理信息系统"建设方案。

气象档案业务信息化建设深入推进。2019年，组织编制了气象档案标准规范技术手册，完成历史纸质气象记录档案数字化技术文件汇编。组织编制《数字气象档案馆建设方案》和《气象档案元数据》等4个行标规范，完成档案系统研发和业务化试点。印发《珍贵气象档案管理办法》，组织制订《珍贵气象档案分级鉴定办法》和珍贵档案管理与保护技术规范，编制第一批珍贵气象档案名录。

计财业务信息化成果应用有序推进。2019年，全面实施信息化条件下的政府会计制度，构建了符合新会计制度要求的气象部门核算体系，确保了政府会计制度在气象部门3000多个单位落地。加强财务支出审批事前控制，完善系统财务报销审批功能,实现中国气象局直属各单位会计财务审核前置,有效降低财务风险。打造计财"辅助决策支撑平台",建立可自动抓取数据,实时智能出具预算执行情况督报和专题分析报告的预算执行分析系统;推进数据分析应用产品研发,形成资产月报、预算收入表等多种报表产品;发挥系统数据资源效益,以需求为导向,向管理部门和服务单位提供津补贴、财务收支、项目执行等分析报告60余份。计财业务系统被评为"数豆中国·2019年度财务创新团队奖"。利用现代信息技术,进一步完善计财业务系统功能,加大计财业务系统在全国气象部门业务化应用推广力度。推进"智慧财务"建设,以财务数据为抓手,强化分析职能,打造计财"辅助决策支撑平台",为各级气象部门计财管理科学决策提供数据支撑。

(四)全球气象业务

发展全球气象业务是在习近平总书记构建人类命运共同体思想和共建"一带一路"倡议的指引下,气象部门更好服务国家重大战略的必然要求。近年来,我国气象部门坚持目标导向和需求为导向,进一步推动了全球业务体系建设。2017年,中国气象局被世界气象组织正式认定为世界气象中心(WMC),标志着我国气象现代化的整体水平迈入世界先进行列。目前,我国承担了世界气象组织的20多个区域/专业中心任务,成为全球气象服务和区域服务的重要依托平台。

1. 全球气象观测

地球系统多圈层观测不断拓展,观测站网立体布局不断深化。2019年,设计完成了飞机飞艇和空间天气观测布局、海洋二期工程气象观测布局,启动第三极区域冰冻圈气象观测站网布局规划设计,制定了全球地面、高空、海表、AMDAR等气象观测资料质控方案。稳步推进南海相关岛礁和石油平台自动气象站建设,利用石油平台、远洋船舶、浮标和海岛观测站等设施在海上开展了自动气象观测,联合中远集团、中海集团开展了海上船舶气象观测资料的收集传输和处理试验工作。2019年,气象部门与中海油等相关领域合作,在南海和东海新建25个并更新18个石油平台自动气象站。同时,依托海洋气象综合保障工程,更新了213个海洋气象观测站,包括95套海岛和8套岛礁自动气象站。与中国海洋石油集团有限公司、中国远洋海运集团等单位合作,建设海上石油平台自动气象观测站,接入远洋船舶自动气象站数据,有效补充了我国海洋气象观测和资料收集。

卫星气象观测能力显著增强。2019年,在轨业务运行3颗风云三号卫星,可以实现每日6次全球全天候多谱段的观测,为"一带一路"服务提供各种天气、生态环境、气候产品。风云四号A星可对亚太地区实现15分钟一次的全圆盘和5分钟区域观测。风云二号H星定点东经79度,可有效覆盖"一带一路"沿线国家和地区,成为名副其实的"一带一路"服务星。全球观测资料获取时效由4个小时缩短至2小时以内。2019年,发布最新版本的风云气象卫星数据共享与应用平台,制作发布35期"一带一路"遥感应用专报,为多国提供了台风、森林火灾、沙尘暴等遥感监测服务。

2019年,风云气象卫星国际用户数据资源池已建成,为吉尔吉斯斯坦、莫桑比克、新西兰、葡萄牙等27个风云气象卫星国际用户防灾减灾应急保障机制注册用户开通账号57个。同时,还有来自英国、法国、日本、印度、新加坡和美国等15个国家的29个用户,主动注册了风云气象卫星国际用户数据资源池(风云四号)账号。风云气象卫星国际用户数据资源池共发布了76类卫星数据产品。建立国际用户的视频会商机制,与世界气象组织、欧洲气象卫星应用组织(EUMETSAT)、亚太空间合作组织(APSCO)等国际组织紧密合作,共同助推风云气象卫星的国际服务。

全球气象观测产品服务效果不断扩大。2019年,初步建立了涵盖全球大气、陆地、海洋和空间天气四大类基础卫星遥感产品体系的风云卫星全球观测业务格局,实现全球和区域范围内的极端天气、气候和环境事件及时高效观测,实现典型气象灾害卫星监测评估服务常态化发布。实现了79个全球气象数据中心的地面、高空、海洋、卫星遥感、数值模式5大类近50种数据资源信息和18293个国外台站信息的动态感知、实时收集、更新维护和共享使用。实现了印度洋、大西洋等全球台风、热带气旋常规监测。基于气象大数据云平台,实现全球数据资源元数据收集共享。扩充全球台风资料,增加了报文种类。丰富全球区域一体化实况分析产品种类,新增全球和中国三维大气、降水、洋面风等实况产品。WIGOS区域中心数据质量评估平台上线运行,实现二区协35个国家(地区)地面、探空数据质量评估及异常跟踪。平台具备观测数据质量控制、装备运行保障、观测产品加工制作等综合能力,大幅提升业务集约化水平。发挥亚洲区域仪器中心作用,开展二区协及周边国家气象仪器标准比对、气象仪器标校培训、计量校准服务。

2. 全球气象预报

在气象预报预测方面,2019年基本建立了具有完全自主知识产权的全球和区域数值预报模式系统(GRAPES),并以此为基础构建了台风、海洋、环境气象等专业预报模式系统;全球常规观测资料和微波辐射率、红外高光谱等卫星资料同化应用取得新进展,实现船舶、浮标和卫星反演海表温度的融合,可实时发布全球表面气温和海表温度产品。

2019年,初步建成全球客观天气预报系统,实时制作生成全球0~10天逐3小时10千米分辨率气温等8种要素的智能网格预报产品,以及11621城市3小时间隔精细天气预报。实现了全球245个重要城市天气预报业务试运行,可为"一带一路"沿线137个国家(地区)的重点城市预报进行订正并对外发布业务预报产品。通过世界气象中心(北京)网站发布印度洋热带气旋等极端天气监测信息,发布"一带一路"137个重要城市预报及全球灾害天气监测预报。

不断推进GRAPES全球模式改进。2019年,模式垂直层次初步增至87层,高层大气预报偏差显著减小。其北半球可用预报时效达到7.5天。区域模式改进明显。区域集合预报分辨率提升至10千米,台风数值预报范围扩展至北印度洋。

GRAPES台风预报模式范围扩充至西北太平洋、北印度洋及亚洲大部地区,水平分辨率由12千米提升至9千米,垂直层次由50层加密为68层,为更好地提供"一带一路"气象服务提供模式支撑。

推进数值预报同化业务改进。2019年,实现4类风云气象卫星观测资料、192部雷达探测资料在GRAPES全球和区域业务模式中同化应用。组织开展全球探空资料梳理,同化可用探空资料显著增加。区域高分辨率模式检验评估系统投入业务运行,实现4个区域模式和3个全球模式的精细化客观评估。组织建立基于GRAPES模式的区域数值预报业务流程。组织完成次季节—季节—年际一体化模式预测系统业务试运行,参加WMO的S2S模式比较计划第二阶段任务。推进全球高分辨率海洋和环流模式升级研发,全球水平分辨率提高至25千米网格,垂直分辨率提高到50层。推进CWRF区域气候模式业务化系统建设,完成30千米分辨率汛期气候趋势预测。

2019年,针对东亚季风雨季进程,研发了影响各类雨季开始早晚的关键大气环流系统的延伸期尺度预测产品,并形成了多个季风指数的监测预测一体化产品。完成MJO和ENSO对夏季高温日数、高温强度、强降水日数、强降水强度诊断产品。高分辨率气候模式版本BCC-CSM2-HR(大气模式T266L56)完成定版,S2S预测系统准业务运行。解决了高分辨率耦合同化后易出现运行不稳定的问题,建立了S2S实时预测系统,通过了准业务化评审,MJO的可用预测技巧为22天,实时为S2S第二阶段的国际比较计划提供预测结果。基于FU-UHM模式和DERF2.0,建立了热带气旋动力预测系统,研发了台风活跃季节未来11~20天热带气旋生成频数、生成源地、强度和路径等业务预测产品。"全球城市天气客观预报系统V1.0"已投入业务,直接支撑全球城市预报业务。

2019年,实现了全球大气实况分析系统的准实时运行,开始提供全球三维大气实况分析产品(25千米/6小时)、全球海表温度(25千米/天)以及全球表面气温(10千米/3小时)产品。研制东亚区域2008—2012年水平分辨率为12千米再分析资料。初步建立全球100千米月季气温降水的网格预报产品。

3. 全球气象服务

全球气象服务能力显著提升。2019年,形成了全球和"一带一路"重点区域台风、暴雨、高温等灾害性天气监测预报业务;建成了东亚区域多时间尺度气候预测产品应用展示和服务平台,提供全球100千米的月—季节客观化气候网格预测产品。推动俄罗斯和亚洲多个国家、地区预警信息接入亚洲区域预警系统,优化亚洲区域预警系统(GMAS-A)数据生成流程,实现业务自动监测告警,提升预警多语种服务能力,在越南等国家和澳门地区推广,实现面向亚洲区域预警信息的汇集和服务产品的共享功能,与世界气象组织60个成员国实现预警信息的互联互通。完成浙江、山东、广东、海南四个国家级海洋广播电台升级,开展南海海洋气象广播服务和中英双语广播。建成了台风国际会商平台,初步形成南海台风会商机制,升级台风海洋一体化业务平台,具备恶劣天气船舶风险动态预评估能力,建成了远洋导航气象预报服务决策子系统,形成了相应气象服务能力。

2019年,在中国"一带一路"网发布了沿线137个重要城市天气预报,在中国气象局官网、世界气象中心(北京)网站发布全球245个重要城市天气预报。"中国天气"实现了提供全球超过300万站点的服务,支持超过100种语言的天气信息查询。实现了实时提供中欧班列沿线主要城市天气实况、未来0~15天城市天气预报及沿线主要城市介绍等服务。初步建成了全球航空气象专业服务平台,实现全球航路颠簸、积冰、对流等高影响天气和主要机场气象要素精细化预报产品制作。形成了覆盖全球6大洲10个主要国家4种粮食作物气象监测预报能力和产品。

强化风云气象卫星国际应用服务。加强统筹协调和顶层设计,2019年制定了《风云卫星服务"一带一路"专项方案设计》和《风云气象卫星国际服务计划》,明确未来5年提升国际服务、加强数据共享服务和产品推广等任务。实现了卫星天气应用平台SWAP和卫星遥感应用工具包软件SMART升级,通过多语种单机版、网络版向俄罗斯以及非洲和阿拉伯等近50多个国家气象局提供风云气象卫星数据服务。提升了CMACast卫星广播系统服务"一带一路"国家能力,实现FY-2H数据向欧洲和非洲地区的实时广播分发。实现"一带一路"部分国家可在线浏览或检索覆盖"一带一路"国家风云极轨和静止卫星的数据和产品。卫星服务成效显著。2019年,国际用户累计访问557万次,访问数据253万个文件,数据量约42.5 TB,使用风云气象卫星数据的国家已增加至105个(包括75个"一带一路"沿线国家),30个国家已经建成风云气象卫星数据直收站[①],27个国家已经注册成为FY_ESM用户。为30个国家开通气象卫星数据绿色服务通道。2019年共制作并发布37期"一带一路"遥感应用专报,为非洲、亚洲、美洲等多国提供台风、森林火灾、沙尘暴等遥感监测服务。

全方位提供全球数据服务。2019年,全球信息系统中心(GISC北京)新增发布26种产品,中国气象数据网新增全球数值预报、风云卫星等近200种产品。通过中国气象数据网英文版网站面向全球用户提供数据服务,兼顾国外用户的需求,向用户提供便捷的数据发现服务、多维度目录导航服务、灵活的数据检索服务、可视化数据显示服务,服务对象覆盖71个国家的上千名用户,年访问量438万,成为国际用户了解中国气象数据产品的重要窗口。同时,建立中国气象数据网"一带一路"沿线国家(地区)气象服务专栏,提供包括"一带一路"相关要闻、沿线国家的80个重要城市实况信息与预报、气候背景等气象相关信息,为国家"一带一路"倡议提供气象保障。

推进全球公众气象服务品牌建设,初步具备面向全球任意地点提供精细化公众气象服务产品的能力,中国天气网实现全球52万站45天精细化预报以及滚动订正

---

① 国家卫星气象中心,中国气象局遥感应用服务中心.2019年度风云卫星数据服务年报.

更新，独家研发全球唯一雪质预报模型，发布覆盖全球2780个滑雪场的精细化气象服务，可为"一带一路"沿线国家的重要机场及海港提供精细化气象预报服务；全球远洋导航、全球航空气象、全球农业气象等专业气象服务以及全球气候变化评估工作取得突破性进展。

同时，推进了全球气象业务支撑保障体系建设。2019年，基本建成全球监测预报服务网页平台和业务体系，开通了世界气象中心（北京）中英文网站，形成了世界气象中心（北京）运行机制，加强了全球气象数据业务应用，建立全球气象业务考核评估机制。

目前，我国全球气象业务虽然取得了重要进展，具备了一定的全球气象业务服务基础，但依然存在基础能力不够足、数据收集不够广、科技支撑不够强、运行机制不够畅等问题，与全面建成现代化气象强国、深度参与全球气象治理等新形势新要求还有一定的差距。

"一带一路"沿线重要城市天气预报服务专网上线

全覆盖137个签约国家（地区）的"一带一路"沿线重要城市天气预报服务专网（http://ydyl.cma.gov.cn/）由国家气象中心、中国气象报社和中国"一带一路"官网共同自主研发完成，已于2020年1月1日正式开通上线，填补了国家级"一带一路"气象服务产品空白，标志着我国全球精细化气象预报产品的研发与应用进入实质性阶段。服务产品包括未来5天天气现象、气温、风向、风速、降水量等要素，逐12小时更新。

"一带一路"气象服务产品的研制，克服了沿线经济欠发达地区观测站点稀少、数据质量不高等问题，吸纳了网络开发运维、数值预报、智能网格预报、全球监测预报、卫星遥感等技术力量，依托我国自主研发的全球城市天气客观预报系统V1.0实时生成。该系统采用国际最新技术路线，针对全球实况缺误严重问题，自主研发了订正误差时空携带技术，实现对可预报性的最大挖掘，在此基础上经过预报员订正把关，进一步提升了预报的可靠性。

（摘自：科技日报）

三、评价与展望

在党中央和国务院坚强领导下，经过全国气象部门和行业的共同努力，我国已经基本建成了结构合理、布局适当、功能齐备、现代化程度高的现代气象业务体系。但是，进入新时代，党中央对气象事业发展提出了新的更高要求，而现代气象业务面向地球系统的多圈层观测能力还明显不足，海陆空天一体化综合互补的智能协同观测格局还尚未形成，观测覆盖面精细化水平还有待提高；现代气象预报预测的准确性、提前量、精细化、针对性还有待提高,地球系统科学框架下的无缝隙一体化多尺度天气气候数值预报系统还尚未建立;人工智能、大数据等新一代信息技术在气象领域的深度融合应用还有待深化,气象数据价值还有待深入挖掘。现代气象业务发展,必须在以下方面取得新的突破。

一是围绕监测精密,着力发展全时全域全要素的综合气象观测网,进一步提高气象观测智能化和装备国产化水平,加快补齐高原、海洋、灾害高影响和高敏感区域及领域气象监测短板,加快形成海陆空天一体化综合互补的智能协同观测格局。

二是围绕预报精准,着力深入推进智能网格预报,提升预报技术先进性和智能化水平。升级全球数值预报模式和区域快速循环同化业务系统,改进高分辨率气候模式系统,发展推进一体化气候模式预测系统和智能网格预测业务。

三是围绕服务精细,发展建立智能化服务引擎,开展基于场景、位置和智能感知的情景互动服务,大力发展行业和区域气象服务业务,深化智慧气象服务发展。

四是围绕全球气象业务,重点强化全球数据收集、质控和应用,提升具有自主知识产权的数值模式的全球预报预测能力,提升全球卫星遥感监测、海洋极地监测和气候监测能力,形成覆盖全球的精细化实况分析业务和无缝隙的智能预报业务和服务能力。

五是提升气象信息化水平,着力建设高速气象网络、海量气象数据库、超级计算机系统,加快气象大数据中心建设,形成"云+端"现代气象业务新格局。

第九章 气象重大工程*

重大气象工程是经国家主管部门批准、中央预算内基本建设投资达3000万元及以上的气象现代化建设项目。"十三五"以来,国家继续加大气象事业发展投入,陆续实施了一批重点工程项目,为气象现代化水平的整体提升奠定了坚实基础。

一、"十三五"气象重大工程建设

(一)"十三五"气象重大工程布局与建设进展

围绕国家经济社会发展对气象服务的需求,"十三五"时期,开展了海洋气象综合保障工程、气象卫星探测工程、气象雷达探测工程、人工影响天气能力建设工程、山洪地质灾害防治气象保障工程等重点工程。其中,气象卫星探测工程、气象雷达探测工程和山洪地质灾害防治气象保障工程持续推进;海洋气象综合保障工程和人工影响天气能力建设工程项目按照有关规划部署有序进行,已落实海洋气象综合保障工程(一期)、西北区域人工影响天气能力建设工程等实际项目的立项(表9.1)。以下对截至2018年底各重大工程的进展情况进行简要介绍。

表9.1 "十三五"期间重点工程项目落实表

重点工程项目	进展情况
气象信息化系统工程	立项前期
海洋气象综合保障工程	二期立项前期
气象卫星探测工程	建设中
气象雷达探测工程	建设中
人工影响天气能力建设工程	西北建设中,其他区域立项前期
山洪地质灾害防治气象保障工程	建设中

1. 海洋气象综合保障工程

"海洋气象综合保障一期工程"于2018年6月由中国气象局批复初步设计。到

---

* 主要执笔人员:顾青峰 宋立雪

2018年,已下达中央预算内基本建设项目投资2.0亿元,主要用于建设海洋气象观测、装备保障系统,开发海洋气象预报预警系统和公共服务系统,升级改造海洋气象通信支撑系统等,完成239个海基自动气象站设备更新,新建25个石油平台自动气象站等任务。依据《海洋气象发展规划(2016—2017)》,按照国家海洋发展战略以及中国气象局气象发展战略,围绕到2025年,逐步建成布局合理、规模适当、功能齐全的海洋气象业务体系,实现近海公共服务全覆盖、远海监测预警全天候、远洋气象保障能力显著提升的总目标,凝练出六大任务,并开展了海洋二期工程可研设计工作。

2. 气象卫星探测工程

"十三五"以来,中国气象局持续开展气象卫星工程建设。项目资金主要用于推进风云三号、四号系列卫星系统建设及业务应用,发展晨昏轨道报候卫星、降水测量雷达卫星以及静止轨道微波探测卫星,实现多星组网观测业务格局;统筹建设卫星地面接收站网,完善遥感卫星地面辐射校正场与真实性检验系统;发展卫星应用技术,建立卫星遥感综合应用体系,实现一星多用和资源共享,综合满足相关领域业务需求。2016年至2019年,气象卫星工程已下达中央预算内基本建设项目投资4.8亿元、财政专项投资24.2亿元。风云四号A星成功发射,完成在轨测试并交付正式业务运行,完成静止气象光学卫星的技术升级换代。风云三号D星和风云二号H星成功发射,完成在轨测试并交付正式业务运行。

3. 气象雷达探测工程

2016—2018年,气象雷达探测工程下达中央预算内基本建设项目投资10.2亿元。基本建成覆盖全国的新一代天气雷达网。完成全国233部新一代天气雷达建设,9部双偏振新一代雷达启动在建。206部雷达纳入全国组网运行。启动127部雷达技术升级,32部新一代天气雷达双偏振改造,统一组网雷达技术标准,提升早期已建雷达探测能力。依托中央和地方支持,开展X波段天气雷达建设,弥补全国新一代天气雷达网探测盲区。启动了苏皖平原、长江三角洲和汉江平原等龙卷、对流多发地区X波段天气雷达局域组网建设工作。编制了双偏振、X波段天气雷达中央投资标准并实施。

4. 人工影响天气能力建设工程

通过落实《全国人工影响天气发展规划(2014—2020年)》,到2018年,"东北区域人工影响天气能力建设工程"已基本完成全部建设任务;"西北区域人工影响天气能力建设工程"已下达资金2.6亿元,完成了作业飞机的采购;"中部区域人工影响天气能力建设工程"已上报可行性研究报告。财政对人工影响天气专项投入稳定在每年2.0亿元。

工程建设和中央财政资金投入,有效保障了人工影响天气工作的开展。已初步建立了以国家级为龙头、省级为核心、市县为基础的现代人工影响天气业务体系,首次建立了完整覆盖催化作业全过程的人工影响天气特色五段实时业务,实现了人工影响天气"横向到边"的完整业务流程;各地引进或自主建设了人工影响天气业务系统,国家—省—市(县)—作业点逐级指导的"纵向到底"现代人工影响天气业务系统已初步形成;水平分辨率达3千米的国家级云降水预报系统实现业务试运行,人工影响天气综合业务系统、物联网监控系统和飞机作业信息实时采集系统实现推广应用。

5. 山洪地质灾害防治气象保障工程

在31个省(区、市)、4个计划单列市和国家级业务单位开展山洪工程的布局建设和系统软件升级改造及配套建设设施,在黑龙江省农垦总局气象部门进行山洪工程的布点建设工作。编制上报《山洪地质灾害防治气象保障工程第四批实施方案》。2016年、2017年和2018年陆续安排建设资金12.6亿元、11.3亿元和8.4亿元。

通过工程建设,在全国重点防治区基本建立层次分明、功能全面、技术先进、快速高效的气象灾害监测预警和风险评估服务体系;对监测灾害防治区局地突发性强降水及其引发的中小河流洪水、山洪、地质灾害等的气象观测站网布局进一步优化,预报服务精细化程度不断提高,预警和风险评估能力有了明显提升;气象灾害预警信息发布能力和智慧化程度进一步加强,易灾地区生态文明气象保障服务能力进一步提升。

(二)省级气象重点工程布局及建设进展

"十三五"时期,各省(区、市)级已立项气象重大工程项目235个,估算总投资数为264.97亿元,到2018年已陆续落实地方投资近62亿元。其中东、中、西部分别为23.84亿元、16.13亿元、21.52亿元,中央和地方投资落实比例分别为东部1∶1.73、中部1∶0.73、西部1∶0.64。依托省级重点工程建设,推动了气象事业和地方经济社会的协调发展,优化了气象事业发展环境。

二、2019年气象重大工程建设进展

(一)2019年气象重大工程建设概况

2019年,按照国家经济社会发展对气象保障服务的需求和《全国气象发展"十三五"规划》的相关要求,气象部门持续推进了气象信息化系统、海洋气象综合保障、气象卫星探测、气象雷达探测、人工影响天气能力建设和山洪地质灾害防治气象保障等6项重大工程建设。重大工程建设的中央固定资产投资达到25亿元,近七成的中央资金投向省级以下基层气象业务能力建设,近五成资金投向中西部地区,促进了地方气象事业发展,一定程度上缓解了区域发展不平衡问题。

根据《全国气象发展"十三五"规划》,2019年重大工程中的海洋气象综合保障工程、气象卫星探测工程、气象雷达探测工程、人工影响天气能力建设工程5项为持续投入的延续性工程,新建1项气象信息化系统工程处于项目前期阶段,已于2019年获国家发展和改革委员会批复立项。其中海洋气象综合保障工程继续开展海洋气象综合保障工程(一期)建设实施,并组织开展了海洋气象综合保障工程(二期)可行性

研究报告编制工作;气象卫星探测工程中,风云三号 03 批气象卫星工程已进入卫星、运载火箭、发射、测控和地面应用系统研制建设预测;气象雷达探测工程开展了湘西、株洲、西双版纳新一代天气雷达系统建设项目、11 部 X 波段雷达建设、31 部雷达双偏振升级改造以及 20 多个业务项目的建设实施;人工影响天气能力建设工程按照有关规划部署,继续开展东北区域人工影响天气能力建设工程和西北区域人工影响天气能力建设工程的建设实施,中部区域人工影响天气能力建设工程获国家发展和改革委员会批复立项正编报初步设计,其他区域人工影响天气能力建设工程已完成可行性研究报告的编修工作。

(二)2019 年各项气象重大工程进展

1. 气象信息化系统工程

气象信息化系统工程建设内容包括:扩建气象信息感知网、扩建基础设施云平台、新建气象大数据云平台、改造精准预报支撑系统、升级信息安全保障系统、升级气象综合业务监控与运维体系、新建异地容灾备份中心和完善气象信息化标准体系。

气象信息化系统工程建设完成后,实现信息化设备国省两级集约部署,数据资源统一规划管理,支持国、省、市、县四级应用,有效解决气象领域存在的信息孤岛和数据壁垒问题,促进气象领域标准化规范化建设,提升气象数据开放共享和应用水平,提高气象信息安全防护能力。项目由国家气象信息中心牵头,国家气象中心、国家气候中心、国家卫星气象中心、中国气象局气象探测中心、中国气象局公共气象服务中心、中国气象科学院、中国气象局干部培训学院以及 31 个省(区、市)气象局共同承担建设。

2019 年,气象部门组织完成《气象信息化系统工程可行性研究报告》编制并上报国家发展和改革委员会。2019 年 12 月,国家发展和改革委员会批复该项目可行性研究报告,印发《国家发展和改革委员会关于气象信息化系统工程可行性研究报告的批复》(发改农经〔2019〕1987 号),同意可行性研究报告提出的建设内容,提出工程要统筹利用国家政务信息化资源和气象部门现有信息化资源,形成"1 个国家级主中心＋1 个备份中心＋31 个省级应用节点"的现代气象信息化业务基础设施布局。工程总投资 22.8 亿元,全部由中央预算内投资安排,工程建设期 3 年。

2. 海洋气象综合保障工程

为落实《海洋气象发展规划(2016—2025 年)》相关目标和任务,中国气象局组织开展了海洋气象综合保障一期工程(以下简称"海洋一期工程")建设。该项目于 2018 年启动,建设内容主要包括海洋气象观测、装备保障系统,开发海洋气象预报预警系统和公共服务系统,升级海洋气象通信支撑系统等。

国家发改委核定海洋一期概算总投资 3.71 亿元。2019 年,该项目下达中央预算内基本建设项目投资 1.7 亿元,项目建设资金全部下达完毕,当年预算支出 1.49 亿元,预算执行率为 87.1%。2019 年工程主要建设任务是对 110 套海岛自动气象站进行设备更新,并完成 52 套海岛站的备份建设;完成空基、天基气象观测分系统建设;完成国家级海洋气象设备综合试验基地、装备保障业务平台建设;完成海洋气象预报服务能力建设;完成海洋气象信息安全系统、基础设施资源池扩充建设。

海洋一期工程19项建设任务中,到2019年6项已全部完成,5项基本完成,均处于验收阶段;3项即将完成,处于收尾阶段;其余5项尚在建设中。具体建设情况见表9.2。

依据《海洋气象发展规划(2016—2025)》,开展了海洋二期工程可研报告编制修改完善工作,推动二期工程实施立项。

表9.2 海洋一期工程2019年度建设任务总体完成情况表

系统名称	分系统名称	子系统名称	项目执行进度	
海洋气象综合观测能力建设	综合观测系统	海基气象观测分系统	81.98%	收尾阶段
		空基气象观测分系统	100.00%	验收阶段
		天基气象观测分系统	69.73%	建设阶段
	装备保障系统	国家级海洋气象设备综合试验基地建设	98.61%	验收阶段
		国家级海洋气象装备保障业务平台建设	100.00%	验收阶段
		国家级海洋气象装备质量检测能力建设	100.00%	验收阶段
		省级海洋气象保障基地	100.00%	验收阶段
海洋气象预报服务能力建设	预报预警系统	海洋气象监测分析分系统	94.61%	验收阶段
		海洋气象预报预警分系统	99.48%	验收阶段
		海洋气候监测预测分系统	100.00%	验收阶段
		海洋气象数值预报分系统	89.02%	收尾阶段
	公共服务系统	海洋气象信息发布	52.22%	建设阶段
		海洋气象专业服务	65.77%	建设阶段
		海洋气象灾害风险管理	64.23%	建设阶段
海洋气象通信网络支撑能力建设		海洋气象通信业务系统建设	96.75%	验收阶段
		海洋气象资料业务系统建设(CIMISS数据环境扩充)	95.95%	验收阶段
		海洋气象信息安全系统建设	55.11%	建设阶段
		基础设施资源池扩充	82.05%	收尾阶段
		台风海洋气象预报协同支撑平台建设	100.00%	验收阶段

对海洋一期工程的评估结果显示,工程建设提升了海洋气象观测设备性能,保障了海洋气象观测的稳定性、连续性和准确性,高性能无人机下投探空系统、下投探空数据处理平台和无人机探测地面气象保障系统的建设,使空基气象观测增添了新的观测手段,为后续空基气象观测分系统建设做好了准备;通过补充完善涉海省级测试维修工具,实现了对小型设备(如海岛自动气象站等)快速、高效维修,为海洋气象观

测设备在其寿命期内高效运行提供了较好的基础环境,建立了国家级海洋气象观测试验数据处理中心和盐雾腐蚀实验室,初步具备了海洋气象观测设备中试、考核评估、雷达组(部)件测试及质量检测服务保障能力;海洋气象预报预警分系统实现了基于高时空分辨率的海上大风融合产品,增加了业务洋面风产品的时空覆盖率,提高了对海上大风的监测精度,实现对海雾的精细化监测;海洋预警信息发布系统具备了通过上海传真系统、石岛海洋广播电台、启航者 APP、微信 E 航海公众号、航保信息服务平台、南海航海保障中心官网、ECS 船载电子海图终端等手段进行预警信息的海上服务,提升了预警信息在海上的发布能力,提高了预警信息覆盖面和预警信息发布时效,进行台风风险评估,实现核电工程、核电站工程台风风险评估和风险区划分析,为核电站、跨海大桥等海上重大工程的气候可行性论证提供了强有力的技术支撑。

3. 气象卫星探测工程

气象卫星工程建设主要内容包括:推进风云三号、四号系列卫星系统建设及业务应用,发展晨昏轨道报候卫星、降水测量雷达卫星以及静止轨道微波探测卫星,实现多星组网观测业务格局;统筹建设卫星地面接收站网,完善遥感卫星地面辐射校正场与真实性检验系统;发展卫星应用技术,建立卫星遥感综合应用体系,实现一星多用和资源共享,综合满足相关领域业务需求。

2019 年风云三号 03 批卫星工程中央预算下达投资 3.99 亿元,当年预算支出 3.99 亿元,预算执行率为 100%。项目资金主要用于风云三号 03 批气象卫星工程卫星、运载火箭、发射、测控和地面应用系统研制。

4. 气象雷达探测工程

根据《气象雷达发展专项规划(2017—2020 年)》提出的气象雷达探测工程建设任务,2019 年度气象雷达探测工程中央预算内共下达投资 7.1 亿元,共执行 6.05 亿元,预算执行率为 85.22%。项目资金主要用于建设气象雷达观测系统、气象雷达资料应用系统、气象雷达保障系统、气象雷达培训系统、气象雷达新技术应用等 5 项建设内容(表 9.3)。

2019 年,新建湘西、株洲、西双版纳 3 部新一代天气雷达系统;新建 11 部 X 波段雷达;启动东南沿海及关键区域 31 部已建新一代天气雷达双偏振技术升级改造;组织完成了 19 部雷达的技术升级和技术标准统一测试。雷达观测系统建设,进一步补充了新一代天气雷达的观测盲区,提高了对暴雨和冰雹等灾害性天气的监测预报预警能力。同时,拓展雷达资料应用系统工程,开展雷达资料质量控制系统和组网产品系统建设,逐步建立质量控制体系。建设雷达数据共享平台,完善已有雷达数据共享服务的能力。开展基于气象雷达等多源资料预报预警业务建设(一期)工程建设,发展了灾害性天气分类监测识别、风场反演应用、定量降水估测和预报等技术,以及气象雷达资料数值预报应用系统建设(一期)工程建设,搭建基于雷达等多元资料的数值预报系统。

表 9.3　气象雷达探测工程 2019 年度建设任务总体完成情况表

所属分系统	建设内容	2019 年下达投资(万元)	2019 年度执行比例(%)
观测系统	新一代天气雷达系统建设(湘西、株洲、西双版纳新建3部)	21473	80.82
	X 波段雷达建设共计 11 部		79.30
	双偏振升级改造(31 部)		97.36
	气象雷达测试选址		78.10
	小计		87.34
资料应用系统	气象雷达资料质量控制与评估系统建设(一期)	42123	85.47
	气象雷达组网产品生成和业务应用服务系统(一期)		92.63
	气象雷达业务实时监控平台建设(一期)		83.99
	省级雷达数据共享平台建设		80.97
	气象雷达数据存储管理系统建设(一期)		98.14
	气象雷达国家级 IT 基础设施资源扩建(一期)		68.37
	国家级 IT 基础设施资源池气象雷达资料数值预报支撑子系统建设		52.66
	气象雷达数据共享平台数据存储管理系统建设(二期)		70.74
	气象雷达数据共享平台数据加工处理系统建设		57.78
	气象雷达数据共享平台数据实时传输系统建设		63.79
	气象雷达数据共享平台数据共享服务系统建设		87.83
	基于气象雷达等多源资料预报预警业务建设(一期)		89.40
	气象雷达资料数值预报应用系统建设(一期)		89.84
	小计		78.65
保障系统	国家级气象雷达测试保障与仿真平台(二期)	4546	86.23
	气象雷达业务运行控制系统建设(一期)		84.57
	小计		85.45
培训系统	新一代天气雷达培训系统建设(2019)	2113	79.50
	气象雷达机务培训系统建设(一期)		80.49
	小计		80.20
新技术应用	风廓线雷达建设(河北崇礼风廓线1部)	595	90.50
	激光雷达建设(河北崇礼激光雷达1部)		73.70
	小计		87.11
管理费		150	44.1
合计		71000	81.76

在雷达保障系统建设方面,完成气象雷达测试保障与仿真平台(一期)建设,可进行气象雷达发射、接收、信号处理分系统性能参数测试和故障诊断,已搭建了SA、CA天气雷达仿真平台,实现雷达信号流程上的仿真与数据显示,关键性能指标对雷达整机性能影响的评估等,梳理10余种组件故障和报警的逻辑关系。二期项目已完成招标采购。开展气象雷达业务运行控制系统建设(一期),引入故障智能诊断分析、预测预警、装备健康动态管理等理念,能够提高雷达自动报警的能力和准确性,避免雷达"带病工作",显著提升智能化水平。

按照《气象雷达发展专项规划(2017—2020年)》任务的要求,2019年继续建立和完善气象雷达培训系统,举办天气雷达产品应用培训班、天气雷达机务保障培训班和天气雷达观测技术培训班,编制雷达资料质量控制及产品应用等方面的教材,初步构建起气象雷达远程培训业务体系。开展气象雷达新技术研究和新型气象雷达技术应用试验,崇礼风廓线雷达和激光雷达已完成安装并开始运行。

5. 人工影响天气能力建设工程

人工影响天气能力建设工程主要包括:东北区域人工影响天气能力建设工程、西北区域人工影响天气能力工程、中部区域人工影响天气能力建设工程、西南区域人工影响天气能力建设工程、东南区域人工影响天气能力建设工程和华北区域人工影响天气能力建设工程。建设任务包括飞机作业能力建设、飞机作业停靠地和保障基地建设、提高地面作业装备现代化水平、增强科技支撑能力和提高决策指挥能力。

东北区域人工影响天气能力建设工程中央投资预算在2012至2014年已下达完毕,2019年主要开展相关验收和建设任务调整上报工作。西北区域人工影响天气能力建设工程正在建设中,2019年开展相关任务建设。2019年,中部区域人工影响天气能力建设工程可行性研究报告获得国家发展改革委批复,可研批复总投资9.05亿元,并同步开展西南、东南和华北区域人工影响天气能力建设工程可行性研究报告编制。

东北区域人工影响天气能力建设工程已基本完成全部建设任务,2019年对工程进行收尾工作,包括东北人工影响天气项目4省区验收工作和高性能作业飞机的验收,并对项目建设任务进行调整,组织编制《新增千亿斤粮食工程东北区域人工影响天气能力建设初步设计报告设计变更书》,完成设计变更相关手续。

西北区域人工影响天气能力建设工程,2019年中央预算内投资19814万元,工程建设资金全部下达完毕。截至2019年底,执行资金15118.97万元,预算执行率76.30%。建设资金主要用于飞机作业能力建设、飞机保障基地建设、地面作业能力建设、作业指挥系统建设、试验示范基地建设和技术研究试验。2019年项目开展了高性能作业飞机的方案制定和相关建设,完成了地方作业飞机的相关采购工作,开展了飞机作业保障基地、地面作业能力的相关建设,完成了作业指挥系统硬件设备的采购,完成了试验示范基地观测设备的采购,并开展了相关研究试验,完成了工程建设东北区域和西北区域人工影响天气能力建设工程，初步建立了以国家级为龙头、省级为核心、市（县）级为基础的现代人工影响天气业务体系，首次建立了完整覆盖催化作业全过程的人工影响天气特色五段实时业务，实现了人工影响天气"横向到边"的完整业务流程；各地引进或自主建设了人工影响天气业务系统，国家—省—市（县）—作业点逐级指导的"纵向到底"现代人工影响天气业务系统已初步形成；水平分辨率达3千米的国家级云降水预报系统实现业务试运行，人工影响天气综合业务系统、物联网监控系统和飞机作业信息实时采集系统实现推广应用。

6. 山洪地质灾害防治气象保障工程

作为国家重大民生项目的重要组成部分，山洪地质灾害防治气象保障工程自2011年起开始实施建设。项目建设内容主要包括监测系统、预报与风险评估系统、预警信息发布与服务系统、信息网络支撑系统、装备保障系统和培训系统等。

2019年山洪工程中央预算内投资102197万元，当年预算支出97155.62万元，预算执行进度91.02%。在2011—2018年建设的基础上，继续在全国31个省（区、市），4个计划单列市和国家气象中心、气候中心、卫星气象中心、气象信息中心、气象探测中心、公共气象服务中心、中国气象科学院、中国气象局气象干部培训学院、气象宣传与科普中心、上海物管处等建设单位开展山洪工程的布局建设。

2019年，项目完成了国家地面气象观测站自动化能力建设、地面天气站升级改造、观测配套系统建设、省级卫星遥感综合应用能力建设和质量管理体系信息化平台建设等监测系统的相关任务，山洪地质灾害气象预报预测业务系统建设和区域高分辨率数值预报业务支撑系统建设等预报与风险评估系统的相关任务，基层气象灾害预警服务能力建设、气象灾害风险预警业务化建设、智慧气象防灾减灾能力建设、易灾地区生态环境气象保障服务和西部重点地区基层防灾减灾气象服务综合能力建设等预警信息发布与服务系统的相关任务，灾害资料传输网络支撑系统建设、实时监测和历史气象资料业务建设等信息网络支撑系统的相关建设任务，计量能力建设、技术保障能力建设、综合气象观测试验基地建设等装备保障系统化的相关建设任务，以及中国气象局气象干部培训学院，河北、辽宁、安徽、湖北、湖南、四川、甘肃等7个培训分院的培训能力建设的相关建设任务。

通过工程建设，在全国重点防治区基本建立了层次分明、功能全面、技术先进、快速高效的气象灾害监测预警和风险评估服务体系；进一步优化了监测灾害防治区局地突发性强降水及其引发的中小河流洪水、山洪、地质灾害等的气象观测站网布局，预报服务精细化程度不断提高，预警和风险评估能力有了明显提升；气象灾害预警信息发布能力和智慧化程度进一步加强；易灾地区生态文明气象保障服务能力进一步提升。

三、两项气象重大工程中期评估

(一)山洪地质灾害防治气象保障工程中期评估

山洪地质灾害防治气象保障工程建设规划周期为2011—2020年,工程建设周期长,投入资金大。为确保《全国中小河流治理和病险水库除险加固、山洪地质灾害防御和综合治理总体规划》(发改农经〔2012〕774号,以下简称《总体规划》)目标的实现及加强对山洪工程建设过程的监管,为优化和改善山洪工程后期建设和管理提供决策依据,开展了山洪工程的中期评估。评估结果显示,山洪工程核心任务已基本完成、各项指标基本实现,工程实施总体成功。

山洪地质灾害防治气象保障工程自启动建设以来,中国气象局向国家发展改革委上报了四批工程阶段性的实施方案,2011—2019年先后已下达十一批投资计划,共计下达建设资金83.7亿元。工程第一、二批(2011—2014年)优先启动了30.47亿元自动雨量站、暴雨预报预警服务、风险调查等急迫建设任务。目前已全部完成,且除极个别情况外均已完成竣工验收。第三批(2015—2017年)34.6亿元建设任务,将山洪任务和全面推进气象现代化需求相结合,整合集约建设业务系统,已基本实现山洪工程核心目标。第四批拟聚焦全面实现气象现代化目标,提升当前防灾减灾工程体系的监测预警的时效、准确率和精细化程度等核心能力,完善气象灾害风险预警能力,进一步加强基层气象防灾减灾体系建设,其中2018年8.41亿元已完成投资建设,2019年10.22亿元已完成投资建设。

工程实施以来,从宏观目标看,山洪工程核心任务已基本完成、各项指标基本实现,气象部门暴雨实时监测预报预警及信息发布能力实现了预期的提升,实际效益明显、各利益相关方满意度较高,工程实施总体成功;从建设任务看,《山洪地质灾害防治气象保障工程建设指导方案》确定的原有建设任务接近完成,实施过程中根据需要调整增加的事关全局的重要建设任务也基本完成并开始发挥效益,任务完成情况产生了以下效果。

一是极大支持了气象现代化发展。如台站自动化和布局优化、智能网格预报、灾害风险管理、基础设施资源池、大数据云平台、国家级气象通信同城应急备份系统、装备保障信息化等均以本工程为主要资金来源。通过山洪工程,加大了气象监测覆盖率、提高了监测数据的精准度、提高了观测数据应用能力、提高台站自动化观测水平,实现了精细化气象要素预报预警、极端天气气候事件监测预测、对山洪等灾害的气象监测预警,提高了综合业务平台水平,提升了气象灾害预警信息发布能力,完成了气象服务系统支撑平台集约整合,完成了暴雨洪涝灾害风险普查,增强了通信网络可靠性、可用性和网络协同工作支撑能力,整合了基层信息系统基础能力,增强数据集约化服务能力,完善了历史气象资料安全管理和数字化建设,实现了装备保障质量能力的有效提升,实现了综合观测标准化建设的稳步推进,实现了装备保障信息化建设的快速发展,在灾害性天气监测、预报预警、风险管理、信息网络支撑和装备保障方面发挥了重要作用。

二是极大改善了基层台站面貌。工程前期投资建设的1998个县级综合业务平台提高了基层台站业务平面集约化水平;配套基础设施2012—2018年累计投入16.7亿元,661个台站受益,其中通过山洪工程彻底解决基础设施需求的基层气象台站256个,通过山洪工程和其他途径共同彻底解决的台站255个;据统计,目前全国县级台站综改率达到的78.7%,其中有22.3%是通过山洪工程实现的。山洪工程在长达8年的实施过程中,有力支撑了气象业务现代化发展和基础台站综合能力提升,实现了国家任务和事业发展的有机结合,工程实施对气象事业发展、改变基础台站面貌的推动效果显著。

(二)东北区域人工影响天气能力建设工程评估

东北区域人工影响天气能力建设项目是人工影响天气领域第一个国家级基本能力建设项目,包括飞机作业能力、飞机保障中心、作业指挥系统、地面作业能力、观测系统、效果检验外场试验区、新装备试验考核系统等7大系统建设。该项目由中国气象局人工影响天气中心牵头,联合吉林、辽宁、黑龙江、内蒙古四省(区)气象局共同实施。工程总投资10.5亿元,其中中央预算内投资安排5.56亿元,其余投资分别由四省(区)政府负责安排。相关评估结果显示,截至2019年,项目已基本完成初步设计提出的建设内容,效益显著。

项目已基本按照初步设计提出的建设内容完成。已形成东北区域内拥有12架人工影响天气作业飞机的新格局,建成了10个飞机作业保障基地(及分中心)和区域—省—市(县)—作业站点一体化的科学指挥平台,优化了地面作业装备布局,增雨防雹作业安全性提高,并以效果检验区为核心,形成了依托基本气象观测网的人工影响天气综合观测体系,建设了新装备考核实验室。与初设要求的进度相比,高性能作业飞机、东北区域飞机作业保障基地、效果检验区软件和联合开放实验室扩建为影响项目建设进度的主要内容。

工程建设效益显著。东北区域每年平均人工增雨目标区范围达到123万千米^2,增雨量106亿米^3,人工影响天气作业效益已超过初设要求。并在森林草原防火、保障"三农"发展、保障重大社会活动以及湖泊面积扩大、草地盖度逐步回升、典型林区净初级生产力提高、典型农区净初级生产力提高方面发挥了重大作用,社会效益和生态效益显著(图9.1)。

东北人工影响天气工程作为人工影响天气示范工程和中国气象局重点建设工程,开创了国家大规模投资人工影响天气能力建设的新模式,在工程的立项、设计、管理和实施等方面积累了宝贵的经验。其他区域人工影响天气工程可对该项目的成功经验进行学习借鉴:中央地方互动,带动事业发展;重视管理责任,明确分工合作;注重程序管理,变更总体可控;精心谋划项目,提高建设实效。但项目在组织管理、进度

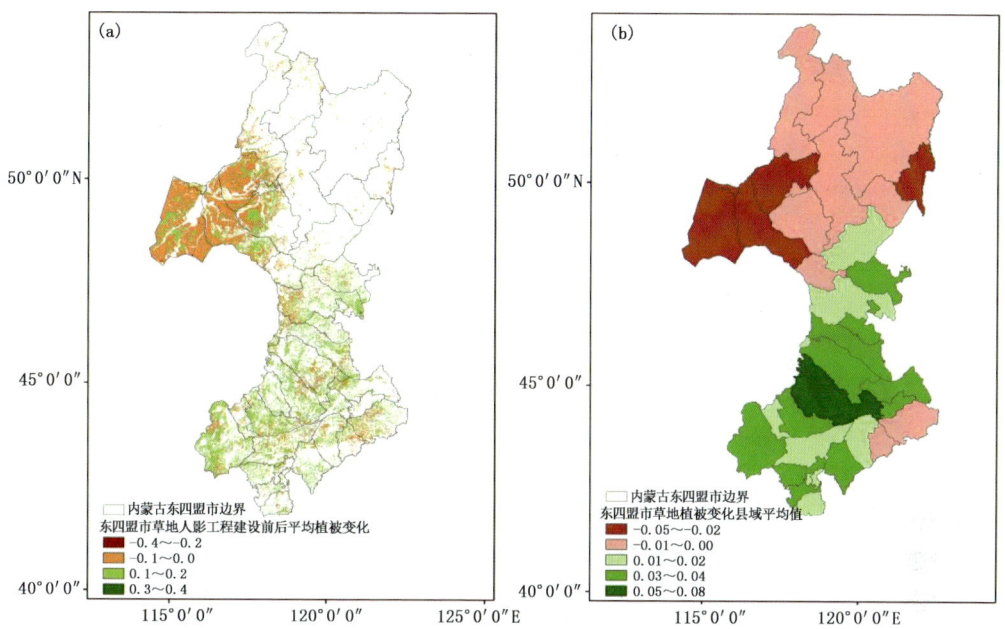

图 9.1 内蒙古东四盟市草地人工影响天气工程建设前后平均植被覆盖度变化(a)及其县域平均值(b)

执行、资金使用等方面仍存在一些不足。评估建议应进一步加强项目组织管理、统筹结转资金使用、履行变更调整审批手续,在后续运行中充分重视经费保障、人才培养等方面的困难,确保项目效益的发挥。

四、评价与展望

重大气象工程建设,推动了精密气象观测、精准气象预报预测、精细气象服务的能力提高,带动了气象科技创新和人才队伍建设,促进了气象事业向全面现代化的高质量发展,在国民经济和社会发展中发挥了重要基础保障作用。国家级气象现代化建设重点工程的实施,有力带动了省级气象现代化重点工程的建设。

重大气象工程建设,是推进建设现代化气象强国的支撑,编制"十四五"气象发展规划必须更加重视重大气象工程建设。根据对"十三五"气象规划中期评估发现,部分重点工程项目前期工作相对滞后,也存在重点工程前期预研不足、项目设计深度不够,影响了投资计划执行,影响了工程项目建设效益发挥。部分省份落实地方投资进度不理想,中央与地方有机结合和良性互动机制还需要进一步完善,中央投资带动地方投资的效果有待充分显现。因此,国家级和省级应高度重视"十三五"规划的贯彻落实,加快推进重点工程建设。同时,在编制"十四五"气象发展规划时,应考虑中央与地方对重大气象工程建设事财权划分,以利于重大气象工程建设进展更顺利、取得更大效益。

第十章　气象科技创新*

气象事业是科技型基础性公益事业,气象事业发展离不开科学的进步和技术的更新换代。2019年,全国气象系统准确把握世界气象科技发展大势,瞄准国际先进科技水平和新技术发展趋势,继续加强气象科技创新顶层设计,气象核心技术攻关任务取得重要进展,重点实验室布局进一步优化,科学数据共享效益凸显,科技创新能力进一步提升。

一、2019年气象科技创新概述

(一)坚持"三个面向"谋划科技创新战略

2019年,中国气象局深入贯彻党中央关于科技创新的重大决策部署,全面实施《加强气象科技创新工作行动计划(2018—2020年)》,在面向世界科技前沿、面向国家重大需求、面向气象现代化的主战场,注重凝练重大核心科技攻关需求,组织百余名行业专家研究编制《面向2035年的气象科技发展中长期规划》,对标世界气象强国谋划气象科技创新总体思路和发展格局。启动了《中国气象局野外科学试验基地发展规划(2021—2025)》的编制工作,制定了《中国气象局党组关于进一步激励气象科技人才创新发展的若干措施》,加快推进国家科技创新政策在气象部门落实落地。制定《创新机制推进核心技术攻关改革工作方案》,设立中国气象局创新发展专项,着力解决业务急需和区域共性科技问题,凝练重大核心科技攻关需求,提高气象科技规划的战略性和针对性,为"十四五"做好重点任务储备。

(二)气象核心技术攻关取得新突破

2019年,GRAPES完整业务体系建成,多项业务系统成功升级。资料融合与再分析、气候系统模式核心技术攻关任务取得重要进展,有力支撑智能网格预报、卫星遥感应用、冬奥气象保障等关键领域与业务服务。气象卫星精准服务"一带一路"沿线国家,全球应用服务潜力逐步释放。启动亚澳非季风科学试验预研,下一代多尺度数值模式发展取得阶段成果,前瞻性基础研究稳步推进。获批国家重点研发计划项目3项。

---

* 主要执笔人员:申丹娜　卢介然

(三)气象科学数据共享效益逐步显现

气象数据在支撑国家科技攻关、行业协同发展、激发大众创新活力、促进企业效益提升、支撑行业协同发展以及推进气象大数据产业合作共赢发展等方面效益显著。2019年,国家气象科学数据中心(中国气象数据网)正式成为科技部和财政部首批优化调整认定的20个国家科学数据中心之一。中国气象数据共享服务覆盖地面、高空、气象卫星、天气雷达等49种基本气象资料和产品,并提供三维台风、一带一路等10个气象大数据专题服务。服务对象涉及29个主要行业,用户分布71个国家。2019年度风云气象卫星观测数据总存档量达15 PB,实现与全球100多个国家和地区共享。

(四)气象科技研发能力进一步增强

2019年,气象科技供给能力进一步增强,气象科研投入结构不断优化,科研经费投入继续增长,科研课题覆盖面持续扩大,气象科技成果取得重大突破。争取中央财政科研经费3.8亿元,统筹部门资源设立创新发展专项。科技产出能力进一步提升,气象探测、华东区域数值预报中试基地正式运行,气象部门发表SCI论文数呈增长趋势,50余项科研成果在气象业务中实现应用。全年登记和备案科技成果1000多项,100多项成果实现业务转化,50余项高校科研成果在气象部门落地,共获得科技奖励70项。

二、2019年气象科技创新进展

(一)气象核心技术攻关深入推进

1. 国家重大科技计划和重点专项

2019年,中国气象局获批"风力发电复杂风资源特性研究及其应用与验证""全耦合多尺度雾-霾预报模式系统""主要经济作物气象灾害风险预警及防灾减灾关键技术"等多项国家重点研发计划重点专项项目。在研国家科技重点专项项目46项(表10.1),总经费10.98亿元(图10.1),获批国家自然科学基金项目98项(表10.2),合计经费4627万元。

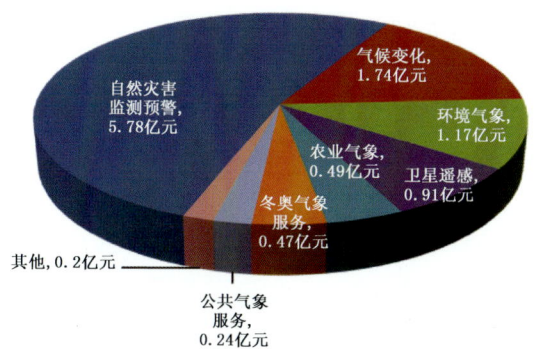

图10.1 2019年中国气象局国家重点研发计划地学项目在研项目学科分布

表 10.1 中国气象局系统承担国家重点研发计划在研项目

项目名称	牵头承担单位	执行期(年.月)
我国大气重污染累积与天气气候过程的双向反馈机制研究	中国气象科学研究院	2016.7—2020.12
我国东部城市群污染天气观测及大数据平台建设	上海市城市环境气象中心	2016.7—2020.12
北京市霾污染条件下PAN的变化特征及其源汇研究（青年项目）	中国气象科学研究院	2016.7—2019.6
京津冀地区大气污染物同化预报技术研究（青年项目）	京津冀环境气象预报预警中心	2016.7—2019.6
城市冠层效应对颗粒物重污染的影响研究及在WRF-CHEM模式中的应用（青年项目）	上海市城市环境气象中心	2016.7—2019.6
珠三角高密度城市局地污染过程的边界层热—动力机制研究（青年项目）	深圳市气象局	2016.7—2019.6
基于高分辨率气候系统模式的无缝隙气候预测系统研制与评估	国家气候中心	2016.7—2021.6
云水资源评估研究与利用示范	中国气象科学研究院	2016.7—2021.1
黑碳的农业与生活源排放对东亚气候、空气质量的影响及其气候—健康效益评估	北京市人工影响天气办公室	2016.7—2021.6
气溶胶对流云降水相互作用机理研究及京津冀区域模式应用示范	中国气象科学研究院	2018.01—2021.12
雷暴云起放电过程和雷击效应研究	中国气象科学研究院	2018.01—2022.12
超大城市垂直综合气象观测技术研究及试验	中国气象局气象探测中心	2018.01—2021.12
东亚区域高分辨率资料同化技术研发及大气再分析资料集研制	中国气象科学研究院	2018.01—2021.12
高精度可扩展数值天气预报模式研究	国家气象中心	2018.01—2022.12
重大灾害性天气的短时短期精细化无缝隙预报技术研究	国家气象中心	2018.01—2022.12
基于非结构网格的天气—气候一体化模式动力框架研发	中国气象科学研究院	2018.01—2021.12
多模式集合气候预测方法和应用研究	国家气候中心	2018.01—2022.6
多目标温室气体测量技术	中国气象局气象探测中心	2017.7—2020.12
东亚地区云对地球辐射收支和降水变化的影响研究	国家气候中心	2017.7—2022.6
小冰期以来东亚季风区极端气候变化及机制研究	国家气候中心	2018.5—2023.4
京津冀超大城市和城市群的气候变化影响和适应研究	国家气候中心	2018.5—2023.4
国产多系列遥感卫星历史资料再定标技术	国家卫星气象中心	2018.5—2022.4
冬奥会气象条件预测保障关键技术	中国气象局北京城市气象研究院	2018.8—2022.6

续表

项目名称	牵头承担单位	执行期(年.月)
高精度高空多参数监测传感器研发及应用	华云升达(北京)气象科技有限责任公司	2018.10—2021.9
气候变暖背景下极端强降温形成机理和预测方法研究	国家气候中心	2018.12—2021.12
青藏高原地—气象相互作用及其对下游天气气候的影响	中国气象科学研究院	2018.12—2021.11
东亚季风气候年际预测理论与方法研究	国家气候中心	2018.12—2021.11
往返式智能探空系统研制及试验	中国气象局气象探测中心	2018.12—2021.12
近海台风立体协同观测科学试验	中国气象局上海台风研究所	2018.12—2021.12
全球气象卫星遥感动态监测、分析技术及定量应用方法及平台研究	国家卫星气象中心	2018.12—2021.12
多源气象资料融合技术研究与产品研制	国家气象信息中心	2018.12—2021.12
卫星资料四维同化关键技术研发与系统建立	国家气象中心(中央气象台)	2018.12—2021.12
高纬度地区区域数值预报模式关键技术研发及应用	中国气象局北京城市气象研究院	2018.12—2021.11
热带地区区域数值预报模式关键技术研发及应用	中国气象局广州热带海洋气象研究所	2018.12—2021.12
多尺度全球大气数值模式物理过程和资料同化系统研究	中国气象科学研究院	2018.12—2021.12
中亚极端降水演变特征及预报方法研究	中国气象局乌鲁木齐沙漠气象研究所	2018.12—2021.12
西部山地突发性暴雨形成机理及预报理论方法研究	中国气象局武汉暴雨研究所	2018.12—2021.12
暴雨的多尺度作用机理及预测理论和方法	中国气象科学研究院	2018.12—2021.12
基于综合观测的强对流天气识别技术和示范系统开发	国家气象中心(中央气象台)	2018.12—2021.12
面向强降水短临预报的模式评估和订正方法研究	中国气象科学研究院	2018.12—2021.12
中国区域重大极端天气气候事件的归因方法研究	中国气象科学研究院	2018.12—2021.11
气象预警快速制作和传播平台关键技术研究	中国气象局公共气象服务中心	2018.12—2021.12
气候变化风险的全球治理与国内应对关键问题研究	国家气候中心	2018.12—2021.12
风力发电复杂风资源特性研究及其应用与验证	国家气候中心	2019.4—2023.3
全耦合多尺度雾—霾预报模式系统	中国气象科学研究院	2019.10—2022.12
主要经济作物气象灾害风险预警及防灾减灾关键技术	中国气象科学研究院	2019.1—2022.12

表 10.2　中国气象局系统承担国家自然科学基金在研项目

项目名称	项目类型	执行期(年)
电离层等离子体层耦合中的物质输运研究	重点项目	2020—2024
青藏高原异常降水与孟加拉湾风暴影响的机制研究	重点项目	2020—2024
江南地区暖区暴雨对流触发机制及组织结构研究	面上项目	2020—2023
探索多时空尺度集合预报扰动方法减缓数值模式预报的跳跃性研究	面上项目	2020—2023
三大洋海温异常梯度结构特征及对中国汛期降水的影响	面上项目	2020—2023
全球变暖背景下西太平洋副热带高压次季节持续性异常特征及成因	面上项目	2020—2023
两类 ENSO 的动力学定量诊断及与年循环相互作用机制研究	面上项目	2020—2023
基于 Wyrtki 指数的不同排放情景下 ENSO 周期变化机制研究	面上项目	2020—2023
北大西洋海温异常信号东传及对东亚夏季气候年际变率的影响研究	面上项目	2020—2023
卫星主被动遥感联合反演云体高度研究	面上项目	2020—2023
星载二维探测器高光谱分辨率光谱仪紫外波段非对称性和非均匀性研究	面上项目	2020—2023
考虑三维散射影响的卫星近红外高光谱二氧化碳反演与验证	面上项目	2020—2023
强对流初生特征的静止红外和极轨微波星座联合观测研究	面上项目	2020—2023
冬小麦越冬绿叶面积和地上生物量消长规律及其模式研究	面上项目	2020—2022
华北地区环境气溶胶散射相函数变化特征的观测研究	面上项目	2020—2023
基于多频雷达多普勒速度谱差异的降水微物理参数反演研究及应用分析	面上项目	2020—2023
技术进步对全球极端气候变化及其经济损失的模拟预估研究	面上项目	2020—2023
下垫面变化对我国气溶胶浓度时空分布影响数值模拟研究	面上项目	2020—2023
基于 GRAPES−CUACE 伴随模式的二次污染物优化调控方法研究	面上项目	2020—2023
东亚西风急流延伸期关键信号识别及其集成预报	面上项目	2020—2023
气象−化学耦合作用对我国中长期数值天气预报的可能影响及机理研究	面上项目	2020—2023
不同污染背景下雾滴谱的离散度对雾影响机理的模拟研究	面上项目	2020—2023
华北地区大气气溶胶吸湿性垂直分布的飞机观测研究	面上项目	2020—2023
基于地基云雷达和激光雷达联合反演云滴谱垂直分布的方法研究	面上项目	2020—2023
利用膨胀云室定量化研究气溶胶数浓度及上升速度对暖云形成机制的影响	面上项目	2020—2023
干旱胁迫对东北春玉米开花−吐丝间隔及产量组成的影响及模拟研究	面上项目	2020—2023
纳米碘化银凝华成核机制研究	面上项目	2020—2023
初夏东北亚阻高变异与中高纬相关及外强迫的联系	面上项目	2020—2023
环境垂直风切变控制影响热带气旋强度变化的中尺度过程	面上项目	2020—2023
尺度自适应的边界层与浅对流统一参数化研究	面上项目	2020—2023
边界层顶大气过程影响深对流强度变化机制及参数化闭合研究	面上项目	2020—2023
基于降水场时空协同性约束的多模式降水预测改进技术研究	面上项目	2020—2022

续表

项目名称	项目类型	执行期(年)
复杂山脉对青藏高原东移对流系统增强的机制探讨	面上项目	2020—2023
基于多扰动源多尺度相互作用的华南对流可分辨集合扰动技术研究	面上项目	2020—2023
华南强降水实测雨滴谱特征在云微物理方案中的适用性研究	面上项目	2020—2023
河西地区高层大气向边界层动量下传对强沙尘暴的影响机制	面上项目	2020—2023
夏季风对黄土高原不同生态系统水热交换和碳循环的影响研究	面上项目	2020—2023
西北干旱区夏季降水变化对青藏高原冬春积雪异常的响应及其机理研究	面上项目	2020—2023
典型半干旱雨养区降雨过程对马铃薯农田干旱的解除效应及其调控机制	面上项目	2020—2023
沙漠腹地人造绿地不同功能单元陆气通量定量拆分与变异研究	面上项目	2020—2023
全球变化背景下中亚区域多种树轮参数的气候响应稳定性研究及历史气候重建	面上项目	2020—2023
新疆—中亚过去气候变化的树轮重建与数值模拟分析	面上项目	2020—2023
滴灌模式下绿洲棉田干旱发生与致灾解除过程特征及其临界条件研究	面上项目	2020—2023

2."高分辨率资料同化与全球模式"攻关任务

该项目的总体任务目标是实现 GRAPES 全球中期预报系统、GRAPES 全球四维变分同化系统、GRAPES 全球集合预报系统业务化运行,为我国天气预报水平的提高提供重要科技支撑。主要解决集合预报初值扰动、下一代同化技术、全球模式动力框架的计算精度和质量守恒性等诸多技术问题。在卫星资料同化技术、同化精度、模式预报精度和稳定性方面有较大突破,同化卫星资料数据量占比达70%,全球中期预报能力显著提高,全球数值预报有效时效达到7.5天。在科学技术方案上实现升级换代,多矩约束有限体积模式动力框架的研发和并行化奠定了中国气象局下一代高精度守恒高可扩展性大气模式的重要基础(图10.2)。

2019年,该项攻关任务取得以下成果:

进一步完善预估—修正算法和3D参考大气的新动力框架,并抬高模式顶至0.1百帕。新动力框架可将半隐式系数从0.72减小到0.55,在0.25°水平分辨率的情况下,可将时间步长从300秒延长到450秒,提高了计算精度和计算效率。基于该框架,将模式的垂直层次由现在的60层,约4百帕,提高至87层,约0.1百帕;

对非地形重力波方案研发,饱和水汽压算法、热带地区低层温湿偏差的诊断、近地层过程等进行改进,模式在高层的预报性能得到明显提升,提高了预报的整体能力。在高精度可扩展下一代模式研发中形成了可接入物理过程的高精度大气模式框架;

在自主耦合器第二版本(C-coupler2)的基础上,完成了基于耦合器的动力-物理耦合新架构。该新的软件架构支持通用并行、单柱与三维物理过程的动力与物理之间的模块化耦合、并行异步I/O等;

2019年 业务数值预报系统——全 GRAPES 系列

	GRAPES_GFS全球预报系统(含台风)	高分辨率 GRAPES_Meso 3km	中尺度模式 (GRAPES_Meso)	区域台风 (GRAPES_TYM)	区域集合预报 (GRAPES_REPS)	全球集合预报(含台风) GRAPES-GEPS
预报时效	中期 (10day)	短期 (3day)	短期 (3day)	5天	3天	15天
预报范围	全球	中国	东亚	西太平洋	东亚	全球
水平分辨率	0.25°×0.25°	3km	10km	12km	15km	0.5°
垂直层次	60 3hPa	50 10hPa	50 10hPa	31 10hPa	31 10hPa	60 3hPa
预报时长 (Initial time)	240 hours (00、12 UTC)	72 hours (00、12UTC)	72 hours (00、12UTC)	120 hours (00、12UTC)	72 hours (00、12UTC) 15members	360 hours (00、12 UTC) 30 members
初值	GRAPES_4DVAR	Cloud Analysis	GRAPES_3DVAR	GFS+Bogus	GEPS 侧边界 ETKF+SPPT	SVs + SPPT

图 10.2　2019 年 GRAPES 运行性能

　　基本完成雷达、静止气象卫星等遥感资料的同化，实现 FY-4 卫星云覆盖率和亮温资料的应用，实现了 FY-4 亮温和云覆盖率资料的应用算法等关键技术问题；

　　升级了 GRAPES 全球切线性模式和伴随模式，构建了采用新动力框架的全球 4D-Var 同化系统，其分析和预报略好于 2.4 版本，全球 4D-Var 内循环计算时间增加约 20%。GRAPES En4DVar 混合资料同化技术取得显著进展，En4DVar 在南北半球的改进效果达 2～3 天，在赤道地区达 4～5 天，风场改进尤其显著。En4DVAR 在 4DVar 分析预报水平上可以进一步提高分析预报质量，En4DVar 技术基本成熟。覆盖全国范围，3 千米分辨率的 GRAPES 模式实现业务运行，基本建立了 3 千米分辨率的 GRAPES 同化系统。

　　2019 年，全球数值天气预报模式可用性继续保持在 7.5 天的预报水平，全球数值天气预报模式分辨率由 2015 年的 50 千米提高到了 25 千米，区域台风路径误差为 74.2 千米，较 2018 年 77 千米误差减小（图 10.3，图 10.4，图 10.5）。

　　3."气象资料质量控制及多源数据融合与再分析"攻关任务

　　该项目的总体任务目标是实现气象数据产品质量与国际同类产品质量基本持平（图 10.6），形成 40 年全球大气再分析（CRA-40）卫星资料数据集，建成更加完整的全球陆地、高空、海洋、风廓线定时值数据集。主要解决气象资料质量控制、评估与偏差订正、卫星资料处理、多源数据融合、大气再分析等技术问题。提升全球实时资料自主处理能力，实现全球大气再分析实时运行，完成东亚区域 5 年再分析资料研制，降水、陆面、海洋、三维云等融合分析产品已对智能网格预报等业务形成有力支撑。2019年，该项攻关任务取得以下主要成果。

图10.3　2014—2019年全球数值天气预报模式可用性

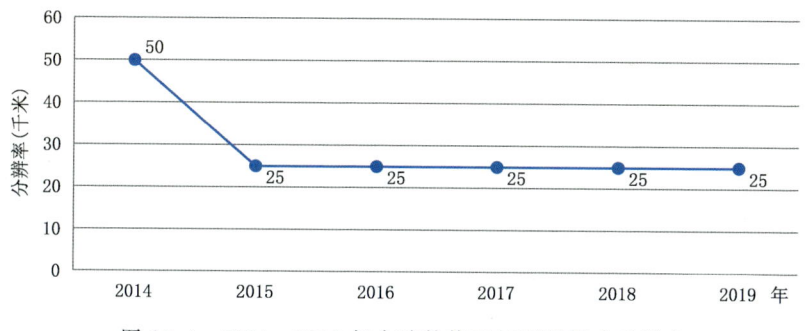

图10.4　2014—2019年全球数值天气预报模式分辨率

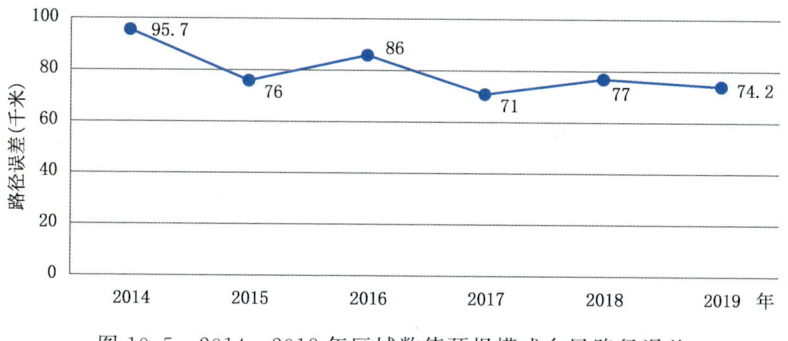

图10.5　2014—2018年区域数值预报模式台风路径误差

（1）完成了自1979年以来的全球常规资料的再处理，形成观测资料数据集，为相关气候数据产品研制提供基础数据。完成地空、GNSS水汽产品等多类观测资料质量控制评估技术的优化升级。自主研发的常规观测资料统计分析、偏差订正和均一化技术取得较好应用效果。新版全球定时值基础数据集实现业务应用，形成高质量的全球基本气候数据产品，天气雷达资料实现了质量控制和产品系统业务化运行。

（2）改进敦煌辐射校正场自动化业务定标算法（自动化业务定标算法定标精度优于5%）；改进AVHRR、MODIS云雪判识算法，准确率分别较前一版本提高2%和

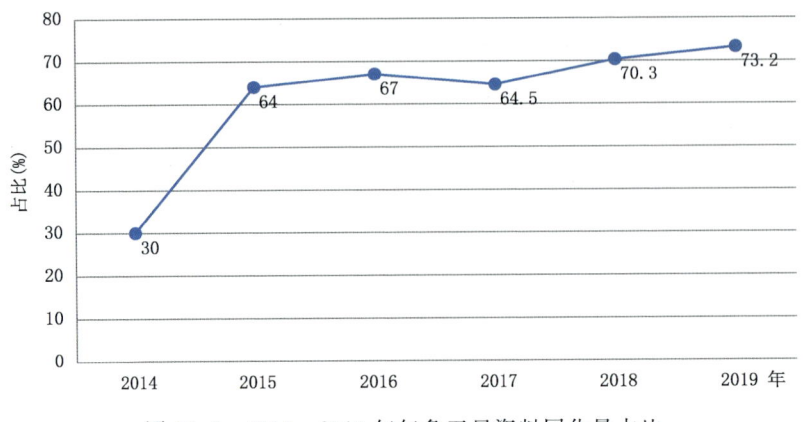

图 10.6 2014—2019 年气象卫星资料同化量占比

1%;改进 AVHRR 积雪覆盖产品算法;改进降水估计算法;改进海温反演中的云检测算法,完成 FY-3C/VIRR 业务海温质检、误差分析以及长序列海温重处理。

(3)升级业务系统至 ART1.1,改进产品时效和质量,进一步提高稳定性;新增 4 类多源融合实况分析产品;研制全球降水、亚洲区域土壤温湿度多源融合长序列数据集,研制完成 1979—2018 年逐 6 小时、0.5°分辨率的全球融合降水数据集;研制完成 1998—2018 年亚洲区域 6.25 千米逐时土壤湿度、温度数据集并进行与 Noah 模式和 Noah-MP 模式模拟的对比评估。

(4)深入攻关卫星资料同化应用关键技术,完善 CRA-40 卫星资料数据集,完成中国第一代全球大气/陆面再分析产品(CRA-40、CRA-40/Land)研制,多角度开展 CRA-40 综合评估,实现了全球大气实况分析系统业务试运行。

(5)完成 2008—2017 年东亚观测资料收集和整理。完成 2008—2017 年陆地、海洋、飞机报观测、探空观测数据的收集和整理以及数据分析和质量控制,实现了地面数据和海洋数据的整合与格式转换。完成雷达资料整理和格式转换,完成 2008—2016 年的东亚区域大气再分析数据集生成,并对研制的数据集进行检验。进一步优化东亚区域再分析检验与评估分系统,开展了再分析数据集的检验和区域大气再分析数据的释用。评估结果表明,与 ERA-Interim 资料相比,东亚区域大气再分析偏差均有减小,尤其对地面风、比湿、气压的改进尤为明显。

4."气候系统模式和次季节至季节气候预测"攻关任务

该项目的总体任务目标是完成全球高分辨率大气模式 BCC_AGCM3(T266L56)的定版,其中垂直分层 56 层,模式顶达到 0.1 百帕;开展 30 千米分辨率(T382)的模式开发,初步形成能稳定运行的 T382L56 模式。主要解决模式分辨率、物理过程、模式耦合及预测等技术问题。模式的模拟能力获得明显改进,发展季风、副热带高压等环流型的预测方法,开展对东亚次季节至季节气候异常机理探索,建立

ENSO、MJO监测预测系统,2019年汛期预测效果较好,技巧评分较高(表10.3)。2019年,该项攻关任务取得以下成果。

表10.3 全球气候系统数值模式指标对比

指标名称	得分					
	2014年	2015年	2016年	2017年	2018年	2019年
全球气候系统模式能力	6.30	5.00	5.00	5.00	5.00	5.20
全球气候系统数值模式分辨率	45.00	45.00	45.00	45.00	45.00	30.00
全球气候系统数值模式准确率	0.09	0.09	0.09	0.09	0.10	0.20
环境气象数值预报模式可用性	5	5	5	5	5	5
城市环境气象数值模式分辨率	3～15	3～15	3	3	15	1

(1)制作T382分辨率(1152×576)的陆面基础数据(包括土壤质地、网格内最多6类植被类型及面积比例、植株高度等),制作了T382的精简网格数据(高纬度格点数减少)并应用到模式中进一步提高了模式的计算效率。形成了能稳定运行的T382L56和T382L70模式,并应用于高分辨率耦合系统模式中。对模式中与谱变换相关的并行算法进行优化,有效提高了谱模式并行规模和计算效率。当运行规模在近5000核时T382L56的并行效率可达到50%左右。实现1/4°MOM5与T266L56大气模式耦合,耦合频率提高到1小时交换一次,有效改进模式模拟的平均态,缓解海温偏低问题。完善BCC_AGCM模式,显著提高了对纬向风垂直结构和平流层爆发性增温事件的模拟能力。

(2)实现了对AVISO海表高度资料、AVHRR海表温度资料、ARGO和GTSPP温盐廓线资料的同化,形成了20年长度的耦合同化产品,技巧明显改进,可为高分辨率气候模式提供可靠的预测初值条件。对BCC-CSM2-HR模式进行多参数扰动集合预测方法研制,回报试验检验表明,参数扰动集合可以有效提高模式在预报10日后的离散度,减小模式误差的不确定性;同时提高模式对于大尺度环流变量如经纬向风、温度、位势高度等在0～30日内的预报技巧。对BCC-CSM2-HR模式SPPT参数扰动方案的引入可以有效提高模式对次季节-季节尺度降水的集合预报技巧,也优于传统的时间滞后初值集合平均预报。

(3)业务预测模式对印度洋偶极子(IOD)预报冬季1月份的IOD技巧得到明显提高,前3个月预报技巧从0.1～0.25提高到0.42～0.55。ENSO预测检验和气候影响研究成果形成行业标准《QX/T 507—2019 气候预测检验 厄尔尼诺/拉尼娜》获批发布,并于2020年1月1日实施。

(4)在土壤水热传输参数化方案中减少土壤导热率、增大土壤导水率,减少了原方案模拟地表温度的偏差。在BCC_AVIM模式中改进农作物的物候方案以刻画华北地区农作物一年两熟的过程,改善了中国东部陆气相互作用的模拟。将BCC模式对MJO的预报技巧由17天提升至20天,实现多初始化方案的MJO集合预报。建立基于多模式的AO预测产品,实现了对AO指数过去6个月的逐月监测和未来6个月的逐月预测。

(5)将气候现象信息的降水和温度网格预测技术应用于我国逐月－季节平均的降水、温度统计降尺度预测模型。建立全球格点1×1分辨率降水预测系统,预测产品在国家气候中心中试平台运行和发布。研发完善华南前汛期、梅雨、华北雨季、华西秋雨次季节至季节预测方法与模型。发现华南暴雨"积成效应"强年的空间分布有全区偏强型(中部型)与西部偏强型(西部型)两种典型类型。揭示华南前汛期开始早晚的成因和关键影响环流系统与因子,研发出动力模式对前汛期关键环流系统在延伸期尺度上的预测。揭示2018—2019年我国极端气候事件的发生机理,为提高南海夏季风爆发、华北极端高温和江南地区冬春季节连阴雨天气的预测能力提供新参考。

5."多尺度数值预报系统"攻关任务

该项目的总体任务目标是完成浅水框架并行版本的发展和测试检验,研发三维干动力框架原型版本,建立高分辨率分量模式耦合的海-陆-气-冰耦合系统。主要解决大气动力框架、物理过程参数化、高分辨率海陆气冰耦合、全波段快速辐射传输模式等技术问题。利用CAMS-CSM模式完成CMIP6核心试验,再现与观测一致的全球大尺度环流的平均态、季节循环、季节内变率、年际和年代际变率以及ENSO-季风关系的主要特征。研发中国第一代快速辐射传输模式ARMS测试Beta版,扩展卫星应用和研究能力。耦合模式初步具备开展季节与年代际预测的能力。2019年,该任务主要进展如下:

(1)数值模式动力框架取得突破,体现了良好的守恒性、稳定性和预报精度,性能达到国际先进水平。完成并行版本浅水模型框架在非线性动能谱方面的评估工作,该模式能够合理刻画出动能谱随分辨率提高的变化特征。

(2)完成初始版本全球三维非静力大气干动力内核的开发、评估和敏感性测试,该内核可准确刻画从百米至百千米分辨率下的多尺度大气运动;完成基于并行网格产生器的球面网格生成装置,已用于高分辨率网格的产生,在160节点提升至320节点(32核/节点)的过程中,模式显示出接近90%的并行效率。

(3)完成多谱带辐射方案的开发和测试;完成高光谱分辨率的气溶胶和云辐射参数化方案;完成RRTMG长短波四流累加计算;完成次网格地形参数化方案在GRAPES和WRF模式中的测试;完成单冰云微物理、统计云宏物理、double plume对流方案的开发、测试;建立基于非结构网格计算框架的单柱模式套件,初步验证了物理过程包及其耦合方式的可靠性。

(4)完成包括球面非结构网格的地形高度、地表分类、海陆分布等静态资料以及标准经纬网格的大气初始场到球面非结构网格的插值处理;完成Noah-MP陆面模式与新模式框架体系的初步耦合;改进CAMS-CSM模式模拟性能,年平均温度、风场、位势高度以及降水场等误差均有减少,对热带大洋的短波云辐射强迫有明显改善;优化代码,优化后单独的大气模式以 40MPI 进程×8 个 OpenMP 线程运行,效率提高接近一倍,耦合模式 CAMS-CSM 计算效率提高接近 50%,且具有良好的负载均衡性和并行可扩展性。

(5)完成 CMIP6 计划的 DECK、historical、ScenarioMIP、GMMIP 等试验,完成 ESGF-node 数据发布节点的搭建;集成/激活了陆面和水面的发射模块,使 ARMS 可对陆面和海洋等下垫面情况进行模拟计算。

(6)将带偏振的二流近似 P2S(polarization two-stream)模式对应的切线性和伴随模式嵌入了 ARMS 里,其不但可模拟卫星接收到辐射强度(或亮温),还可得到不同状态变量的雅可比;实现了风云三号 D 星微波探测仪的匹配融合,获得新的微波探测仪融合产品数据集;构建了基于场景自适应的一维变分反演算法,可成功反演出台风的热力结构。

6. 人工影响天气关键技术

2019 年,继续加强人工影响天气关键技术攻关和产学研用深度融合,推进人工影响天气科技创新发展。科技部、自然科学基金委员会等部门批准实施"人工影响天气基础理论、数值模式技术研究""典型区域云水资源监测、开发和耦合利用示范"和"祁连山地形云人工增雨(雪)技术研究试验"等一批重点科技项目,提高基础理论认识和应用技术研发能力。自主研发的 3 千米水平分辨率的云降水数值预报系统投入业务运行,国产新型高效催化剂的催化效率提高 100 倍以上。甘肃、新疆等省(区)积极开展无人机增雨试验,探索国产工业设备与人工影响天气的融合发展。

完善中国气象局云雾物理环境重点开放实验室、中国气象局华北云降水试验基地及吉林云物理野外科学试验基地建设。针对重点区域生态修复和保护,新建成天山、祁连山、青海三江源、宁夏六盘山等国家级外场科学试验基地。推广高炮、火箭操作人员身份识别、密码管理等技术,完成基层作业点试点示范。

(二)实验室和试验基地聚焦自主创新

1. 国家重点实验室

重点实验室布局进一步优化,到 2019 年底,共建成 1 个国家重点实验室和 17 个中国气象局部门重点实验室(与上年实验室数相同)。其中,灾害天气国家重点实验室发展势头良好,在能力建设、人才培养、成果产出方面取得重要进展。

中国气象局重点实验室分布在 5 个学科领域,主要包括应用气象、气候与气候变化、大气探测、环境气象、天气与数值预报领域。2019 年,中国气象局重点实验室承担了国家级课题 186 项,获得国家科学技术进步奖二等奖 1 项(参与完成);省部级科技类奖励 10 项(含参与完成),其中部门外省部级奖励 7 项,主要包括省级科学技术进步一等奖 1 项、二等奖 2 项、测绘科技进步一等奖 1 项等;获得授权发明专利 9 项、实用新型专利 28 项、外观设计专利 1 项;软件著作权登记 93 件,编制气象行业标准

8项、地方标准4项。在国内外学术期刊及会议上发表学术论文696篇,其中SCI或EI论文检索收录的有294篇,占全部发表学术论文的42.2%。

人才培养方面,2019年,中国气象局重点实验室共有工作人员1016人,其中固定人员706人,流动人员310人,具有副高级以上职称的人员共480人,占固定人员人数的68%;具有博士学位的人员387人,占固定人员人数的54.8%,新增入选国家"万人计划"青年拔尖人才2人,队伍结构体现出了以中青年为骨干,高学历、高专业技术职称研究人员为主的结构特点。

2. 重大科学试验

2019年,科学试验取得新进展。联合开展了季风/台风强降水协同观测试验,初步建立了协同观测试验数据集和共享平台;利用云雷达和相控阵天气雷达开展了青藏高原墨脱地区水汽、云降水的观测,提出了云雷达反演固态降水微物理特征的方法,发展了双线偏振雷达组网降水估测方法;雷电野外科学试验成功触发闪电39次,数量创历史新高,引雷成功率达到70%。

2019年,深化了对华南沿海暖区强降水对流触发和发展的关键因子和物理过程的认识,获得珠三角、长三角城市化对极端小时降水发生频次增多有正面贡献的证据;阐明了东亚季风季节循环的年际变化特征,揭示了ENSO不同状态下东亚夏季风次季节主模态的差异,提出了2018年南海夏季风爆发极端偏晚和7月东北亚地区持续高温事件的成因和机理;发展了东亚季风季节尺度预测模型;研究发现温室气体排放使得北半球陆地未来夏季四分之三的天数将发生致灾性最强的复合型热浪;建立了基于人工神经网络算法的暴雨降水概率预报方法,开发了基于自主气象数据科学计算平台的机器学习工具箱的初级版本;揭示了污染-气象之间的"双向反馈机制"是大气重污染事件维持及$PM_{2.5}$爆发性增长的主导机制;研发了中国农业气象模式和生态文明建设绩效考核气象条件贡献率评价系统;建立了北极西北航道海冰时空变化图集,评估了过去50年南极气候极端事件的时空分布及发生机制。

3. 企业气象科技创新

2019年,企业气象科技创新充满生机活力,华云集团、华风集团推出了一大批气象科技创新成果。

(1)华云集团气象科技创新

2019年,华云集团在X频段数字相控阵雷达、气溶胶激光雷达、基于AI技术的天气现象智能识别系统、超声测风仪、生态气象观测站等项目上持续加大自主研发投入,获得"双偏振雷达的系统差分相移标定方法及系统"等7项发明专利、6项实用新型专利、2项外观设计专利、41项软件著作权、10项气象装备许可证。多通道数字中频信号处理器已达到世界先进水平、大动态接收机将动态范围从95分贝提高到105分贝并已在新一代天气雷达技术升级中得到全面推广;完成FY-2H气象卫星地面系统和用户站建设,已在"一带一路"沿线相关国家推广应用;风云三号E星地面系统项目已完成研发,风云四号省级接收站(二期)HRIT 数据接收和数据应用平台建设完成,船载四期项目完成方案论证和集成优化。

2019年,华云集团牵头的3项科技部重大科学仪器设备开发重点专项进展顺利,其中"多要素智能气象站的研制与应用"顺利通过科技部综合验收;"高精度高空多参数监测传感器"完成了探空仪温湿压风采集电路的优化和设计,开展了艇载气象观测仪测试,已通过科技部年度检查;"海洋气象漂流观测仪开发及应用"已完成考核指标,正在进行海洋测试试验和成果转产工作。"气象漂流浮标"小批量投产试制工作进展顺利,依托海洋科考项目在太平洋上多次批量投放,运行情况良好,"海滨自动气象站"已经转产并批量生产销售。参与的"龙卷预警、预报技术和业务试验"项目完成了龙卷预警软件平台的设计和开发,"往返式智能探空系统研制及试验"完成远程智能控制系统样机研制,开展了长江中下游组网平漂试验等。"双线偏振技术业务化应用研究"等4项公益性气象行业专项已全部完成结题验收。

(2)华风集团气象科技创新

2019年,华风集团承担了1项国家重点研发计划课题和2项气象软科学项目的研究。自筹2698万元经费扶持25个创新研究项目,其中与中国科学院地理科学与资源研究所立项探索处理后的雷达数据与AI短临预警技术结合的方案,为集团建立标准化、智能化和可视化的业务科研系统提供了良好支撑。

2019年,华风集团加强开放合作,建立新型创新机构。发起成立"气象服务产业技术创新联盟",建立产学研紧密结合的协同创新机制。联合成立"华风南京信息工程大学研究院""中国天气·二十四节气研究院""深圳智慧气象研究院",引进高级专业技术人才,推动气象服务领域科技研发、成果转化与人才培养。

2019年,华风集团共获得3项专利、13项软件著作权,成果转化项目经费达到3448万元。构建互联网+的融媒体智慧气象服务体系。启动三峡水电气象服务,探索云预报服务、生态气象遥感服务等。拓展媒体资源,农业频道等全新天气预报节目开播,多个频道完成改版。发力地方生态文明建设全媒体融合传播,推出"中国天气"金名片工程,打造特色旅游推广联盟。

(三)气象科研院所改革取得新进展

中国气象局进一步深化气象科研院所改革,完善气象科研院所布局。中国气象科学研究院扩大自主权国家试点取得较好成效,获批开展科研绩效评价试点,强化依章程管理,出台管理办法20余项,现代院所管理制度不断完善,对业务的支撑能力显著提升。2019年,中国气象科学研究院获批"重大自然灾害监测预警与防范"重点专项项目5项,承担课题13项,立项经费数在当年获得国家重点研发计划专项的全部601家单位中排名第25位;发表SCI论文260多篇,"台风监测预报系统关键技术"荣获国家科技进步二等奖;"雷电临近预警系统"等3项成果通过业务准入进入国家气象中心应用。

南京气象科技创新研究院挂牌成立。2019年,中国气象局分别与江苏省政府、南京市政府签署合作协议,利用南京的气象科技、教育和产业优势,共建南京气象科技创新研究院。研究院以中国气象科学研究院为主、江苏省气象局为辅进行管理,由中国气象局联合南京大学、南京信息工程大学、河海大学、国防科技大学等高校共同建设。

专业气象研究院所改革发展不断推进。2019年,落实《中国气象局深化专业气象研究所改革方案》,推进中亚大气科学研究院、广州热带气象研究院建设,以提升创新能力、加大专业院科技队伍体量为核心制定研究院建设方案。围绕粤港澳大湾区建设国家战略,按照新型研发机构建设要求,创新体制机制,充分利用深圳科技人才政策,成立粤港澳大湾区气象监测预警中心,组建创新团队,支撑区域数值模式研发。开展国省两级气象科研院所评估,优化布局,做大做强创新平台,实施创新发展专项。发挥南京气象科技创新研究院先行先试和创新引领作用,推动形成气象大科技格局。省级气象科学研究所改革稳步推进。

(四)气象科学数据共享持续推进

1. 气象数据网共享服务

2019年,中国气象数据网数据服务覆盖地面、高空、气象卫星、天气雷达等49种基本气象资料和产品服务,同时提供三维台风、"一带一路"等10个气象大数据专题服务。累计用户突破30万,服务对象涉及29个主要行业,用户遍布71个国家,年访问量超过1.2亿人次,数据服务接口年数据服务量1.17 PB。气象数据在支撑国家科技攻关、行业协同发展、激发大众创新活力、促进企业效益提升、支撑行业协同发展以及推进气象大数据产业合作共赢发展等方面效益显著。

2019年,中国气象局利用大数据及可视化等相关技术,向社会各类用户提供交互式在线检索、定制下载、热线问答以及移动APP等综合服务,建立了涵盖网站、移动APP、微信、微博综合服务平台,满足社会公众用户任意时间、任意位置的应用需求,PC、手机、平板电脑等多种方式访问。实现了从单一气象数据服务向气象专业知识服务转变,推动气象大数据向智能、交互、融合方向演变,面向社会公众提供多样化气象数据。

2019年,中国气象局已向国务院、自然资源部、民航气象中心、生态环境部、交通运输部等12个部委提供气象数据服务保障,年服务总量近0.46 PB。向29个社会主要行业的用户提供气象资料和产品。加强了重大活动及灾害应急响应能力建设,积极做好应急决策响应服务。

2019年,中国气象局有效发挥中国气象数据网接口优势,接口服务涵盖地面、高空、卫星、雷达以及数值预报模式产品等89种气象观测数据和产品。企业用户日访问量近300万人次,年服务量34.9 TB,国家气象科学数据中心企业实名注册用户数达1041个,其中用户主要包括气象相关行业(18.6%)、环境与安全(13.2%)、工程与技术科学(12.5%)等行业(图 10.7,图 10.8)。据统计,平均每年可为企业节省近千万元开支,带来的直接或间接效益累计超过 13.93 亿元,占全部新增效益的约 18%。气象数据释放了大数据红利,助力企业创新发展。

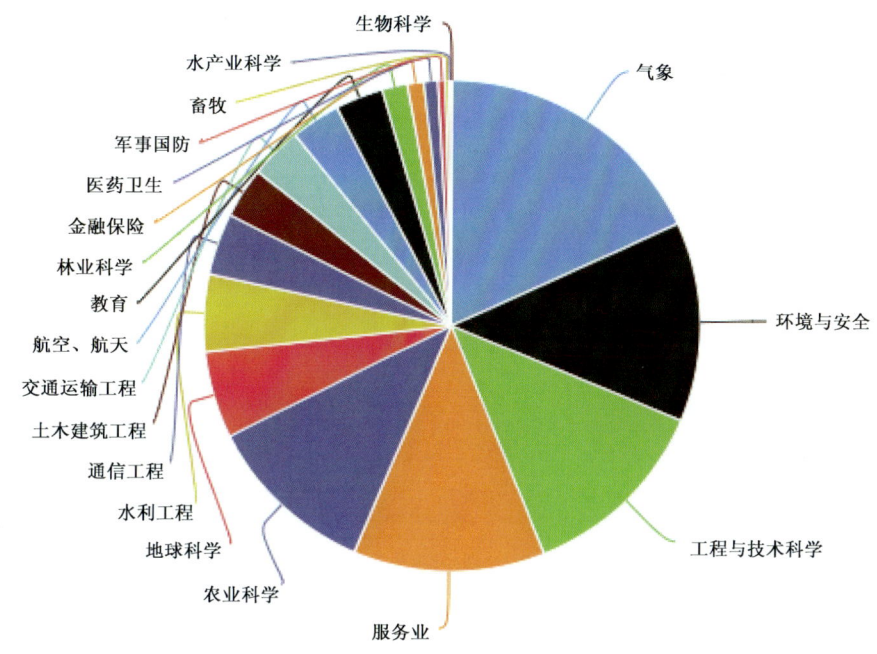

图 10.7 2019 年中国气象数据网企业用户行业分布

气象科学数据共享在支撑国家科技创新,提升气象数据科学应用价值方面取得了显著效益。截至 2019 年 12 月,中国气象数据网为清华大学、北京大学、中国科学院、中国社会科学院等 3600 余家高校、科研机构提供数据服务,支持各类项目累计 6406 项(图 10.9),其中国家科技支撑计划、"973"、"863"、自然科学基金等重点科研项目(课题)3217 项,用户应用气象数据发表论文 1900 余篇(图 10.10)。通过资源共享和整合发布 860 多万条科技信息资源。面向院士和专家学者提供气象专业知识推送服务,累计推送 52 期,共计 1300 篇文献,面向重大战略咨询课题服务整编制作信息简报 10 期。气象科学专业知识服务系统更新气象领域专业数据资源共计 400 万多条。

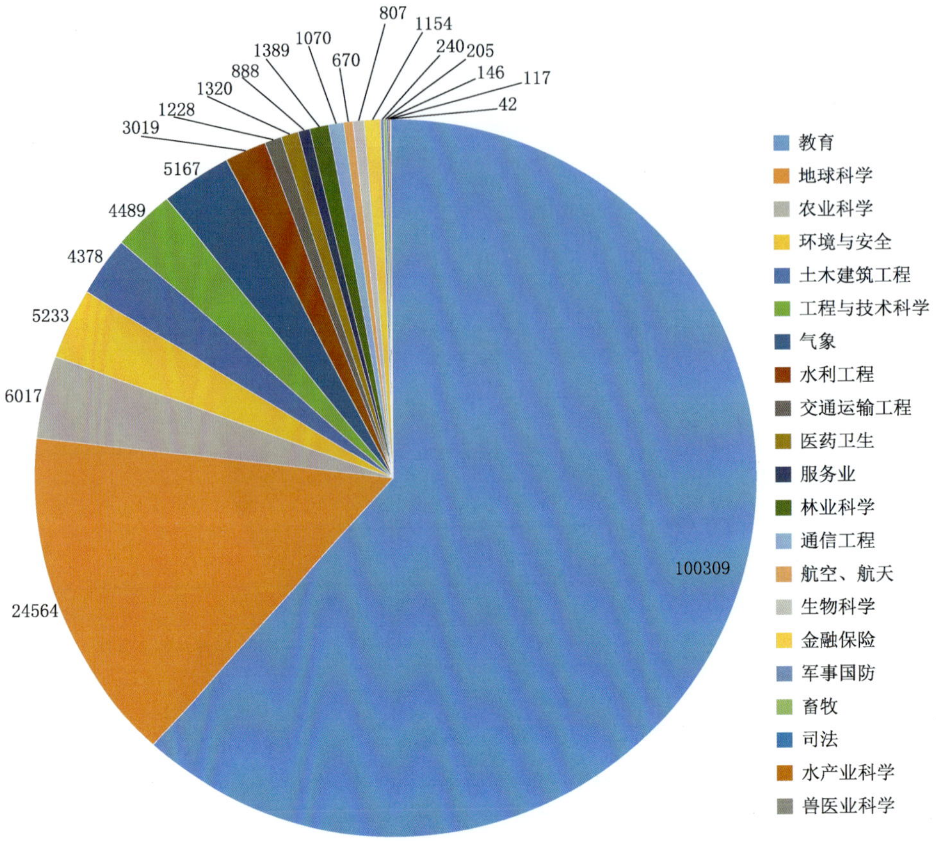

图 10.8 2019年中国气象数据网用户的行业分布（单位：个）

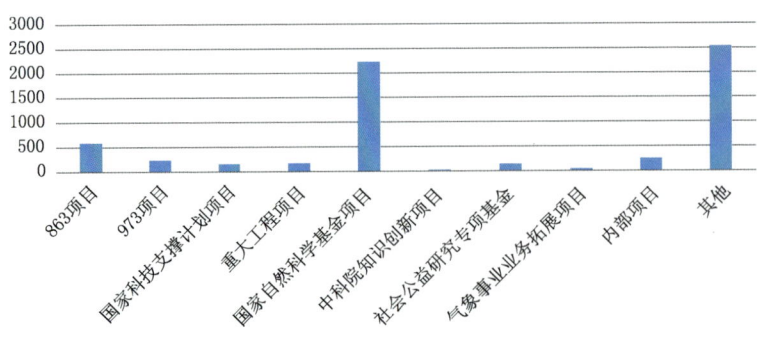

图 10.9 2019年气象数据服务科研项目数量（单位：个）

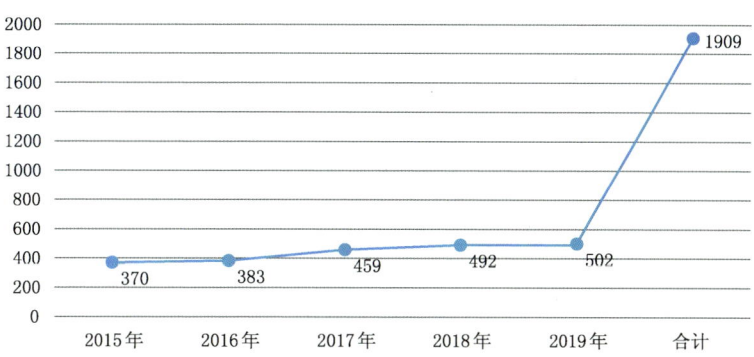

图 10.10　2015—2019 年气象数据支撑科技论文发表篇数（单位：篇）

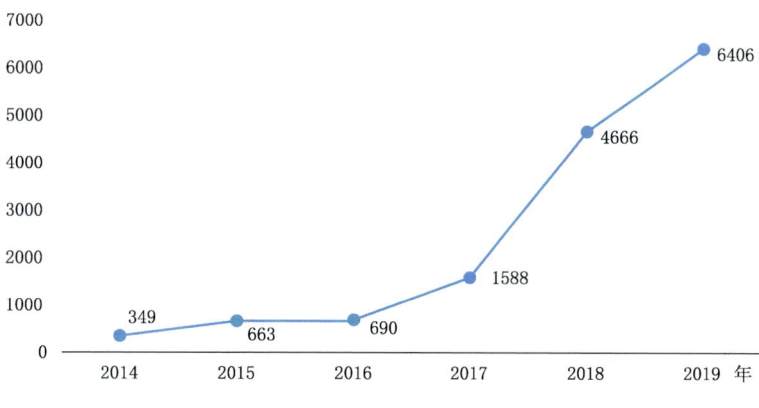

图 10.11　2014—2019 年气象数据服务科研项目（个）

从表 10.4、表 10.5 可知，2019 年气象数据服务科研项目比上年增长了 37.3%，为 2014 年的 18 倍多（图 10.11）；应用气象数据取得的科技成果比上年增长了 35.6%，为 2014 年的 9 倍多。

表 10.4　气象数据服务科研项目数量统计总表

科研项目类型	2014 年	2015 年	2016 年	2017 年	2018 年	2019 年
863 项目（课题）	8	20	15	150	407	588
973 项目（课题）	14	59	19	62	166	235
国家科技支撑计划项目（课题）	58	73	23	41	122	158
重大工程项目			17	32	118	172
国家自然科学基金项目（课题）	206	431	270	582	1673	2236
中国科学院知识创新项目			4	10	22	30
社会公益研究专项基金	63	80	37	43	127	146

续表

科研项目类型	2014年	2015年	2016年	2017年	2018年	2019年
气象事业业务拓展项目			13	7	39	46
内部项目			27	65	203	254
其他			265	596	1789	2541
合计（项）	349	663	690	1588	4666	6406

数据来源：国家气象信息中心。

表10.5 应用气象数据取得科技成果统计表

科技成果类型	2014年	2015年	2016年	2017年	2018年	2019年	合计
发表论文、论著、成果	294	370	383	459	492	667	2665

数据来源：国家气象信息中心。

（五）气象科技研发能力进一步提升

2019年，气象科研投入结构继续优化，国家级项目经费投入继续增长，气象科技成果取得重大突破，气象科技研发实力进一步增强。

1. 气象科研经费

2007—2019年，全国科研课题经费投入总体保持增长态势，累计投入共计75亿元，年均投入6.25亿元，"十三五"期间，累计投入27.2亿元，年均投入6.8亿元，较2007年增长了1.8倍（图10.12，图10.13）。2019年，全国气象部门科研课题经费总额8.96亿元，其中，中央财政直接下达课题经费总额5.35亿元，省级政府机构下达经费总额1.33亿元，中国气象局下达经费总额0.62亿元。

2019年中国气象局获批国家重点研发计划项目3项，课题1项。在研国家科技重点专项项目46项，获批国家自然科学基金项目98项。

图10.12 2007—2019年全国科研课题经费来源情况（单位：万元）

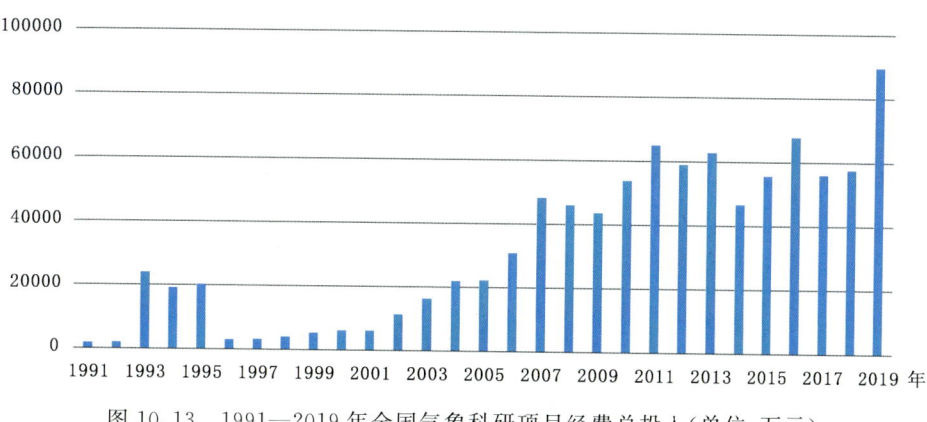

图 10.13　1991—2019 年全国气象科研项目经费总投入（单位：万元）

2. 气象科研项目

2007—2019 年，全国气象科研课题数量总体呈上升趋势，累计 48862 项（图 10.14—图 10.16）。"十三五"期间，累计 16768 项，年均 4192 项，较"十二五"期间年均 3644 项增长了 15%。2019 年，全国气象部门气象科研课题总数为 4581 个，其中基础研究类 1064 个，应用研究类 2992 个，分别占 21.2%、65.3%，形成了基本合理的比例结构。

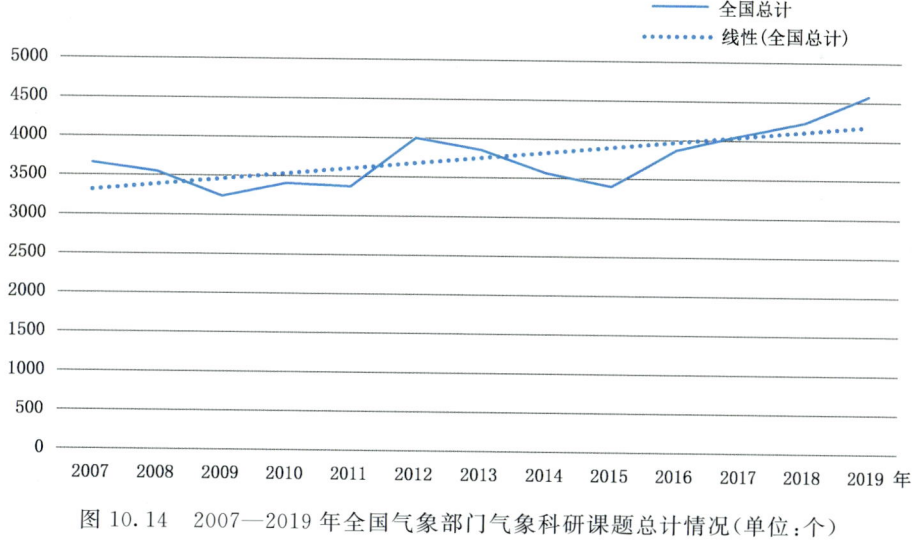

图 10.14　2007—2019 年全国气象部门气象科研课题总计情况（单位：个）

3. 气象科学技术奖励

2019 年，中国气象局气象科技成果共获得省部级科技奖励 70 项，其中国家级院所获省部级科技奖 18 项，省级所获省部级科技奖励 15 项。

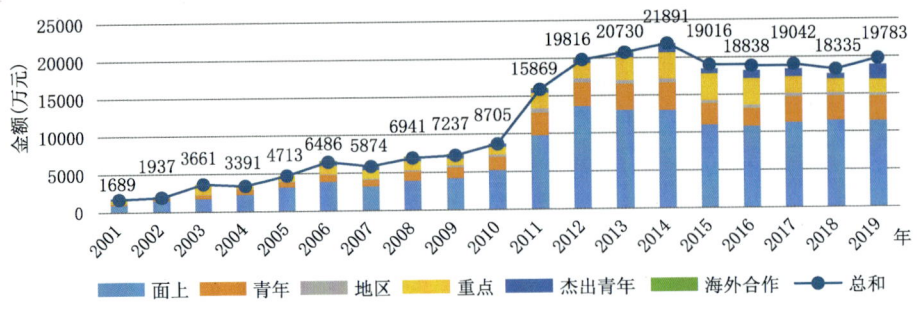

图 10.15　2001—2019 年气象行业获批国家自然科学基金大气科学学科立项金额

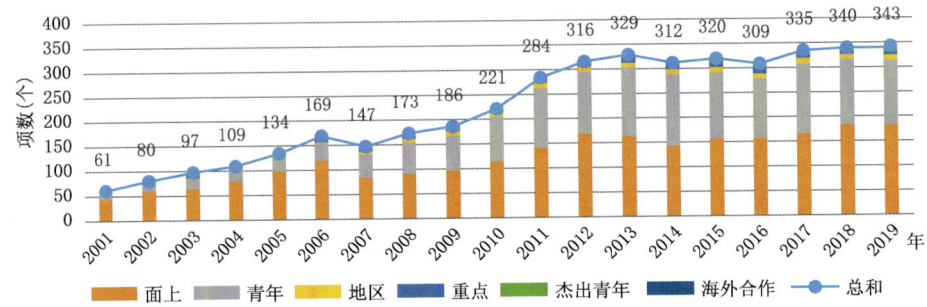

图 10.16　2001—2019 年气象行业获批国家自然科学基金大气科学学科立项数

2019年,中国气象局举办了"全国智慧气象服务创新大赛",大赛以"科技创新气象惠民"为主题,坚持"开放、合作、共享"的理念,以调动社会创新资源、聚集高端创新要素、构建协同创新生态为目标开放办赛,共征集到全国 31 个省(区、市)气象局和相关直属事业单位、120 余家社会企业、140 多所高校的 1600 余组参赛作品,大赛作品涵盖了自然资源、交通运输、生态环境、水利、农业、卫生健康、防灾减灾、能源、航空、保险等多个领域,真正做到把气象服务融入各行各业、融入百姓生活。其中涌现出一批科技含量高、市场潜力大、社会效益好的创新作品,实现了科技创新、气象工作与经济社会发展的深度融合。"湖泊湿地生态气象服务新技术　助力长江大保护""智慧交通气象 2.0"获得气象服务技术创新奖一等奖;"基于深度融合的电网气象防灾精准服务技术及应用""智慧气象服务助推超大城市精细化治理"获得气象服务应用创新奖一等奖;华风气象传媒集团——联播天气预报、河北省气象局获得预报类一等奖;Tuscloud 团队获得算法组一等奖,城市暴雨内涝团队获得应用组一等奖。

4. 科学论文发表

2019 年,全国气象部门共发表 SCI 论文 1488 篇,较 2018 年的 1142 篇有所增长,增幅为 30%,其中北京市气象局在国家自然科学基金项目和高水平学术论文数量上居省级气象部门首位;发表 SCI 及核心期刊等高水平研究论文 94 篇(第一单位、第一作者),同比增长 24.4%;获得专利授权 9 项,同比增长 80%;软件著作权 33 项,同比增长 120%。气象部门自 2014 年起,SCI 论文连续第 6 年保持了增长态势,2014—2019 年全国气象部门发表 SCI 论文的情况如图 10.17。由图 10.17 可知,近 5 年来,全国气象部门 SCI 论文数量均呈逐年增长趋势。

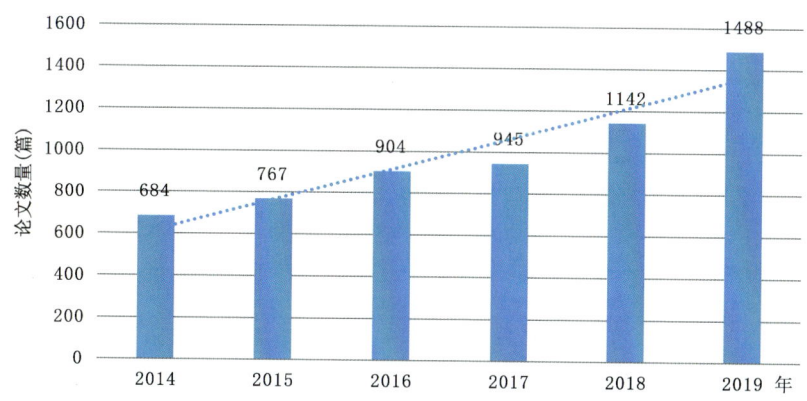

图 10.17　2014—2019 年全国气象部门发表 SCI 论文的情况(单位:篇)

三、评价与展望

党的十八大以来,在以习近平同志为核心的党中央坚强领导下,中国气象事业发展坚持把科技创新摆在核心位置,气象科技创新能力显著增强,气象科技水平大幅提高,涌现出一批具有自主知识产权的重大科技创新成果,尤其是气象卫星探测、台风路径预报及防灾减灾决策服务等一些重要领域已进入世界先进水平行列,我国已成为具有重要国际影响力的气象科技大国。

当前,新一轮科技革命和产业变革蓬勃兴起,科技创新进入密集活跃期,以人工智能、量子信息、移动通信、物联网、区块链等为代表的新一代信息技术加速突破应用,世界气象科技发展正孕育着新的革命性突破。进入新时代,我国气象科技发展依然需要进一步强化创新动力,一是推进国家气象科技创新体系建设和研究型业务发展,加强气象科学重大基础理论和应用技术研究,坚持自主研发突破和掌握重大核心关键技术,最大限度促进科技成果转化应用,为我国气象现代化建设和气象综合实力进入世界先进行列提供强大的科技引领和支撑。二是国家级和省级气象部门应加快形成研究型业务发展模式,大幅提升气象科技自主创新能力,加快形成重要天气气候事件及精准化气象监测预报预警能力。三是面向世界气象科技前沿和地球系统,开展全球性重大气象科技问题研究,为全面提升我国气象全球监测、全球预报、全球服务能力提供科技支撑。

第十一章　气象人才队伍建设*

人才是第一资源,创新是第一动力。人才资源已经成为综合国力竞争的核心。2019年,全国气象部门深入学习贯彻习近平新时代中国特色社会主义思想,坚持党管干部党管人才,围绕坚持加强制度建设、完善深化人才改革、优化人才环境、激发人才活力积极开展工作,气象人才队伍建设成效持续彰显。

一、2019年气象人才队伍建设概述

2019年,全国气象部门继续深化人事人才发展体制机制改革,加强人才工作顶层设计,气象人才发展机制不断健全,人才发展环境不断优化,气象人才队伍的规模、素质、结构得到持续改善,人才创新活力不断增强,为气象事业高质量发展提供了强有力的人才支撑。

气象人才创新活力进一步激发。中国气象局聚焦增强气象人才科技创新活力,出台进一步激励气象科技人才创新发展若干措施,加强气象高层次人才队伍建设顶层设计,完善气象高层次科技创新人才选拔培养支持体系,持续优化人才发展环境。规划实施气象"十百千"人才计划,加强气象高层次科技创新人才梯队建设。继续深入推进气象职称制度改革,不断完善气象人才评价机制,人才发展环境进一步优化,极大地激发了气象业务科技人员的创新活力。

气象培训进一步提质增效。2019年,通过积极发挥中国气象局气象干部培训学院(中共中国气象局党校)(以下简称干部学院(局党校))培训主渠道作用,气象培训总量较上年增长了17个百分点。持续完善"面授+远程"混合式培训机制,实施大气科学基础知识类教学改革。落实中央干部教育培训规划要求,出台《2019—2023年全国气象部门干部培训规划》,对今后5年气象部门的干部培训工作进行了部署。紧紧围绕服务气象事业高质量发展,以提高气象培训质量和效益为目标,全面强化气象教育培训核心业务能力建设。

气象干部队伍建设取得显著进展。2019年,通过举办各级各类领导干部培训,认真做好专业技术培训,着力加强高素质专业化干部队伍建设。落实党中央要求,改

---

* 执笔人员:于丹　李萍

进干部考察方式,突出政治素质考察。推进干部队伍分析研判,加强司局级干部和机关处级干部选任,加大年轻干部培养选拔力度,持续优化干部队伍结构。

气象事业人事管理改革积极推进。2019年,针对基层气象部门人员招录存在的实际问题,积极完善制度措施,推动基层气象部门毕业生招录规范管理。积极稳妥推进省以下事业单位分类改革,完成中国气象局气象发展与规划院等机构的组建与改革调整工作,进一步加强改革谋划作用,强化机构编制保障作用。

二、2019年气象人才队伍建设进展

(一)2019年气象人才工作[①]

1. 深化气象人才发展改革

2019年,中国气象局贯彻落实党中央关于人才工作的新精神新要求,制定印发《中共中国气象局党组关于进一步激励气象科技人才创新发展的若干措施》,从人才培养、使用、评价、激励全链条,集中打造激励人才创新发展的立体政策环境;规划出台《新时代气象高层次科技创新人才计划实施办法》(气象"十百千"人才计划),着力构建定位清晰、覆盖重点、梯次设置、有序衔接的气象高层次科技创新人才选拔培养支持体系;贯彻落实国家职称改革要求,修订职称评审办法和评审条件,进一步完善气象人才评价机制,坚持品德、能力、业绩评价导向,克服"四唯"倾向,充分发挥用人单位人才评价主体责任,新增正高级职称人员240人。全面实施重大业务工程负责人制度,为卫星、雷达、海洋、气象保障等4个重大业务工程选任了一批工程负责人。

2. 激励气象干部担当作为

2019年,根据中央《党政领导干部选拔任用工作条例》等一系列制度要求,结合气象部门实际,制修订《中国气象局党组管理的领导班子和领导干部年度考核办法(试行)》《气象部门公务员职务与职级并行制度实施办法》等十余项干部人事制度,进一步筑牢气象部门落实中央干部工作新精神新要求的制度基础。加强统筹分析研判,选优配强领导班子和领导干部,在气象部门全面推行职务与职级并行工作。加强政治考核,强化知事识人,多角度全方位考察识别干部。制定实施气象部门"三百年轻干部培养锻炼计划",加强政治历练和实践磨练,大力发现培养选拔优秀年轻干部。开展了公务员和事业单位奖励,以及全国气象工作先进集体和先进个人表彰工作。

3. 加强气象高层次科技创新人才队伍建设

中国气象局积极实施重大人才工程,不断优化和完善对高层次人才的支持服务措施,气象高层次人才队伍建设取得积极进展。2019年,新增省部级以上人才工程人选119人,其中新增中国工程院院士1人、新增国家人才工程人选12人。修订气

---

① 资料来源:中国气象局人事司。

象科技骨干出国访问进修管理办法，扩大选派规模，选派40名气象科技骨干出国留学访问，组织75名省气象局业务科研骨干到国家级单位访问进修，选送13人到相关国际组织等机构实习或任职。强化人才政治引领，举办了第二期高层次专家国情研修班，组织高级专家和先进模范疗养休假。截至2019年底，全国气象部门拥有两院院士9人，国家人才工程人选40人次、国务院政府特殊津贴在职专家65人，专业技术二级岗位专家130余人，正高级职称专家1300余人。

4. 推动气象事业人事管理改革

2019年，制定实施了《气象部门人员招录岗位专业设置暂行办法》《气象部门人员招录专业目录》，规范基层气象部门毕业生招录的专业设置，统一政策执行标准，各省（区、市）气象局、中国气象局直属单位顺利完成年度毕业生招录工作。按照中国气象局党组总体部署，积极与中央编办、财政部等对接，完成中国气象局气象发展与规划院等机构组建与改革调整工作。其中，为加强气象规划技术支撑能力建设，科学谋划气象事业高质量发展，中国气象局党组立足气象事业发展大局，积极推进中国气象局气象发展与规划院的改革工作。改革后的中国气象局气象发展与规划院主要承担中国气象局发展战略研究、气象规划编制、气象工程项目设计与咨询评估等业务，更加有利于增强发展研究与规划设计技术支撑能力，积极发挥规划引领作用，更好发挥监督和决策咨询作用。

5. 加强气象基础人才培养[①]

2019年，中国气象局积极发挥行业引导作用，加强与教育部和相关高校的合作，委托南京信息工程大学、成都信息工程大学、云南大学等高校为基层气象台站招收70名大气科学专业定向生；制定出台《全国气象教学团队建设与管理办法》，着力加强气象师资队伍建设和气象基础人才培养，与教育部和相关气象高校共同推进气象专业学生培养工作。

6. 加强气象干部人才队伍政治和业务能力培训

落实中央干部教育培训规划要求，出台《2019—2023年全国气象部门干部培训规划》，全面部署5年气象培训工作。扎实推进习近平新时代中国特色社会主义思想和党的十九大精神教育培训全覆盖，及时在干部培训各重点班次中部署党的十九届四中全会精神学习宣贯。"不忘初心、牢记使命"主题教育覆盖5043个基层党支部，7583名领导干部，54413名党员。加强干部学院（局党校）培训能力建设，完善课程体系，优化教学方案，开发理论教育和党性教育案例、现场教学教材取得新进展。加强党性教育基地建设，新开发利用大别山鄂豫皖革命根据地、西山无名英雄烈士纪念广场、西柏坡纪念馆等党性教学点，累计现场教学点30个。紧紧围绕提高政治能力和业务能力，强化干部和专业技术人才教育培训，全年培训14.5万人天，举办200期培

---

① 资料来源：中国气象局气象干部培训学院（中共中国气象局党校）。

训班,远程在线学习4.5万人,有效学时670万小时。

(二)全国气象部门人才队伍情况

1. 气象人才队伍总量[①]

截至2019年底,全国气象部门在职人员约7.2万人,其中编制内人员约5.7万人,编外聘用1.3万余人,劳务派遣1600余人。编制内人员中,国家编制在职人员约5.2万人,其中参公管理人员1.5万人,事业单位人员约3.7万人。从31个省(区、市)气象部门国家编制在职人员情况来看,四川省气象部门人数最多,在职人员超过3000人。

2. 气象人才学历结构

截至2019年底,全国气象部门国家编制在职人才队伍中,研究生学历占比17.1%,本科学历占比67.8%。总体来看,在职国家编制人才队伍的学历水平持续稳步提高,本科以上学历人数所占比例较2018年提高了1.1个百分点,较2010年提高了31.1个百分点(图11.1);研究生学历人数所占比例较2018年提高了0.2个百分点,较2010年提高了9.9个百分点。31个省(区、市)气象部门学历分布差距依然明显,本科以上学历占比最高(94.5%,北京)与最低(70.5%,新疆)之间的差值为24个百分点。

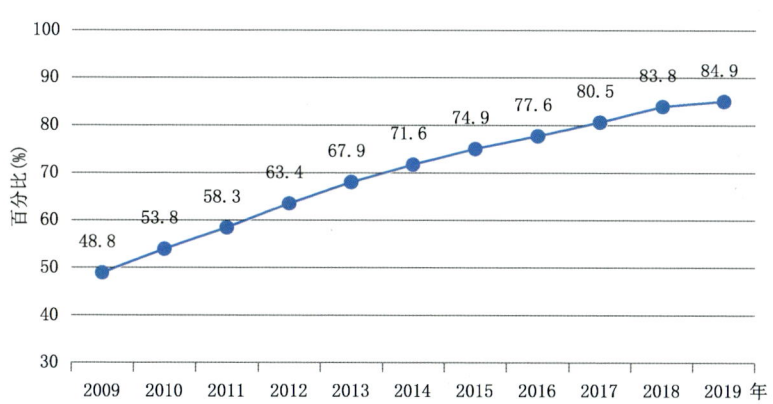

图11.1 2009—2019年全国气象部门在职国家编制人才队伍本科以上比例
(数据来源:中国气象局人事司)

3. 气象人才专业结构

截至2019年底,气象部门国家编制人才队伍中,大气科学类专业占50.5%;地球科学类专业占7%;信息技术类专业占19.6%;其他专业占22.9%。总体来看,气

---

① 资料来源:中国气象局人事司。

象在职人才队伍专业结构不断优化,大气科学类专业人才占比保持稳定(图11.2)。

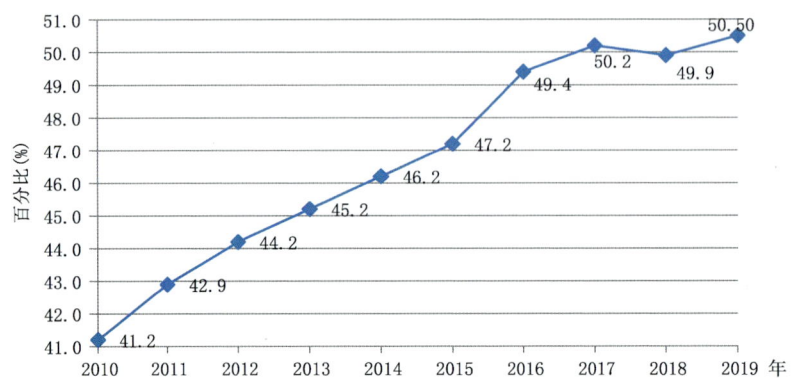

图 11.2　2010—2019 年全国气象部门在职国家编制人才队伍大气科学类专业占比
（数据来源：中国气象局人事司）

4. 气象人才职称状况

截至 2019 年底,气象部门在职的国家编制各类专业技术职称人员中,正高级职称占 2.55%;副高级职称占 19.97%;中级职称占 45.11%(图 11.3)。

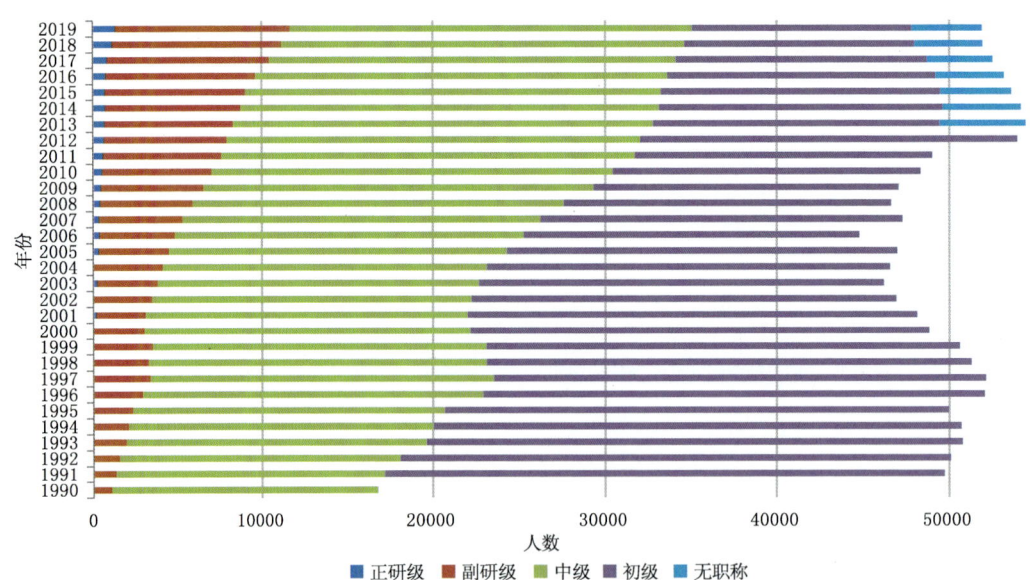

图 11.3　1990—2019 年全国气象部门在职职工人才队伍专业技术职称数量变化情况(单位：人)
（数据来源：《气象统计年鉴》,1990—2019）

5. 气象人才层级分布

截至2019年底,气象部门国家编制人才队伍中,国家级、省级、市级和县级气象部门人才队伍数量分别占全国气象人才队伍总量的5.8%、23.9%、32.7%和37.6%。

气象部门各层级在职人才队伍学历结构中,研究生占本级人才队伍比例随国家、省、市、县四级逐级降低,分别占66.2%、34.9%、9.7%和3.9%;市级人才队伍中本科生比例最高,占78.12%(图11.4)。与2018年相比,国家级、省级、市级本科以上学历占比都有一定增长;而省级、市级和县级研究生比例有所增长,分别增长1.6个百分点、1.1个百分点和0.2个百分点。

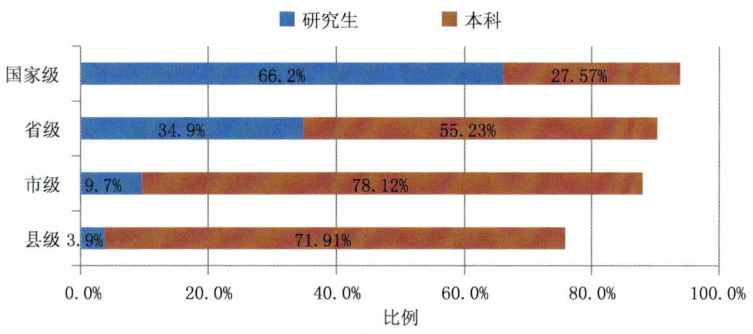

图11.4　2019年各层级气象在职国家编制人才队伍本科以上学历结构

各层级气象部门在职人才队伍中,国家级、市级和县级气象部门人才队伍的大气科学类专业人员所占比例较高,分别达到53.5%、51.5%和52.6%(图11.5)。国家级大气科学类专业人员所占比例较上年增长8.6个百分点。与2010年相比,各层级气象部门队伍中大气科学类专业人员所占比例都有所增加,增幅为10～16个百分点不等。

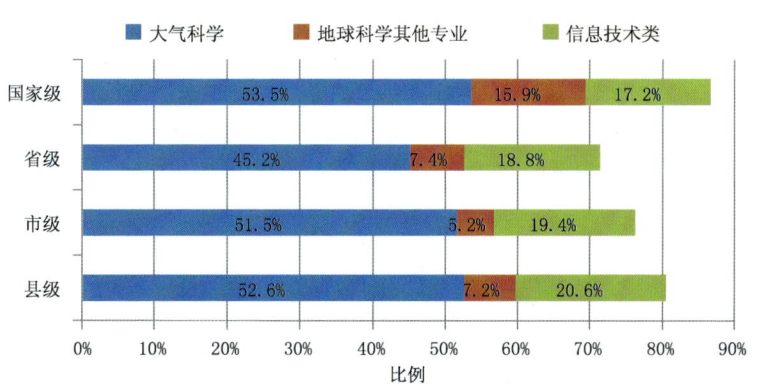

图11.5　2019年各层级气象在职国家编制人才队伍专业结构

6. 气象人才区域分布

气象部门本科以上学历的人才总量在东、中、西部地区均呈现逐年增长趋势(图11.6)。与 2014 年相比,东部、中部、西部地区 2019 年本科以上学历的人才数量分别增加 1457 人、1292 人和 1718 人。其中,研究生学历的人才数量近年来大幅度提升,东部、中部、西部地区 2019 年较 2014 年分别增长 48.0 个百分点、48.66 个百分点和 44.20 个百分点。

图 11.6 高学历人才地域分布变化趋势

(数据来源:《气象统计年鉴》,2014—2019)

(三)行业气象人才队伍状况

1. 民航气象[①]

民航气象人员实行执照管理制度,主要包括观测、预报、设备维护岗位的气象人员。2019 年,新增 442 人取得民航气象人员执照。截至 2019 年底,共有 5407 人持有民用航空各类气象人员执照,包括持有预报类别执照人员 2515 人,持有观测类别执照人员 3803 人,持有设备保障类别执照人员 2471 人(部分人员持多岗执照)。持有执照人员中,具有博士学历 7 人,硕士学历 465 人,硕士以上学历占 8.9%;具有本科学历 3934 人,占 74.5%;具有大专学历 874 人,占 16.6%(表 11.1)。2019 年,为加强人才培养,民航气象部门组织"空地数据链在气象领域的研究与应用""机场 C 波段全数字相控阵天气雷达""强对流短临预报系统"等科技成果交流会,加强航空气象技术交流和成果共享,提升气象人员对航空气象新技术、新方法、新手段的综合应用能力。

---

① 资料来源:中国民用航空局空管办气象处。

表 11.1　近年民航部门气象人员变化情况

年份	气象人员总数(人)	本科学历以上人员	
		本科以上人数(人)	本科以上人员占比(%)
2015	3811	2860	75%
2016	4302	3295	76.6%
2017	4636	—	—
2018	4976	3932	80%
2019	5302	4406	81.5%

注:气象人员总数是指现持有民航气象人员执照人数,包括预报、观测、设备保障人员。

2. 农垦气象①

黑龙江北大荒农垦集团总公司(以下简称北大荒集团)是黑龙江垦区整建制改制后的企业集团(目前仍保留黑龙江省农垦总局的牌子)。北大荒集团农业发展部农业处主要负责农垦气象管理工作。目前共有各类气象台站94个,其中气象台6个,农场气象站86个,北大荒通用航空公司气象站1个,形成了体系比较完备、独具农垦特色的专业气象队伍。多年来,农垦气象人员基本保持稳定,截至2019年底,共有气象科技人员近300人。其中,高级工程师26人,工程师103人。气象专业人员普遍经过国家气象院校的正规学习和培训,本科毕业180人,占60%;大专毕业90人,占30%。从事气象专业技术15年以上的业务人员占70%以上。垦区各级充分发挥国家气象管理、技术、人才优势,有力推动垦区气象事业发展和现代化建设。

3. 森工气象②

2019年,黑龙江省森林工业总局全面推进管理体制改革,与43个省直厅局和相关单位进行对接,森工政府行政职能全部移交完成。黑龙江省森林工业总局更名为中国龙江森林工业集团有限公司,集团改制重组为国有大型生态公益性企业,承担森林培育、保护、经营等重大生态建设任务,是重点国有林区森林资源经营管理的主体,独立拥有森林经营的自主权。改制后的森工气象由森工集团森林生态建设部接管,实行集团生态建设部、林业有限公司气象站、林场气象站三级管理。

目前共拥有林区气象站23个,森林物候气象哨(林场所)89个。截至2019年底,共有气象工作人员134人,其中企业编制132人。全体气象人员中,高工8人、工程师19人、助工51人;本科14人、大专64人、中专56人。从专业结构上看,气象专业人员较少,多为林学、森保等农林专业。2019年6月,龙江森工集团举办第二届黑龙江省森工系统气象职业技能竞赛。7月,组织森工系统气象业务培训班。同时,各

---

① 资料来源:黑龙江北大荒农垦集团总公司农业发展部农业处。
② 资料来源:黑龙江省森林工业集团有限公司森林生态建设部。

林业局有限公司每年不定期与当地市县气象局开展交流学习,每季度开展以林业局有限公司为单位的集中气象业务学习和集体观测,努力提升系统内气象人员地面观测、自动气象站上传以及预测预报等方面的专业能力。

4. 海洋气象[①]

国家海洋环境预报中心提供的海洋预报服务包含海洋气象预报等内容,预报服务范围从全球大洋到我国管辖海域,实现了无缝覆盖。海洋气象预报工作由海洋气象预报室负责。该室有短期预报组、中长期预报组以及专题预报保障组,负责制作和发布我国近海及全球大洋的海洋气象预报和预测,监视、预警海上灾害性天气过程。预报中心现有职工297人,35岁以下职工共158人,占中心在岗职工的53%,46名中层干部中45岁以下比例近50%,职工队伍向青年化发展。在技术职称人才队伍建设上,预报中心现有中国科学院院士1名,正高21名,副高54名,中级109名,中级及以上职称占比达62.29%。学历结构上,研究生以上学历占总职工的58.92%,本科生占23.91%,人才队伍呈现高学历分布。

海洋预报中心提供的海洋预报服务主要包括海洋灾害预警报、海洋环境预报和海上突发事件应急预报。海洋灾害预警报主要有:海浪、风暴潮、海冰、海啸预警报以及赤潮、绿潮等海洋环境灾害分析预测;海洋环境预报主要有:海流、海温、盐度、海洋气象预报、海洋气候、厄尔尼诺等;海上突发事件应急预报主要是指针对海上搜救、溢油、污染物等制作发布漂移轨迹、扩散路径等分析预测。预报服务范围从全球大洋到我国管辖海域,实现了无缝覆盖。常规海洋预报产品时效可达5天,厄尔尼诺和海洋气候、海平面上升等长期预测产品时间尺度可达1—3月。此外,预报中心还开展海洋灾情调查与评估、预报业务系统运行与管理、预报警报发布、标准规范制定、技术开发、专业培训与咨询服务等工作。

(四)高等院校气象专业人才培养状况

1. 高校和研究院所气象专业设置

根据教育部制定的《普通高等学校本科专业目录(2012年)》,"大气科学"学科大类下包括大气科学、应用气象学2个二级学科(也称"专业")。2019年,国内有25所高校、6家科研院所(与上年无变化)设置大气科学类专业。其中,招收大气科学类专科生的高校有2所,招收大气科学类本科生的高校有21所,招收大气科学类硕士研究生的高校有19所,招收大气科学类博士研究生的高校有15所;6家科研院所中除了中国科学院地理科学与资源研究所大气科学类专业仅招收硕士研究生外,其他科研院所均招收大气科学类硕士、博士研究生。

2. 高校和研究院所气象专业人才培养

---

① 资料来源:国家海洋环境预报中心。

根据2013—2019年毕业生统计情况来看,大气科学及相关专业的毕业生逐年增多,开设大气科学相关专业的院校规模继续扩大,大气科学及相关专业招生规模逐步扩大,2019年毕业人数较前6年相比创新高。从学历层次来看,2019年硕士和博士学历层次毕业生人数较2018年显著提升,本科毕业生仍是毕业生供给的主要来源。近7年本科及以上学历的大气科学类(气象学类)专业毕业生数量占所统计毕业生总量的72.24%。

2013—2019年大气科学类及相关专业的毕业生中,本科毕业生数量占所统计毕业生总人数的64.04%,2019年本科毕业生数量较前6年略有增长。2013—2019年大气科学类(气象学类)专业本科毕业生数量占到本科毕业生总量的79.83%。

2013—2019年大气科学类及相关专业的毕业生中,硕士毕业生数量占所统计毕业生总量的18.04%。其中,气象学(含大气科学、气候学、气候系统与气候变化、气候系统与全球变化、流体力学、海洋气象学、大气探测)、应用气象学、大气物理专业的毕业生数量占硕士毕业生总量的76.72%,2019年大气科学类及相关专业硕士毕业生数量较前6年明显增长。

2013—2019年大气科学类及相关专业的毕业生中,博士毕业生数量约占所统计毕业生总量的8.36%。其中,气象学(含气候学、气候系统与气候变化、气候系统与全球变化、流体力学、大气探测、海洋气象学)、应用气象学、大气物理专业毕业生数量占博士毕业生统计数量的89.62%,2019年气象学博士毕业生数量与前6年相比明显提升。

目前,南京信息工程大学、成都信息工程大学、南京大学、兰州大学、中山大学、云南大学、中国海洋大学、中国农业大学、中国科学院大气物理研究所、中国气象科学研究院等院校是大气科学类专业毕业生集中的院校,是大气科学高等教育招生的主力。其中,南京信息工程大学和成都信息工程大学大气科学类及相关专业的毕业生数量达到所统计毕业生总量的57.74%。

3. 高校气象院系概况(排序不分先后)

(1)南京信息工程大学[①]

南京信息工程大学是以江苏省管理为主的中央与地方共建高校,主要在大气科学学院、应用气象学院、大气物理学院和滨江学院招收气象类专业学生。2017年成为国家双一流建设高校,大气科学入选国家"双一流"建设学科,在教育部一级学科评估中蝉联全国第一,获评A+等级。

大气科学学院:设有大气科学本科专业,气象学、气候系统与气候变化两个硕士点;大气科学一级学科博士点,气象学、气候系统与气候变化两个二级学科博士点;设有大气科学一级学科博士后科研流动站。2019年大气科学专业入选国家一流本科建设专业。学院现有专任教师135名,包括教授(研究员)59名,副教授(副研究员)30名,博

---

① 资料来源:南京信息工程大学。

士生导师55名,硕士生导师50名。学院有中国科学院院士1人、科技部"973"项目和重点专项首席8人、国家特聘专家3人、教育部特聘教授1人、国家杰出青年基金4人(海外杰出青年基金2人)、国家"万人计划"科技创新领军人才2人,科技部创新推进计划"中青年科技创新领军人才"1人、享受"国务院政府特殊津贴"12人、入选"国家百千万人才工程"4人,教育部"新世纪优秀人才支持计划"1人,获邹竞蒙气象科技人才奖3人。

应用气象学院:设有应用气象学(含公共气象服务方向)、生态学、农业资源与环境三个本科专业,应用气象学、生态学、农业资源与环境三个学术型硕士学位授权点和农业专业硕士学位授权点,应用气象学及环境生态学两个二级博士学位授权点。学院现有专任教师81人,其中教授27人、副教授28人。拥有中组部"千人计划""青年千人"、江苏省"双创计划"、江苏省"外专计划"、江苏省"特聘教授""333人才工程"、"青蓝工程"以及"六大人才高峰"等高层次人才31人。

大气物理学院:设有大气科学(大气物理学与大气环境方向)、大气科学(大气探测方向)、安全工程(雷电防护科学与技术方向)三个本科专业(方向),拥有大气物理学与大气环境、大气遥感与大气探测和雷电科学与技术三个学科的硕士、博士学位授予点。目前,拥有中国科学院双聘院士1人、江苏省特聘教授1人、教授21人、副教授35人。教师中入选江苏省"普通高校优秀学科带头人"2人、江苏省"青蓝工程"和"333人才工程"22人(次),享受江苏省"六大人才高峰"计划资助5人。

南京信息工程大学滨江学院:成立于2002年,是经教育部批准,由南京信息工程大学和南京信息工程大学教育发展基金会共同举办的独立学院,滨江学院大气与遥感学院大气科学专业依托南京信息工程大学大气科学专业开设。

2019年,南京信息工程大学气象类专业本科生招生1164人,研究生招生394人(其中博士研究生100人)(表11.2)。

表11.2 2018—2019年南京信息工程大学气象类专业招生情况(单位:人)

气象专业招生	年份	
	2018年	2019年
本科生	1183	1164
研究生	428	394

(2)成都信息工程大学①

成都信息工程大学是四川省和中国气象局共建的省属普通本科院校。学校以信息学科和大气学科为重点,以学科交叉为特色,多学科协调融合发展。

大气科学学院:现有大气科学和应用气象学两个本科专业,大气科学一级硕士学

---

① 资料来源:成都信息工程大学。

位授位点,并开展了农业推广硕士专业学位研究生培养工作。学院现有教授22人,副教授49人;其中博士生导师10人,硕士生导师46人。

电子工程学院(大气探测学院):全国高校中唯一从事气象探测工程与技术人才培养的单位。学院现有电子信息工程(含气象探测、信号处理2个方向)、电子信息科学与技术、生物医学工程三个本科专业,信息与通信工程、气象探测技术两个学术型硕士学位授权点。

2019年,成都信息工程大学气象类专业本科生招生1079人,研究生招生300人(表11.3)。

表11.3 2016—2019年成都信息工程大学气象类专业招生情况(单位:人)

气象专业招生	年份			
	2016年	2017年	2018年	2019年
本科生	367	354	675	1079
研究生	106	109	191	300

(3)南京大学大气科学学院①

南京大学是教育部直属重点高校。南京大学大气科学学院设有大气科学和应用气象学两个本科专业,气象学、大气物理学与大气环境和气候系统与气候变化三个硕士专业,拥有大气科学一级学科博士点。全院2019年在职教职工90人,包括教授32人,副教授26人。拥有中国科学院院士2人、教育部长江学者特聘教授1人、国家杰出青年基金获得者3人、中组部学者6人(含"海外高层次人才计划")、新世纪"百千万人才工程"国家级人选2人、国家优秀青年基金获得者2人;教育部新(跨)世纪优秀人才4人;其他省部级人才10余人。

2019年,南京大学气象类专业本科生招生90人,研究生招生100人(其中博士研究生45人)(表11.4)。

表11.4 2018—2019年南京大学气象类专业招生情况(单位:人)

气象专业招生	年份	
	2018年	2019年
本科生	83	90
研究生	76	100

(4)兰州大学大气科学学院②

兰州大学是教育部直属重点高校,2004年6月成立我国高校第一个大气科学学

---

① 资料来源:南京大学。
② 资料来源:兰州大学。

院,拥有大气科学一级学科博士学位授予权,气象学、大气物理学与大气环境、气候学三个二级学科博士点,气象学、大气物理学与大气环境、应用气象学、气候学四个二级学科硕士点。现有1个大气科学博士后科研流动站,1个大气物理与大气环境国家重点培育学科。学院2019年有教职工79人,其中教学科研人员55人,包括教授23人,副教授19人(博士生导师17人,硕士生导师40人)。拥有中国科学院院士1人、国家"万人计划"科技创新领军人才1人、国家杰出青年基金获得者2人、长江学者特聘教授1人、教育部高校青年教师奖1人、国家优秀青年基金获得者3人、教育部新世纪优秀人才2人、国务院学位委员会学科评定组成员1人、教育部大气科学教学指导委员会副主任1人、全国气象教学名师1人,另有兼职教授30余人(包括两院院士6人)。

2019年,兰州大学气象类专业本科生招生146人,研究生招生103人(其中博士研究生33人)(表11.5)。

表11.5 2018—2019年兰州大学气象类专业招生情况(单位:人)

气象专业招生	年份	
	2018年	2019年
本科生	181	146
研究生	95	103

(5)中山大学大气科学学院①

中山大学是教育部直属重点高校。中山大学大气科学学院建立了从本科、硕士到博士的完整人才培养体系。目前设有大气科学、应用气象学两个本科专业;设有气象学、大气物理学与大气环境、气候变化与环境生态学三个硕士点和博士点。2019年全院教师团队共78人,包括教授30人,副教授46人。其中千人计划入选者1人,973项目(重大)首席科学家2人,国家重点研发计划首席科学家1人,长江学者特聘教授2人,杰出青年基金获得者3人。

2019年,中山大学气象类专业本科生招生150人,研究生招生96人(其中博士研究生38人)(表11.6)。

表11.6 2018—2019年中山大学气象类专业招生情况(单位:人)

气象专业招生	年份	
	2018年	2019年
本科生	105	150
研究生	64	96

---

① 资料来源:中山大学。

(6)北京大学物理学院大气与海洋科学系[①]

北京大学是教育部直属重点高校。北京大学物理学院大气与海洋科学系具有包括本科生、硕士和博士研究生在内的完整的人才培养体系。大气科学学科2019年入选首批国家级一流本科专业建设点,具有大气物理学与大气环境和气象学两个国家二级重点学科,自设气候学和物理海洋学两个二级学科。大气与海洋科学系设有大气物理学与大气环境、气象学、物理海洋学硕士点和博士点,设有大气科学专业本科。大气与海洋科学系2019年有教职工32人,其中教授20人,副教授7人。国家杰出青年基金获得者3人,青年千人计划4人,另有兼职教授5人(均为中国科学院院士)。

2019年,北京大学气象类专业本科生招生7人,研究生招生22人(其中博士研究生21人)(表11.7)。

表11.7 2018—2019年北京大学气象类专业招生情况(单位:人)

气象专业招生	年份	
	2018年	2019年
本科生	23	7
研究生	33	22

(7)中国科学技术大学地球和空间科学学院[②]

中国科学技术大学是中国科学院所属重点高校。中国科学技术大学地球和空间科学学院1982年获得大气科学一级学科硕士学位授予权,在大气科学专业培养本科、硕士研究生,在大气物理学与大气环境专业培养硕士和博士研究生。该专业2019年师资队伍共有22人,其中教授9人,副教授7人。

2019年,中国科学技术大学气象类专业本科生招生12人,研究生招生31人(其中博士研究生11人)(表11.8)。

表11.8 2018—2019年中国科学技术大学气象类专业招生情况(单位:人)

气象专业招生	年份	
	2018年	2019年
本科生	15	12
研究生	30	31

(8)中国海洋大学海洋与大气学院海洋气象学系[③]

中国海洋大学是教育部直属重点高校。中国海洋大学海洋与大气学院大气科学

[①] 资料来源:北京大学。
[②] 资料来源:中国科学技术大学。
[③] 资料来源:中国海洋大学。

专业以海洋气象为特色,是我国培养海-气相互作用与气候、海洋气象学等方面人才的重要基地之一。目前,海洋与大气学院下设海洋气象学系,拥有大气科学本科专业,以及大气科学博士学位授予权一级学科点,下设大气物理学与大气环境和气象学两个二级学科博士和硕士点,设有博士后流动站。学校大气科学专业2019年拥有专任教师27名,其中教授9人,副教授9人。

2019年,中国海洋大学气象类专业本科生招生157人,研究生招生116人(其中博士研究生21人)(表11.9)。

表11.9　2018—2019年中国海洋大学气象类专业招生情况(单位:人)

气象专业招生	年份	
	2018年	2019年
本科生	80	157
研究生	44	116

(9)云南大学资源环境与地球科学学院大气科学系[①]

云南大学是教育部直属重点高校。云南大学资源环境与地球科学学院大气科学系建立于1971年,具有完整的本科、硕士、博士人才培养体系,现设有大气科学本科专业,并有气象学、大气物理学与大气环境2个硕士学位点和大气科学一级博士学位点。2019年拥有专任教师20人,其中教授5人,副教授5人。此外,还有中国科学院大气物理研究所、中国气象科学研究院、云南省气象局等单位的客座教授或兼职博士生、硕士生导师10余名。

2019年,云南大学气象类专业本科生招生69人,研究生招生19人(其中博士研究生3人)(表11.10)。

表11.10　2018—2019年云南大学气象类专业招生情况(单位:人)

气象专业招生	年份	
	2018年	2019年
本科生	73	69
研究生	17	19

(10)复旦大学大气科学研究院大气与海洋科学系[②]

复旦大学是教育部直属重点高校。2016年4月复旦大学成立大气科学研究院,增设大气科学学科。2017年大气科学研究院分别获得本科生和研究生招生资格。2018年1月,复旦大学批准建立大气与海洋科学系,现设气象与大气环境、气候与气

---

① 资料来源:云南大学。
② 资料来源:复旦大学。

候变化以及物理海洋与海洋气象三个学科方向。2018年3月,大气科学一级学科博士学位授权点获国务院学位委员会审批通过。2019年大气与海洋科学系师资队伍共有47人,包括中国科学院院士2人,教授/研究员27人,副教授/副研究员5人,国家杰出青年科学基金获得者3人。

2019年,复旦大学气象类专业本科生招生30人,研究生招生50人(其中博士研究生23人)(表11.11)。

表11.11　2017—2019年复旦大学气象类专业招生情况(单位:人)

气象专业招生	年份		
	2017年	2018年	2019年
本科生	20	18	30
研究生	7	30	50

(11)中国农业大学资源与环境学院农业气象系[①]

中国农业大学是教育部直属重点高校。中国农业大学农业气象系源于1956年成立的农业物理气象系,1992年并入资源与环境学院。设有应用气象学本科专业,拥有农业气象学专业博士点、大气科学一级学科硕士点(包括气象学、大气物理与大气环境两个硕士专业)、农业硕士专业学位点。2019年,农业气象系有教职工15人,其中教授5人、副教授9人。

2019年,中国农业大学气象类专业本科生招生22人,研究生招生28人(其中博士研究生6人)(表11.12)。

表11.12　2018—2019年中国农业大学气象类专业招生情况(单位:人)

气象专业招生	年份	
	2018年	2019年
本科生	17	22
研究生	27	28

(12)浙江大学地球科学学院大气科学系[②]

浙江大学是教育部直属重点高校。地球科学学院前身是1936年由时任校长竺可桢先生创办的史地系,通过八十多年的发展,地球科学学院已经成为一个学科综合性强的学院,下设大气科学系、地质学系、地理科学系和地球信息科学与技术系4个系,5个本科专业。拥有大气科学等7个二级学科博士学位授权点。大气科学系现有教职工14人,其中教授8人,副教授5人。

---

① 资料来源:中国农业大学。
② 资料来源:浙江大学。

2019年,浙江大学气象类专业本科生招生18人,研究生招生13人(其中博士研究生6人)(表11.13)。

表11.13 2018—2019年浙江大学气象类专业招生情况(单位:人)

气象专业招生	年份	
	2018年	2019年
本科生	73	69
研究生	17	19

(13)中国地质大学(武汉)环境学院大气科学系①

中国地质大学(武汉)是教育部直属全国重点大学。大气科学系始于2005年设立的大气物理与大气环境研究所,2015年在环境学院正式成立大气科学系,2016年开始招收大气科学专业本科生,具有大气科学一级学科硕士点和水文气候学二级学科博士点。每年约招收30名大气科学(菁英班)本科生,10~15名硕士研究生和3~5名博士研究生。大气科学系2019年拥有专任教师15名,其中教授6人,副教授6人。此外聘有讲座教授及兼职客座教授7人,其中中国工程院院士1人,外籍教授1人。

2019年,中国地质大学(武汉)气象类专业本科生招生30人,研究生招生20人(其中博士研究生6人)。

(14)东北农业大学资源与环境学院②

东北农业大学资源与环境学院2000年成立,2016年通过教育部普通高等学校本科专业备案审批,开设应用气象学本科专业。学院现有农业资源与环境一级博士学位授权学科和博士后流动站各一个,拥有生态工程与农业气象等五个二级学科博士点。气象学科现有教师4人,其中教授1人,副教授2人,博士生导师和硕士生导师各1名。依托生态学硕士点,自1990年开始招收气象生态方向硕士研究生;挂靠作物生态学博士点,于2001年开始招收气象生态方向博士研究生。

(15)沈阳农业大学农学院③

沈阳农业大学是以辽宁省管理为主、辽宁省与中央共建的重点高校。农学院下设应用气象学和大气科学本科专业,拥有大气科学一级学科硕士点。应用气象学专业和大气科学专业是我国东北地区唯一的气象类本科专业。应用气象学专业2019年拥有专任教师8人,其中教授1人,副教授4人;大气科学专业拥有专任教师10人,其中教授2人,副教授2人。

---

① 资料来源:中国地质大学。
② 资料来源:东北农业大学。
③ 资料来源:沈阳农业大学。

2019年,沈阳农业大学气象类专业本科生招生57人,研究生招生18人(表11.14)。

表11.14　2018—2019年沈阳农业大学气象类专业招生情况(单位:人)

气象专业招生	年份	
	2018年	2019年
本科生	53	57
研究生	18	18

(16)清华大学理学院地球系统科学系①

清华大学是教育部直属重点高校。2009年3月,清华大学成立地球系统科学研究中心(简称"地学中心")和全球变化研究院。2016年11月,在地学中心的基础上成立地球系统科学系(简称"地学系")。

2019年,地学系专任教师共29人,其中正高级职称11人,副高级职称16人。教师队伍中包含"千人计划"获得者2人,"青年千人计划"获得者3人。拥有大气科学一级学科硕士学位授权点。地学系目前尚未开始招收大气科学本科生,但已面向全校本科生开展"大气科学(全球变化方向)"辅修专业教育。每年招收大气科学博士生、硕士生各10余名。

(17)华东师范大学地理科学学院②

华东师范大学地理科学学院由华东师范大学地球科学学部管理,未开设大气科学本科专业,仅在二级学科硕士学位授权点包含气象学专业,每年招收气象学硕士研究生2~3人。2019年,地理科学学院有专任教师94人,其中教授37人,副教授20人。

(18)安徽农业大学资源与环境学院③

安徽农业大学资源与环境学院2004年成立,未开设大气科学本科专业,仅在二级学科硕士学位授权点包含气象学专业,每年招收气象学硕士研究生5~6人。2019年,气象学教研室专任教师共有5人,其中教授2人,副教授1人。

(19)广东海洋大学海洋与气象学院④

广东海洋大学是广东省人民政府和国家海洋局共建的省属大学。2001年湛江气象学校并入海洋大学。海洋与气象学院是广东海洋大学重点建设和优先发展的学院之一,拥有海洋科学一级学科博士点和一级学科硕士点,本科有海洋科学、大气科学和应用气象学三个专业,其中应用气象学本科专业2017年获批开始招生。学院现有专任教师26人,其中教授5人,副教授5人,此外有"珠江学者岗位"特聘教授1

---

① 资料来源:清华大学。
② 资料来源:华东师范大学。
③ 资料来源:安徽农业大学。
④ 资料来源:广东海洋大学。

人,"双聘院士"3人,拔尖人才讲座授5人,外籍教授2人。

2019年,广东海洋大学气象类专业本科生招生222人。

(20)中国民航大学空中交通管理学院①

中国民航大学空中交通管理学院是我国空管人才培养的发源地和主力军。学院现设有交通运输、应用气象学两个本科专业,于2014年成立航空气象系。截至2019年底,专职气象教师10余人,其中高级职称2人,博士6人,中国科学院大气物理研究所和民航气象系统客座教授3人。中国民航大学应用气象学本科专业2017年获批开始招生,首批招生40人,2018年招生76人,2019年招生77人。

(21)中国民用航空飞行学院空中交通管理学院②

中国民用航空飞行学院空中交通管理学院从20世纪60年代开始从事民航空中交通管理人才的培养。空管学院2019年有专兼职教师100余名,其中教授28名,副教授35名,研究生导师38名。现有交通运输、导航工程、应用气象三个本科专业和一个交通运输工程研究生专业。应用气象学本科专业2016年开始招生,首批招生39人,2018年应用气象专业招生60人,2019年招生74人。

(22)内蒙古大学生态与环境学院大气科学系③

2017年1月,由内蒙古大学与内蒙古自治区气象局联合成立了以培养大气科学专业学生为主的大气科学系,2017年3月获得本科生招生资格,2017年9月招收首批大气科学专业本科生。2019年,拥有专职师资队伍5人,其中教授1人,副教授1人。现有在校大气科学本科生104人,2017年首批招生35人,2018年第二批招生34人,2019年招生35人。

(23)江西信息应用职业技术学院气象系④

江西信息应用职业技术学院是经江西省人民政府批准,教育部备案的公办专科层次普通高校。目前,气象系设有大气探测技术、防雷技术、大气科学技术三个专业。现有专任教师24人,其中教授4人,副教授8人。

2019年,江西信息应用职业技术学院气象类专科生招生136人。

(24)兰州资源环境职业技术学院气象系⑤

兰州资源环境职业技术学院是由原甘肃工业职工大学和原国家重点中专兰州气象学校于2004年合并组建,属专科层次的普通高等职业院校。现有大气科学技术、大气探测技术、大气探测技术(气象装备维护方向)、应用气象技术、应用气象技术(防灾减灾方向)、防雷技术6个教学专业。2019年,以应用气象技术专业为核心的专业

---

① 资料来源:中国民航大学。
② 资料来源:中国民用航空飞行学院。
③ 资料来源:内蒙古大学。
④ 资料来源:江西信息应用职业技术学院。
⑤ 资料来源:兰州资源环境职业技术学院。

群被教育部、财政部列入"中国特色高水平专业群"建设计划。学院现有专任教师31人,其中教授4人、副教授9人。

2019年,兰州资源环境职业技术学院气象类专科生招生210人。

4. 气象类科研院所概况

(1)中国气象科学研究院[①]

中国气象科学研究院(简称"气象科学研究院")是中国气象局直属国家级研究院,是国家级气象科研基地和人才培养基地。现拥有大气科学、环境科学与工程两个一级学科硕士学位授权点,自然地理学和物理海洋学两个二级学科硕士学位授权点。拥有一批高水平的研究生导师队伍,其中,两院院士5人,国家杰出青年基金获得者3人,国家"万人计划"科技创新领军人才1人,国家"万人计划"青年拔尖人才2人,国家"百千万人才工程计划"人才4人,50位研究生导师在国际重要学术组织任职。2019年,气象科学研究院与复旦大学、中国地质大学(武汉)新增招收联合培养研究生16名。

2019年,中国气象科学研究院气象类专业研究生招生83人,其中与复旦大学联合培养硕士研究生7人,与中国科学院大学、南京信息工程大学、复旦大学、中国地质大学联合培养博士研究生28人。

(2)中国科学院大气物理研究所[②]

中国科学院大气物理研究所(简称"大气所"),现有在职职工515人。其中,科研人员约占80%,研究员及正高级工程技术人员112人,中国科学院院士5人,第三世界科学院院士1人、欧亚科学院院士2人。有国家杰出青年基金获得者19人,国家优秀青年基金获得者9人。大气所设有大气科学、海洋科学、环境科学与工程3个一级学科博士学位培养点和硕士学位培养点以及农业资源硕士专业学位培养点。其中大气科学在全国一级学科评估中两次荣获第一,在第四轮全国学科评估中荣获A+。现有在学研究生539人,其中博士生327人、硕士生212人。设有大气和海洋科学2个博士后科研流动站,现有在站博士后109人。

2019年,中国科学院大气物理研究所气象类专业研究生招生138人(其中博士研究生88人)。

(3)中国科学院地理科学与资源研究所[③]

中国科学院地理科学与资源研究所(简称"地理资源所"),现设有地理学、生态学2个一级学科博士研究生培养点,环境科学1个二级学科博士研究生培养点;设有自然地理学、人文地理学、地图学与地理信息系统、自然资源学、气象学、生态学、环境科

---

① 资料来源:中国气象科学研究院研究生部。
② 资料来源:中国科学院大气物理研究所。
③ 资料来源:中国科学院地理科学与资源研究所。

学7个二级学科硕士研究生培养点。截至2019年底,共有在编职工658人。其中科研人员468人,科技支撑人员121人,包括中国科学院院士9人,中国工程院院士3人,发展中国家科学院院士3人,欧洲科学院院士1人,研究员及正高级专业技术人员170人,副研究员及副高级专业技术人员265人。现有在学研究生906人,其中博士生612人。

2019年,中国科学院地理科学与资源研究所气象学专业硕士研究生招生2人。

(4)中国科学院西北生态环境资源研究院[①]

中国科学院西北生态环境资源研究院(简称"西北研究院")是由原中国科学院寒区旱区环境与工程研究所、地质与地球物理研究所、西北高原生物研究所等6家单位于2016年6月整合而成。西北研究院兰州本部是中国科学院博士生重点培养基地,设有地理学、大气科学和地质学三个博士后科研流动站。至2019年底,有院士5人,研究员87人。每年招收博士研究生88名,硕士研究生78名。博士和硕士招生专业均包括气象学、大气物理学与大气环境等专业。

2019年,西北研究院气象类专业研究生招生17人,其中博士研究生8人。

(5)中国科学院青藏高原研究所[②]

中国科学院青藏高原研究所(简称"青藏高原所")于2003年成立,实行"一所三部"的运行方式,三个部分别设在北京、拉萨和昆明。截至2019年年底,青藏高原所有教职工317人。其中拥有国际维加奖获得者1人、中国科学院院士3人、特聘中国科学院院士1人、特聘中国科学院外籍院士2人,"国家杰出青年基金"获得者13人(含双聘2人)、"国家优秀青年基金"获得者7人。青藏高原所设有大气物理学与大气环境专业博士研究生培养点与硕士研究生培养点。现有研究生318人,在站博士后61人。

2019年,中国科学院青藏高原研究所大气物理学与大气环境专业研究生招生7人,其中博士研究生3人。

(6)中国农业科学院农业环境与可持续发展研究所[③]

中国农业科学院农业环境与可持续发展研究所(以下简称"环发所")是中国农业科学院直属研究所之一,现有在职人员179人,拥有人社部"百千万人才工程"国家级人选、国家有突出贡献中青年专家等国家和部级高层次人才队伍25人。环发所设有大气科学一级学科硕士研究生培养点、农业气象与气候变化博士研究生培养方向,主要开展气候资源与气候变化、气象灾害与减灾、温室气体排放及减排、农业气候资源利用与减灾、气候变化影响与适应、农业温室气体排放及减排等研究,现有研究生200人。

2019年,环发所气象类专业研究生招生6人,其中博士研究生2人。

---

① 资料来源:中国科学院西北生态环境资源研究院。
② 资料来源:中国科学院青藏高原研究所。
③ 资料来源:中国农业科学研究院农业环境与可持续发展研究所。

(五)气象教育培训能力[①]

2019年,气象部门扎实推进气象人才培训体系建设,切实发挥教育培训在人才培养中的基础性、先行性、战略性作用,气象人才教育培训质量与培训能力不断提升。

2019年,全国气象部门以干部学院(局党校)、分院(党校分校)为培训主渠道,按照年度重点培训计划,分层分类开展干部培训、业务技术培训、国际培训、政府和行业培训等各类培训。核心课程体系得到进一步完善,形成了面向领导干部和业务人员的党性教育、综合素质、岗位技能、新技术新方法等核心课程体系。干部培训着力加强干部理论教育、党性教育和专业化能力培训,初步形成了领导干部培训主体班次体系。业务技术培训围绕国家重大战略开展了生态气象服务业务和技术、人工影响天气等专项培训与新业务新技术培训。国际培训围绕全球气象业务和服务保障"一带一路"等,对来自34个国家和地区的学员进行了卫星气象、临近预报、气候预测等培训。中国气象局认真落实中央干部教育培训规划要求,选送领导干部到中央党校(国家行政学院)、国防大学等干部学院参加中央组织部的调训。2019年国家级培训班共举办105期,面授培训各类干部职工近4100余人次,培训量9.8万人天。各省(区、市)气象培训机构举办省级培训班104期,培训各类干部职工7.9万余人次,其中干部培训类43期2.0万人次,业务培训类61期5.9万人次。除面授培训外,不断提升远程培训教学平台教学能力,不断完善"面授+远程"混合式培训,远程学习时长逐年递增。2019年远程培训在线学习时长累计571万小时,较2018年增加36%,人均学时102.67小时。

三、评价与展望

2019年,全国气象部门围绕推动气象事业高质量发展的目标,不断深化人才发展体制机制改革,建设高素质专业化干部队伍,做好人事保障服务,气象人才队伍建设取得了新的进展。针对人才工作的新要求,新时代气象人才队伍建设将围绕如何为建设现代化气象强国提供更好的组织人才保障,重点在强化政策落实和主动改革创新上下功夫,持续打造高素质人才队伍,激发人才队伍创新活力。

一是进一步强化气象干部人才工作顶层设计。根据新时代加快气象事业高质量发展要求,编制好《气象人才发展规划(2021—2030年)》。二是重视对气象人才创新能力的培养。用好现有人才,落实好支持和激励人才创新发展的各项政策,不断优化创新人才发展环境,加快构建结构合理、衔接有序的气象创新人才队伍。三是加强培训基础能力建设,进一步优化培训资源配置,抓好师资队伍建设,持续提升干部学院(局党校)及分院(党校分校)培训能力,指导优化招生布局,提高高校气象专业学生教育培养质量。

---

① 资料来源:中国气象局人事司、中国气象局气象干部培训学院。

改革与开放篇

第十二章 气象改革与法治*

全面深化气象改革和全面推进气象法治建设是新时代气象事业高质量发展的强大动力和保障。2019年,全国气象部门以习近平新时代中国特色社会主义思想为指导,全面贯彻党的十九大和十九届二中、三中、四中全会精神,认真学习和正确把握中央全面深化改革精神和重大战略部署,坚持在落实中央决策部署中发展气象事业,深入推进各领域气象改革任务,全面推进气象法治建设,取得明显成效。

一、2019年气象改革与法治建设概述

(一)气象改革工作概述

2019年,按照中央改革总体部署,中国气象局对全面深化气象改革,切实加强组织领导、顶层设计和统筹协调,狠抓工作落实,强化改革督查,全年安排20项重点任务。各级气象部门细化任务、措施和时间节点,建立台账、压实责任,各项改革扎实推进。全年共出台改革性实施制度成果达494项,各项改革顺利推进

2019年,全国气象部门认真落实中央"放管服"等各项改革要求,持续深化气象"放管服"改革,积极推进"证照分离"改革。改革创新气象服务方式,探索调动多方力量参与和促进气象事业发展,进一步提高气象服务供给能力和质量。制定实施了专业气象服务发展意见,探索成立交通、能源、生态环境、海洋、农业等领域跨区域专业气象服务联合体。探索事业单位与专业服务企业合作的模式。改革创新建立有利于激发专业气象服务内生动力的激励机制,跟踪国家经营性国有资产监管改革试点进展,开展了国有专业气象服务企业混合所有制改革试点。

2019年,确立了业务技术体制重点改革主体框架,组织制定《中国气象局关于推进气象业务技术体制重点改革的意见》,明确推进业务技术体制重点改革的总体思路、工作目标、重点任务和保障措施,组织1个国家级业务单位和7个省级单位开展改革试点。研究型业务试点建设取得重要进展。

---

* 主要执笔人员:李栋 卢介然

(二)气象法治建设概述

2019年,完善气象依法行政制度体系,积极稳妥推进重点领域立法,《中华人民共和国气象法》修订已列入《十三届全国人大常委会立法规划》。认真做好改革配套法规规章修订工作。贯彻落实"放管服"改革和国务院机构改革精神,进一步加强气象法治建设。全年加强了对领导干部和法规人员的气象法治培训,加强了气象普法工作,不断完善法律顾问和公职律师制度。推进生态气象监测评估、气候可行性论证、气象信息化等重点领域标准建设,推动实施"执行标准清单"常态化。持续推进了气象标准化建设,国家标准立项数量和行业标准发布数量为历年最多,气象国家标准外文版获得立项。

二、2019年气象改革工作进展

2019年,是全面深化气象改革、抓好任务落实的关键之年。全国气象部门坚持以人民为中心,自觉把全面深化气象改革置于国家全面深化改革的大局之中思考谋划;坚持问题导向,切实解决制约气象事业发展的关键性、全局性、制度性问题,以重点改革带动全局突破;在把握改革方向、突出改革重点上狠下功夫,扎实推进各项重点任务落地见效。

(一)深化气象行政"放管服"改革

2019年,按照国务院要求,全国气象部门持续深化气象"放管服"改革,不断优化营商环境。一是明确全年气象放管服改革重点。中国气象局印发了实施方案,要求各级气象部门切实推动简政放权向纵深发展。二是积极推进"证照分离"改革。认真贯彻落实《国务院关于在自由贸易试验区开展"证照分离"改革全覆盖试点的通知》(国发〔2019〕25号)精神,逐项梳理气象部门颁发资质并提出改革意见(表12.1)。制定气象部门贯彻落实国务院在自由贸易试验区开展"证照分离"改革全覆盖试点实施方案并上报国务院,对18个自由贸易试验区内的升放气球单位资质和雷电防护装置检测单位资质认定等3项行政许可事项,通过采取优化审批服务的改革举措,切实提高审批效率,降低办事成本,进一步激发市场主体活力。三是扎实推进证明事项清理。按照《国务院办公厅关于做好证明事项清理工作的通知》(国办发〔2018〕47号)对气象部门24项证明事项逐项进行了清理,中国气象局发布了公告,明确取消15项由部门规章设定的证明事项(表12.2)。四是开展涉企收费清理整治。清理整治各级气象部门下属单位涉企收费,并通过门户网站集中公示相关情况。五是做好负面清单实施工作。按照国家发展改革委 商务部关于印发《市场准入负面清单(2019年版)》的通知(发改体改〔2019〕1685号)要求,下发了实施市场准入负面清单(2018年版)通知(表12.3),确保涉及气象服务市场准入负面清单制度顺利实施。六是深入推进互联网+政务服务。完成了中国气象局气象行政审批网上平台建设项目业务验收和该平台与国家政务服务平台的全面对接,完成了政务服务事项、办件、用户、证照目录等数据汇聚。继续推进了政务服务一网通办,落实了企业和群众办事力争只进一扇门要求,与地方政务服务平台实现了对接。

表12.1 "证照分离"改革全覆盖试点事项清单(中央层面设定,2019年版)

序号	主管部门	改革事项	许可证件名称	设定依据	审批层级和部门	改革方式 直接取消审批	改革方式 审批改为备案	改革方式 实行告知承诺	改革方式 优化审批服务	具体改革措施	加强事中事后监管措施
376	中国气象局	升放无人驾驶自由气球、系留气球单位资质认定	升放气球资质证	《国务院对确需保留的行政审批项目设定行政许可的决定》	省、设区的市级气象主管机构				√	1. 不再要求申请人提供法人证书或营业执照原件。2. 实现申请、审批全程网上办理并在网上公布审批程序、受理条件、办理标准。	1. 通过"双随机、一公开"监管、跨部门联合监管等方式,对升放无人驾驶自由气球、系留气球活动实施严格监管,发现违法违规行为要依法查处并公开结果。2. 加强对升放气球行为的法律法规和科普宣传,提高升放单位和社会公众的安全意识。
377	中国气象局	电力、通信防雷装置检测单位资质认定	雷电防护装置检测资质证	《国务院对确需保留的行政审批项目设定行政许可的决定》《气象灾害防御条例》	中国气象局会同国务院有关部门				√	1. 实现申请、审批全程网上办理。2. 不再要求申请人提供营业执照原件和经营场所产权证明原件等材料。	1. 开展"双随机、一公开"监管,发现违法违规行为要依法查处并公开结果。2. 加强信用监管,对失信主体开展联合惩戒。3. 依法及时处理投诉举报。
378	中国气象局	中国气象局除电力、通信外的防雷装置检测单位资质认定	雷电防护装置检测资质证	《国务院对确需保留的行政审批项目设定行政许可的决定》《气象灾害防御条例》	省级气象主管机构				√	1. 实现申请、审批全程网上办理。2. 不再要求申请人提供营业执照原件和经营场所产权证明原件等材料。	1. 开展"双随机、一公开"监管,发现违法违规行为要依法查处并公开结果。2. 加强信用监管,对失信主体开展联合惩戒。3. 依法及时处理投诉举报。

注:表格源自《国务院关于在自由贸易试验区开展"证照分离"改革全覆盖试点的通知》(国发〔2019〕25号)附件。

表 12.2 部门规章设定的证明事项取消目录

序号	证明名称	证明用途	设定依据	取消后的办理方式
1	事业单位法人证书或企业法人营业执照	气象专用技术装备(含人工影响天气作业设备)使用审批	《气象专用技术装备使用许可管理办法》(中国气象局令第28号)第八条	填写证号
2	质量管理体系认证证书	气象专用技术装备(含人工影响天气作业设备)使用审批	《气象专用技术装备使用许可管理办法》(中国气象局令第29号)第八条	填写证号
3	事业单位法人证书或企业法人营业执照	气象信息服务企业备案	《气象信息服务管理办法》(中国气象局令第27号)第八条	填写证号
4	事业单位法人证书或企业法人营业执照	新建、扩建、改建建设工程避免危害气象探测环境审批	《新建扩建改建建设工程避免危害气象探测环境行政许可管理办法》(中国气象局令第29号)第五条	填写证号
5	土地使用权证或相关部门出具的意见	气象台站迁建审批	《气象台站迁建行政许可管理办法》(中国气象局令第30号)第六条	不再提交
6	气象探测环境保护专项规划并纳入城市(镇)控制性详细规划的相关文件或承诺	气象台站迁建审批	《气象台站迁建行政许可管理办法》(中国气象局令第30号)第六条	不再提交
7	迁建台站立项批复或所需经费相关文件	气象台站迁建审批	《气象台站迁建行政许可管理办法》(中国气象局令第30号)第六条	不再提交
8	城市(镇)总体规划图及其批复文件,或国家重点工程建设项目实施方案及其批复文件	气象台站迁建审批	《气象台站迁建行政许可管理办法》(中国气象局令第30号)第六条	不再提交
9	事业单位法人证书或企业法人营业执照	气象台站迁建审批	《气象台站迁建行政许可管理办法》(中国气象局令第30号)第六条	填写证号
10	项目经费来源证明	外国组织和个人在华从事气象活动审批	《涉外气象探测和资料管理办法》(中国气象局令第13号)第八条	不再提交
11	有关部门相应的批准文件	外国组织和个人在华从事气象活动审批	《涉外气象探测和资料管理办法》(中国气象局令第13号)第八条	不再提交

续表

部门规章设定的证明事项取消目录				
序号	证明名称	证明用途	设定依据	取消后的办理方式
12	事业单位法人证书或企业法人营业执照	升放无人驾驶自由气球、系留气球单位资质认定	《施放气球管理办法》(中国气象局令第9号)第八条	填写证号
13	社会保险关系证明	除电力、通信以外的防雷装置检测单位资质认定	《雷电防护装置检测资质管理办法》(中国气象局令第31号)第十一条	填写社保号
14	设计单位人员的资格证	防雷装置设计审核和竣工验收许可	《防雷装置设计审核和竣工验收规定》(中国气象局令21号)第八条	不再提交
15	施工单位人员的资格证	防雷装置设计审核和竣工验收许可	《防雷装置设计审核和竣工验收规定》(中国气象局令21号)第十六条	不再提交

注:表格源自中国气象局关于取消15项部门规章设定的证明事项的公告(2019年第1号)附件。

表12.3 《市场准入负面清单(2019年版)》

项目号	禁止或许可事项	事项编码	禁止或许可准入措施描述	主管部门	地方性许可措施
87	未获得许可或未履行法定程序,不得从事特定气象、地震服务等相关业务	213008	新建、扩建、改建建设工程避免危害气象探测、地震观测环境审批	中国气象局、国家地震局	
			气象专用技术装备(含人工影响天气作业设备)使用审批	中国气象局	
			升放无人驾驶自由气球或者系留气球活动审批;升放无人驾驶自由气球、系留气球单位资质认定	中国气象局	
94	未获得许可或资质认定,不得从事限定领域内防雷装置的设计和施工,不得从事雷电防护装置检测工作	214007	油库、气库、弹药库、化学品仓库、烟花爆竹、石化等易燃易爆建设工程和场所,雷电易发区内的矿区、旅游景点或者投入使用的建(构)筑物、设施等需要单独安装雷电防护装置的场所、雷电风险高且没有防雷标准规范,需要进行特殊论证的大型项目的防雷装置设计审核	中国气象局	
			防雷装置检测单位资质认定	中国气象局	

注:表格源自国家发展改革委 商务部关于印发《市场准入负面清单(2019年版)》的通知(发改体改〔2019〕1685号)附件。

2019年，不折不扣贯彻落实党中央、国务院关于加强安全生产工作的部署要求，继续深化防雷减灾体制改革。制定《防雷安全重点单位监督管理职责划分规定（试行）》，印发《加强雷电防护装置检测资质单位监管的通知》，进一步落实防雷安全重点单位主体责任，压实防雷安全监管责任，厘清国家、省、市、县四级气象部门对防雷检测资质单位监管职责。组织开展了防雷安全监管专项督查活动。与应急管理部、国家文物局等部门就危化品、烟花爆竹生产经营以及文物保护等领域的防雷工作进行交流沟通，积极为协同推进防雷安全监管创造条件。组织全国防雷减灾综合管理服务平台（二期）测试培训和项目绩效评价，完成平台（三期）需求编制。全年认定资质353家，其中甲级资质8家，乙级资质345家。到2019年，全国防雷检测资质单位共1873家，防雷安全重点单位超过11万家。

创新监管方式，强化事中事后监管，进一步做好负面清单实施工作，印发通知确保涉及气象服务市场准入负面清单制度顺利实施。推动气象部门日常监管"双随机一公开"全覆盖。2019年全国各级气象部门共开展随机抽查28000多次，参与检查人员近7万人次。积极推进"互联网＋监管"系统建设，通过国办政务服务平台归集共享各类监管数据，构建规范统一、协同联动的监管体系，为"双随机一公开"监管、信用监管等提供数据支撑。2019年，全国气象部门办结行政许可事项7716件，均做到零超时。

（二）全面落实党和国家改革部署

2019年，气象部门结合工作实际，全面贯彻落实党和国家改革部署，重点推进了以下改革。一是加强气象科技创新发展顶层设计，做好与国家科技计划研发任务的对接，联合行业优势力量共同申报国家重点研发任务。推进中国气象科学研究院开展了"扩大高校和科研院所自主权，赋予创新领军人才更大人财物支配权、技术路线决策权"和"中央级科研事业单位绩效评价"国家科技改革试点。二是贯彻《党政领导干部选拔任用工作条例》《党政领导班子考核工作条例》等中央部署，结合实际修订完善气象部门领导干部选拔任用工作规定和考核实施办法。制定气象部门公务员职务与职级并行制度实施办法和方案。继续深化人才体制机制改革，完善中央关于科技人才政策激励措施。三是强化党的政治保证。中国气象局党组制定关于加强气象部门党的政治建设的行动计划，开展了"融入业务抓党建示范建设"和"让党中央放心、让人民群众满意的模范机关"创建活动。健全全面从严治党组织体系，推动中国气象局党组重大调研成果落实，充实和加强基层党务、纪检干部队伍建设。加强干部队伍建设，激励干部担当作为。扎实落实基层减负任务，整治形式主义、官僚主义突出问题和违反中央八项规定精神问题，制定《解决形式主义突出问题为基层减负工作方案》，认真落实了中国气象局党组关于解决形式主义突出问题为基层减负的若干举措，完善长效机制，狠抓整改落实。

(三)聚焦气象重点领域改革

2019年,气象部门在全面深化气象改革的同时,针对制约气象事业改革发展的重大难点问题,围绕业务技术体制、核心技术攻关机制创新和专业气象服务等重点领域改革,以集中力量共同推动具有根本性、全局性、制度性的重大改革任务,气象重点领域改革取得积极进展。

1. 推进业务技术体制改革

2019年,聚焦建立统筹集约的业务布局,推进了气象业务提质增效、高质量发展。

(1)确立了业务技术体制重点改革主体框架。组织制定《中国气象局关于推进气象业务技术体制重点改革的意见》,确立了以大数据为中心,强化国省两级大数据基础,优化拓展市县两级气象服务,提升气象业务管理运行整体效能的改革思路和重点任务,组织1个国家级业务单位和7个省级单位开展改革试点,其中,国家气象信息中心作为国家级大数据中心试点,四川省气象局作为省级大数据中心专项试点,广东、湖北、重庆、江西、内蒙古和宁夏6省(区、市)气象局作为综合试点,充分发挥试点单位的示范带动作用。

(2)气象观测业务改革成效显著。2019年,全国地面气象观测自动化开展试运行,并完成试运行中期、总结评估。中国气象局印发了《地面气象观测自动化改革试运行应急观测管理办法》,组织相关单位持续加强自动化相关业务技术研发和软件支撑,实现了自动综合判识数据的全国实时业务应用。

2019年,国家级气象观测实时业务平台投入运行,业务改革成效显现。紧扣数据质量主线,完成各项实时业务集约整合,实现天气雷达等八大类观测业务应用集成,国家气象观测业务全面升级。平台实现"五大中心"功能集约:国家气象观测数据实时质量控制中心、国家气象观测装备运行保障支持中心、国家级气象观测数据产品服务支持中心、世界气象组织二区协WIGOS(北京)区域中心、国家级气象观测业务中试平台。实时业务平台投入使用,标志着改革取得重要成果。

2019年,积极推进观测试验、气象雷达、大气成分和大计量业务改革。依托中国气象局综合气象试验基地体系和气象探测中试基地,初步建立综合气象观测试验研究型业务,北京地基遥感气象观测野外科学试验基地获批复成立。启动国家级气象雷达业务改革,编制了《全国雷达业务技术体制改革方案》《雷达业务中心建设方案》。推动了大气成分业务转型,编制了《全国大气成分观测业务改革发展方案》。完成了《气象计量业务发展规划》,推进建立与数据质量控制业务高度融合的全新大计量业务体系。

(3)以大数据为中心的技术体制改革积极推进。2019年,编制实施《以大数据为中心的业务技术体制改革方案》,强化以大数据为中心重建气象业务技术体制,重塑业务布局分工和流程,统筹谋划研究型业务、信息化和气象大数据中心建设。编制

《国家气象大数据中心建设思路》,统一数据管理,理顺数据产品加工业务,统一建设气象大数据云平台,统一国省级数据环境。

2019年,数值天气预报改革发展持续推进。组建了天气预报技术研发室,集中优势力量,加快天气预报技术攻关和可持续研发,推动"小实体大网络"科研工作机制的形成,形成对无缝隙天气预报技术研发的长期稳定队伍支撑。组建了全球天气监测预报机构,构建以全球预报岗为主,跨台室、多岗位协同的全球监测预报服务流程,促进全球天气业务技术发展。组织对数值预报发展进行了深入研讨,分析数值预报发展现状、问题和思路;开展了与中国环境科学研究院和中国科学院相关领域核心技术和重大任务创新做法交流,配合开展数值预报国家重点实验室申报。

(4)研究型业务建设试点起步良好。2019年,组织了研究型业务试点,编制印发《研究型业务试点工作建设指导意见》《2019年研究型业务试点建设工作方案》,重点推进了自动观测、实况业务、智能网格预报、综合评估和智慧服务等研究型业务工作。组织研究型业务技术交流活动,持续推动试点单位业务科研深度融合,促进业务技术人员向研究型转变,探索新时代气象业务岗位职责、业务环境和体制机制。同时,制定实施了《国家气候观象台建设工作方案》,编制完成了《国家气候观象台研究型业务指南》和《新疆阿克达拉国家大气本底站建设方案》,形成了观象台和本底站研究型业务推进思路、未来发展方向和时间进度安排,初步部署研究型业务建设。

(5)改革发展全球气象业务。2019年,中国气象局制定印发全球气象业务发展三年行动计划。强化协同配合,建立完善目标清晰、重点突出、分工明确、协同高效的工作推动机制。以世界气象中心(北京)建设为抓手,完善了业务运行管理机制,优化了业务工作流程,建立了业务考核评估机制。建立完善观测、预报、服务相互支撑的技术路线,发挥各业务单位主体作用,重点推动近海和"一带一路"沿线的海洋气象监测能力、区域数值预报能力提升,不断提升满足国家战略和用户需求为专业化服务能力。2019年,世界气象中心(北京)进一步丰富了全球数值预报产品,提高基于GRAPES全球数值预报模式的产品频次,增加了西北太平洋和北印度洋台风路径预报等特色产品,以及全球多模式集合等预测产品;开展了全球极端天气监测业务试运行,重点提升对全球特别是"一带一路"沿线国家和地区的台风、暴雨等灾害性天气极端性的业务化监测影响评估服务能力;建立了风云气象卫星全球应急服务、"一带一路"重点区域灾害性天气联防机制,提升对亚洲区域重点用户的服务能力,强化重要建设项目管理。

2019年,落实了"一带一路"专门机构和人员,组织实施了《国家卫星气象中心内设机构设置方案》。通过改革,风云气象卫星服务"一带一路"建设在运行管理、数据共享、遥感监测、应急保障、国际交流、人员培训和宣传科普等领域取得显著成效。

2. 推进科技创新机制改革

(1)推进科技创新政策落实。2019年,全国气象部门深入学习贯彻创新大会精神,中国气象局直属单位和省级气象部门结合实际,进一步完善了高层次人才培养计划、科技创新团队、科技成果转化、高层次人才分配激励、创新人才激励管理等办法,规范科技成果转化管理,明确了对各类高层次创新人才的奖励激励政策和具体措施,进一步强化了科技开放合作和协同创新。

(2)深化科研院所改革取得新进展。2019年,有效推进与国家科技计划研发任务的对接和部署,联合行业优势力量共同申报国家重点研发任务。中国气象科学研究院扩大自主权国家试点取得较好成效,实现了按照章程依法依规行使自主权;按照科研规律修订了科研经费管理办法,细化各类科研项目资金管理,完善了科研项目经费的报销政策和科研经费风险防控机制;突出绩效工资的导向激励作用,完善了分配机制;完成了专业技术人员3年岗位聘期期满考核和竞聘上岗;突出科研成果产出的质量和效益,细化了绩效考核目标和评价指标体系。全国气象科学专业院所改革稳步推进,以加大科研体量、提升创新能力为核心,推进中亚大气科学研究院、广州热带气象研究院建设。修订完善了省级气象科学研究所评估指标,强化了对省级气象业务科技支撑。

(3)创新完善气象科技院所布局。2019年,改革建立了产学研用一体化的科技攻关机制,中国气象局与江苏省政府、南京市政府共建成立南京气象科技创新研究院,依托南京气象科教资源集聚优势,充分用好各级政府科技创新政策,深入开展协同创新。南京气象科技创新研究院于当年组织完成了研究院成立和建章立制各项工作,启动了海内外人才招聘工作和研究院基础条件建设。中国气象局与南京大学、国防科技大学签订了共建合作协议,建立了与有关企业的沟通机制。落实了中国气象科学研究院与江苏省气象局就江苏省气象科学科研所有关职能的承接事宜。围绕粤港澳大湾区建设国家战略,按照新型研发机构建设要求,成立了粤港澳大湾区气象监测预警中心。

(4)重点实验室布局进一步优化。2019年,灾害天气国家重点实验室积极做好评估筹备,在能力建设、人才培养和成果产出方面取得重要进展。积极参与国家重点实验室战略布局研究,联合中国科学院推进大气科学领域国家重点实验室建设,争取将大气化学、数值预报等重要学科方向纳入国家重点实验室发展规划。完善了部门实验室布局,在水文气象、人工影响天气、南海海洋气象等领域分别与河海大学、成都信息工程大学、广东海洋大学组建联合实验室。2019年,多措并举发挥灾害天气国家重点实验室集聚创新人才与成果、开放联合、释放科技政策红利的平台作用,前沿技术研究和业务急需科技问题创新基地的作用得到强化。完成了科技部新一轮评估的各项部署,围绕灾害性天气的监测技术、机理研究和数值预报模式研发三个方面,凝练代表性成果。

(5)气象科技基础平台能力持续提升。国家气象科学数据中心获批成立,瓦里关、上甸子、龙凤山、临安4个大气本底站被列入优化调整后的国家野外科学观测研究站序列,推荐15个气象科学试验基地申报国家野外科学观测研究站。完善了气象野外科学试验基地布局和运行管理,编制《中国气象局野外科学试验基地规划(2020—2025年)》,新认定10个野外科学试验基地。通过改革加强了国家气候观象台建设,协调组建观象台科学指导委员会,推进研究型业务发展。

3. 深入推进专业气象服务改革

(1)加强专业气象服务改革统筹。2019年,制定实施了《中国气象局关于大力促进气象部门专业气象服务改革发展的意见》,明确提出了专业气象服务发展总体目标,即到2022年,支撑专业气象服务的观测站网、科技创新和人才队伍建设等取得明显进展,有利于激发气象事业单位发展活力的科技成果转化、收入分配、人才激励、管理机制以及事企合作机制逐步健全,气象事业单位专业气象服务创新供给能力和支撑全社会发展的能力稳步提高,国有专业气象服务龙头企业作用得到发挥,专业气象服务供给能力和效益得到明显提升。各省级气象部门相继出台了大力推动专业气象服务发展的方案和激励措施,全国专业气象发展呈现新的发展态势。

(2)分类推进专业气象服务发展。2019年,进一步加强了保障政府及相关组织履行公共服务职能所需要的生态、农业、交通、旅游、海洋、森林草原火险、地质灾害等公益性专业气象服务,积极探索以气象事业单位提供为主,国有专业气象服务企业提供为辅方式,推动了以政府购买服务的方式配置所需资源。推进了打破属地原则,对为企业组织提供的金融保险、远洋导航、商业、能源等市场化专业气象服务,发挥市场在资源配置中的决定性作用,由专业气象服务企业提供。

2019年,在重点领域专业气象服务改革中,组织制定实施了森林火险预警和火场保障服务业务流程;组织制订《雷电强度区划技术指南》,开展敏感行业、区域和设施的雷电灾害风险预警服务;组织制定了《长江航运气象服务业务管理办法(试行)》。完成了全国交通气象风险管控平台研发,实现精细化交通服务产品实时发布共享,已接入公安部全国交通气象指挥系统。拓展国际服务领域,鼓励开展"义新欧"商贸物流气象服务。探索推进远洋气象导航服务联盟建设,提升"一带一路"远洋导航气象服务能力,为招商局、德国HBC公司等定制开展远洋气象导航服务,服务能力达到300艘/日。

2019年,中国气象局公共气象服务中心制定了《公共气象服务中心业务发展规划(2019—2025年)》,明确"6+1"业务板块。健全管理机制,梳理完善制度规范33项;履行出资人职责,加强国有资产监督管理;建立了知识产权管理制度;推动二类事业单位重点领域专业气象服务购买机制,建立长效事企反哺机制。

(3)推进国有气象服务企业改革。2019年,华云集团通过深化企业改革,推进了重点领域、重点公司多元股份改革,推进了星地通公司融资重组;制定了敏视达、升达公司的改革工作方案,积极推动改革方案实施;引入民营资本,重组科雷公司。集团调整优化了企业布局,通过外引内联推进了气象探空业务技术改革,对标国际先进技术推动导航探空产品、自动探空系统、组网探空系统的发展,与维萨拉公司签署了《探空仪项目合作协议》,通过项目合作的方式,实现探空产品本地化;以组团对接重大工程项目建设任务为有力抓手,谋划整合了集团农业气象、人工影响天气、信息技术业务等,实现了主营目标清晰、产业聚合发展;初步形成集团社会化观测发展方案,推动社会化观测业务发展。

2019年,华风集团探索气象国有企业混合所有制改革,以玖天气象为混合所有制改革试点,推进华风海洋、优尼迈特、中再巨灾等相关行业领域合资公司发展。按照业绩导向、突出贡献原则,完善了考核机制,强化考核结果运用。鼓励员工离岗创新创业,发布《离岗创新与兼职创新管理办法》《离岗创业管理办法》,鼓励员工到混合所有制企业、集团创研项目中去创业发展。

(四)推进各项保障机制改革

1. 强化规划引领与机构编制保障

2019年,为更好发挥国家发展规划战略导向作用,完善实施了《气象发展规划管理办法》,构建了由1项总体规划、5项区域规划、18项专项规划和若干个省级规划组成的两级三类规划体系。为充实规划工作力量,针对气象部门规划管理及技术支撑等短板问题,积极推进了规划管理改革工作,加强了规划编研组织机构建设。组织开展"十三五"气象发展规划实施评估,开展了编制"十四五"气象发展规划研究,初步提出了"十四五"期间气象发展目标,提出了5方面重大任务,确定了13个领域的重大工程项目。

2019年,积极稳妥推进省以下事业单位分类改革,根据中央编办批复意见,认真研究制定各省级气象局事业单位分类方案,确保分类工作规范有序开展。完成了中国气象局气象发展与规划院、南京气象科技创新研究院、粤港澳大湾区气象监测预警预报中心等10余项机构组建与改革调整工作。印发实施了《国家气象系统事业单位补充人员入编登记表(试行)》制度,扎实推进机构编制实名制。

2. 增强人才创新动力

2019年,为贯彻落实中央有关人才和科技创新工作精神,制定印发《中共中国气象局党组关于进一步激励气象科技人才创新发展的若干措施》。优化整合了气象人才计划(项目),出台《新时代气象高层次科技创新人才计划实施办法》,进一步完善了气象高层次科技创新人才选拔培养支持体系。深化气象职称制度改革,克服"四唯"倾向,印发《中国气象局职称评审管理办法》,修订了《气象专业工程系列职称评审条件》《气象专业研究系列职称评审条件》。组织开展了《气象部门人才发展规划(2013—2020年)》评估工作,研究解决气象人才发展中的新情况新问题。

2019年,针对基层气象部门毕业生招录中专业设置不规范、政策执行标准不统一、难以招到合适人员等问题,制定实施了《气象部门人员招录岗位专业设置暂行办法》《气象部门人员招录专业目录》,加强了规范管理,指导各省(区、市)气象局和中国气象局直属单位顺利完成年度毕业生招录工作。

3. 预算管理体系进一步完善

2019年,为进一步提高部门预算的管理水平,保障预算编制的科学性,预算执行的有效性和维护预算的严肃性,确保发挥资金的最佳效力,进一步完善了预算管理体系:一是建设综合观测业务经费项目标准体系;二是推进了气象领域全面实施预算绩效管理工作,实现了预算绩效管理提质扩围,全面开展预算绩效评价管理,完成了2019年度除科研项目外所有项目预算绩效监控工作,加快了预算绩效指标和标准体系建设;三是硬化预算约束性,坚持与上年结转结余、预算执行进度、绩效相挂钩,实行了年度扣减预算和奖励政策;四是强化全口径"三公"经费预算管理,下发文件在政策允许范围内调剂各单位非财政拨款"三公"经费预算,按照财政部统一部署实行了气象部门预算公开。

2019年,围绕"智慧财务",进一步完善计财业务系统功能,以提升财务管理水平为目标,整合气象部门计财管理业务信息流,搭建一体化财务信息平台,统一财务基础数据,规范会计核算行为,实现业务实时监管,实现资产与财务、财务与合同、财务支付与银行系统的无缝对接,促进了气象业务活动与计财信息的深度融合,提高了财务管理的时效性、规范性以及支撑决策的科学性。2019年完成网上审批等功能模块推广试点,推进开发内控、领导查询等模块,进一步提升计财业务智能化水平。由于对计财业务系统的建设及应用推广工作较为突出,在2019年度"数豆中国"评选中荣获"年度财务创新团队"。

(五)气象工作创新成效显著

2019年,全国气象部门创新工作紧密围绕重点工作部署,主动融入国家发展战略,充分结合部门及地方经济社会发展实际,在重大活动保障、脱贫攻坚、全球气象服务、预报业务、智能观测、科技创新、人才培养、科学管理等各方面进行了有益尝试和大胆革新,创新性工作开展取得了良好成效,对进一步推动气象事业改革与发展具有引领和示范作用。经过评审,最后确定"创新重大活动气象服务机制,有力保障新中国成立70周年庆祝活动"等32项工作为2019年气象部门创新工作(表12.4)。

表12.4 2019年气象部门创新工作项目

序号	创新工作名称	申报单位
1	创新重大活动气象服务机制,有力保障新中国成立70周年庆祝活动	北京市气象局
2	创新驱动发展巨灾气象指数保险,政府市场协同推动防减救新格局	广东省气象局
3	搭众创引智开放之台,助智能观测腾飞之力	河北省气象局
4	推动政府颁布不可迁移气象台站名录 创立依法保护气象探测环境工作新模式	山东省气象局

续表

序号	创新工作名称	申报单位
5	打造"中国天然氧吧"生态品牌,推动生态效益与社会效益互相促进	中国气象局公共气象服务中心 安徽省气象局 中国气象服务协会
6	以"中巴经济走廊"气象服务为契机 落实"三个全球"迈出实质步伐	新疆区气象局
7	城市精细化治理"+气象"——融入式气象服务机制创新	上海市气象局
8	建设完善内控体系,加强廉政风险防控	江苏省气象局
9	"天气网眼实景观测系统" ——有生命力的成长型社会化观测创新模式	北京华风气象影视信息集团
10	建立区域雷评技术服务新机制,保障防雷安全减轻企业负担	浙江省气象局
11	政府主导、四方联动,集约利用社会资源 构建智慧型高速公路大雾监测预警体系	安徽省气象局
12	优机制、提能力、树品牌,推进苹果气象服务中心创新实践	陕西省气象局
13	协同观测助力军运气象保障,为超大城市观测系统建设提供示范	湖北省气象局
14	全面构建气象观测质量管理体系,深化改革激发高质量发展新动能	中国气象局气象探测中心 陕西省气象局 上海市气象局
15	以"集智"谋"极致" 探索未来百亿亿次国产超算的模式可扩展计算	国家气象信息中心 国家气象中心 国家气候中心
16	通用气象标准体系建设	中国气象局气象干部学院
17	攻坚克难探索两岸融合发展新路	福建省气象局
18	天气气候绘旅程,一部手机游云南	云南省气象局
19	构建甘蔗全产业链精准气象服务新模式 保障国家食糖安全　助力精准扶贫攻坚	广西区气象局
20	气候资源助推生态产品价值实现的创新实践	江西省气象局
21	气象政府网站集约化建设	中国气象报社
22	构建党性教育现场教学体系,创新干部教育人才培养模式	湖南省气象局
23	建立共商共建共享共管长效发展新机制 打造政产学研荒漠生态治理融合发展新模式	内蒙古区气象局

续表

序号	创新工作名称	申报单位
24	新手段新机制,气象服务向全球化迈进	海南省气象局
25	青海气象部门全面实施"审批破冰"工程	青海省气象局
26	深化科技体制改革,发挥科技创新主力军作用	气象科学研究院
27	聚焦聚智、凝心合力,打造北方海洋气象科技创新孵化器	天津市气象局
28	激发老干部自我管理潜能,提升为老服务管理水平	国家气象中心
29	创新机制,推动市、区(县)两级一体化预报业务发展	重庆市气象局
30	合作共建村域经济一站式服务平台 构建贵州气象服务乡村振兴新模式	贵州省气象局
31	新时代、新模式,共筑气象巾帼新品牌	西藏区气象局
32	"五聚焦、五提升",锻造坚强的基层党组织战斗堡垒	河南省气象局

2019年,获奖的气象工作创新项目按照大的类别划分,主要包括气象服务工作创新12项(占38%)、气象业务工作创新7项(占22%)、气象科技工作创新3项(占9%),气象管理、法治和合作工作创新5项(占16%),部门党的建设、廉政建设和文化建设5项(占16%)(图12.1)。获奖工作创新项目覆盖24个省区市气象部门、中国气象局8个直属单位、1个直属企业和1个行业协会。

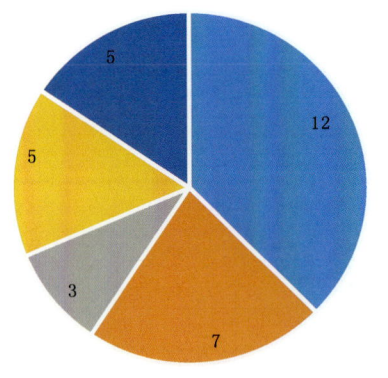

图12.1 2019年气象部门创新工作项目数量(单位:项)

三、气象法治建设进展

2019年,全国气象部门围绕气象强国建设目标,坚持运用法治思维和法治方式,全面推进气象部门法治建设,将气象法治建设与气象现代化建设统筹谋划,一体推进,切实提高气象法治建设工作水平,充分发挥持续推动更高水平气象现代化建设的法治保障作用,各项工作取得了新进展。

(一)稳步推进气象立法

完善气象立法机制。通过广泛开展立法专题调研,了解立法需求,梳理重点难点问题,作为立法重要参考和实践依据。组织开展了《中华人民共和国气象法》立法后评估工作,并形成评估报告报送全国人大农委、全国人大常委会法工委和国务院司法部,为下一步修法工作提供了实践支撑。提高了立法工作公众参与度。2019年,中国气象局针对部门规章修改,通过公开征求意见、召开研讨会等方式积极听取并采纳各方意见。

积极推进重点领域立法。积极稳妥推进《中华人民共和国气象法》修订工作,《中华人民共和国气象法》修订列入《十三届全国人大常委会立法规划》后,中国气象局作为承担牵头起草责任单位,全力配合全国人大及其常委会有关专门机构和国务院司法部启动了修订工作,制定了工作方案,健全了工作机构,采取专题研究与集中研讨相结合,梳理问题,分析研讨。完成了改革涉及相关法规修订工作。配合司法部完成了机构改革和"放管服"改革涉及的《气象灾害防御条例》等3部行政法规的修改工作。围绕落实证明事项清理等改革,修订完成了《气象信息服务管理办法》等4部部门规章,确保改革与立法相衔接。各省(区、市)气象部门全力配合地方人大、政府积极推进地方性法规和地方政府规章制定出台(图12.2,图12.3)。

加强行政规范性文件监督管理和清理工作。全面推行行政规范性文件合法性审核,对各级气象部门落实行政规范性文件合法性审核提出明确要求,推进相关管理办法修订。完成了规范性文件清理,完成了中国气象局年度规范性文件汇编。

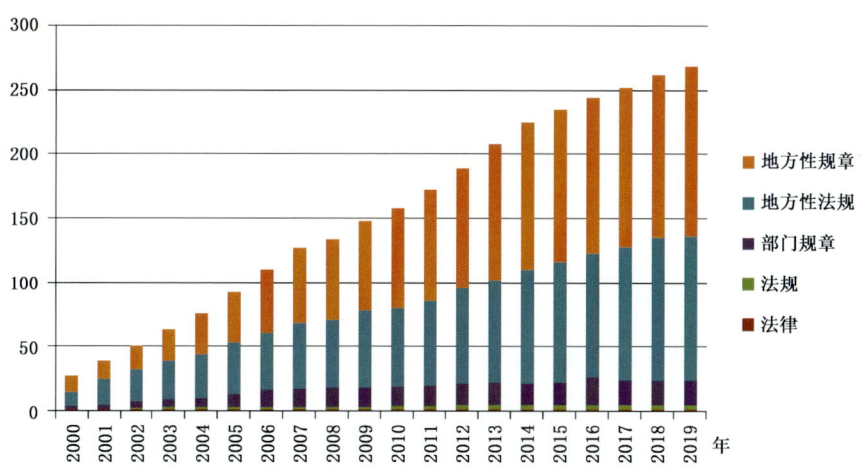

图12.2　2000—2019年气象法律和行政法规年度累计情况统计图(单位:部)

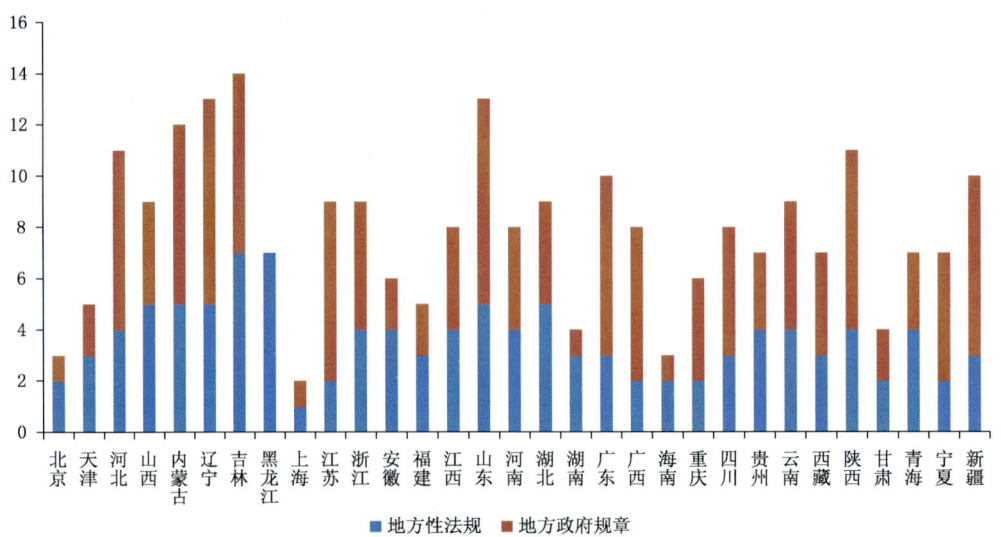

图 12.3　地方性法规和地方政府规章现有情况统计图(单位:部)

(二)标准化建设不断加强

2019年,进一步加大了标准制修订力度,全年新立项国家标准 21 项、行业标准 111 项;发布国家标准 12 项、行业标准 47 项(表 12.5,表 12.6,图 12.4)。到 2019 年,现有国家标准 189 项、行业标准 511 项。强化了标准制修订跟踪督办,建立了标准制修订进度滞后通报制度和项目负责人黑名单制度。加强了气象领域标委会管理,基本信息、卫星气象、人工影响天气三个标委会通过国家标准委考核,完成了防灾减灾标委会换届工作。

表 12.5　2019 年度生效和发布的国家标准

标准编号	标准名称	发布日期	实施日期	状态
GB/T 20487—2018	城市火险气象等级	2018/9/17	2019/4/1	现行
GB/T 20524—2018	农林小气候观测仪	2018/12/28	2019/7/1	现行
GB/T 36542—2018	霾的观测识别	2018/7/13	2019/2/1	现行
GB/T 36742—2018	气象灾害防御重点单位气象安全保障规范	2018/9/17	2019/4/1	现行
GB/T 36743—2018	森林火险气象等级	2018/9/17	2019/4/1	现行
GB/T 36744—2018	紫外线指数预报方法	2018/9/17	2019/4/1	现行
GB/T 36745—2018	台风涡旋测风数据判别规范	2018/9/17	2019/4/1	现行
GB/T 37301—2019	地面气象资料服务产品技术规范	2019/3/25	2019/10/1	现行
GB/T 37302—2019	天气预报检验　风预报	2019/3/25	2019/10/1	现行
GB/T 37411—2019	天气雷达选址规定	2019/5/10	2019/12/1	现行

续表

标准编号	标准名称	发布日期	实施日期	状态
GB/T 37467—2019	气象仪器术语	2019/6/4	2019/6/4	现行
GB/T 37468—2019	直接辐射表	2019/6/4	2020/1/1	现行
GB/T 37523—2019	风电场气象观测资料审核、插补与订正技术规范	2019/6/4	2020/1/1	现行
GB/T 37525—2019	太阳直接辐射计算导则	2019/6/4	2020/1/1	现行
GB/T 37526—2019	太阳能资源评估方法	2019/6/4	2020/1/1	现行
GB/T 37527—2019	基于手机客户端的预警信息播发规范	2019/6/4	2020/1/1	现行
GB/T 37529—2019	城市总体规划气候可行性论证技术	2019/6/4	2019/6/4	现行
GB/T 37744—2019	水稻热害气象等级	2019/6/4	2020/1/1	现行
GB/T 37926—2019	美丽乡村气象防灾减灾指南	2019/8/30	2020/3/1	现行
GB/T 38308—2019	天气预报检验 台风预报	2019/12/10	2020/7/1	现行

表12.6　2019年度发布的气象行业标准

标准编号	标准名称	发布日期	实施日期	状态
QX/T 10.3—2019	电涌保护器 第3部分：在电子系统信号网络中的选择和使用原则	2019/12/26	2020/4/1	现行
QX/T 17—2019	37 mm高炮增雨防雹作业安全技术规范	2019/12/26	2020/4/1	现行
QX/T 82—2019	小麦干热风灾害等级	2019/4/28	2019/8/1	现行
QX/T 83—2019	移动气象台建设规范	2019/9/18	2019/12/1	现行
QX/T 99—2019	人工影响天气安全 增雨防雹火箭作业系统安全操作要求	2019/12/26	2020/4/1	现行
QX/T 146—2019	中国天气频道本地化节目播出实施规范	2019/12/26	2020/4/1	现行
QX/T 208—2019	气象卫星地面系统遥测数据格式规范	2019/9/30	2020/1/1	现行
QX/T 211—2019	高速公路设施防雷装置检测技术规范	2019/9/18	2019/12/1	现行
QX/T 232—2019	雷电防护装置定期检测报告编制规范	2019/9/18	2019/12/1	现行
QX/T 238—2019	风云三号B/C/D气象卫星数据广播和接收规范	2019/9/18	2019/12/1	现行
QX/T 344.2—2019	卫星遥感火情监测方法 第2部分：火点判识	2019/9/30	2020/1/1	现行
QX/T 471—2019	人工影响天气作业装备与弹药标识编码技术规范	2019/1/18	2019/5/1	现行
QX/T 472—2019	人工影响天气炮弹运输存储要求	2019/1/18	2019/5/1	现行

续表

标准编号	标准名称	发布日期	实施日期	状态
QX/T 473—2019	螺旋桨式飞机机载焰剂型人工增雨催化作业装备技术要求	2019/1/18	2019/5/1	现行
QX/T 474—2019	卫星遥感监测技术导则 水稻长势	2019/1/18	2019/5/1	现行
QX/T 475—2019	空气负离子自动测量仪技术要求 电容式吸入法	2019/1/18	2019/5/1	现行
QX/T 476—2019	气溶胶 PM_{10}、$PM_{2.5}$ 质量浓度观测规范 贝塔射线法	2019/1/18	2019/5/1	现行
QX/T 477—2019	沙尘暴、扬沙和浮尘的观测识别	2019/1/18	2019/5/1	现行
QX/T 478—2019	龙卷强度等级	2019/4/28	2019/8/1	现行
QX/T 479—2019	$PM_{2.5}$ 气象条件评估指数（EMI）	2019/4/28	2019/8/1	现行
QX/T 480—2019	公路交通气象监测服务产品格式	2019/4/28	2019/8/1	现行
QX/T 481—2019	暴雨诱发中小河流洪水、山洪和地质灾害气象风险预警服务图形	2019/4/28	2019/8/1	现行
QX/T 482—2019	非职业性一氧化碳中毒气象条件预警等级	2019/4/28	2019/8/1	现行
QX/T 483—2019	日晒盐生产的塑苫气象服务规范	2019/4/28	2019/8/1	现行
QX/T 484—2019	地基闪电定位站观测数据格式	2019/4/28	2019/8/1	现行
QX/T 485—2019	气象观测站分类及命名规则	2019/4/28	2019/8/1	现行
QX/T 486—2019	农产品气候品质认证技术规范	2019/4/28	2019/8/1	现行
QX/T 487—2019	暴雨诱发的地质灾害气象风险预警等级	2019/9/18	2019/12/1	现行
QX/T 488—2019	蒙古语气象服务常用用语	2019/9/18	2019/12/1	现行
QX/T 489—2019	降雨过程等级	2019/9/18	2019/12/1	现行
QX/T 490—2019	电离层测高仪技术要求	2019/9/18	2019/12/1	现行
QX/T 491—2019	地基电离层闪烁观测规范	2019/9/18	2019/12/1	现行
QX/T 492—2019	大型活动气象服务指南 人工影响天气	2019/9/18	2019/12/1	现行
QX/T 493—2019	人工影响天气火箭弹运输存储要求	2019/9/18	2019/12/1	现行
QX/T 494—2019	陆地植被气象与生态质量监测评价等级	2019/9/18	2019/12/1	现行
QX/T 495—2019	中国雨季监测指标 华北雨季	2019/9/18	2019/12/1	现行
QX/T 496—2019	中国雨季监测指标 华西秋雨	2019/9/18	2019/12/1	现行
QX/T 497—2019	气候可行性论证规范 数值模拟与再分析资料应用	2019/9/18	2019/12/1	现行
QX/T 498—2019	地铁雷电防护装置检测技术规范	2019/9/18	2019/12/1	现行
QX/T 499—2019	道路交通电子监控系统防雷技术规范	2019/9/18	2019/12/1	现行
QX/T 500—2019	避暑旅游气候适宜度评价方法	2019/9/30	2020/1/1	现行
QX/T 501—2019	高空气候资料统计方法	2019/9/30	2020/1/1	现行

续表

标准编号	标准名称	发布日期	实施日期	状态
QX/T 502—2019	电离层闪烁仪技术要求	2019/9/30	2020/1/1	现行
QX/T 503—2019	气象专用技术装备功能规格需求书编写规则	2019/9/30	2020/1/1	现行
QX/T 504—2019	地基多通道微波辐射计	2019/9/30	2020/1/1	现行
QX/T 505—2019	人工影响天气作业飞机通用技术要求	2019/9/30	2020/1/1	现行
QX/T 506—2019	气候可行性论证规范　机构信用评价	2019/9/30	2020/1/1	现行
QX/T 507—2019	气候预测检验　厄尔尼诺/拉尼娜	2019/9/30	2020/1/1	现行
QX/T 508—2019	大气气溶胶碳组分膜采样分析规范	2019/9/30	2020/1/1	现行
QX/T 509—2019	GRIMM 180 颗粒物浓度监测仪标校规范	2019/9/30	2020/1/1	现行
QX/T 510—2019	大气成分观测数据质量控制方法　反应性气体	2019/9/30	2020/1/1	现行
QX/T 511—2019	气象灾害风险评估技术规范　冰雹	2019/12/26	2020/4/1	现行
QX/T 512—2019	气象行政执法案卷立卷归档规范	2019/12/26	2020/4/1	现行
QX/T 513—2019	霾天气过程划分	2019/12/26	2020/4/1	现行
QX/T 514—2019	气象档案元数据	2019/12/26	2020/4/1	现行
QX/T 515—2019	气象要素特征值	2019/12/26	2020/4/1	现行
QX/T 516—2019	气象数据集说明文档格式	2019/12/26	2020/4/1	现行
QX/T 517—2019	酸雨气象观测数据格式　BUFR	2019/12/26	2020/4/1	现行
QX/T 518—2019	气象卫星数据交换规范　XML 格式	2019/12/26	2020/4/1	现行
QX/T 519—2019	静止气象卫星热带气旋定强技术方法	2019/12/26	2020/4/1	现行
QX/T 520—2019	自动气象站	2019/12/26	2020/4/1	现行
QX/T 521—2019	船载自动气象站	2019/12/26	2020/4/1	现行
QX/T 522—2019	海洋气象观测用自动气象站防护技术指南	2019/12/26	2020/4/1	现行
QX/T 523—2019	激光云高仪	2019/12/26	2020/4/1	现行
QX/T 524—2019	X 波段多普勒天气雷达	2019/12/26	2020/4/1	现行
QX/T 525—2019	有源 L 波段风廓线雷达(固定和移动)	2019/12/26	2020/4/1	现行
QX/T 526—2019	气象观测专用技术装备测试规范　通用要求	2019/12/26	2020/4/1	现行
QX/T 527—2019	农业气象灾害风险区划技术导则	2019/12/26	2020/4/1	现行
QX/T 528—2019	气候可行性论证规范　架空输电线路抗冰设计气象参数计算	2019/12/26	2020/4/1	现行
QX/T 529—2019	气候可行性论证规范　极值概率统计分析	2019/12/26	2020/4/1	现行
QX/T 530—2019	气候可行性论证规范　文件归档	2019/12/26	2020/4/1	现行
QX/T 531—2019	气象灾害调查技术规范　气象灾情信息收集	2019/12/26	2020/4/1	现行
QX/T 532—2019	Brewer 光谱仪标校规范	2019/12/26	2020/4/1	现行
QX/T 533—2019	太阳光度计标校技术规范	2019/12/26	2020/4/1	现行

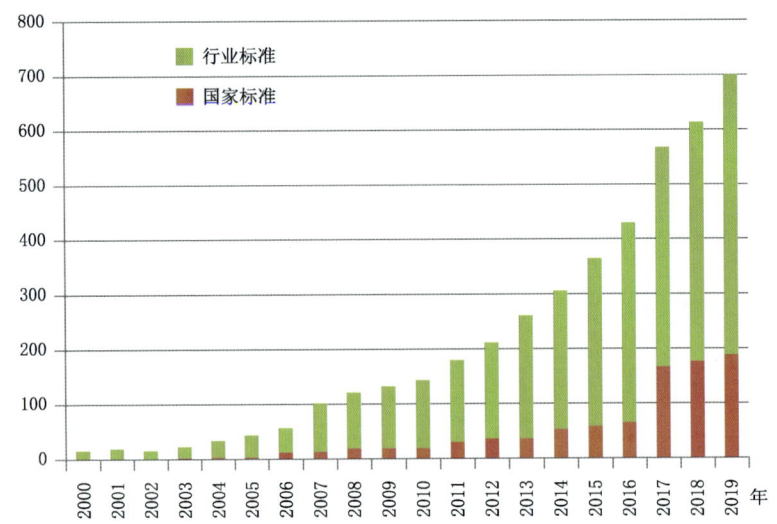

图 12.4　2000—2019 年气象国家标准与行业标准年度累计情况统计图(单位:项)

(三)坚持执法规范公正

完善执法程序,推行三项制度。为贯彻落实国务院办公厅《关于全面推行行政执法公示制度执法全过程记录制度重大执法决定法制审核制度的指导意见》(国办发〔2018〕118 号),中国气象局印发了《气象部门全面推行行政执法公示制度执法全过程记录制度重大执法决定法制审核制度实施方案》,在全国气象部门全面推行行政执法公示制度、执法全过程记录制度和重大执法决定审核制度,同时印发《气象行政执法公示办法》等 3 个配套办法,进一步指导各级气象主管机构做好三项制度的实施,推动实现执法信息公开透明、执法全过程留痕、执法决定合法有效,执法行为公正规范,执法能力和水平明显提升。

强化执法监督,规范执法行为。一是加强执法监督。制定了行政执法监督约谈办法,进一步严格执法要求,规范执法程序,督促各单位依法履行职责。二是进一步规范执法行为。进一步规范了气象行政检查工作,对气象行政检查行为提出规范要求。2019 年全国气象部门共开展执法检查 8 万余次,立案 498 件。

(四)全面提高法治思维和依法行政能力

加强气象法治培训。2019 年,将依法行政有关内容纳入国家级重点培训计划课程。全年举办 3 期气象行政执法培训,培训 89 人次,并在各类干部培训班中增加法治思维和依法行政能力相关课程。同时,通过中国气象远程教育网加强法治学习宣传。

重视普法宣传教育。2019 年,气象部门把宪法学习宣传融入到国家系列宣传部署中。组织全国气象部门积极参与第三届"我与宪法"微视频征集评选,有 6 部作品获奖,体现了气象部门学习宪法、尊崇宪法、维护宪法的成效。同时积极组织开展宪法宣誓活动。2019年部署全年气象法治宣传教育工作,制定实施了《2019年气象部门普法工作要点》,推进了普法任务落实和工作考核。全国气象部门1个单位、2位个人分获全国"七五"普法中期先进集体和先进个人。创新普法宣传方式,在全国法治宣传教育产品资料库行业部门分类中增加了气象部门类别,气象普法试题被学习强国平台采纳推出。全年组织制作普法微视频、普法绘本等8类27种普法产品供全国气象部门法治宣传使用。

完善法律顾问和公职律师制度。全国气象部门已普遍建立法律顾问制度。中国气象局法律顾问全年提供了专项法律咨询服务9次。目前全国气象部门已有30名公职律师。

（五）全面推进气象行政决策现代化

行政决策科学化、民主化、法治化,是行政决策现代化的根本要求,是提升行政治理能力的重要保证,是国家治理现代化在行政领域的具体体现。2019年,气象部门行政决策现代化取得重要进展。

健全重大行政决策机制。2019年,中国气象局制定实施了《重大行政决策程序暂行条例》,对全国气象部门做好重大行政决策工作提出要求。同时按照《中国气象局工作规则》,严格执行议事决策规则和程序。根据《中国共产党重大事项请示报告条例》及有关规定,中国气象局结合部门实际,制定出台了中国气象局党组贯彻落实的具体措施并认真执行。

加强合法性审核和集体讨论决定。2019年,全国气象部门完成77件行政规范性文件的合法性审核,制发的规范性文件均履行了合法性审核程序。做到了重大决策坚持集体讨论决定,严格落实重大行政决策经集体讨论决定制度,重大事项实行个别酝酿、民主讨论、集体决策制度。

强化专家论证和风险评估。2019年,完善了决策咨询队伍建设,充分发挥决策咨询委员会职能;组建了中国气象局气象发展与规划院,实现了气象规划研究、规划编制、规划落实、规划评估等的系统覆盖。

（六）强化行政权力制约和监督

健全行政权力运行制约和监督体系。印发实施了《2019年度中国气象局领导班子成员全面从严治党责任清单》,并督促各级党组织制定相应责任清单,推动全面从严治党主体责任和监督责任落到实处。制修订3项巡视工作规则,通过不断完善制度强化对行政权力运行的制约。

自觉接受多方监督。2019年,一是通过加强党内监督,严格执行民主集中制,落实好"三会一课"、充分发挥民主评议和民主生活会的监督作用。年内对14个司局级党组织开展常规巡视,首次将副省级市气象局党组纳入巡视范围,党的十九大以来巡视覆盖率达到66.7%。二是自觉接受人大、政协监督,认真做好议案、建议、提案办理工作,全年承办的8件建议提案全部按照全国人大和全国政协的要求办结。三是强化审计监督,全面开展领导干部经济责任、财务收支、基本建设项目等审计工作。组织修订党组管理的主要领导干部经济责任审计办法和气象部门交叉审计工作暂行规定。四是做好行政监督。启用全国行政复议工作平台,全年中国气象局共受理行政复议案件4件。五是尊重司法监督。做好法院立案案件应诉准备工作,由机关工作人员和律师共同出庭应诉,坚决履行人民法院生效判决、裁定。全国气象部门全年参与行政诉讼案件7件,审结4件。

全面推进政务公开。根据新修订的《政府信息公开条例》,2019年修订了气象部门管理办法,编制公开目录,指导各级气象部门做好政务公开和政府信息公开。深入推进主动公开,全年公开规范性文件等政府信息519条;认真做好依申请公开,全年接受政府信息公开申请9件,全部依法办理并答复申请人。在官方网站开设了"交流互动"专栏,设置了"局长信箱"等交流窗口,积极回应网民关切,全年收到网民来信223件,办结答复率达97.7%。

完善纠错问责机制。2019年,一是强化考核机制。在各级领导负责人年度述职述廉考核评价中强化对党建工作、党风廉政建设工作情况考评。对落实"两个责任"不力、出现违法违纪等问题的取消评优资格。二是结合巡视工作,加强对"两个责任"落实情况监督检查。通过巡视巡查均把"两个责任"落实情况等作为巡视巡查的重要内容,不断强化气象部门各级党委(党组)、纪委(纪检组)履行党风廉政建设责任的自觉性。对发现的问题坚持"一案双查",既追究直接责任人责任,又追究领导责任。

四、评价与展望

2019年,气象重点领域的重大改革取得显著成效,气象法治化建设取得了重大成绩,为新时代气象事业发展提供了改革动力和法治保障。但是,进入新时代对标对表中央要求,在贯彻落实国家重大部署和建设现代化气象强国进程中,全面深化气象改革,推进气象法治建设,为推动气象高质量发展提供法治保障和改革动力的任务仍然十分艰巨。

新时代,全面深化气象改革,必须坚决贯彻落实党中央、国务院各项改革要求,持续深化气象部门"放管服"改革;着力推进气象部门"证照分离"改革和证明事项清理,进一步激发市场活力和社会创造力。深入推进气象业务科技体制重点领域的改革,做好整体改革的统筹协调和重点改革任务的安排部署,推动国省两级业务统筹集约、合理分工,建立形成适应大数据中心运行的体制机制。继续开展改革试点指导,发挥各级主观能动性,尊重首创精神,组织开展试点交流活动。

新时代,全面推进气象法治建设,全国各级气象部门必须坚持以习近平新时代中国特色社会主义思想为指导,为持续推动更高水平气象现代化建设提供强有力的法治保障。深入推进气象部门法治建设第一责任人落实工作,加强责任落实;继续完善保障气象改革发展的法律规范体系,全力推进气象法律法规修订工作,着力做好改革配套法规规章修改;加强行政执法制度落实,强化法治宣传培训,做好气象标准建设和实施,为新时代气象事业高质量发展提供强有力的制度保障。

第十三章　气象开放与合作*

2019年，气象部门深化气象国际合作与交流取得显著成效，全球服务受到广泛赞誉；对标对表国家战略和经济社会发展，进一步加大省部、部门、局校、局企合作力度，机制更加完善、举措更加务实，气象开放合作交流成效更加突出。

一、2019年气象开放与合作概述

（一）全球气象治理彰显中国作为

2019年，我国深入参与世界气象组织改革工作，组团出席了第十八次世界气象大会，深度参与世界气象组织改革专题组和过渡委员会的会议。组团出席政府间气候变化专门委员会第49和50次全会。召开第15届亚洲区域气候监测、预测和评估论坛。派员参加联合国气候变化框架公约相关谈判。深入参与台风委员会事务等。世界气象组织秘书长就中华人民共和国建国70周年致函习近平主席，高度评价风云气象卫星、世界气象中心（北京）等对全球气象能力建设的贡献。

（二）气象多边合作稳步推进

坚持以习近平外交思想为指引，2019年气象部门继续紧扣服务国家总体外交和服务气象事业发展的主线，继续完善双边及多边合作平台及合作机制建设，不断开创气象外事工作新局面。全国气象部门更加主动服务气象强国建设，对标增强气象科技创新能力，推动"全球监测、全球预报、全球服务"业务发展，参与引领全球气象治理，进一步扩大了气象开放合作程度，提高开放合作效益，完善开放合作机制，为我国气象事业高质量发展开创了良好国际环境。

（三）国内气象发展合作呈现新态势

强化国内气象合作，共同推进气象现代化建设。2019年通过加强部际合作，中国气象局与水利部、生态环境部、应急管理部等部委，以及国家发改委、国家文物局等相关部门间加强沟通合作，进一步完善应急联动合作机制，做好精细化气象服务。继续深化省部合作，中国气象局分别与安徽、海南、河南、重庆、浙江、青海、宁夏等省

---

* 主要执笔人员：陈鹏飞

(区、市)签署新的合作协议,在服务经济社会发展、气象改革和现代化建设等方面取得了丰硕成果。积极推动局校、局企合作,合作高校达25所,中国气象局与中国人民保险公司集团、国家铁路集团、招商局集团、中国航天科技集团等大型集团公司签署了合作协调,有序拓展气象合作领域,为加快推进气象现代化发展和气象服务经济社会发展开创了新局面。

二、2019年气象国际交流与合作进展

(一)气象卫星服务全球取得重大进展

2019年,中国气象局扎实推进气象卫星领域的国际合作,与世界气象组织、欧洲气象卫星开发组织(EUMETSAT)、亚太空间合作组织(APSCO)等国际组织紧密合作,共同助推风云气象卫星的国际服务。中国气象局积极配合做好习近平主席对吉尔吉斯斯坦共和国国事访问准备工作,习近平主席见证王毅国务委员与吉尔吉斯斯坦紧急状态部部长签署《中国气象局与吉尔吉斯斯坦共和国紧急情况部关于风云气象卫星服务的合作协议》,推进双方气象科技合作走向深入,为保障两国人民安全福祉和经济社会发展以及推动区域合作等提供保障。气象卫星领域的国际合作不断拓展,进一步密切了我国与世界气象组织、"一带一路"沿线国家和地区的关系。

世界气象组织:中国气象卫星已达世界领先水平

世界气象组织秘书长佩特里·塔拉斯2019年6月13日表示,中国在气象服务和气象卫星技术方面,已达世界领先水平,期待中国气象服务能够在"一带一路"框架下惠及世界更多国家。

中国气象局和世界气象组织6月13日在瑞士日内瓦联合举办风云气象卫星服务"一带一路"建设气象合作推介会。塔拉斯对中国长期以来对世界气象组织的支持,以及为提供和改善全球气象服务所做的大量工作表示感谢。

塔拉斯说,中国的南京信息工程大学为世界气象组织其他成员国尤其是许多非洲国家培训了大量气象专家;中国还帮助非洲国家建设了气象基础设施、提高了当地气象服务的能力,其中包括提供气象卫星数据和系统服务。他期待未来在"一带一路"框架下,中国能为全球尤其是非洲地区及岛屿国家提供更多气象服务。

(摘自:新华网)

(二)与国际组织交流及双边、多边合作

截至2019年底,我国已承担世界气象中心(北京)等WMO近30个具备全球或区域业务和服务功能的中心、国际合作机制等气象国际职责。与WMO签署《中国气象局与世界气象组织关于推进区域气象合作和共建"一带一路"的意向书》,建立区域防灾减灾合作机制。牵头国内14个部门参与政府间气候变化专门委员会(IPCC)全球气候变化科学评估、IPCC运行机制与改革进程,积极参与联合国气候变化框架公约(UNFCCC)谈判。2019年,中国气象局积极与国际智库开展交流合作,联合英国气候变化委员会出版《中-英合作气候变化风险评估——气候风险指标研究》,会同印度国际经济关系研究委员会举办"中印气候变化专家对话会",推动应对气候变化成果应用与经验交流。

加强与世界气象组织交流合作。中国关于推进世界气象组织改革、改进治理、气象科技与业务发展、公私伙伴关系等的系列方案得到各方高度认同。推动世界气象组织和国家留学基金委签署初级专业官协议,派出9位青年专家赴世界气象组织秘书处任初级专业官。与世界气象组织联合参与北京世界园艺博览会,举办首个国际组织荣誉日,世界气象组织园获组委会金奖。在第18次世界气象大会期间,与我驻日内瓦使团、世界气象组织秘书处共同举办风云气象卫星国际应用宣传活动。

积极组织并参与国际会议。2019年,组织承办世界气象组织热带气象研究工作组会议、第五届"沙尘暴预警咨询评估系统"指导委员会会议、第五届中亚气象科技国际研讨会、亚洲区域灾害早期预警能力提升研讨会、首届风云气象卫星国际用户大会、首届世界气象组织世界气象中心研讨会、第六届风云卫星发展咨询会、第五届数值预报国际科学指导委员会会议等12次国际会议。组团参加第十一届亚洲/大洋洲气象卫星用户大会、地球观测组织全会及部长峰会、第四届中美卫星高层工作组会议等。组织开展冬奥会气象服务国际合作。继续推进与英国在"气候科学支持气候服务伙伴计划"中的合作。召开第三届中国气象局与欧洲中期天气预报中心双边会议,确定未来两年合作领域和计划。继续加强与欧洲中期天气预报中心和欧洲气象卫星开发组织在数值预报和卫星气象方面的务实合作。

全方位参与全球气象治理。2019年,中国气象局局长刘雅鸣当选世界气象组织执行理事会成员,副局长宇如聪当选科学咨询委员会成员。中国气象局充分发挥联合国政府间气候变化专门委员会国内牵头组织部门作用,积极参与公约谈判。加强IPCC国内工作组织和技术支撑,组织专家参与IPCC第六次评估报告编写,协助IPCC工作组推进相关任务,完成《清单指南2019年修订》方法学报告、《气候变化与土地》和《气候变化中的海洋和冰冻圈》特别报告的政府评审。圆满完成3次IPCC全会和2次主席团会谈判任务,维护了国家利益。完成综合报告规划会作者推荐和气候变化评估资料支持任务组中国成员替换工作。

> **世界气象组织（WMO）新一轮战略计划印发**
>
> 2019年6月,第十八次世界气象大会通过了《WMO战略计划2020—2023》,新一轮战略计划确定了指导2020—2023和至2030年WMO活动的方向和优先事项,使全体会员能够改进其信息、产品和服务。
>
> 战略计划明确了WMO发展的综合愿景:"到2030年,将看到一个这样的世界:所有的国家,特别是最脆弱的国家,更有能力抗御极端天气、气候、水及其他环境事件的社会经济影响;通过提供尽可能最佳的陆地、海上或空中服务加强其可持续发展。"
>
> 战略计划确定了三大总体优先重点:一是加强对水文气象极端事件的防备,并减少水文气象极端事件造成的生命损失、重要基础设施和生计损失;二是支持智慧气候决策,以建设或加强适应能力或抗御气候风险的能力;三是提高天气、气候、水文和相关环境服务的社会经济效益。
>
> （摘自:《WMO战略计划2020—2023》）

（三）境外气象培训和引智

2019年,中国气象局成功举办17期国际培训班,其中包括3期风云气象卫星专题国际培训班、台风委员会会员预报员培训班、上合组织气象灾害防御技术培训班等,培训国际学员290人。新招收2019年度气象和水文专业博士、硕士研究生或本科长期奖学金学员35人。中国气象局专家赴尼泊尔等8国开展中国气象局气象卫星数据广播接收系统维护和技术培训。对全球多灾种预警系统（GMAS-A）应用进行培训。执行赴英国、新加坡、日本培训。获批科技部国际科技合作项目2个,外交部亚洲区域合作专项资金项目和澜沧江－湄公河合作项目6个。

作为世界气象组织北京区域培训中心（WMO-RTC）,中国气象局气象干部培训学院从2006年起持续开展风云气象卫星国际培训与交流活动,到2019年在风云气象卫星技术与应用领域共举办国际培训班15期,培训了来自"一带一路"沿线等相关67个国家和地区的248名国际学员,搭建了重要的合作交流平台。

三、2019年气象国内合作进展

（一）部际合作

部际战略合作更加深入。2019年,中国气象局与水利部海河水利委员会在北京签署协议,共同推进海河流域水安全战略合作。双方将建立多层次沟通机制,建立联系通道,及时通报合作进展;完善信息共享机制,实现气象、雨水情等实时信息、历史资料和预报产品的共享;促进业务技术融合发展,联合开展水文气象技术创新研究,加强流域重要区域精细化预测预报技术研究,开展技术人员业务交流和培训;建立科研合作机制,联合申请国家科技项目,联合开展海河流域暴雨致洪规律、监测预警技术和流域水生态变化等研究,有效深化技术合作交流,联合开展科技攻关,不断提供有针对性的气象业务服务,共同为保障海河流域水安全作出积极贡献。深化与国家林业和草原局合作,气象部门参与了荒漠化治理和国家公园建设。

部际会商机制更加完善。2019年,中国气象局与水利部联合开展汛期气候趋势会商6次;与生态环境部联合开展空气质量预报会商45次、大气污染潜势预测7次;与应急管理部签署关于建立应急管理与气象监测预报预警服务联动工作机制的框架协议,共建联合会商、联合预警、联合演练和应急联动机制。与应急管理部、国家林业和草原局联合制作发布高森林火险红色预警1期、橙色预警12期。

气象参与国家发展战略决策发挥重要作用。2019年,中国气象局参与国家能源消耗"双控"目标责任考核、北极事务部际协调小组、气候变化数据统计等工作。参与编写《中国应对气候变化的政策与行动(2019)》《中国本世纪中叶长期温室气体低排放发展战略》《"十三五"应对气候变化科技创新工作进展》。中国气象局与国家发改委等24个部委联合印发《推动物流高质量发展促进形成强大国内市场的意见》。向有关部门提供涉及大气环境、健康、物流等方面的决策咨询材料100余份。调整了国家人工影响天气协调会议成员单位及组成人员,加强了气象灾害防御部际联络员协调。

(二)省部合作

2019年,中国气象局与各省(区、市)合作进一步深化,先后与协议已经到期的7个省份结合各地不同需求和气象发展重点续签了合作协议,对未到期的省份合作部署检查了落实进展,省部合作进一步推进了气象现代化发展,极大地促进了气象保障国家发展战略的实施和气象服务当地经济社会发展。

2019年,中国气象局与安徽省政府深化合作的重点是全面推进气象现代化。在合肥召开安徽省全面推进气象现代化暨省部合作联席会议,明确了新一轮省部合作的重点任务。双方将以发展智慧气象、民生气象为导向,大力推进气象服务数字化、网格化、智能化、流域化,全面加强气象信息化能力、生态气象监测预警能力、立体化现代气象服务能力、气象科技创新基础能力建设。

2019年,中国气象局与海南省政府深化合作的重点是:气象服务为海南自由贸易试验区建设。在海口签署共同推进气象为海南自由贸易试验区和中国特色自由贸易港建设服务合作协议,双方将以"智慧气象"建设为抓手,以气象防灾减灾与服务保障体系建设为中心,聚焦海洋气象、旅游气象、生态文明气象服务等重点,谋划推进中国南海气象预警工程、生态环境与旅游气象保障工程、"互联网+智慧气象"服务工程等项目建设,全面提升海南气象保障服务能力。

2019年,中国气象局与河南省政府深化合作的重点是:气象保障乡村振兴战略实施。双方在郑州举行省部合作联席会议,并签署共建乡村振兴气象保障示范省合作协议。双方将重点推动支持气象防灾减灾体系、气象为农服务体系、气象生态保障体系建设;共建河南省生态与环境气象中心和河南省突发事件预警信息发布中心;着力实施高标准农田气象保障能力提升工程、精准化气象防灾减灾工程、中部区域人工影响天气能力提升工程、突发事件预警信息发布工程和河南省气象防灾减灾中心(郑州国家气象科技园)工程;并进一步加强组织领导、完善共建机制、加快项目实施,确保共建任务落到实处,更好发挥气象在河南决胜全面建成小康社会中的服务保障作用。

2019年,中国气象局和重庆市政府深化合作的重点是:共同推进新时代重庆气象现代化。双方在重庆召开第四次部市合作联席会议,签署共同推进新时代重庆气象现代化发展合作备忘录。将共同实施智慧气象工程,助力重庆在推进新时代西部大开发中发挥支撑作用;实施内陆开放高地建设气象保障工程,助力重庆在推进共建"一带一路"中发挥带动作用;实施生态文明建设气象保障工程,助力重庆在推进长江经济带绿色发展中发挥示范作用;实施乡村振兴气象保障工程,助力重庆解决"两不愁三保障"突出问题和打赢精准脱贫攻坚战;实施城乡融合一体化气象防灾减灾救灾工程,提高重庆防范化解重大自然灾害风险能力;共同建设重庆三峡国家气象公园,助力重庆"行千里致广大";并进一步加强政策保障、强化规划引领、加大投入力度、发挥部市合作机制作用,保障合作备忘录各项任务的落实,有效提升气象服务保障和防灾减灾救灾能力,大力推进新时代重庆气象现代化发展。

2019年,中国气象局与浙江省政府深化合作的重点是:共建防灾减灾救灾"第一道防线"。双方在杭州签署新一轮省部合作,共建防灾减灾救灾"第一道防线"示范省。双方将按照高质量发展要求,统筹中央和地方的资源与力量,以突发强对流天气监测预警工程、乡村振兴战略气象服务工程、海洋经济发展气象保障工程、美丽浙江建设气象保障工程、气象新技术协同开发工程等"五大工程"为抓手,共推防灾减灾救灾"第一道防线"示范省建设,进一步提升浙江气象工作在平安浙江、美丽浙江、乡村振兴、海洋强省等富民强省行动计划中的贡献率,不断提高气象服务给人民群众带来的获得感、幸福感和安全感。

2019年,中国气象局与青海省政府深化合作的重点是:共同推进气象保障青海生态文明建设。双方在北京签署局省合作协议,将在共同推进青海生态文明建设、提升青藏高原应对气候变化能力、构建气象防灾减灾新格局、推进气象科技协同创新等方面合作共建;在推进以国家公园为主体的自然保护地体系示范省建设,强化三江源、祁连山国家公园生态气象监测等领域深入合作;并将全面落实重点项目,建立稳定财政保障机制。

2019年,中国气象局与宁夏回族自治区政府深化合作的重点是:共同推进宁夏气象现代化高质量发展。在银川召开省部合作座谈会,并签署《共同推进宁夏气象现代化高质量发展合作协议》。双方将共建宁夏城乡生态环境保护气象服务、宁夏"气象＋行业"大数据应用示范、六盘山地形云野外科学试验示范基地，实施宁夏农村气象信息服务、宁夏基层气象现代化建设提质增效工程，组建宁夏生态气象和卫星遥感中心，更好地发挥气象在全面建成小康社会中的服务保障作用，为"建设美丽新宁夏 共圆伟大中国梦"作出新的更大贡献。

（三）局校及局企合作

2019年，气象局校及局企合作继续深化，中国气象局与25所高校和一批企业集团开展科技合作。中国气象科学研究院与南京信息工程大学签署合作协议，双方将围绕促进科教融合，加强高层次拔尖创新人才培养，推动科技创新和成果转化，建立互相扶持、互相依托、共同发展的长期战略伙伴关系，共同推进新时代中国气象事业创新发展。合作内容涵盖联合开展博士研究生培养，相互支持建设创新研究中心及重点实验室、组建国家科技创新团队、申报重点研发计划等国家重大科研项目，支持双方技术人员申报对方单位的科研项目，联合开展核心科技攻关，围绕重点研究领域定期开展学术交流活动，建立信息交流机制等方面。

中国气象局与复旦大学签署合作协议。双方将在科教平台建设、科技创新、人才培养以及信息共享等方面开展全面合作，重点围绕成立中国气象局－复旦大学海洋气象灾害联合实验室、建设综合观测基地、联合攻关气象核心科研问题和共同承担科研项目、培养高层次人才、推进国际交流合作、召开学术论坛、开展气象科普活动等进行深度合作，探索局校合作新机制，实现资源共享和科研业务无缝对接，促进教学质量与人才素质提升。

中国气象局与中国人民保险集团联合签发《推动落实双方合作框架协议的行动计划》，旨在推动2018年5月签署的《中国气象局　中国人民保险集团股份有限公司战略合作框架协议》有效落实。双方将突出优势互补，强化面向保险需求的气象服务，加强跨行业领域合作，促进创新发展，联合开展农业巨灾气象指数保险业务，提升地方政府农业巨灾防范水平；试点开展重点保险客户服务，以三峡集团海上风电项目作为试点，在福建、广东开展面向中国人民保险公司集团大客户的保险气象服务；开展基层气象信息员承担协保工作试点，将灾害评估与防灾工作相结合，切实提升气象灾害预警信息在防灾减灾避灾增效中的作用。并联合成立气象保险专家委员会，共同开展气象保险政策、业务规范和技术标准等方面的研究，推动制定气象保险标准体系等，大力提升我国气象灾害风险综合管理水平，全面服务经济社会和谐稳定发展。

中国气象局与中国国家铁路集团有限公司联合出台《铁路气象战略合作协议实施方案》，进一步强化铁路气象监测预警服务。在现有铁路气象服务的基础上，双方将联合研发铁路气象灾害监测预警系统，结合各自在铁路沿线的大风、降水、雷电等监测预警信息，及时发布更加准确、精细的覆盖各线路区段的气象预警信息。双方将共同推动川藏铁路工程气象科研攻关，开展铁路沿线高时空分辨率气象条件变化规律及其趋势研究,建立沿线气象资料库;开展川藏铁路工程可研设计阶段关键气象参数研究,提出典型区段满足工程可研设计需求的关键气象条件及设计参数;开展面向陆地综合需求的气象灾害影响与风险评估研究,为川藏铁路规划、建设趋利避害提供参考依据;开展铁路沿线气象监测方案研究,为实现川藏铁路典型气象灾害全要素、全过程、长效监测提供技术支撑。同时,双方将深化高铁气象监测技术科研攻关,开展龙卷对高铁运营影响及监测预警技术示范研究、高铁气象灾害风险区划研究、高铁气象监测点布设及优化方法研究、高铁气象监测设备标定技术研究等。

中国气象局在武汉组织召开2019年长江流域防汛和航运气象服务工作推进会,气象、交通、水利、海事等部门共同学习领会习近平总书记关于长江经济带发展的重要指示精神,商讨推进长江流域气象保障服务再上新台阶,强调进一步深化合作,共同打造智慧气象服务体系,为长江流域生态安全和长江经济带建设提供有力支撑。

中国气象局加强与招商局集团等单位合作,充分利用码头、航标灯、船舶和沿岸铁塔等平台,建立内河主要航道气象观测链,布设微小型、低功耗、物联网气象观测设备,逐步形成全航道气象实况观测能力。

中国气象局、国防科工局和中国航天科技集团有限公司联合启动了风云五号卫星需求论证,深入研讨了高分卫星在气象及气象相关领域的应用,探讨了风云极轨卫星未来发展方向和需求。国家卫星气象中心与中国航天科技集团有限公司八院签署《风云五号卫星系列需求论证合作备忘录》。约定充分发挥双方的业务优势,有序推进风云五号卫星系列的应用需求论证,建立星地一体化指标体系,研究载荷配置方案,推进有效载荷和卫星平台方案可行性论证。

中国气象局与华为技术有限公司签署了战略合作协议。双方将利用华为在人工智能领域的技术优势和中国气象局在气象数据和气象业务技术上的优势,围绕气象综合观测、气象预报、预警发布、气象服务等领域开展深入合作,重点探索AI在气象行业的应用模式,深入分析气象监测预报业务中的关键技术问题和制约因素,共同推动云计算、大数据、物联网、人工智能等现代技术在气象领域的应用,共同推进更加完善的"智慧气象"建设,为实现更高水平的气象现代化提供有力支撑,并为气象行业乃至政府部门树立智慧化典范。

气象服务产业技术创新联盟正式成立。由华风气象传媒集团有限责任公司、南京信息工程大学、成都信息工程大学、华为技术有限公司、北京百度网讯科技有限公司、腾讯云计算(北京)有限责任公司、联想数据中心业务集团、北京搜狗科技发展有限公司、新奥特(北京)视频技术有限公司、风云科技有限公司、凤凰云祥(北京)科技发展有限公司和北京灵魂石影视文化有限公司等12家不同行业、不同领域的合作单位本着联合开发、优势互补、利益共享、风险共担的原则共同发起成立。联盟强化产业技术创新主体作用,促进产学研深度融合,将以气象服务及相关领域的技术创新需求为导向,以形成气象服务及相关产业核心竞争力为目标,以企业为主体,围绕产业技术创新链,运用市场机制集聚创新资源,实现企业、高校和科研机构等在气象服务产业战略层面的有效结合,通过产学研用的紧密合作,提升服务产业核心竞争力,开拓气象服务潜在市场,推动各联盟单位的技术创新和产业转化。

2019年,中国气象学会联合校长派·校长智库教育研究院和未来星空科学俱乐部,针对全国中小学生,开展以"气候与水"为主题的第四届校园气象科学展评活动,旨在繁荣科普文化创作,创新科学传播方式,助力气象知识科普资源转化,锻炼青少年对于天气气候的语言表达能力与创新思维,培养青少年的创新精神和实践能力。另外,在促进局校合作方面,中国气象学会组织开展了"2019年全国优秀校园气象辅导员"的申报评选工作,组织召开了青年科学家论坛、2019年全国农业气象技术交流会等,为气象扩大开放作出了积极贡献。

(四)港澳台气象合作

2019年,港澳台气象合作继续深化。在香港召开第33届粤港澳气象科技研讨会暨第24届粤港澳气象业务合作会议,中国气象局和广东、香港、澳门的气象专家共同就三地业务研究成果、媒体融合发展、未来合作事宜以及粤港澳大湾区气象发展规划进行深入交流和探讨。海南省气象局及广西壮族自治区气象局首次作为观察员列席会议,为扩大地区气象合作迈出新征程。粤港澳三地气象部门将继续高度重视粤港澳大湾区气象发展,积极融入国家发展战略,共同提升气象保障服务能力;在数据共享、数值模式研发和应对极端天气等方面合作持续深入,将大湾区气象事业打造成气象现代化和"一带一路"气象合作的示范窗口,形成更高水平的防灾减灾保障体系,为粤港澳大湾区经济社会发展保驾护航。

在厦门召开第八届海峡两岸民生气象论坛和海峡两岸青年汇活动,海峡两岸气象、农业、海洋、航运、交通、旅游、经济等210多位气象业界专家和代表主要围绕"深化气象交流,惠泽两岸民生"主题,聚焦海峡两岸高影响、前沿性气象科研成果、延伸期预报技术研究成果以及"交通、气象与安全"热点问题,研讨短时临近预报预警技术、气候变化及延伸期预报技术、卫星雷达及数值天气预报应用技术、台风暴雨等灾害天气成因分析等科学难题,交流交通气象服务、生态气象服务、旅游气象服务等热点问题,分享防灾减灾救灾方面好的做法和经验,推动两岸气象界在更大范围、更宽领域开展深度交流合作,共享气象科技最新研究成果,共商气象服务民生大计,共促两岸气象融合发展,为增进两岸同胞福祉作出新的更大贡献。

2019年,中国气象局、澳门地球物理暨气象局和葡萄牙气象局三方召开了第十次气象技术会议,进一步加强三方沟通了解。广东省珠海市气象局与澳门地球物理暨气象局签署珠澳相控阵天气雷达项目合作协议书,标志着在澳门回归20周年之际,珠澳气象合作再上新台阶。

实现与中国香港和中国澳门台风会商常态化,进一步提高台风及相关灾害防御联动的便捷性、时效性。

四、评价与展望

长期以来,气象部门始终坚持开放合作,特别是党的十八大以来,气象对外开放坚决贯彻落实习近平主席外交思想和中央总体外交部署,已经形成了全方位的开放合作新格局。但是,面对错综复杂的国际环境,气象领域在推动构建人类命运共同体方面的作用还有待深化,能力还需要进一步加强;在国内合作领域,还需要更加突出高效合作和高质量发展。

一是服务党和国家对外工作大局,面向全球,深化气象开放合作,按照共商共建共享理念,有序推进气象全球监测、全球预报、全球服务,大力提升国际合作水平,为构建人类命运共同体贡献力量。

二是继续加强国际气象科技交流合作,深度参与国际气象治理,从战略高度更深入、更全面和更系统谋划,推荐构建公平合理、合作共赢的全球气候治理体系。

三是继续深化国内气象合作,大力推动气象主动融入和服务保障国家战略,以业务服务提质增效为纽带,完善部际合作,深化新一轮省部合作;以科技协同创新和人才优势互补为目标,深化局校合作和科研院所合作;以加快先进技术转化和提升专业服务效益为突破,进一步深化局企合作,强化联合攻关能力,共同推动气象事业高质量发展。

党的建设篇

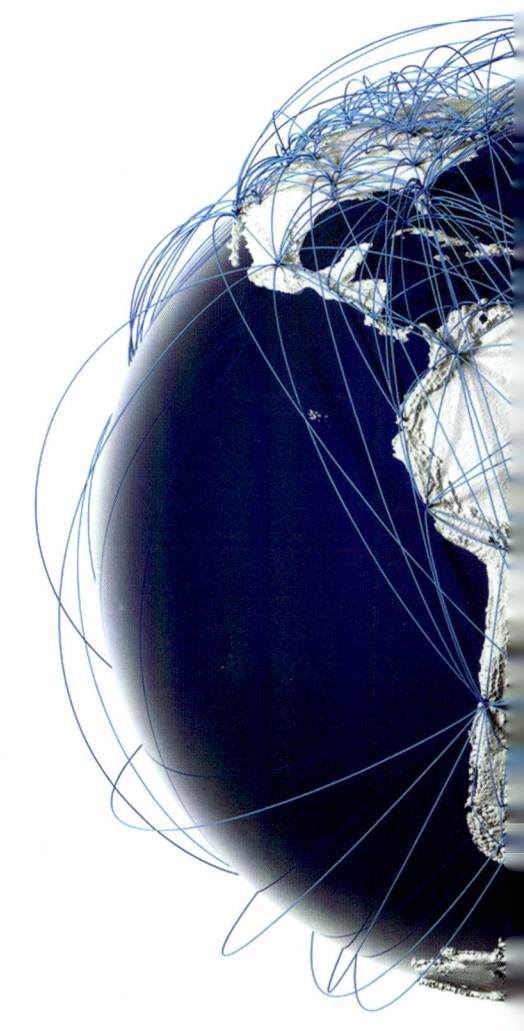

第十四章　全面加强党的建设 为气象强国建设提供坚强政治保证[*]

2019年12月，在新中国气象事业70周年之际，习近平总书记代表党中央向全国广大气象工作者致以诚挚的问候，在专门作出的重要指示中指出，新中国成立70年来，在党的领导下，我国广大气象工作者坚持服务国家、服务人民，为促进国家发展进步、保障改善民生、防灾减灾救灾等作出了突出贡献。习近平总书记的重要指示深刻揭示，党的领导是气象工作为国家和人民作出突出贡献、取得辉煌成就的根本保证。

新中国成立70年来，在党中央的坚强领导下，在党和国家领导高度重视和关心支持下，历届中国气象局党组高度重视加强气象部门党的建设，坚持以党建保障事业发展、在事业发展中提升党建水平，团结带领广大气象工作者艰苦奋斗、无私奉献，充分发挥各级党组织的战斗堡垒和广大党员的先锋模范作用，传承和发扬老一辈气象工作者的优良传统和过硬作风，推动气象业务服务和党建工作深度融合、相互促进，确保气象事业始终沿着正确的方向发展，推动气象事业从小到大、从弱到强、从落后到先进，走出了一条中国特色社会主义气象发展道路。

党的十八大以来，在以习近平同志为核心的党中央坚强领导下，气象部门始终坚持以习近平新时代中国特色社会主义思想为指导，全面贯彻党中央和习近平总书记关于推进党的建设新的伟大工程的重大部署，认真贯彻落实习近平总书记关于气象工作重要指示批示，切实履行全面从严治党主体责任，增强"四个意识"，坚定"四个自信"，做到"两个维护"，全面落实新时代党的建设总要求，以党的政治建设为统领，全面推进党的政治建设、思想建设、组织建设、作风建设、纪律建设，坚持思想建党和制度建党相统一，以党建引领和保障气象事业高质量发展和气象强国建设，主动适应"双重领导、部门为主"的管理体制对党建工作提出的新要求，注重统筹协调、突出上下联动，推动气象部门党的建设再上新水平，全面加强党的建设取得了突出成绩，为新时代气象事业发展提供了坚强的政治保证。

---

[*] 主要执笔人员：郭雪梅　李栋

一、加强领导健全机制,全面落实管党治党政治责任

习近平总书记指出:"我们要聚精会神抓好党的建设,按照树立科学理念、积极改革创新、遵循客观规律、注重实际成效的思路,切实把从严治党的要求落到实处,使我们党越来越成熟、越来越强大、越来越有战斗力"。这是全党的政治责任。党的十八以来,中国气象局党组坚决按照党中央管党治党的政治责任要求,统筹推进机关党建和系统党建,全面落实机关党建责任制和全面从严治党主体责任。

(一)健全体制机制

坚持机关党建与系统党建一起抓。结合气象系统"双重领导、部门为主"管理体制特点,坚持"条要加强、块不放松、条块结合、齐抓共管",压紧压实党建责任,中国气象局党组将机关党建与系统党建统一研究部署、督查考核,将基层党建和干部监督工作纳入气象系统党建工作总体部署,层层压实责任,自上而下传导压力,实现党建责任链条全覆盖、全贯通;制定实施了《关于加强气象部门基层党建工作的意见》,推动了气象部门各级党组织与地方党委有关部门建立定期沟通协调和工作联系制度,共同推进了部门基层党建工作。

发挥气象系统垂直管理优势,加强管党治党组织体系建设。制定实施《关于加强气象部门党建和党风廉政建设工作组织体系建设的若干意见》,成立中国气象局党组党建和党风廉政建设工作领导小组及其办公室,调整充实党建机构力量,对中国气象局直属机关和气象系统党建和党风廉政建设工作实行统筹指导、督促检查及考核问责。地市以上各级气象部门党组均成立了党建工作领导小组及工作机构。

完善纪检体制机制,加强纪检干部队伍建设。全面落实省(区、市)气象局党组纪检组组长、直属单位纪委书记对中国气象局党组直接负责制度,落实监督执纪工作以上级纪检部门领导为主,全面实施纪检组长(纪委书记)交流选任机制,新任纪检组长(纪委书记)一律按照异地(交流)任职原则进行选配。实施中国气象局党组对纪检组(纪委)以及纪检组长(纪委书记)单独考核制度。

(二)压实管党治党责任

上下联动、逐级推进全面从严治党责任清单管理,强化责任和压力传导,推动全面从严治党重点任务落细落地见实效。实施了全面从严治党责任清单管理办法,从中国气象局党组和领导班子成员做起,制定各级领导班子及成员责任清单,实施清单管理全覆盖,建立横向到边、纵向到底的全面从严治党责任体系。建立基层党组织书记抓党建工作联述、联评、联考机制。

不断完善中国气象局党组与中央纪委国家监委驻农业农村部纪检监察组沟通协调机制和重要情况报告制度,每年两次联合召开专题会议共同研究全面从严治党工作并形成制度,支持派驻机构聚焦监督执纪,重点加强对局领导班子和成员以及司局级干部的监督。

坚持关口前移压实责任。深入实施气象部门廉政风险防控体系建设工作,推动廉政风险防控工作取得明显成效。

(三)扎实开展党内专题教育

认真落实党中央部署,扎实开展了气象部门党的群众路线教育实践活动、"三严三实"专题教育、"两学一做"学习教育和"不忘初心、牢记使命"主题教育。强化"一把手"政治担当;抓住关键环节,抓严、抓实、抓细、抓深;突出示范引领,履行主体责任,以点带面推动,注重上下联动;跟进传导压力,严督实导,力促善始善终、善作善成;坚持问题导向,抓好专项整治,健全完善长效机制,使气象部门广大党员干部受到深刻的思想政治洗礼,强化了理想信念,增强了使命担当,得到中央督导组和上级部门的充分肯定。

二、强化政治统领,坚决做到"两个维护"

党的十九大明确提出党的政治建设这个重大命题,强调党的政治建设是党的根本性建设,要把党的政治建设摆在首位,以党的政治建设为统领全面推进党的各项建设。2018年6月29日,习近平总书记在中央政治局第六次集体学习时发表重要讲话,专门就加强党的政治建设进行了深刻阐述。中国气象局党组深刻把握新时代气象事业的政治属性,牢记中国气象局机关首先是政治机关的定位,把落实习近平总书记重要指示批示作为首要政治任务,坚持在贯彻落实党中央重大决策部署中发展气象事业,推动气象事业高质量发展。

(一)将贯彻落实习近平总书记重要指示批示和党中央重大决策部署作为首要任务抓紧抓实

建立持续学习、跟进落实和督促检查机制。印发《关于贯彻落实加强和维护党中央集中统一领导若干规定精神的通知》《中共中国气象局党组贯彻落实〈中国共产党重大事项请示报告条例〉具体措施(试行)》等文件,坚决做到"两个维护"。系统梳理党的十八大以来习近平总书记对气象监测预报、综合防灾减灾救灾、应对全球气候变化、生态文明建设、利用风云气象卫星服务"一带一路"沿线国家等作出的一系列重要指示,建立了落实习近平总书记重要指示批示精神的责任清单和任务台账制度,强化监督检查,狠抓责任落实。

突出抓好习近平总书记关于新中国气象事业70周年重要指示精神学习贯彻。把学习习近平总书记重要指示精神纳入各级党组(党委)中心组学习和各类培训重点内容,制定学习宣传计划,开展多种形式的宣传宣讲。对标习近平总书记重要指示精神,面向国家重大战略、人民生产生活、世界科技前沿,主动谋划气象强国建设的战略目标、重点任务和重大工程。坚持在贯彻落实党中央重大决策部署中发展气象事业的思路不动摇。把气象工作放在党和国家大局中谋划推动,提出了"三步走"建成现代化气象强国的奋斗目标,为建成适应新时代需求的气象现代化体系明确了时间表、路线图。有力做好综合防灾减灾救灾工作,主动服务和融入党和国家发展大局,确保党和国家重大决策部署、重大战略推进、重大工作安排全面落实到气象事业发展全过程、各领域。

(二)夯实政治机关定位,推进党建和业务深度融合

从政治机关高度明确和把握气象部门机关定位。深入学习和深刻理解习近平总书记关于"中央和国家机关首先是政治机关"的重要论断,进一步阐明中国气象局机关定位:中国气象局机关是党领导人民气象事业的国家机关,是推动党中央和国务院气象工作决策部署贯彻落实的领导机关,政治性是第一属性,讲政治是第一要求。落实党中央要求,开展"让党中央放心、让人民群众满意的模范机关"创建工作。

履行政治责任,力促党建与业务深度融合。印发《关于扎实推进气象部门党的政治建设的通知》《关于以政治建设为统领加强气象部门党的建设的行动计划》,做实做细党建和业务"同谋划、同部署、同推进、同考核"机制,每年在安排工作任务时,做到了党建与业务工作一起谋划、一起部署、一起推进、一起考核,在推进党建和业务深度融合方面采取了一系列具体举措,开展了党建与业务融合示范建设。

(三)严肃党内政治生活,严明政治纪律和政治规矩

全面加强和规范党内政治生活。严格执行《关于新形势下党内政治生活的若干准则》,党的十八以来,对全气象系统司局级领导班子民主生活会进行督导全覆盖,推动了各单位完善党组(党委)工作规则,提升了"三重一大"事项等集体研究决策的规范化、科学化、制度化水平。

组织开展政治建设专项督查,对党员领导干部讲党课、参加双重组织生活等党内政治生活进行自查、抽查和分析评估。坚持把政治纪律和政治规矩摆在首位。把严明党纪作为治本的重要抓手,自觉严防"七个有之"。自觉增强"四个意识",坚定"四个自信",做到"两个维护",在守纪律、讲规矩上作表率。中国气象局党组加大监督力度,将检查政治纪律和政治规矩、组织纪律执行情况作为巡视监督和纪检监督的重点,严肃查处违纪问题。

(四)强化对群团社团工作政治领导

高度重视群团工作,加强党的领导,健全群团和社团党的组织,坚持党建带群建,气象群团和社团组织实现了党组织建设的全覆盖,增强群众工作的政治性、先进性和群众性。气象部门有5个单位先后获得"全国工人先锋号"。每年与中国农林水利气象工会联合开展调研,向国务院及有关部委提交议(提)案10多份。联合中国农林水利气象工会、中国就业培训指导中心连续举办七届全国气象部门职业技能大赛,获评"中央国家机关展示学习品牌"。中国气象局直属机关青年有7人获得"全国青年岗

位能手"等称号,8个团体获得"全国青年文明号"等称号。连续组织近百名部门内外青年干部开展"根在基层"调研实践活动。成立了中国气象局妇女工作领导小组和直属机关妇女工作委员会。各级气象学会和气象行业协会均建立完善了党的组织工作制度。组织全国气象部门优秀女县级局长、一线女预报员和科研人员代表交流展示。中国气象局侨联连续两次荣获"全国侨联系统先进组织"称号。

三、强化理论武装,深入学习贯彻习近平新时代中国特色社会主义思想

党的十九大将习近平新时代中国特色社会主义思想确立为党必须长期坚持的指导思想,实现了党的指导思想的又一次与时俱进。按照党中央要求,气象部门坚持把学习贯彻习近平新时代中国特色社会主义思想作为首要政治任务抓紧抓实,推动理想信念教育常态化制度化,夯实干部职工干事创业的思想根基。

(一)持续深入推进学习贯彻习近平新时代中国特色社会主义思想

把党的创新理论武装作为首要政治任务抓紧抓实,持续在学懂弄通做实上下功夫。充分发挥党组(党委)理论学习中心组龙头作用和机关学习报告会(大讲堂)重要阵地作用。制定了《中共中国气象局党组理论学习中心组学习办法》,对中国气象局直属单位党委中心组学习开展列席旁听并实现全覆盖。

持续推进"两学一做"学习教育常态化制度化。先后印发实施"两学一做"学习教育实施方案、推进"两学一做"学习教育常态化制度化实施方案,坚持基础在学、关键在做,督促气象部门各级党组织、广大党员在学用结合中提升履职尽责能力。带动全体干部职工深入学习。组织开展"我与十八大"主题征文、"学习贯彻十九大 推进气象新发展"主题党课宣讲、党的十九大精神知识测验、"学用新思想 奋进新时代"征文等活动,推动学好用好"学习强国"学习平台。

(二)不断加强理想信念教育

通过扎实开展"不忘初心、牢记使命"主题教育坚定理想信念。气象部门各级党组(党委)坚决落实中央关于主题教育的决策部署,强化组织领导,坚持"四个"贯穿始终,联系实际,对标对表,深入调研,认真检视,积极推进整改落实。各级党组(党委)认真开好年度党组民主生活会和主题教育专题民主生活会,实现督导全覆盖。全国气象部门主题教育取得预期成效,受到中央巡回指导组、巡回督导组的充分肯定。

通过集中学习和自学相结合、专题学习研讨和专家辅导相结合、先进典型教育和警示教育相结合、线上学和线下学相结合等方式,带动广大气象干部职工在深入学习中体悟初心使命、坚定理想信念。结合庆祝新中国成立70周年和新中国气象事业70周年强化制度自信教育。将学习贯彻党的十九届四中全会精神与学习习近平总书记关于新中国气象事业70周年重要指示精神结合起来,与做好庆祝新中国成立70周年气象保障服务和新中国气象事业70周年成就总结结合起来,推动气象工作

亮相新中国成立70周年大型成就展,彰显气象担当、展示气象贡献、激扬气象自信。

加强党史、新中国史、改革开放史及新中国气象事业发展史教育。邀请院士专家、老一辈气象人、先进模范代表进行宣讲,继承和发扬优良传统和作风,凝聚干部职工精气神。

(三)落实意识形态工作责任制

加强党对意识形态工作的领导。印发实施《中共中国气象局党组关于加强气象宣传工作的意见》,推动建立健全气象大宣传工作机制。加强对中国气象报社、气象宣传与科普中心、公共气象服务中心、气象出版社、华风气象传媒集团等意识形态阵地的领导。

建立健全工作机制,强化意识形态阵地日常管理。完善气象新闻发布、舆情工作、突发事件舆论引导工作机制。制定实施《中国气象局干部职工思想动态分析报告办法》,开展职工思想状况调研。成立青年理论学习小组,不断强化理论武装。把落实意识形态工作责任制情况纳入纪检巡视机构工作重点。

(四)深入培育和践行社会主义核心价值观

凝练"准确、及时、创新、奉献"气象精神,组织开展全国气象部门弘扬气象精神演讲征文活动。截至2017年气象部门获得"全国文明单位"称号的单位增至147个。拐子湖气象站被中宣部确定为"五一"重大宣传典型。2019年,中国气象局1名高层次人才入选中宣部文化名家暨"四个一批"人才工程。

四、加强党的组织建设,政治功能和组织力不断增强

气象部门坚决贯彻落实新时代党的组织路线,着力推动各级党组织全面进步全面过硬,为做好新时代气象工作提供坚强组织保障。

(一)党的组织和党员队伍进一步强化

坚持应建必建,实现党组织全覆盖。坚决落实"事业发展到哪里,党组织建设覆盖到哪里,党的工作就跟进到哪里",特别是大力推进县级气象部门党组织、企事业单位党组织的全覆盖。截至2019年底,全国气象部门共有各级党组1232个、党委167个、党总支232个、党支部4314个,实现党建和党风廉政建设组织机构地(市)以上全覆盖,建立了健全基层换届提醒机制。

着力建强基层党支部,提升基层党建水平。落实《中国共产党支部工作条例(试行)》《中央和国家机关党小组工作规则(试行)》,大抓基层、大抓支部,积极推进党支部标准化规范化建设试点,落实主要负责人担任支部书记的要求,开展"四强"党支部建设,基层基础不断夯实。通过示范带动、健全制度、严格考评等措施规范基层组织生活,强化党员教育管理监督。局党组成员和党员领导干部带头讲党课,参加并指导所在党支部和联系党支部的组织生活会。落实定期评议党员、党务公开、党内工作情况通报、党建工作信息管理、党内帮扶等制度。认真落实《党员教育管理工作条例》，严格党员的日常教育监督。实施直属机关基层党组织质量提升三年行动计划。拓展党组织活动载体，开展新闻媒体走进基层党组织活动、"走进基层党支部、总结基层党支部工作法"活动、结对共建活动等，推动机关和基层党建工作水平同步提升。中国气象局直属机关多个基层党支部获得"中央国家机关基层服务型党组织建设优秀品牌""中央国家机关先进基层党组织"等荣誉。

加强党务干部队伍建设，壮大党员队伍。将政治标准放在首位，严把发展党员入口关。加大了在高知识群体、优秀青年和业务科研骨干中发展党员力度。截至2019年底，全国气象部门共有党员55131名。基层党组织和党员作用充分发挥。在庆祝新中国成立70周年、冬奥会等重大服务保障中，在每年汛期、重特大突发事件气象保障中，充分发挥各级党组织（临时党支部）战斗堡垒作用和广大党员先锋模范作用，为顺利完成各项重大任务提供了有力的政治保证和组织保障。

（二）领导班子和领导干部队伍建设切实加强

气象干部队伍建设不断加强。着力加强干部制度建设，出台实施了《气象部门干部选拔任用工作规定》等数十项干部工作制度。不断加强气象部门领导班子和领导干部队伍建设，目前司局级领导干部配备率已达到88%，省级气象局处级干部配备率达到89%。优化领导班子结构，坚持"凡提四必"，防止干部带病提拔。大力加强优秀年轻干部队伍建设，及时出台《大力发现培养选拔优秀年轻干部的实施意见》，实施"三百年轻干部培养锻炼计划"，加大了对"70后"司局级干部和"80后"正处级领导干部的培养。深化干部管理机制改革，完成县级气象管理机构参照公务员法管理和综合业务岗位设置聘用。把从严管理融入干部工作全过程，制定《党组管理的领导干部年度考核实施办法（试行）》，发挥好考核"指挥棒"作用。加强正向激励，制定实施《推进领导干部能上能下实施办法》《关于进一步激励气象干部新时代新担当新作为的实施意见》《中国气象局交流干部若干政策规定》《全国气象部门优秀县气象局局长评选办法》等办法，组织开展首次全国气象部门优秀县气象局局长、扶贫先进个人和事业单位定期奖励等表彰奖励工作。

干部监督体系建设不断加强。健全完善干部监督工作体系机制，加强了干部监督协调管理能力，综合运用好多种管理监督手段，坚持做好领导干部个人有关事项报告集中填报、抽查核实等工作，加大提醒函询诫勉工作力度，坚持开展选人用人工作"一报告两评议"。不断强化选人用人进人专项巡视检查，完成了所有司局级单位选人用人专项检查工作全覆盖。深入推进干部监督工作专项整治。完成了超职数配备干部整改消化，开展了干部档案专项审核，对气象部门领导干部在企业兼职（任职）情况、领导干部配偶、子女及其配偶违规经商办企业情况等进行了整治。

（三）党员干部培训力度显著增强

实施支部书记素质提升专项计划，开展基层党组织负责人、支部委员和党小组长任职等专题培训。采用举办培训班、挂职、参与巡视和纪律审查、以案代训等多种方式培养锻炼干部,近5年来培训纪检干部1000余人次,2019年实现了司局级单位主要领导和地市级以上纪检机构主要负责人培训全覆盖。

加强对党员领导干部特别是年轻干部和业务管理干部的政治能力培训,每年选派近百人次司局级干部到各级党校(行政学院)培训。健全青年学习机制,丰富学习载体。制定实施《关于加强直属机关青年深入学习习近平新时代中国特色社会主义思想健全青年理论学习小组的实施方案》,推动中国气象局直属机关成立了92个青年理论学习小组。部门联合开展习近平新时代中国特色社会主义思想主题联学。做好党员教育培训工作,进一步提高党员队伍的整体素质。

五、强化监督职责,加大执纪问责力度

党的十八大以来,以习近平同志为核心的党中央,从制定和落实中央八项规定精神破题,将落实中央八项规定精神、纠正"四风"工作纳入全面从严治党大局,带动全党驰而不息正风肃纪反腐,开创了从严管党治党新局面。气象部门持续推动建立健全作风建设长效机制,深化标本兼治、一体推进不敢腐不能腐不想腐,高质量推进巡视巡察全覆盖,为气象事业高质量发展提供优良作风保障和有力纪律保证。

(一)不断巩固落实中央八项规定精神成果

发挥党组"头雁效应",不断完善规章制度。印发实施《中共中国气象局党组贯彻落实中央关于改进工作作风、密切联系群众八项规定的实施意见》《〈中共中国气象局党组贯彻落实中央关于改进工作作风、密切联系群众八项规定的实施意见〉实施细则》。大兴调查研究之风,仅2018—2019年两年,中国气象局领导累计到基层调研137次,累计调研368天,提出160余项建议均已跟踪落实。

继续深化清理排查,加强自查自纠和整改。开展专项整治和公务用车、公务接待专项检查。加强风险防控,不断完善制度体系,公文、会议、接待等20余项制度基本完备。强化重要节假日提醒和警示,加大查处力度,努力减存量、遏增量。2019年,积极推进形式主义官僚主义专项排查整治。印发实施《形式主义问题整改清单》《关于解决形式主义官僚主义问题的若干措施》,组织全国气象部门开展形式主义、官僚主义新表现的自纠自查,收集61个单位的265种形式主义问题表现;对2644个单位"一票否决"和签订责任状事项进行全面清理,取消4020项,合并672项。2019年文件数量同比减少30.1%,会议次数减少15.0%。

(二)继续强化监督执纪问责,深入推进反腐败

制定实施了《中共中国气象局党组贯彻落实〈中国共产党问责条例〉实施办法(试行)》《中国气象局领导干部插手干预重大事项记录报告有关规定(试行)》《中共中国气象局党组关于贯彻落实〈关于深化中央纪委国家监委派驻机构改革的意见〉的实施

方案》等一系列加强纪律建设和执纪问责制度,深入推进执纪问责工作。

从2016年直属机关纪委开始受理各类信访举报以来,对所有举报信件及时进行分办和督办。精准把握"四种形态",重点查处党的十八大以来不收敛、不收手的领导干部,并根据规定对违反纪律领导干部分别给予了党纪处分、政纪处分和被问责。2019年,开展第18个党风廉政宣传教育月活动,制定领导干部插手干预重大事项记录报告规定,开展纪律处分决定执行情况检查并推进问题整改。

(三)突出政治巡视,推动巡视巡察深化发展

党的十九大以来,中国气象局党组更加突出政治巡视,推动巡视巡察深化发展,先后召开党组会10次、领导小组会15次,研究部署巡视工作。党组书记、局长刘雅鸣先后73次对巡视工作作出批示。对领导小组及其办公室进行调整加强,明确巡视办为机关内设机构并独立运行。各省(区、市)气象局均成立巡察工作领导小组,设立巡察办。截至目前,巡视人才库人员有681人,巡察人才库人员有2081人。建立健全与信访、组织人事、党建纪检以及审计、财务等部门协调配合机制,与地方巡视巡察机构的情况通报协作机制。深化政治巡视,扎实推进巡视全覆盖。2018年完成了对13个直属单位党委和31个省(区、市)气象局党组的巡视全覆盖。2019年,继续完善巡视巡察制度机制,组织两轮对14个司局级单位进行常规巡视和督促整改,首次将副省级市局党组纳入巡视范围。完成对653个单位党组织的巡察。党的十九大以来进一步提高了巡视、巡察覆盖率,省(区、市)气象局党组完成对2093个基层党组织的巡察全覆盖。

(四)强化审计和财务监督

各级纪检机构切实发挥党内监督专责作用,行政、业务、计财、人事、审计等职能部门,按照"谁主管、谁负责、谁教育、谁监督"的原则,抓好本领域的日常监督与管理。印发实施《中国气象局党组管理的主要领导干部经济责任审计办法》,推进审计全覆盖。聚焦监督执纪重点,着力查处气象科技服务、防雷监管、项目管理、财务管理、选人用人进人等方面的问题。

2019年,加强对"三公"经费、会议费、培训费等重点资金的审计,完成7位省(区)局主要负责人经济责任审计。继续加强对中央财政资金使用情况的联网监控,开展财务检查。

总之,党的十八大以来,特别是党的十九大之后,气象部门始终坚持以习近平新时代中国特色社会主义思想武装头脑,把准气象事业发展的政治方向;始终坚持以党的政治建设为统领,坚决做到"两个维护";始终坚持以人民为中心的工作导向,在贯彻落实党中央决策部署和服务国家重大战略中发展气象事业;始终坚持加强党的基层组织建设,夯实事业发展的组织保证;始终坚持把纪律挺在前面,持之以恒正风肃纪反腐;始终坚持扭住责任制这个"牛鼻子",强化"书记抓""抓书记"和"一岗双责",

传导落实全面从严治党政治责任。全方位加强党的建设,全面从严治党工作持续强化并不断向纵深发展,取得明显成效,为新时代气象事业高质量发展,为现代化气象强国建设提供了坚强的政治保证。

主要参考文献

国家能源局,2020.2019 年光伏发电并网运行情况[EB/OL].(2020-02-28). http://www.nea.gov.cn/2020-02/28/c_138827923.htm.

全国绿化委员会办公室,2020.2019 年中国国土绿化状况公报[EB/OL].(2020-03-11). http://www.forestry.gov.cn/main/63/20200312/101503103980273.html.

生态环境部,2020.2019 年全国生态环境质量简况[EB/OL].(2020-05-07). http://www.mee.gov.cn/xxgk2018/xxgk/xxgk15/202005/t20200507_777895.html.

谢伏瞻,刘雅鸣,2019.应对气候变化报告(2019):防范气候风险[M].北京:社会科学文献出版社.

辛晓歌,吴统文,张洁,等,2019.BCC 模式及其开展的 CMIP6 试验介绍[J].气候变化研究进展,15(5):533-539.

余亚庆,白音仓,敖登,2018.内蒙古:推进生态文明气象保障服务能力建设[EB/OL].(2018-09-04). http://www.cma.gov.cn/2011xwzx/2011xgzdt/201809/t20180904_477159.html.

于新文,2019.气象改革开放 40 年[M].北京:气象出版社.

《中国气象百科全书》总编委会,2016.中国气象百科全书·气象服务卷[M].北京:气象出版社:56-57.

中国气象局,2009.中国气象现代化 60 年[M].北京:气象出版社.

中国气象局,2019.2018 年中国公共气象服务[M].北京:气象出版社.

中国气象局,2019.新中国气象事业 70 周年纪念文集[M].北京:气象出版社.

中国气象局,2020.2019 年大气环境气象公报[EB/OL].(2020-04-29). http://www.cma.gov.cn/2011xwzx/2011xqxxw/2011xqxyw/202004/t20200429_552530.html.

中国气象局,2020.2019 年中国公共气象服务[M].北京:气象出版社.

中国气象局,2020.2019 年中国气候公报[EB/OL].(2020-02-25). http://www.cma.gov.cn/2011xwzx/2011xqxxw/2011xqxyw/202002/t20200225_547480.html.

中国气象局发展研究中心,2019.中国气象发展报告 2019[M].北京:气象出版社.

中国气象局风能太阳能资源中心,中国气象服务协会,2020.2019 年中国风能太阳能资源年景公报[R].

朱晔,谢丽萍,王瑾,2019.进博会气象保障 2.0 版"上线"[N].中国气象报,2019-11-11(1).

自然资源部中国地质调查局地质环境监测院,2020.全国地质灾害通报(2019 年)[EB/OL].(2020-03-30). https://www.cgs.gov.cn/gzdt/zsdw/202003/W020200331377465119094.pdf.

附录 A 2019 年中国天气气候与灾害[*]

一、2019 年天气气候特征

2019 年，全国平均气温较常年偏高 0.79℃，平均降水量较常年偏多 2.5%。华南前汛期开始早、结束晚，雨量为 1961 年以来次多年份；西南雨季开始和结束均偏晚，雨量偏少；华中华东入梅晚、出梅早，梅雨量偏少；华北雨季开始晚，结束与常年一致，雨量偏少；华西秋雨开始早、结束晚，雨量偏多；东北雨季开始早、结束晚，雨量偏多。根据《2019 年中国气候公报》，全国主要气候呈现以下特征。

（一）气温

1. 全国平均气温为历史第五高年

2019 年，全国平均气温 10.34℃，较常年偏高 0.79℃（图 A.1），为 1951 年以来第 5 暖年；全年各月气温均偏高，其中 4 月偏高 1.8℃，为历史同期次高。从空间分布看，除贵州、重庆、新疆等地的局地气温略偏低外，全国其余地区气温均偏高，其中

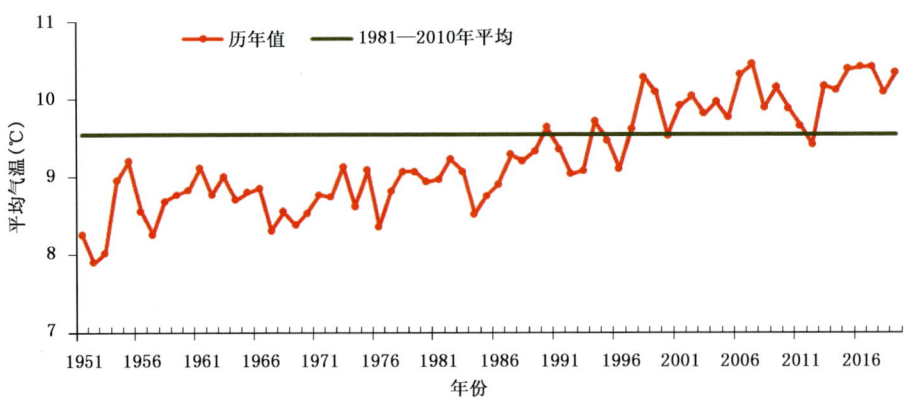

图 A.1 1951—2019 年全国平均气温历年变化（单位：℃）
（国家气候中心）

---

[*] 主要执笔人员：吕丽莉 杨丹

东北大部、华北东南部、黄淮大部及内蒙古东部、新疆东北部、云南东部、四川南部、海南等地偏高 1~2℃。

2019 年,全国 31 个省(区、市)气温均偏高,其中云南、广东、河南、海南四省为历史最高,福建、山东和辽宁为次高,天津、河北、吉林和黑龙江为第三高。

2. 四季气温均偏高,春秋明显偏暖

冬季(2018 年 12 月—2019 年 2 月),全国平均气温－3.1℃,较常年同期偏高 0.2℃。冷暖区域差异大。

春季(3—5 月),全国平均气温 11.5℃,较常年同期偏高 1.1℃。全国大部地区偏暖。

夏季(6—8 月),全国平均气温 21.5℃,较常年同期偏高 0.5℃。除黑龙江中部和东部偏低外,全国其余大部地区气温接近常年同期或偏高。

秋季(9—11 月),全国平均气温 11.0℃,较常年同期偏高 1.0℃,为历史第三高。全国大部气温接近常年同期或偏高。

3. 高温日数为历史次多年

2019 年,全国平均高温(日最高气温≥35.0℃)日数 11.8 天,较常年偏多 4.1 天,为历史次多,仅少于 2017 年

2019 年,全国平均≥10℃活动积温(作物生长季积温)为 4989.1℃·日,较常年偏多 259.0℃·日,比 2018 年偏多 11.5℃·日,为 1961 年以来第三多。

2019 年,全国共有 348 站日最高气温达到极端事件监测标准,极端连续高温事件站次比为 0.38,较常年明显偏多。年内,全国有 64 站日最高温气温突破历史极值,主要分布在云南、贵州和四川等省份。

(二)降水

1. 全国平均降水量偏多

2019 年,全国平均降水量 645.5 毫米,较常年偏多 2.5%,比 2018 年偏少 4.2%,为 2012 年以来连续第 8 个多雨年(图 A.2)。1—4 月、7—8 月、10 月和 12 月降水量均偏多,其中 2 月偏多 32%;9 月和 11 月降水量偏少,其中 11 月偏少 28%;5 月和 6 月接近常年同期。

与常年相比,北方大部降水偏多,南方接近常年或偏少,其中东北地区中部和北部、西北地区中东部及内蒙古西部、新疆西南部、西藏西部、四川北部、浙江东部等地偏多 20%~50%;黄淮中西部、江淮大部、江汉大部及云南中南部、新疆东部等地偏少 20%~50%;全国其余大部地区降水量接近常年。

2. 降水冬春夏偏多,秋季偏少

冬季(2018 年 12 月—2019 年 2 月),全国平均降水量 55.8 毫米,较常年同期偏多 36%。春季,全国平均降水量 148.7 毫米,较常年同期偏多 4%。夏季,全国平均降水量 336.7 毫米,较常年同期偏多 4%。秋季,全国平均降水量 112.6 毫米,较常

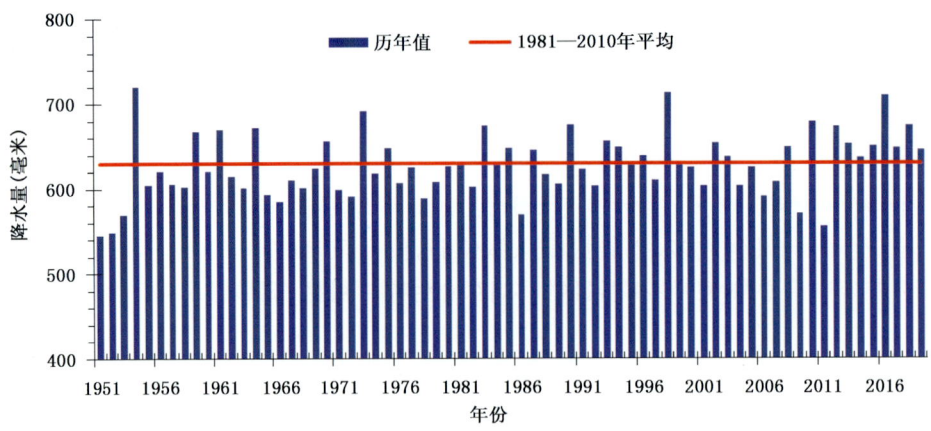

图 A.2　1951—2019 年全国年平均年降水量历年变化（单位：毫米）
（国家气候中心）

年同期偏少 6%。

3. 东北、西北、华南降水量偏多，华北、长江中下游偏少

2019 年，全国六大区域中，东北降水量（714.0 毫米）偏多 22%，西北（435.1 毫米）偏多 13%，华南（1746.9 毫米）偏多 4%；华北（415.4 毫米）偏少 7%，长江中下游（1304.0 毫米）偏少 3%，西南（999.9 毫米）降水量略偏少。

七大江河流域中，松花江流域降水量（687.8 毫米，1961 年以来最多）偏多 32%，黄河流域（488.7 毫米）和辽河流域（617.8 毫米）均偏多 5%，珠江流域（1612.7 毫米）偏多 4%；淮河流域（616.1 毫米）偏少 24%，海河流域（443.8 毫米）偏少 13%；长江流域降水量（1175.5 毫米）接近常年。

4. 暴雨日数较常年偏多

2019 年，全国共出现暴雨（日降水量≥50.0 毫米）6354 站日，较常年偏多 6.4%。2019 年，全国共有 225 站日降水量达到极端事件监测标准，日降水量极端事件站次比为 0.11，接近常年。有 54 站日降水量突破历史极值，主要分布在山东、浙江等地；有 49 站连续降水量突破历史极值，主要分布在黑龙江、吉林、辽宁、湖南、山东、内蒙古等地。

（三）日照

2019 年，我国东北、西北大部、华北、黄淮中东部、西南地区中西部大部及内蒙古等地日照时数一般在 2000 小时以上，其中东北大部、西北中西部、华北北部及西藏中西部、内蒙古超过 2500 小时；黄淮西部、江淮南部、江汉东部、江南东部、华南中东部等地有 1500~2000 小时，其余大部分地区不足 1500 小时。与常年相比，除东北地区东部及内蒙古东部、云南东南部等地日照时数偏多外，全国其余大部地区日照时数接近常年或偏少,其中西北中东部大部、华北南部、江淮东部、江汉中北部及新疆南部、西藏大部、四川北部、湖南中部和北部局地、广西南部等地偏少200～400小时,青海大部、新疆南部、西藏东北部局地、湖北北部等地偏少400小时以上。

二、2019年中国气象气候灾害事件

2019年,我国台风、暴雨洪涝、干旱、强对流、低温冷冻害和雪灾、沙尘暴等气象灾害均偏轻。台风生成多,登陆强度总体偏弱,仅台风"利奇马"灾损重;暴雨过程多,但暴雨洪涝灾害总体偏轻;高温日数多,区域性特征明显;区域性和阶段性干旱明显,但灾害损失偏轻;强对流天气过程偏少,损失偏轻;低温冷冻害及雪灾显著偏轻;春季北方沙尘天气少,影响偏轻。

据统计,2019年,全国干旱受灾面积占气象灾害总受灾面积的41%,暴雨洪涝占35%,风雹占11%,台风占10%,低温冷冻害和雪灾占3%(图A.3)。气象灾害造成农作物受灾面积1926万公顷,死亡失踪909人,直接经济损失3271亿元。与近10年(2010—2019年)平均值相比,农作物受灾面积、死亡失踪人口以及直接经济损失均明显下降。

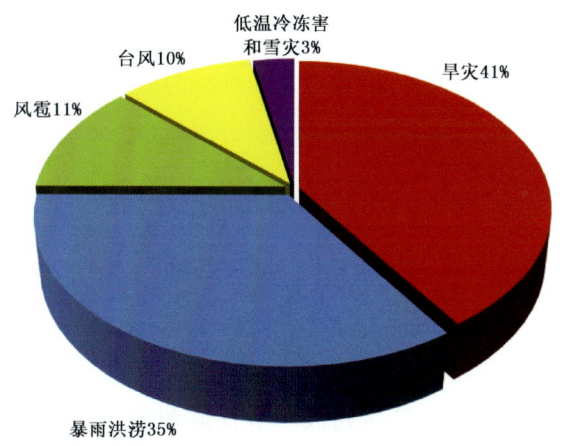

图A.3 2019年全国主要气象灾害受灾面积占总受灾面积比例(单位:%)
(国家气候中心)

(一)台风

2019年,西北太平洋和南海共有29个台风(中心附近最大风力≥8级)生成,较常年(25.5个)偏多3.5个,其中5个登陆我国(图A.4),较常年(7.2个)偏少2.2个。初台登陆时间较常年偏晚8天,终台登陆时间偏早5天。登陆台风强度总体偏弱,但超强台风"利奇马"致灾重。2019年台风灾害共造成74人死亡失踪,直接经济损失588.7亿元。与近10年平均值(648.8亿元)相比,2019年台风造成直接经济损失偏轻。其对我国主要影响详见表A.1。

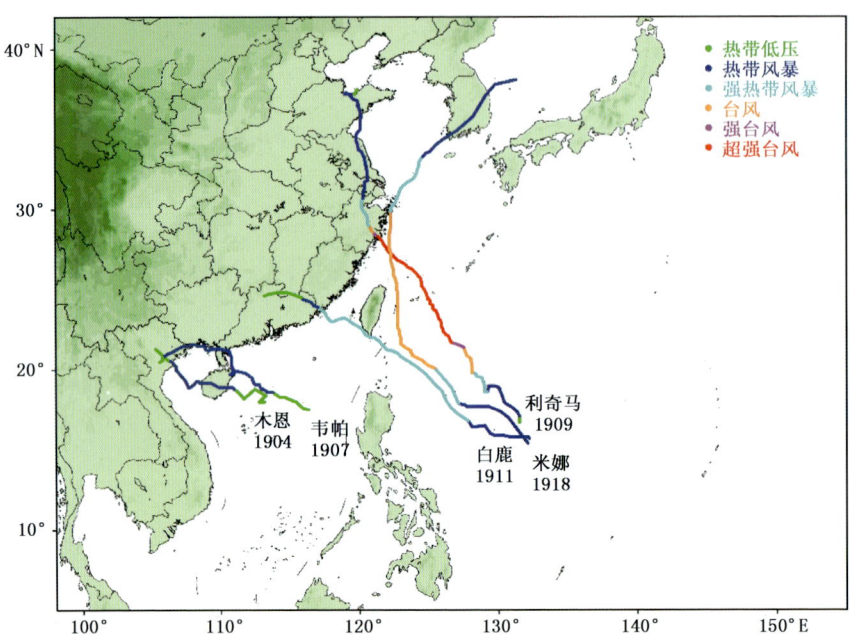

图A.4 2019年登陆中国台风路径图(资料来源:中央气象台)

表A.1 2019年登陆中国台风简表

台风编号名称	登陆地点	登陆时间 (月.日)	登陆时最大风力 (风速)	影响省(区、市)
1904 木恩	海南万宁	7.3	8级(18米/秒)	
1907 韦帕	海南文昌 广东湛江 广西防城港	8.1 8.1 8.2	9级(23米/秒) 9级(23米/秒) 9级(23米/秒)	广东、广西、海南
1909 利奇马	浙江温岭 山东青岛	8.10 8.11	16级(52米/秒) 9级(23米/秒)	河北、辽宁、吉林、上海、江苏、浙江、安徽、福建、山东
1911 白鹿	台湾屏东 福建东山	8.24 8.25	11级(30米/秒) 10级(25米/秒)	福建、江西、湖南、广东、广西
1918 米娜	浙江舟山	10.1	10级(30米/秒)	上海、浙江

资料来源:中央气象台。

(二)暴雨洪涝

2019年夏季,全国共出现18次暴雨过程,造成多地江河水位上涨,农田渍涝、城市内涝严重。据统计,2019年洪涝和地质灾害共造成全国4766.6万人次受灾,658人死亡,42人失踪,142万人次紧急转移安置;10.3万间房屋倒塌,13.9万间严重损坏,65万间一般损坏;直接经济损失1922.7亿元。其对我国主要影响详见表A.2。

表A.2 2019年主要暴雨洪涝一览表

事件	时间	影响区域	主要影响
洪涝	1月	云南、贵州至江南出现强降雨天气过程。其中云南省南部降雨量达到100~180毫米,多个站点日降雨量突破有气象记录以来1月极值。	造成玉溪、红河、文山3市(自治州)8个县(市)2.8万人受灾,3人死亡;农作物受灾面积1300公顷,其中绝收近400公顷;直接经济损失近1400万元。
洪涝	4月	出现4次较大范围降雨过程,其中江淮、江南、华南北部和中东部、四川盆地出现大范围强降雨,广东北部和中东部、贵州东南部、重庆西南部等地累计降雨量超过100毫米,广东中部达250~411毫米。广东、重庆和贵州3省(市)遭受较重洪涝灾害。	全国71.4万人次受灾,33人死亡,1万人紧急转移安置,2.6万间房屋不同程度损坏,直接经济损失15.4亿元。
暴雨洪涝	5月下旬至6月	南方地区连续出现6次强降雨过程,江南中南部、华南北部降水量较常年同期偏多2~4成,局地雨量较常年偏多1~2倍。多轮暴雨洪涝过程重叠造成江西、广东、广西等南方多省灾情严重。	全国359万人次受灾,29人死亡,4人失踪,11.4万人次紧急转移安置,7000余间房屋倒塌,6万间房屋不同程度损坏,直接经济损失60.8亿元。
暴雨洪涝	7—8月	江西、湖南、广西、四川、贵州、黑龙江、陕西、甘肃等省(区)出现持续性较强降雨,黑龙江、松花江等多条河流超警戒水位	洪涝和地质灾害共造成全国1623.9万人次受灾,132人死亡,31人失踪,132.3万人次紧急转移安置;2.6万间房屋倒塌,3万间严重损坏,11.3万间一般损坏;直接经济损失467.7亿元。

数据来源:应急管理部《全国自然灾害基本情况》系列。

(三)高温与干旱

2019年夏季,全国平均高温(日最高气温≥35℃)日数为10.0天,比常年同期偏多3.1天。其中,3月至4月上旬,西北地区东部、华北、黄淮大部降水量不足10毫米,气象干旱持续发展。5月,黄淮和江淮地区气象干旱再次发展。4—6月,云南平均降水量较常年同期偏少42.9%,为1961年以来同期最少,云南大部发生严重干旱,气象干旱范围和强度为近20年同期最强,造成部分河道断流、水库干涸,逾30万人饮水困难,春耕生产和人民生活受到影响。

7月下旬至11月中旬,鄂湘赣苏皖浙闽七省平均降水量246.2毫米,较常年同期偏少4成,为1961年以来同期最少;长时间雨少温高导致长江中下游地区发生严重伏秋连旱,尤其是9月至10月上旬,气象干旱迅速发展,11月上中旬呈持续发展态势。伏秋连旱给农业生产造成较大影响,旱区部分农作物受灾;江河湖库提前进入枯水期;森林火险等级偏高,旱区火点个数较常年同期偏多。

据统计,2019年干旱共造成1925.69万公顷农作物受灾,直接经济损失3270.9亿元。其对我国影响详见表A.3。

表A.3 2019年主要高温热浪和干旱一览表

事件	时间	影响区域	主要影响
干旱	2—5月	云南省大部、四川南部出现冬春连旱,累计降水量较常年同期偏少5~8成	峰值时云南饮水困难需救助人口82.4万人,饮水困难大牲畜56.6万头(只)
干旱	7月起至10月	湖北东部、湖南中东部、江西大部、安徽南部、福建中北部等地降水量较常年同期偏少5~9成,气温普遍偏高1~3℃,气象干旱迅速发展,出现近40年来最严重的伏秋连旱	7月峰值时湖北、山西、重庆、陕西等11省(区、市)农作物受灾面积376.9万公顷,直接经济损失216亿元;10月份峰值时,鄂湘赣皖闽五省农作物受灾面积235.74万公顷,因旱需生活救助人口561.8万人,直接经济损失150.8亿元

数据来源:应急管理部《全国自然灾害基本情况》系列。

(四)低温冷害及雨雪

2019年,与近10年平均值(180.7亿元)相比,经济损失显著偏轻,属低温冷冻害及雪灾偏轻年份。2019年低温雨雪冰冻灾害显著偏轻,与近5年均值相比,农作物受灾面积、直接经济损失分别减少70%和84%。其对我国影响详见表A.4。

表A.4 2019年主要低温冷害及雨雪事件一览表

事件	时间	影响区域	主要影响
低温冷冻和雪灾	1月至2月上旬	影响西北地区东部、东北、黄淮、江淮、江汉等地,其中青海省玉树、果洛等地受灾较重。尤其入冬以来,青海玉树州连续出现12次明显降雪过程,果洛州出现持续性降雪,最大积雪深度达22厘米	造成玉树、果洛部分乡镇道路中断,5个县28个乡镇12.7万人受灾并需救助,68.8万头(只)大牲畜觅食困难,2.4万头(只)牲畜死亡(牛2.1万头、羊0.3万只)。直接经济损失1.7亿元
低温冷害	5月	北方地区共出现5次冷空气天气过程,造成内蒙古、河北、陕西、宁夏等地遭受低温(霜)冻害	玉米、土豆等农作物和西瓜、葡萄等经济作物受灾严重,部分温室大棚受损,造成全国50.4万人次受灾,农作物受灾面积15.37万公顷,直接经济损失7.5亿元

数据来源:应急管理部《全国自然灾害基本情况》系列。

三、2019 年气候变化与影响

(一)全球气候变化事实及影响

针对 2019 年全球气候变化事实及影响,世界气象组织发布 2019 年气候状况声明内容如下[①]:

2019 年的全球平均温度高于工业化前水平(1.1±0.1)℃,2019 年很有可能是有仪器记录以来第二热的一年。2019 年上半年出现的弱厄尔尼诺现象可能对全年全球高温的影响不大,但年初的温度没有像 2016 年早期那样明显上升。

由于温室气体浓度的上升,海洋吸收了地球系统中约 90% 的热量。海洋热含量是衡量这种热量积累的指标,其在 2019 年再次达到了创纪录的高水平。

2019 年,臭氧空洞形成得相对较早并持续增长,直到 9 月平流层突然变暖,扰乱了臭氧破坏的进程,导致臭氧空洞比长期平均值更小和更弱。臭氧消耗的面积低于长期平均值,直到 11 月初,最低臭氧含量仍高于长期平均值,这比常年提前了几周。9 月 8 日,臭氧空洞面积达到了 2019 年的最高水平,为 1640 万千米^2。根据美国国家航空航天局(NASA)的分析,2000 年 9 月 9 日曾达到 2990 万千米^2,2006 年 9 月 24 日达到了 2960 万千米^2。

2019 年,北极和南极海冰范围均较低。9 月,北极海冰范围每日最低值是卫星记录中的第二低水平。在南极洲,近年来的波动很大,长期增长趋势被 2016 年底的海冰范围大幅下降所抵消。此后,海冰范围一直保持较低水平,而 2019 年有几个月创下了历史新低。

极端气象气候事件频发,造成较大影响。2019 年,全球热带气旋活动高于平均值。北半球有 72 个热带气旋。2019 年,出现在西太平洋的超强台风"利奇马""海贝思"造成的影响尤其显著。在气旋季早期,台风"利奇马"在中国浙江省登陆,造成了大洪水和重大经济损失,台风"利奇马"登陆时的最大风速达每小时 185 千米,是自 1949 年以来在中国登陆的第五最强台风。10 月,台风"海贝思"在日本东京西部登陆,台风导致的极端降雨引发洪水,箱根的日降雨总量达 922.5 毫米,为日本有记录以来日最高值,至少导致 96 人死亡。

(二)中国气候变化事实及影响

中国气象局在发布的《2019 年中国气候公报》中称,2019 年四季气温均偏高,全国平均气温为历史第五高年。《2019 年中国气候公报》和《2019 年中国海平面公报》表明:

(1)气温。2019 年,全国平均气温较常年偏高 0.79℃,为 1951 年以来第 5 暖年,

[①] 资料来源:2019 年气候状况声明,https://library.wmo.int/doc_num.php?explnum_id=10216。

春秋明显偏暖。2019年,全国31个省(区、市)气温均偏高,其中,云南、广东、河南、海南四省为历史最高,福建、山东和辽宁为次高,天津、河北、吉林和黑龙江为第三高。

(2)降水。全国平均降水量偏多,全国平均降水量645.5毫米,较常年偏多2.5%,比2018年偏少4.2%,降水冬春夏降水偏多,秋季偏少。从各区域情况看,东北、西北、华南降水量偏多,华北、长江中下游偏少。

(3)海平面。1980—2019年,中国沿海海平面上升速率为3.4毫米/年,高于同时段全球平均水平。2019年,中国沿海海平面较常年高72毫米,为1980年以来第三高。过去10年中国沿海平均海平面处于近40年来高位。与常年相比,渤海、黄海、东海和南海沿海海平面分别高74毫米、48毫米、88毫米和77毫米。

(4)气候变化对中国的影响。气候变化对中国的影响主要集中在农业、水资源、生态系统、能源需求、交通、人体健康等方面,具体影响如下:

对农业的影响。2019年,我国冬小麦和玉米全生育期内,光温水等条件总体匹配较好,墒情适宜,气象灾害偏轻,气候条件较好。早稻生育期内,阶段性低温阴雨寡照天气对部分地区早稻播种、生长发育及产量形成影响较大。晚稻、一季稻产区气候条件较好,但长江中下游地区遭遇严重伏秋连旱,对产量形成造成较大不利影响。

对水资源的影响。2019年,全国年降水资源量为61248.6亿米^3,比常年偏多1485.4亿米^3,比2018年偏少2686.3亿米^3。从年降水资源丰枯评定指标来看,2019年属于降水资源正常偏多年份。2019年,淮河、西南诸河、海河和长江流域地表水资源量较常年偏少,辽河和东南诸河流域地表水资源量较常年偏少;松花江、西北内陆河、东南诸河、黄河、辽河和珠江流域地表水资源量较常年偏多。

对生态系统的影响。2019年5—9月,秦岭及淮河以南大部分地区、东北大部、华北东部、黄淮中西部及内蒙古东北部植被覆盖较好或好;西北大部、青藏高原北部和西部及内蒙古中西部等地植被覆盖较差。

对能源需求的影响。北方15省(区、市)冬季采暖耗能评估结果显示,黑龙江、吉林、辽宁等7省(区、市)冬季平均气温较常年同期偏高,采暖耗能较常年同期减少;新疆、宁夏、甘肃、河南等8省(区、市)冬季平均气温偏低,其中有7省(区、市)采暖耗能较常年同期增加。2019年夏季,全国大部地区平均气温较常年同期偏高,降温耗能相应也较常年同期偏高。据统计,2019年夏季全国用电量为19429亿千瓦·时,同比增长4.1%,其中6月、7月和8月用电量分别为5974亿千瓦·时、6659亿千瓦·时和6756亿千瓦·时,分别较2018年同期增长5.5%、2.7%和3.6%。

对交通的影响。2019年,全国大部分地区交通运营不利日数(10毫米以上降水、雪、冻雨、雾及扬沙、沙尘暴、大风)有20~60天,其中江南大部、华南大部、西南东部以及江苏中部、云南南部和西部、新疆南部等地超过60天。年内,降雪、暴雨洪涝及其次生灾害、台风、大雾等不利天气给公路和铁路及航运等造成较大影响,其中8月9—12日,受台风"利奇马"影响,共取消航班5500余班,部分铁路停运,数十条高速公路全线封闭,多地公路受损,长江下游地区出现近年来罕见的大规模交通管制。

对人体健康的影响。2019年,全国平均年舒适日数132天,接近常年(133天)。全国大部地区年舒适日数接近常年或偏少,其中新疆中西部、西藏南部和东北部、四川中部、甘肃南部、陕西中部、河南西部和北部、湖北中部、湖南西北部、海南等地偏少10～20天,局部超过20天;江淮东部、江南东部及甘肃西北部、内蒙古西部和中部、宁夏北部、青海中部和西北部、山东东南部、江西中部、贵州西部、四川南部、云南北部等地偏多10～20天,局部超过20天。

(三)2019年国内外十大天气气候灾害事件[①]

为了提高社会防灾减灾意识,最大限度预防和降低气象灾害造成的损失,中国气象局已连续主办"国内外十大天气气候事件"评选活动。2019年票选出的国内外十大天气气候事件主要与高温干旱、强降水、台风、地质灾害、强对流天气等灾害相关。

1. 国内十大天气气候灾害事件

(1) 1—2月南方地区出现罕见阴雨寡照天气

1—2月,江南大部、华南北部等地降水量较常年同期普遍偏多5成至1倍,局地偏多2倍,浙江、江西降水量均为1961年以来历史同期第二多;江淮南部、江南、华南北部及贵州东南部降水日数较常年同期偏多8～12天,日照时数偏少5成以上,苏皖鄂浙沪5省(市)日照时数均为1961年以来历史同期最少。持续阴雨寡照对南方地区农业生产、交通运输、电力供应、人体健康等造成一定的影响。

(2) 2月中旬北方降雪覆盖1/7国土面积

2月中旬,北方地区出现冬季范围最大的降雪过程,近七分之一的国土面积出现降雪。华北、黄淮、内蒙古中东部等地出现1～6厘米积雪,北京怀柔、河南焦作等地最大积雪深度达10～13厘米。青海玉树州、果洛州等地冬季多次出现降雪过程,玛多最大积雪深度达22厘米,杂多最大积雪深度达19厘米,发生雪灾。当地政府启动应急预案,调动多方力量进行救援。大雪造成青海玉树、海西、果洛13.1万人受灾,100余万头(只)牲畜觅食困难,死亡牲畜2万多头(只)。

(3) 7月初辽宁开原遭遇罕见强龙卷袭击

7月3日17—18时,辽宁省开原市西部出现罕见强龙卷天气,最大强度达四级(相当于EF4,最大风速大于74米/秒)。强龙卷所经之处部分房屋倒塌,大树和电线杆折断,小汽车被抛到空中,造成一定人员伤亡,经济损失严重。

(4) 云南温高雨少遭受严重春夏连旱

3—6月,西南南部、华东东部和南部、黄淮大部、江淮大部等地气温较常年同期偏高1～2℃,降水量偏少3～8成。温高雨少导致上述大部地区出现阶段性气象干

[①] 资料来源:2019年国外内十大天气气候事件,http://news.weather.com.cn/2020/01/3273106.shtml。

旱,森林火险等级偏高,北京、河北、山西、四川、云南等地相继发生森林火灾。其中,云南省平均降水量较常年同期偏少42%,为历史同期最少;全省平均气温偏高1.6℃,为历史同期第二高;有24个县(市)日最高气温达到或突破历史最大值,元江(31天)、景洪(30天)、元谋(29天)等6县(市)连续高温日数突破历史极值。长时间温高雨少导致云南出现严重春夏连旱。

(5)长江中下游地区发生严重伏秋连旱

7月21日至11月26日,鄂湘赣苏皖浙闽7省区域平均降水量为251.1毫米,较常年同期(428.1毫米)偏少4成,为1961年以来同期最少,其中湖北、江西均为1961年以来最少,安徽、福建为第二少。同时,7省大部地区气温较常年同期偏高1~2℃,湖北东部偏高2~4℃,湖北、湖南、江西和安徽平均气温均为1961年以来同期最高。长时间雨少温高导致长江中下游地区发生严重伏秋连旱。干旱造成部分农作物减产或绝收,江河湖库水位明显下降,鄱阳湖水域面积比常年同期偏少5成,提前进入枯水期。

(6)华南出现1961年以来最长前汛期

2019年华南前汛期于3月9日开始,较常年偏早28天,为1961年以来开汛第四早年;结束于7月26日,偏晚22天;前汛期时间为140天,偏长48天,为1961年以来最长的前汛期。华南前汛期雨量为1084毫米,比常年偏多51%,为1961年以来第二多。6月6—13日,福建、广东中东部、广西北部等地累计降雨量普遍有100~250毫米,其中广西桂林雨量达832毫米。7月3—10日,华南北部再次出现强降雨过程,累计降雨量超过100毫米,其中福建北部等地有250~400毫米。强降雨及叠加效应导致福建、广东、广西等地遭受洪涝、滑坡、泥石流等灾害,其中广西、广东灾情较为突出。

(7)华西秋雨期明显偏长雨日偏多

华西地区8月27日进入秋雨期,较常年偏早4天,11月30日结束,偏晚29天,秋雨期明显偏长;秋雨期累计降水量271.7毫米,较常年同期偏多34%。华西大部降水日数较常年同期偏多,其中陕西南部、四川中部、重庆西北部等地偏多8~12天,局地偏多12天以上。受强降雨影响,陕西、四川、重庆、贵州、甘肃等地部分江河水位上涨、农田被淹、城镇出现严重内涝,局地还遭受山洪、泥石流等灾害,造成人员伤亡和财产损失。

(8)连续强降水致贵州水城发生7.23特大山体滑坡

7月1—23日,贵州省六盘水市水城县鸡场镇坪地村累计雨量288.9毫米,其中19日(49毫米)、20日(37.1毫米)和23日(98毫米)出现了三次强降雨过程,连续降雨导致土壤含水量饱和,致使该地7月23日21时20分发生了特大滑坡灾害,共造成21幢房屋被埋,数十人伤亡。灾害发生后,当地政府立即启动Ⅰ级应急响应,紧急组织公安、消防、卫生、气象等部门联合开展抢险救援。

(9) 2019年台风生成多登陆少强度偏弱

2019年,西北太平洋和南海共有29个台风(中心附近最大风力≥8级)生成,较常年(25.5个)偏多3.5个,其中5个登陆我国,较常年(7.2个)偏少2.2个。登陆我国的5个台风中,除台风"利奇马"登陆时为超强台风级别外,其余4个为热带风暴或强热带风暴级;平均登陆强度为27.4米/秒(10级),明显低于常年值(30.7米/秒)。另外,秋季,西北太平洋和南海共生成16个台风,占2019年台风总生成数的55%,比常年同期(10.8个)偏多5.2个;其中11月生成6个,与1991年11月并列为1949年以来同期最多。

(10) 超强台风"利奇马"严重影响华东地区

超强台风"利奇马"于8月10日、11日相继在浙江温岭市沿海、山东青岛市黄岛区登陆,之后一路北上至华北、东北等地。台风"利奇马"是1949年以来登陆我国大陆第五强台风,在登陆浙江的台风中强度排名第三。受其影响,8月9—15日,江南东部、江淮东部、黄淮东部、华北东部、东北东部等地累计降水量有50~250毫米,浙江和山东局地超过400毫米;有46县(市)日降水量达极端事件标准,其中19县(市)突破历史极值;温岭局地风力超过17级。由于风雨强度大,造成了严重的人员伤亡和经济损失。

2. 国外十大天气气候灾害事件

(1) 7—8月印度等国持续强降雨引发严重洪涝灾害

7月中下旬,南亚及附近地区持续强降雨引发严重洪灾,造成印度、尼泊尔、孟加拉等国至少600人死亡,超过2500万人生活受到影响。印度多个地区的道路、桥梁中断,清洁水源和食品短缺;尼泊尔多地河水泛滥,发生山体滑坡和泥石流;孟加拉国3万多座房屋被冲毁,4座大坝被彻底毁坏,8200公顷土地被淹没。8月上中旬,印度西部和南部多地连日暴雨引发洪灾和山体滑坡,受灾人数超过120万人,200人死亡。8月下旬,印度北部连日暴雨引发洪水、滑坡和泥石流等灾害,造成60人死亡。

(2) 1月上半月强暴风雪袭击欧洲多国

1月6—13日,欧洲多国出现强暴风雪天气,恶劣天气导致空中交通、陆路交通严重受阻,部分地区学校停课、供电中断,还引发交通事故致21人死亡。11日,受大雪影响,德国有5个地区宣布进入紧急状态,学校宣布停课,法兰克福机场当天大约有120架次航班被迫取消,慕尼黑机场90架次航班停飞。奥地利部分地区地面积雪达3米,多地交通严重受阻,数千户家庭停止供电。

(3) 5月美国遭受逾500次龙卷袭击

5月,美国记录到555次龙卷,为1991—2010年同期(276次)的2倍,是2011年以来龙卷最活跃的一个月。23日,猛烈龙卷横扫密苏里州,造成至少3人死亡。27日,龙卷侵袭俄亥俄州,导致1人死亡、12人受伤,多处房屋被毁坏,超500万人受断电影响。

(4)一季度澳大利亚屡遭热浪袭击

1月,澳大利亚平均气温较1961—1990年同期偏高2.91℃,比2013年的最高纪录偏高0.99℃,为1910年有记录以来最高;其中新南威尔士气温偏高达5.86℃。1月下旬,南澳州和维州的部分地区气温飙升至40℃以上。3月,澳大利亚南部遭遇一个多世纪以来最热的3月,塔斯马尼亚州2日气温高达39.1℃,创当地131年来的最高纪录。高温热浪导致澳大利亚多地出现野火。

(5)6月高温热浪席卷欧洲和美国西部

6月,欧洲平均气温较1910—2000年同期偏高2.93℃,为1910年以来同期最高。欧洲大部地区最高气温普遍较1981—2010年同期偏高2~8℃。法国南部加拉尔盖莱蒙蒂厄市最高气温达45.9℃,创法国气象观测史上最高气温纪录;德国勃兰登堡最高气温达38.6℃,刷新70年前的6月最高气温纪录。6月10日,美国西部出现破纪录高温,加州圣地亚哥局地气温达45℃,打破当地高温纪录;旧金山国际机场气温达37.7℃,创当地6月最高气温纪录。高温热浪影响美国西部约4500万人,北加州连续发生多起森林大火。

(6)3月中旬飓风"伊代"横扫非洲三国

3月15日,飓风"伊代"(Idai)在莫桑比克中部港口城市贝拉沿海登陆,带来强风雨,随后"伊代"席卷邻国津巴布韦和马拉维,19日强降雨再次袭击莫桑比克并持续到21日。"伊代"带来强降水、大风和风暴潮摧毁了当地房屋,导致东非近300万人受灾,超过700人死亡;经济损失超过10亿美元。

(7)10月中旬强台风"海贝思"肆虐日本

10月12日傍晚,强台风"海贝思"在日本伊豆半岛登陆,神奈川西南部的箱根累计降水量达1000毫米,关东及静冈有17个站降水量在500毫米以上。"海贝思"造成日本7个县73处河堤决堤,多地出现严重洪涝灾害,交通几乎陷入全面停滞状态,原定于14日举行的日本海上自卫队阅舰式被迫取消,不少受灾地区断电断水断粮,至少92人死亡,1.3万栋住宅浸水,约1100栋住宅全部或部分损毁,经济损失达1000亿日元以上。

(8)8月亚马孙地区遭遇森林大火

8月,亚马孙地区森林大火多发且持续燃烧,火势较集中的地区位于巴西的朗多尼亚州、马托格罗索州和亚马孙州以及玻利维亚境内。过火面积超过100万公顷,玻利维亚有上千户家庭受灾。大火产生的烟雾飘至2735千米外的圣保罗,能见度受到严重影响。大火持续时间长,燃烧面积大,对当地的生态环境破坏较大;释放出大量的二氧化碳和气溶胶,对当地乃至全球的气候都产生较大影响。

(9)9—12月澳大利亚森林火灾频发

澳大利亚春季(9—11月)全国平均降水量27.4毫米,为1900年以来同期最少;全国平均最高气温较1961—1990年同期偏高2.41℃,为有记录以来第二高。12月

18日,澳大利亚平均最高气温达41.9℃,打破了17日刚创下的高温纪录。高温少雨导致澳大利亚森林火灾频发,造成9人死亡,1000余所房屋被毁,过火面积超过500万公顷;森林大火产生的烟雾令新南威尔士州遭遇史上最严重的空气污染;新南威尔士州北部和昆士兰州东南部数千公顷的考拉栖息地被毁。

(10)11—12月印度新德里被持续雾霾笼罩

11—12月,印度首都新德里2000万居民只有4天呼吸到"普通"至"满意"的空气,其余时间多是雾霾天气,空气中$PM_{2.5}$浓度一度飙升至999微克/米^3。持续严重雾霾不仅导致航班延误、学校停课、工地停工,而且严重影响民众健康。印度是全球空气污染最严重的国家之一,据联合国统计,全球15个空气污染最严重的城市中有14个在印度。

四、统计资料

2001—2019年全国气象灾害损失统计见表A.5;2019年各省气象灾害受灾情况见表A.6;1951—2019年全国平均气温和平均降雨量统计见表A.7。

表A.5 2001—2019年全国气象灾害损失统计表

年份	受灾人口(万人)	死亡人口(人)	直接经济损失(亿元)	农作物受灾面积(万公顷)
2001	32538.46	2538	1942.0	5221.5
2002	30564.10	2384	1717.0	4711.91
2003	20144.70	1479	1190.36	3177.4
2004	34049.2	2457	1565.9	3765.0
2005	39503.2	2710	2101.3	3875.5
2006	43332.3	3485	2516.9	4111.0
2007	39656.3	2713	2378.5	4961.4
2008	43189.0	2018	3244.5	4000.4
2009	47760.8	1367	2490.5	4721.4
2010	42494.2	4005	5097.5	3742.6
2011	43150.9	1087	3034.6	3252.5
2012	27389.4	1390	3358.0	2496.0
2013	38288.0	1925	4766.0	3123.4
2014	23983.0	849	2953.2	1980.5
2015	18521.5	1216	2704.1	2176.9
2016	19000.0	1432	5032.9	2622.1
2017	14383.2	828	2850.42	1847.62
2018	13517.8	566	2615.6	2081.43
2019	13759.00	816	3270.9	1925.69

数据来源:《气象统计年鉴》,2001—2019。

表 A.6 2019 年各省气象灾害受灾情况

地 区	农作物受灾情况		人口受灾情况			直接经济损失（亿元）
	受灾（万公顷）	绝收（万公顷）	受灾人口（万人次）	死亡人口（人）	失踪人口（人）	
全国总计	1925.69	280.20	13759.0	816	93	3270.9
北 京	0.25	0.01	6.4	1		5.2
天 津						
河 北	31.47	5.16	289.2	3		23.2
山 西	147.37	31.42	953.0	38		124.0
内蒙古	145.35	11.08	220.7	8		46.8
辽 宁	32.47	3.51	171.4	6		47.5
吉 林	53.62	6.43	177.7	2		51.7
黑龙江	354.07	73.75	397.6	2		221.4
上 海	0.87	0.01	18.9			1.9
江 苏	22.42	1.81	145.9	9		15.6
浙 江	35.38	4.57	896.0	62	2	552.6
安 徽	95.80	12.37	789.1	12	3	85.0
福 建	12.31	2.16	139.8	7		117.7
江 西	120.07	21.68	1545.9	55	1	333.6
山 东	134.07	19.87	1126.6	20	1	425.3
河 南	96.98	9.74	1221.9	6		41.9
湖 北	142.98	20.20	1281.6	47	2	100.7
湖 南	99.78	17.95	1173.9	28	3	243.1
广 东	14.47	0.45	103.8	52	2	55.8
广 西	24.78	2.49	356.0	96	8	100.5
海 南	0.36	0.05	12.9	8		1.7
重 庆	7.83	1.27	145.9	25	2	19.6
四 川	32.38	3.32	487.6	124	35	340.9
贵 州	14.10	2.39	277.2	61	15	47.0
云 南	156.89	12.27	949.4	62	8	102.1
西 藏	0.55	0.04	11.4	7		1.7
陕 西	64.51	10.90	458.8	43	9	58.8
甘 肃	17.36	0.83	224.5	20	2	46.5
青 海	7.03	0.59	86.9	9		14.3
宁 夏	2.91	0.36	14.6	3		2.9

数据来源：《气象统计年鉴 2019》。

表 A.7　1951—2019 年全国平均气温和平均降雨量统计表

年份	平均温度(℃)	平均降水量(毫米)	年份	平均温度(℃)	平均降水量(毫米)
1951	8.25	544.76	1986	8.90	569.50
1952	7.90	548.37	1987	9.29	645.38
1953	8.00	569.08	1988	9.21	616.75
1954	8.94	719.01	1989	9.33	605.09
1955	9.19	603.99	1990	9.64	675.07
1956	8.55	620.60	1991	9.36	622.36
1957	8.26	604.91	1992	9.04	603.55
1958	8.67	602.77	1993	9.08	655.73
1959	8.76	667.82	1994	9.70	649.49
1960	8.83	620.12	1995	9.47	628.39
1961	9.12	669.24	1996	9.11	638.87
1962	8.77	615.00	1997	9.62	610.00
1963	9.01	601.03	1998	10.28	713.10
1964	8.70	672.46	1999	10.09	630.96
1965	8.80	593.01	2000	9.53	625.43
1966	8.86	585.39	2001	9.90	603.38
1967	8.31	609.90	2002	10.04	653.71
1968	8.55	601.29	2003	9.81	637.32
1969	8.37	624.14	2004	9.96	603.95
1970	8.53	655.87	2005	9.76	625.54
1971	8.77	598.83	2006	10.32	590.54
1972	8.74	591.00	2007	10.45	607.95
1973	9.13	691.13	2008	9.89	649.00
1974	8.62	618.28	2009	10.15	570.12
1975	9.08	647.39	2010	9.88	678.72
1976	8.35	606.71	2011	9.66	555.67
1977	8.82	624.65	2012	9.42	672.98
1978	9.07	588.55	2013	10.17	652.85
1979	9.07	607.81	2014	10.12	636.19
1980	8.94	626.24	2015	10.39	650.35
1981	8.97	631.55	2016	10.37	728.53
1982	9.23	601.97	2017	10.39	641.31
1983	9.07	673.83	2018	10.09	673.80
1984	8.52	629.85	2019	10.34	645.50
1985	8.76	647.83			

数据来源:国家气候中心。